U0378944

OpenGL ES 3.0 API 参考卡片

OpenGL®ES 是图形硬件的软件接口。该接口包含一组过程和函数，使编程人员可以指定生成高质量图形（特别是三维物体的彩色图像）时涉及的对象和操作。该规范可以在 www.khronos.org/registry/gles/ 中找到。

OpenGL|ES　KHRONOS GROUP

- OpenGL ES 3.0 API 参考卡片中的［n.n.n］表示 OpenGL ES 3.0 规范的章节号和表号。
- OpenGL ES 着色语言参考卡片中的［n.n.n］表示 OpenGL ES 着色语言 3.0 规范的章节号。

OpenGL ES 命令语法［2.3］

OpenGL ES 命令由一个返回类型、一个名称和可选的类型字符组成：i 表示 32 位整数，i64 表示 64 位整数，f 表示 32 位浮点数，ui 表示 32 位无符号整数，命令的原型如下所示：

return-type **Name**{1234}{i i64 f ui}{v} (*[args ,] T arg1 , . . . , T argN [, args]*);

括号中的参数（［*args*,］和［, *args*］）不一定存在。参数类型 *T* 和参数编号 *N* 可能由命令名后缀指出。*N* 是 1，2，3 或者 4（如果存在的话）。如果存在"v"，则由一个指针传递包含 *N* 项的一个数组。为了清晰起见，OpenGL 文档和本参考可能忽略标准前缀。实际名称的形式为：glFunctionName9()、GL_CONSTATNT 和 GLtype

错误［2.5］

enum GetError (void)；　// 返回如下常量之一：

NO_ERROR	没有遇到错误
INVALID_ENUM	枚举参数超出范围
INVALID_VALUE	数值参数超出范围
INVALID_OPERATION	操作在当前状态中非法
INVALID_FRAMEBUFFER_OPERATION	帧缓冲区不完整
OUT_OF_MEMORY	没有足够的内存来执行命令

视口，裁剪［2.12.1］

void **DepthRange** (float *n*, float *f*)；
void **Viewport** (int *x*, int *y*, sizei *w*, sizei *h*)；

GL 数据类型［2.3］

GL 类型不是 C 类型。

GL 类型	最小位宽	描述
boolean	1	布尔类型
byte	8	有符号二补数二进制整数
ubyte	8	无符号二进制整数
char	8	组成字符串的字符
short	16	有符号二补数二进制整数
ushort	16	无符号二进制整数
int	32	有符号二补数二进制整数
uint	32	无符号二进制整数
int64	64	有符号二补数二进制整数
uint64	64	无符号二进制整数
fixed	32	有符号二补数 16.16 进制整数
sizei	32	非负二进制整数大小
enum	32	枚举二进制整数值
intptr	*ptrbits*	有符号二补数二进制整数
sizeiptr	*ptrbits*	非负二进制整数大小
sync	*ptrbits*	同步对象句柄
bitfield	32	位域
half	16	编码为无符号标量的半精度浮点数
float	32	浮点值
clampf	32	限定在［0，1］区间的浮点值

缓冲区对象［2.9］

缓冲区对象在高性能的服务器内存中保存顶点数组数据或者索引。

void **GenBuffers**(sizei *n*,unit **buffers*)；
void **DeleteBuffers** (sizei *n*,const unit **buffers*)；

创建和绑定缓冲区对象

void **BindBuffer**(enum *target*, uint *buffer*);
target: {ELEMENT_}ARRAY_BUFFER, UNIFORM_BUFFER, PIXEL_{UN}PACK_BUFFER, PIXEL_{UN}PACK_BUFFER, COPY_{READ, WRITE}_BUFFER, TRANSFORM_FEEDBACK_BUFFER

void **BindBufferRange**(enum *target*, uint *index*, uint *buffer*, intptr *offset*, sizeiptr *size*);
target: {TRANSFORM_FEEDBACK, UNIFORM}_BUFFER

void **BindBufferBase**(enum *target*, uint *index*, uint *buffer*);
target: {TRANSFORM_FEEDBACK, UNIFORM}_BUFFER

创建缓冲区对象数据存储

void **BufferData**(enum *target*, sizeiptr *size*, const void **data*, enum *usage*);

target：参见 BindBuffer

用法：

{STATIC, STREAM, DYNAMIC}_{DRAW, READ, COPY}

void **BufferSubData**(enum *target*, intptr *offset*, sizeiptr *size*, const void **data*);

target：参见 BindBuffer

映射和解除映射缓冲区数据

void ***MapBufferRange**(enum *target*, intptr *offset*, sizeiptr *length*, bitfield *access*);

target：参见 BindBuffer

access：按位或 MAP_{READ, WRITE}_BIT, MAP_INVALIDATE_{RANGE, BUFFER_BIT}, MAP_FLUSH_EXPLICIT_BIT, MAP_UNSYNCHRONIZED_BIT

void **FlushMappedBufferRange**(enum *target*, intptr *offset*, sizeiptr *length*);

target：参见 BindBuffer

boolean **UnmapBuffer**(enum *target*);

target：参见 BindBuffer

在缓冲区之间复制

void **CopyBufferSubData**(enum *readtarget*, enum *writetarget*, intptr *readoffset*, intptr *writeoffset*, sizeiptr *size*);

redtarget，*writetarget*：参见 BindBuffer 的 *target*

缓冲区对象查询［6.1.9］

boolean **IsBuffer**(uint *buffer*);

void **GetBufferParameteriv**(enum *target*, enum *pname*, int * *data*);

target：参见 BindBuffer

pname: BUFFER_{SIZE, USAGE, ACCESS_FLAGS, MAPPED}, BUFFER_ MAP_{POINTER, OFFSET, LENGTH}

void **GetBufferParameteri64v**(enum *target*, enum *pname*, int64 **data*);

target，*pname*：参见 GetBufferParameteriv

void **GetBufferPointerv**(enum *target*, enum *pname*, void ***params*);

target：参见 BindBuffer

pname: BUFFER_ MAP_POINTER)

顶点数组对象［2.10，6.1.10］

void **GenVertexArrays**(sizei *n*, uint **arrays*);

boolean **IsVertexArray**(uint *array*);

void **DeleteVertexArrays**(sizei *n*, const uint **arrays*);

void **BindVertexArray**(uint *array*);

变换反馈［2.14，6.1.11］

void **GenTransformFeedbacks**(sizei *n*, uint **ids*);

void **DeleteTransformFeedbacks**(sizei *n*, const uint **ids*);

void **BindTransformFeedback**(enum *target*, uint *id*);

target: TRANSFORM_FEEDBACK

void **BeginTransformFeedback**(enum *primitiveMode*);

primitiveMode: TRIANGLES, LINES, POINTS

void **EndTransformFeedback**(void);

void **PauseTransformFeedback**(void);

void **ResumeTransformFeedback**(void);

boolean **IsTransformFeedback**(uint *id*);

读取、复制像素［4.3.1-2］

void **ReadPixels**(int *x*, int *y*, sizei *width*, sizei *height*, enum *format*, enum *type*, void **data*);

format: RGBA, RGBA_INTEGER

type: INT, UNSIGNED_INT_2_10_10_10_REV, UNSIGNED_{BYTE, INT}

注［4.3.1］ReadPixels() 也接受可查询的、由实现选择的 *format/type* 组合。

void **ReadBuffer**(enum *src*);

src: BACK, NONE, or COLOR_ATTACHMENT*i*

其中 i 的范围从 0 到 MAX_COLOR_ATTACHMENTS-1。

void **BlitFramebuffer**(int *srcX0*, int *srcY0*, int *srcX1*, int *srcY1*, int *dstX0*, int *dstY0*, int *dstX1*, int *dstY1*, bitfield *mask*, enum *filter*);

mask：按位或 {COLOR，DEPTH，STECIL}_BUFFER_BIT

filter：LINEAR 或者 NEAREST

异步查询［2.13，6.1.7］

void **GenQueries**(sizei *n*, uint **ids*);

void **BeginQuery**(enum *target*, uint *id*);

target: ANY_SAMPLES_PASSED{_CONSERVATIVE}

void **EndQuery**(enum *target*);

target: ANY_SAMPLES_PASSED{_CONSERVATIVE}

void **DeleteQueries**(sizei *n*, const uint **ids*);

boolean **IsQuery**(uint *id*);

void **GetQueryiv**(enum *target*, enum *pname*, int **params*);

void **GetQueryObjectuiv**(uint *id*, enum *pname*, uint **params*);

光栅化［3］

点［3.4］

点的尺寸取自着色器内建的 gl_PointSize，限制在 OpenGL ES 实现特定的点尺寸范围。

线段［3.5］

void **LineWidth** (float *width*);

多边形［3.6］

void **FrontFace**(enum *dir*);

dir: CCW, CW

void **CullFace**(enum *mode*);

mode: FRONT, BACK, FRONT_AND_BACK

Enable/Disable(CULL_FACE);

void **PolygonOffset**(float *factor*, float *units*);

Enable/Disable(POLYGON_OFFSET_FILL);

顶点

当前定点状态［2.7］

void **VertexAttrib{1234}f**(uint *index*, float *values*);

void **VertexAttrib{1234}fv**(uint *index*, const float **values*);

void **VertexAttribI4{i ui}**(uint *index*, T *values*);

void **VertexAttribI4{i ui}v**(uint *index*, const T *values*);

顶点数组［2.8］

顶点数据可能来自于存储在客户地址空间（通过指针）或者保存在服务器的地址空间（在缓冲区对象中）的数组。

void **VertexAttribPointer**(uint *index*, int *size*, enum *type*, boolean *normalized*, sizei *stride*, const void **pointer*);

type: {UNSIGNED_}BYTE, {UNSIGNED_}SHORT, {UNSIGNED_}INT, FIXED, {HALF_}FLOAT, {UNSIGNED_}INT_2_10_10_10_REV

index: [0, MAX_VERTEX_ATTRIBS - 1]

void **VertexAttribIPointer**(uint *index*, int *size*, enum *type*, sizei *stride*, const void **pointer*);

type: {UNSIGNED_}BYTE, {UNSIGNED_}SHORT, {UNSIGNED_}INT

index: [0, MAX_VERTEX_ATTRIBS - 1]

void **EnableVertexAttribArray**(uint *index*);

void **DisableVertexAttribArray**(uint *index*);

void **VertexAttribDivisor**(uint *index*, uint *divisor*);

index: [0, MAX_VERTEX_ATTRIBS - 1]

void **Enable**(enum *target*);

void **Disable**(enum *target*);

target: PRIMITIVE_RESTART_FIXED_INDEX

绘制［2.8.3］

void **DrawArrays**(enum *mode*, int *first*, sizei *count*);

void **DrawArraysInstanced**(enum *mode*, int *first*, sizei *count*, sizei *primcount*);

void **DrawElements**(enum *mode*, sizei *count*, enum *type*, const void **indices*);

type: UNSIGNED_BYTE, UNSIGNED_SHORT, UNSIGNED_INT

void **DrawElementsInstanced**(enum *mode*, sizei *count*, enum *type*, const void **indices*, sizei *primcount*);

type: UNSIGNED_BYTE, UNSIGNED_SHORT, UNSIGNED_INT

void **DrawRangeElements**(enum *mode*, uint *start*, uint *end*, sizei *count*, enum *type*, const void **indices*);

mode: POINTS, TRIANGLES, LINES, LINE_{STRIP, LOOP}, TRIANGLE_STRIP, TRIANGLE_FAN

type: UNSIGNED_BYTE, UNSIGNED_SHORT, UNSIGNED_INT

着色器和程序

着色器对象［2.11.1］

uint **CreateShader**(enum *type*);
type: VERTEX_SHADER, FRAGMENT_SHADER

void **ShaderSource**(uint *shader*, sizei *count*,
const char * const **string*,
const int **length*);

void **CompileShader**(uint *shader*);

void **ReleaseShaderCompiler**(void);

void **DeleteShader**(uint *shader*);

加载着色器二进制代码［2.11.2］

void **ShaderBinary**(sizei *count*,
const uint **shaders*, enum *binaryformat*,
const void **binary*, sizei *length*);

程序对象［2.11.3-4］

uint **CreateProgram**(void);

void **AttachShader**(uint *program*, uint *shader*);

void **DetachShader**(uint *program*, uint *shader*);

void **LinkProgram**(uint *program*);

void **UseProgram**(uint *program*);

void **ProgramParameteri**(uint *program*,
enum *pname*, int *value*);
pname: PROGRAM_BINARY_RETRIEVABLE_HINT

void **DeleteProgram**(uint *program*);

void **GetProgramBinary**(uint *program*,
sizei *bufSize*, sizei **length*,
enum **binaryFormat*, void **binary*);

void **ProgramBinary**(uint *program*,
enum *binaryFormat*, const void **binary*,
sizei *length*);

顶点属性［2.11.5］

void **GetActiveAttrib**(uint *program*,
uint *index*, sizei *bufSize*, sizei **length*,
int **size*, enum **type*, char **name*);
**type* returns: FLOAT, FLOAT_VEC{2,3,4},
FLOAT_MAT{2,3,4},
FLOAT_MAT{2x3, 2x4, 3x2, 3x4, 4x2, 4x3},
{UNSIGNED_}INT, {UNSIGNED_}INT_VEC{2,3,4}

int **GetAttribLocation**(uint *program*,
const char **name*);

void **BindAttribLocation**(uint *program*,
uint *index*, const char **name*);

统一变量［2.11.6］

int **GetUniformLocation**(uint *program*,
const char **name*);

uint **GetUniformBlockIndex**(uint *program*,
const char **uniformBlockName*);

void **GetActiveUniformBlockName**(
uint *program*, uint *uniformBlockIndex*,
sizei *bufSize*, sizei **length*,
char **uniformBlockName*);

void **GetActiveUniformBlockiv**(uint *program*,
uint *uniformBlockIndex*, enum *pname*,
int **params*);
pname: UNIFORM_BLOCK_{BINDING, DATA_SIZE},
UNIFORM_BLOCK_{NAME_LENGTH},
UNIFORM_BLOCK_ACTIVE_{UNIFORMS,
UNIFORM_INDICES}, UNIFORM_BLOCK_
REFERENCED_BY_{VERTEX,FRAGMENT}_SHADER

void **GetUniformIndices**(
uint *program*, sizei *uniformCount*,
const char * const **uniformNames*,
uint **uniformIndices*);

void **GetActiveUniform**(uint *program*,
uint *uniformIndex*, sizei *bufSize*,
sizei **length*, int **size*, enum **type*,
char **name*);
**type* returns: FLOAT, BOOL,
{FLOAT, BOOL}_VEC{2, 3, 4},
{UNSIGNED_}INT,
{UNSIGNED_}INT_VEC{2, 3, 4},
FLOAT_MAT{2, 3, 4},
FLOAT_MAT{2x3, 2x4, 3x2, 3x4, 4x2, 4x3},
SAMPLER_{2D, 3D, CUBE_SHADOW},
SAMPLER_2D{_ARRAY}_SHADOW,
{UNSIGNED_}INT_SAMPLER_{2D, 3D, CUBE},
{{UNSIGNED_}INT_}SAMPLER_2D_ARRAY

void **GetActiveUniformsiv**(
uint *program*, sizei *uniformCount*,
const uint **uniformIndices*, enum *pname*,
int **params*);
pname: UNIFORM_TYPE, UNIFORM_SIZE,
UNIFORM_NAME_LENGTH,
UNIFORM_BLOCK_INDEX, UNIFORM_{OFFSET,
ARRAY_STRIDE}, UNIFORM_MATRIX_STRIDE,
UNIFORM_IS_ROW_MAJOR

void **Uniform{1234}{if}**(int *location*, T *value*);

void **Uniform{1234}{if}v**(int *location*,
sizei *count*, const T *value*);

void **Uniform{1234}ui**(int *location*, T *value*);

void **Uniform{1234}uiv**(int *location*,
sizei *count*, const T *value*);

void **UniformMatrix{234}fv**(int *location*,
sizei *count*, boolean *transpose*,
const float **value*);

void **UniformMatrix{
2x3,3x2,2x4,4x2,3x4,4x3}fv**(
int *location*, sizei *count*,
boolean *transpose*, const float **value*);

void **UniformBlockBinding**(uint *program*,
uint *uniformBlockIndex*,
uint *uniformBlockBinding*);

输出变量［2.11.8］

void **TransformFeedbackVaryings**(
uint *program*, sizei *count*,
const char * const **varyings*,
enum *bufferMode*);
bufferMode: {INTERLEAVED, SEPARATE}_ATTRIBS

void **GetTransformFeedbackVarying**(
uint *program*, uint *index*, sizei *bufSize*,
sizei **length*, sizei **size*, enum **type*,
char **name*);

*type 返回由 GetActive Attrib() 返回的任一标量、向量或矩阵属性类型。

着色器执行［2.11.9，3.9.2］

void **ValidateProgram**(uint *program*);

int **GetFragDataLocation**(uint *program*,
const char **name*);

着色器查询

着色器查询［6.1.12］

boolean **IsShader**(uint *shader*);

void **GetShaderiv**(uint *shader*, enum *pname*,
int **params*);
pname: SHADER_TYPE, {VERTEX,
FRAGMENT_SHADER}, {DELETE, COMPILE}_STATUS,
INFO_LOG_LENGTH, SHADER_SOURCE_LENGTH

void **GetAttachedShaders**(uint *program*,
sizei *maxCount*, sizei **count*, uint **shaders*);

void **GetShaderInfoLog**(uint *shader*,
sizei *bufSize*, sizei **length*, char **infoLog*);

void **GetShaderSource**(uint *shader*,
sizei *bufSize*, sizei **length*, char **source*);

void **GetShaderPrecisionFormat**(
enum *shadertype*, enum *precisiontype*,
int **range*, int **precision*);
shadertype: VERTEX_SHADER,
FRAGMENT_SHADER
precision: LOW_FLOAT, MEDIUM_FLOAT, HIGH_FLOAT,
LOW_INT, MEDIUM_INT, HIGH_INT

void **GetVertexAttribfv**(uint *index*,
enum *pname*, float **params*);
pname: CURRENT_VERTEX_ATTRIB ,
VERTEX_ATTRIB_ARRAY_*x* (where *x* may be
BUFFER_BINDING, DIVISOR, ENABLED, INTEGER, SIZE,
STRIDE, TYPE, NORMALIZED)

void **GetVertexAttribiv**(uint *index*,
enum *pname*, int **params*);

pname：参见 GetVertexAttribfv()

void **GetVertexAttribIiv**(uint *index*,
enum *pname*, int **params*);

pname：参见 GetVertexAttribfv()

void **GetVertexAttribIuiv**(uint *index*,
enum *pname*, uint **params*);

pname：参见 GetVertexAttribfv()

void **GetVertexAttribPointerv**(uint *index*,
enum *pname*, void ***pointer*);
pname: VERTEX_ATTRIB_ARRAY_POINTER

void **GetUniformfv**(uint *program*,
int *location*, float **params*);

void **GetUniformiv**(uint *program*,
int *location*, int **params*);

void **GetUniformuiv**(uint *program*,
int *location*, uint **params*);

程序查询［6.1.12］

boolean **IsProgram**(uint *program*);

void **GetProgramiv**(uint *program*,
enum *pname*, int **params*);
pname: {DELETE, LINK, VALIDATE}_STATUS,
INFO_LOG_LENGTH,
ACTIVE_UNIFORM_BLOCKS,
TRANSFORM_{FEEDBACK_}VARYINGS,
TRANSFORM_FEEDBACK_BUFFER_MODE,
TRANSFORM_FEEDBACK_VARYING_MAX_
LENGTH,
ATTACHED_SHADERS, ACTIVE_ATTRIBUTES,
ACTIVE_UNIFORMS,
ACTIVE_{ATTRIBUTE, UNIFORM}_MAX_LENGTH,
ACTIVE_UNIFORM_BLOCK_MAX_NAME_
LENGTH,
PROGRAM_BINARY_RETRIEVABLE_HINT

void **GetProgramInfoLog**(uint *program*,
sizei *bufSize*, sizei **length*,
char **infoLog*);

纹理［3.8］

顶点着色器支持使用至少 MAX_VERTEX_TEXTURE_IMAGE_UNITS 个图像的纹理，片段着色器支持使用至少 MAX_TEXTURE_IMAGE_UNITS 个图像的纹理。

void **ActiveTexture**(enum *texture*);
texture: [TEXTURE0..TEXTURE*i*] where
i = [MAX_COMBINED_TEXTURE_IMAGE_UNITS-1]

void **GenTextures**(sizei *n*, uint **textures*);

void **BindTexture**(enum *target*, uint *texture*);

void **DeleteTextures**(sizei *n*, const uint **textures*);

采样器对象［3.8.2］

void **GenSamplers**(sizei *count*, uint **samplers*);

void **BindSampler**(uint *unit*, uint *sampler*);

void **SamplerParameter{if}**(uint *sampler*, enum *pname*, T *param*);
pname: TEXTURE_WRAP_{S, T, R}, TEXTURE_{MIN, MAG}_FILTER, TEXTURE_{MIN, MAX}_LOD, TEXTURE_COMPARE_{MODE, FUNC}

void **SamplerParameter{if}v**(uint *sampler*, enum *pname*, const T **params*);

pname：参见 SamplerParameter(if)

void **DeleteSamplers**(sizei *count*, const uint **samplers*);

采样器查询［6.1.5］

boolean **IsSampler**(uint *sampler*);

void **GetSamplerParameter{if}v**(uint *sampler*, enum *pname*, T **params*);

pname：参见 SamplerParameter(if)

纹理图像规范［3.8.3，3.8.4］

void **TexImage3D**(enum *target*, int *level*, int *internalformat*, sizei *width*, sizei *height*, sizei *depth*, int *border*, enum *format*, enum *type*, const void **data*);
target: TEXTURE_3D, TEXTURE_2D_ARRAY
format: ALPHA, RGBA, RGB, RG, RED, {RGBA, RGB, RG, RED}_INTEGER, DEPTH_{COMPONENT, STENCIL}, LUMINANCE_ALPHA, LUMINANCE
type: {UNSIGNED_}BYTE, {UNSIGNED_}SHORT, {UNSIGNED_}INT, UNSIGNED_SHORT_5_6_5, UNSIGNED_SHORT_4_4_4_4, UNSIGNED_SHORT_5_5_5_1, {HALF_}FLOAT, UNSIGNED_INT_2_10_10_10_REV, UNSIGNED_INT_24_8, UNSIGNED_INT_10F_11F_11F_REV, UNSIGNED_INT_5_9_9_9_REV, FLOAT_32_UNSIGNED_INT_24_8_REV
internalformat: R8, R8I, R8UI, R8_SNORM, R16I, R16UI, R16F, R32I, R32UI, R32F, RG8, RG8I, RG8UI, RG8_SNORM, RG16I, RG16UI, RG16F, RG32I, RG32UI, RG32F, RGB, RGB5_A1, RGB565, RGB8, RGB8I, RGB8UI, RGB8_SNORM, RGB9_E5, RGB10_A2, RGB10_A2UI, RGB16I, RGB16UI, RGB16F, RGB32I, RGB32UI, RGB32F, SRGB8, RGBA, RGBA4, RGBA8, RGBA8I, RGBA8UI, RGBA8_SNORM, RGBA16I, RGBA16UI, RGBA16F, RGBA32I, RGBA32UI, RGBA32F, SRGB8_ALPHA8, R11F_G11F_B10F, DEPTH_COMPONENT16, DEPTH_COMPONENT24, DEPTH_COMPONENT32F, DEPTH24_STENCIL8, DEPTH32F_STENCIL8, LUMINANCE_ALPHA, LUMINANCE, ALPHA

void **TexImage2D**(enum *target*, int *level*, int *internalformat*, sizei *width*, sizei *height*, int *border*, enum *format*, enum *type*, void **data*);
target: TEXTURE_2D, TEXTURE_CUBE_MAP_POSITIVE_{X, Y, Z}, TEXTURE_CUBE_MAP_NEGATIVE}{X, Y, Z}

internalformat：参见 TexImage3D

format，*type*：参见 TexImage3D

void **TexStorage2D**(enum *target*, sizei *levels*, enum *internalformat*, sizei *width*, sizei *height*);
target: TEXTURE_CUBE_MAP, TEXTURE_2D

internalformat：除了［表 3.3］中未确定大小的基本内部格式外，参见 TexImage3D

void **TexStorage3D**(enum *target*, sizei *levels*, enum *internalformat*, sizei *width*, sizei *height*, sizei *depth*);
target: TEXTURE_3D, TEXTURE_2D_ARRAY

internalformat：除了［表 3.3］中未确定大小的基本内部格式外，参见 TexImage3D

替代纹理图像规范命令［3.8.5］

纹理图像也可以用直接取自帧缓冲区的图像数据指定，也可以重新指定现有纹理图像中的矩形子区域。

void **CopyTexImage2D**(enum *target*, int *level*, enum *internalformat*, int *x*, int *y*, sizei *width*, sizei *height*, int *border*);
target: TEXTURE_2D, TEXTURE_CUBE_MAP_POSITIVE_{X, Y, Z}, TEXTURE_CUBE_MAP_NEGATIVE_{X, Y, Z}

internalformat：除了 DEPTH* 值之外，参见 TexImage3D

void **TexSubImage3D**(enum *target*, int *level*, int *xoffset*, int *yoffset*, int *zoffset*, sizei *width*, sizei *height*, sizei *depth*, enum *format*, enum *type*, const void **data*);
target: TEXTURE_3D, TEXTURE_2D_ARRAY

format，*type*：参见 TexImage3D

void **TexSubImage2D**(enum *target*, int *level*, int *xoffset*, int *yoffset*, sizei *width*, sizei *height*, enum *format*, enum *type*, const void **data*);
target: TEXTURE_2D, TEXTURE_CUBE_MAP_POSITIVE_{X, Y, Z}, TEXTURE_CUBE_MAP_NEGATIVE_{X, Y, Z}

format，*type*：参见 TexImage3D

int *level*, int *xoffset*, int *yoffset*, int *zoffset*, int *x*, int *y*, sizei *width*, sizei *height*);
target: TEXTURE_3D, TEXTURE_2D_ARRAY

void **CopyTexSubImage2D**(enum *target*, int *level*, int *xoffset*, int *yoffset*, int *x*, int *y*, sizei *width*, sizei *height*);

target：参见 TexImage2D

压缩纹理图像［3.8.6］

void **CompressedTexImage2D**(enum *target*, int *level*, enum *internalformat*, sizei *width*, sizei *height*, int *border*, sizei *imageSize*, const void **data*);

taget：参见 TexImage2D

internalformat: COMPRESSED_RGBA8_ETC2_EAC, COMPRESSED_{R{G}11, SIGNED_R{G}11}_EAC, COMPRESSED_SRGB8_ALPHA8_ETC2_EAC, COMPRESSED_{S}RGB8{_PUNCHTHROUGH_ALPHA1}_ETC2 **[Table 3.16]**

void **CompressedTexImage3D**(enum *target*, int *level*, enum *internalformat*, sizei *width*, sizei *height*, sizei *depth*, int *border*, sizei *imageSize*, const void **data*);

target：参见 TexImage3D

internalformat：参见 TexImage2D

void **CompressedTexSubImage2D**(enum *target*, int *level*, int *xoffset*, int *yoffset*, sizei *width*, sizei *height*, enum *format*, sizei *imageSize*, const void **data*);

target：参见 TexSubImage2D

void **CompressedTexSubImage3D**(enum *target*, int *level*, int *xoffset*, int *yoffset*, int *zoffset*, sizei *width*, sizei *height*, sizei *depth*, enum *format*, sizei *imageSize*,

target：参见 TexSubImage2D

纹理参数［3.8.7］

void **TexParameter{if}**(enum *target*, enum *pname*, T *param*);

void **TexParameter{if}v**(enum *target*, enum *pname*, const T **params*);
target: TEXTURE_{2D, 3D}, TEXTURE_2D_ARRAY, TEXTURE_CUBE_MAP
pname: TEXTURE_{BASE, MAX}_LEVEL, TEXTURE_{MIN, MAX}_LOD, TEXTURE_{MIN, MAG}_FILTER, TEXTURE_COMPARE_{MODE,FUNC}, TEXTURE_SWIZZLE_{R,G,B,A}, TEXTURE_WRAP_{S,T,R}

人工 mipmap 生成［3.8.9］

void **GenerateMipmap**(enum *target*);
target: TEXTURE_{2D,3D}, TEXTURE_{2D_ARRAY, CUBE_MAP}

枚举查询［6.1.3］

void **GetTexParameter{if}v**(enum *target*, enum *value*, T *data*);

target: TEXTURE_{2D, 3D},
TEXTURE_{2D_ARRAY, CUBE_MAP}
value: TEXTURE_{BASE, MAX}_LEVEL,
TEXTURE_{MIN, MAX}_LOD,
TEXTURE_{MIN, MAG}_FILTER,
TEXTURE_IMMUTABLE_FORMAT,
TEXTURE_COMPARE_{FUNC, MODE},
TEXTURE_WRAP_{S, T, R},
TEXTURE_SWIZZLE_{R, G, B, A}

纹理查询［6.1.4］

boolean **IsTexture**(uint *texture*);

target：参见 Tex Sub Image 2D

逐片段操作

剪裁测试［4.1.2］

Enable/Disable(SCISSOR_TEST);
void **Scissor**(int *left*, int *bottom*, sizei *width*, sizei *height*);

多重采样片段操作［4.1.3］

Enable/Disable(*cap*);
cap: SAMPLE{_ALPHA_TO}_COVERAGE

void **SampleCoverage**(float *value*, boolean *invert*);

模板测试［4.1.4］

Enable/Disable(STENCIL_TEST);

void **StencilFunc**(enum *func*, int *ref*, uint *mask*);
func: NEVER, ALWAYS, LESS, GREATER, {L, G}EQUAL, {NOT}EQUAL

void **StencilFuncSeparate**(enum *face*, enum *func*, int *ref*, uint *mask*);

face，*func*：参见 StencilOpSeparate

void **StencilOp**(enum *sfail*, enum *dpfail*, enum *dppass*);
sfail, dpfail, and *dppass*: KEEP, ZERO, REPLACE, INCR, DECR, INVERT, INCR_WRAP, DECR_WRAP

void **StencilOpSeparate**(enum *face*, enum *sfail*, enum *dpfail*, enum *dppass*);
face: FRONT, BACK, FRONT_AND_BACK
sfail, dpfail, and *dppass*: KEEP, ZERO, REPLACE, INCR, DECR, INVERT, INCR_WRAP, DECR_WRAP
func: NEVER, ALWAYS, LESS, GREATER, {L, G}EQUAL, {NOT}EQUAL

深度缓冲区测试［4.1.5］

Enable/Disable(DEPTH_TEST);
void **DepthFunc**(enum *func*);
func: NEVER, ALWAYS, LESS, LEQUAL, EQUAL, GREATER, GEQUAL, NOTEQUAL

混合［4.1.7］

Enable/Disable(BLEND); *(all draw buffers)*

void **BlendEquation**(enum *mode*);

void **BlendEquationSeparate**(enum *modeRGB*, enum *modeAlpha*);
mode, modeRGB, and *modeAlpha*: FUNC_ADD, FUNC{_REVERSE}_SUBTRACT, MIN, MAX

void **BlendFuncSeparate**(enum *srcRGB*, enum *dstRGB*, enum *srcAlpha*, enum *dstAlpha*);
srcRGB, dstRGB, srcAlpha, and *dstAlpha*: ZERO, ONE, {ONE_MINUS_}SRC_COLOR, {ONE_MINUS_}DST_COLOR, {ONE_MINUS_}SRC_ALPHA, {ONE_MINUS_}DST_ALPHA, {ONE_MINUS_}CONSTANT_COLOR, {ONE_MINUS_}CONSTANT_ALPHA, SRC_ALPHA_SATURATE

void **BlendFunc**(enum *src*, enum *dst*);

src，*dst*：参见 BlendFuncSeparate

void **BlendColor**(float *red*, float *green*, float *blue*, float *alpha*);

抖动［4.1.9］

Enable/Disable(DITHER);

像素矩形［3.7.1］

void **PixelStorei**(enum *pname*, T *param*);
pname: {UN}PACK_ROW_LENGTH, {UN}PACK_ALIGNMENT, {UN}PACK_SKIP_{ROWS,PIXELS}, {UN}PACK_IMAGE_HEIGHT, {UN}PACK_SKIP_IMAGES

整个帧缓冲区

为写入选择缓冲区［4.2.1］

void **DrawBuffers**(sizei *n*, const enum **bufs*);

bufs 指向大小为 *n* 的一个数组，取值为 BACK、NONE 或者 COLOR_ATTACHMENTi，

其中 *i*=［0，MAX_COLOR_ATTACHMENTS−1］

缓冲区更新的精细控制［4.2.2］

void **ColorMask**(boolean *r*, boolean *g*, boolean *b*, boolean *a*);
void **DepthMask**(boolean *mask*);
void **StencilMask**(uint *mask*);
void **StencilMaskSeparate**(enum *face*, uint *mask*);
face: FRONT, BACK, FRONT_AND_BACK

清除缓冲区［4.2.3］

void **Clear**(bitfield *buf*);

buf：按位或 COLOR_BUFFER_BIT、DEPTH_BUFFER_BIT、STENCIL_BUFFER_BIT

void **ClearColor**(float *r*, float *g*, float *b*, float *a*);
void **ClearDepthf**(float *d*);
void **ClearStencil**(int *s*);
void **ClearBuffer{if ui}v**(enum *buffer*, int *drawbuffer*, const T **value*);
buffer: COLOR, DEPTH, STENCIL
void **ClearBufferfi**(enum *buffer*, int *drawbuffer*, float *depth*, int *stencil*);
buffer: DEPTH_STENCIL
drawbuffer: 0

帧缓冲区对象

绑定 / 管理帧缓冲区［4.4.1］

void **GenFramebuffers**(sizei *n*, uint **framebuffers*);

void **BindFramebuffer**(enum *target*, uint *framebuffer*);

void **DeleteFramebuffers**(sizei *n*, const uint **framebuffers*);

渲染缓冲区对象［4.4.2］

void **GenRenderbuffers**(sizei *n*, uint **renderbuffers*);

void **BindRenderbuffer**(enum *target*, uint *renderbuffer*);
target: RENDERBUFFER

void **DeleteRenderbuffers**(sizei *n*, const uint **renderbuffers*);

void **RenderbufferStorageMultisample**(enum *target*, sizei *samples*, enum *internalformat*, sizei *width*, sizei *height*);
target: RENDERBUFFER
internalformat: {R,RG,RGB}8, RGB{565, A4, 5_A1, 10_A2}, RGB{10_A2UI}, R{8,16,32}I, RG{8,16,32}I, R{8,16,32}UI, RG{8,16,32}UI, RGBA, RGBA{8, 8I, 8UI, 16I, 16UI, 32I, 32UI}, SRGB8_ALPHA8, STENCIL_INDEX8, DEPTH{24, 32F}_STENCIL8, DEPTH_COMPONENT{16, 24, 32F}

void **RenderbufferStorage**(enum *target*, enum *internalformat*, sizei *width*, sizei *height*);
target: RENDERBUFFER

internalformat：参见 RenderbufferStorageMultisample

连接渲染缓冲区图像到帧缓冲区

void **FramebufferRenderbuffer**(enum *target*, enum *attachment*, enum *renderbuffertarget*, uint *renderbuffer*);
target: FRAMEBUFFER, {DRAW, READ}_FRAMEBUFFER
attachment: DEPTH_ATTACHMENT, {DEPTH_}STENCIL_ATTACHMENT, COLOR_ATTACHMENT*i* (*i* = [0, MAX_COLOR_ATTACHMENTS-1])
renderbuffertarget: RENDERBUFFER

连接纹理图像到帧缓冲区

void **FramebufferTexture2D**(enum *target*, enum *attachment*, enum *textarget*, uint *texture*, int *level*);
textarget: TEXTURE_2D, TEXTURE_CUBE_MAP_POSITIVE{X, Y, Z}, TEXTURE_CUBE_MAP_NEGATIVE{X, Y, Z}
target: FRAMEBUFFER, {DRAW, READ}_FRAMEBUFFER

attachment：参见 FrameBuffer-Renderbuffer

```
void FramebufferTextureLayer(enum target,
  enum attachment, uint texture, int level,
  int layer);
```
target: TEXTURE_2D_ARRAY, TEXTURE_3D_

attachment：参见 FrameBuffer Renderbuffer

帧缓冲区完整性［4.4.4］

```
enum CheckFramebufferStatus(
  enum target);
```
target: FRAMEBUFFER, {DRAW, READ}_FRAMEBUFFER

返回值：FRAMEBUFFER_COMPLETE 或者表示哪些值违反帧缓冲区完整性的常数

使帧缓冲区内容失效［4.5］

```
void InvalidateSubFramebuffer(
  enum target, sizei numAttachments,
  const enum *attachments, int x,
  int y, sizei width, sizei height);
```
target: FRAMEBUFFER

attachments：指向一个由 COLOR、STENCIL、{DEPTH，STENCIL}_ATTACHMENT、COLOR_ATTACHMENT*i* 组成的数组

```
void InvalidateFramebuffer(enum target,
  sizei numAttachments,
  const enum *attachments);
```

渲染缓冲区对象查询［6.1.14］

```
boolean IsRenderbuffer(uint renderbuffer);
void GetRenderbufferParameteriv(
  enum target, enum pname, int *params);
```
target: RENDERBUFFER

pname：RENDERBUFFER_*x*，其中 *x* 可能为 WIDTH、HEIGHT、{RED，GREEN，BLUE}_SIZE、{ALPHA，DEPTH，STENCIL}_SIZE、SAMPLES、INTERNAL_FORMAT

帧缓冲区对象查询［6.1.13］

```
boolean IsFramebuffer(uint framebuffer);
void
  GetFramebufferAttachmentParameteriv(
  enum target, enum attachment,
  enum pname, int *params);
```
target: FRAMEBUFFER, {DRAW, READ}_FRAMEBUFFER
attachment: BACK, STENCIL, COLOR_ATTACHMENT*i*, {DEPTH, STENCIL, DEPTH_STENCIL}_ATTACHMENT

pname：FRAMEBUFFER_ATTACHMENT_*x*，其中 *x* 可能为 OBJECT_{TYPE，NAME}、COMPONET_TYPE、COLOR_ENCODING、{RED，GREEN，BLUE，ALPHA}_SIZE、{DEPTH，STENCIL}_SIZE、TEXTURE_{LEVEL，LAYER}、TEXTURE_CUBE_MAP_FACE

```
void GetInternalformativ(enum target,
  enum internalformat, enum pname,
  sizei bufSize, int *params);
```
internalformat:

internalformat：参见 Renderbuffer-StorageMultisample

target: RENDERBUFFER
pname: NUM_SAMPLE_COUNTS, SAMPLES

特殊函数

刷新（Flush）和结束（Finsih）［5.1］

Flush 保证目前为止发出的命令最终完成。Finish 阻塞执行，直到目前为止发出的所有命令全部完成。

```
void Flush(void);
void Finish(void);
```

同步对象和栅栏［5.2］

```
sync FenceSync(enum condition,
  bitfield flags);
```
condition: SYNC_GPU_COMMANDS_COMPLETE
flags: 0

```
enum ClientWaitSync(sync sync, bitfield flags,
  uint64 timeout);
```
flags: 0 or SYNC_FLUSH_COMMANDS_BIT
timeout: nanoseconds

```
void WaitSync(
  sync sync, bitfield flags, uint64 timeout);
```
flags: 0
timeout: TIMEOUT_IGNORED

```
void DeleteSync(sync sync);
```

提示［5.3］

```
void Hint(enum target, enum hint);
```
target: GENERATE_MIPMAP_HINT, FRAGMENT_SHADER_DERIVATIVE_HINT
hint: FASTEST, NICEST, DONT_CARE

同步对象查询［6.1.8］

```
sync GetSynciv(sync sync, enum pname,
  sizei bufSize, sizei *length, int *values);
```
pname: OBJECT_TYPE, SYNC_{STATUS, CONDITION, FLAGS}

```
boolean IsSync(sync sync);
```

状态和状态请求

状态所用的符号常量的完整列表可以在［6.2］的表中看到。

简单查询［6.1.1］

```
void GetBooleanv(enum pname,
  boolean *data);
void GetIntegerv(enum pname, int *data);
void GetInteger64v(enum pname,
  int64 *data);
void GetFloatv(enum pname, float *data);
void GetIntegeri_v(enum target, uint index,
  int *data ;
void GetInteger64i_v(enum target,
  uint index, int64 *data);
boolean IsEnabled(enum cap);
```

字符串查询［6.1.6］

```
ubyte *GetString(enum name);
```
name: VENDOR, RENDERER, EXTENSIONS, {SHADING_LANGUAGE_}VERSION

```
ubyte *GetStringi(enum name, uint index);
```
name: EXTENSIONS

访问 khronos.org/opengles 可以得到免费的全尺寸 OPEN GL ES 3.0 API 参考卡片的 PDF 版，也可以在 Amozon.com 上（搜索“Khronos 参考卡片”）购买压模卡片。

OpenGL ES 着色语言 3.0 参考卡片

OpenGL ES 着色语言是两个紧密相关的语言，用于为包含在 OpenGL ES 处理管线中的顶点和片段处理器创建着色器。

［ n.n.n ］和［表 n.n.n ］指 OpenGL ES 着色器语言 3.0 规范（www.khronos.org/registry/gles/）中的章节号和表号。

预处理器［3.4］

预处理器指令

编号符（#）可以直接放在指令前，或者在后面加上空格或水平制表符。

#	*#define*	*#undef*
#if	*#ifdef*	*#ifndef*
#else	*#elif*	*#endif*
#error	*#pragma*	*#extension*
#line		

预处理器指令示例

- “#version 300 es”必须出现在以 GLSL ES 版本 3.0 编写的着色器程序的第一行。如果省略这一行，着色器将被看作针对版本 1.00。
- #extension *extension_name* : *behavior*，其中 *behavior* 可以是 require、enable、warn 或者 disable；而 *extension_name* 是编译器支持的扩展名称。
- #pragma optimize（{on，off}）启用或者禁用着色器优化（默认为 on）。
- #pragma debug（{on，off}）启用或者禁用着色器编译中的调试信息（默认为 off）。

预定义宏

LINE	十进制整数常量，比当前源代码串中前一个新行的行号多 1
FILE	十进制整数常量，表示当前处理的源字符串编号
VERSION	十进制整数，如 300
GL_ES	如果在 OpenGL-ES 着色语言上运行，定义为整数 1

运算符和表达式

运算符［5.1］

按照优先顺序排列，关系和相等运算符 >、<、<=、>=、==、!= 计算结果为布尔值。要按照分量比较向量，使用 lessThan()、equal() 等函数［8.7］。

<table>
<tr><th>序号</th><th>运算符</th><th>描述</th><th>关联</th></tr>
<tr><td>1</td><td>()</td><td>括号组合</td><td>无</td></tr>
<tr><td>2</td><td>[]
()
.
++ --</td><td>数组下标、函数调用和构造器结构
字段或者方法
选择器，混合器
后缀递增和递减</td><td>左 - 右</td></tr>
<tr><td>3</td><td>++ --
+•~ !</td><td>前缀递增和递减
一元运算</td><td>右 - 左</td></tr>
<tr><td>4</td><td>* %/</td><td>乘法</td><td>左 - 右</td></tr>
<tr><td>5</td><td>+ -</td><td>加法</td><td>左 - 右</td></tr>
<tr><td>6</td><td><< >></td><td>按位移</td><td>左 - 右</td></tr>
<tr><td>7</td><td>< > <= >=</td><td>关系</td><td>左 - 右</td></tr>
<tr><td>8</td><td>== ! =</td><td>相等</td><td>左 - 右</td></tr>
<tr><td>9</td><td>&</td><td>按位与</td><td>左 - 右</td></tr>
<tr><td>10</td><td>^</td><td>按位异或</td><td>左 - 右</td></tr>
<tr><td>11</td><td>|</td><td>按位或</td><td>左 - 右</td></tr>
<tr><td>12</td><td>&&</td><td>逻辑与</td><td>左 - 右</td></tr>
<tr><td>13</td><td>^^</td><td>逻辑异或</td><td>左 - 右</td></tr>
<tr><td>14</td><td>||</td><td>逻辑或</td><td>左 - 右</td></tr>
<tr><td>15</td><td>?:</td><td>选择（选择整个操作数。使用 mix（）选择向量的单独分量）</td><td>左 - 右</td></tr>
<tr><td>16</td><td>=
+= -= *= /=
%= <<= >>=
&= ^= |=</td><td>赋值
算术赋值</td><td>左 - 右</td></tr>
<tr><td>17</td><td>,</td><td>顺序</td><td>左 - 右</td></tr>
</table>

向量分量［5.5］

除了数组数值型下标语法之外，向量分量的名称可以用单个字母表示。分量可以混合和重复，例如：pos.xx，pos.zy。

{*x*，*y*，*z*，*w*}	访问代表点或者法线的向量时使用
{*r*，*g*，*b*，*a*}	访问代表颜色的向量时使用
{*s*，*t*，*p*，*q*}	访问代表纹理坐标的向量时使用

类型 [4.1]

着色器可以用数组和结构聚合以下类型，以构建更复杂的类型。没有指针类型。

基本类型

void	函数无返回值，或者空的参数列表
bool	布尔值
int，unit	有符号和无符号整数
float	浮点标量
vec2，vec3，vec4	n- 分量浮点向量
bvec2，bvec3，bvec4	布尔向量
ivec2，ivec3，ivec4	有符号整数向量
uvec2，uvec3，uvec4	无符号整数向量
mat2，mat3，mat4	2×2，3×3，4×4 浮点矩阵
mat2×2，mat2×3，mat2×4	2×2，2×3，2×4 浮点矩阵
mat3×2，mat3×3，mat3×4	3×2，3×3，3×4 浮点矩阵
mat4×2，mat4×3，mat4×4	4×2，4×3，4×4 浮点矩阵

浮点采样器类型（不透明）

sampler2D，sampler3D	访问 2D 或者 3D 纹理
samplerCube	访问立方图纹理
samplerCubeShadow	访问带有对比的立方图深度纹理
sampler2DShadow	访问带有对比的 2D 深度纹理
sampler2DArray	访问 2D 数组纹理
sampler2DArrayShadow	访问带有对比的 2D 数组深度纹理

有符号整数采样器类型（不透明）

isampler2D，isampler3D	访问整数 2D 或者 3D 采样器
isamplerCube	访问整数立方图纹理
isampler2DArray	访问整数 2D 数组纹理

无符号整数采样器类型（不透明）

usampler2D，usampler3D	访问无符号整数 2D 或者 3D 采样器
usamplerCube	访问无符号整数立方图纹理
usampler2DArray	访问无符号整数 2D 数组纹理

结构和数组 [4.1.8，4.1.9]

结构	strut *type-name*{
	members
	}*struct-name* [ ]; // 可选变量声明或者数组

数组	float foo [3]; 结构、块和结构成员都可以是数组 只支持一维数组

限定符

存储限定符 [4.3]

存诸限定符可以放在变量声量声明之前。

none	（默认）本地读 / 写内存，或者输入参数
const	编译时常量，或者只读函数参数
in **centroid in**	从前一阶段链接到一个着色器
out **centroid out**	从着色器链接到下一个阶段
uniform	在图元处理中值不改变，统一变量组成了着色器、OpenGL ES 和应用程序的链接。

下面的插值限定符用于着色器输入和输出，可以在 in、centroid in、out 或者 centroid out 之前。

smooth	透视校正插值
flat	无插值

接口块 [4.3.7]

统一变量声明可以组合为命名的接口块，例如：

```
uniform Transform {
  mat4 ModelViewProjectionMatrix;
  uniform mat3 NormalMatrix;   // restatement
of qualifier
  float Deformation;
}
```

布局限定符 [4.3.8]

layout(*layout-qualifier*) *block-declaration*
layout(*layout-qualifier*) **in/out/uniform**
layout(*layout-qualifier*) **in/out/uniform** *declaration*

输入布局限定符 [4.3.8.1]

对于所有着色器阶段：
location= 整数常量

输出布局限定符 [4.3.8.2]

对于所有着色器阶段：
location= 整数常量

统一变量块布局限定符 [4.3.8.3]

统一变量块的布局限定符标识符：

shared, packed, std140, {row, column}_major

参数限定符 [4.4]

输入值在函数调用时复制，输出值在函数返回时复制。

无	（默认）与 in 相同
in	用于传入函数的函数参数
out	用于传出函数，但是传入时没有初始化的参数
inout	用于既传入函数又传出函数的参数

精度和精度限定符［4.5］

任何浮点、整数或者采样器声明都可以在前面加上如下精度限定符中的一个：

highp	满足顶点语言的最低需求
mediump	范围和精度介于 lowp 和 highp 之间
lowp	范围和精度可能低于 mediump，但是仍然能够表现任何颜色通道的所有颜色值

精度语句确定后续的 int、float 和采样器声明的默认精度，例如：

```
precision highp int;
```

精度限定符的范围和精度（FP= 浮点）：

	FP 范围	FP 幅值范围	FP 精度	整数范围	
				（有符号）	（无符号）
highp	$(-2^{126}, 2^{127})$	0.0，$(2^{-126}, 2^{127})$	相对 2^{-24}	$[-2^{31}, 2^{31}-1]$	$[0, 2^{32}-1]$
mediump	$(-2^{14}, 2^{14})$	$(2^{-14}, 2^{14})$	相对 2^{-10}	$[-2^{15}, 2^{15}-1]$	$[0, 2^{16}-1]$
lowp	$(-2, 2)$	$(2^{-8}, 2)$	绝对 2^{-8}	$[-2^{7}, 2^{7}-1]$	$[0, 2^{8}-1]$

不变限定符示例［4.6］

`#pragma STDGL` **invariant (all)**	强制所有输出变量不变
invariant `gl_Position;`	限定之前声明的变量
invariant centroid out `vec3 Color;`	限定作为变量声明的一部分

限定顺序［4.7］

存在多个限定时，它们必须遵循严格的顺序。这个顺序是如下所列的一个：

不变性，插值，存储，精度
存储，参数，精度

```
v = v * v;       // vector * vector c
                 // component-wise
m = m +/- m;     // matrix component-wise
                 // addition/subtraction
m = m * m;       // linear algebraic multiply
m = v * m;       // row vector * matrix linear
                 // algebraic multiply
m = m * v;       // matrix * column vector linear
                 // algebraic multiply
f = dot(v, v);   // vector dot product
v = cross(v, v); // vector cross product
m = matrixCompMult(m, m);
                 // component-wise multiply
```

结构操作［5.7］

用句点（.）操作符选择结构字段。有效的操作符如下：

.	字段选择符
== ! =	相等
=	赋值

数组操作［5.7］

数组元素用数组下标操作符“[ ]”访问。例如：

```
diffuseColor +=
lightIntensity [3] *NdotL;
```

数组的大小可以用 .length() 操作符确定。例如：

```
for (i = 0; i < a.length(); i++)
    a[i] = 0.0;
```

聚合操作和构造器

矩阵构造器示例［5.4.2］

```
mat2 (float)
           // 初始化对角矩阵
mat2 (vec2, vec2);
           // 列优先顺序
mat2 ( float, float, float,
float);    // 列优先顺序
```

结构构造器示例［5.4.3］

```
struct light {
    float intensity;
    vec3 pos;
};
light lightVar = light(3.0, vec3(1.0, 2.0, 3.0));
```

矩阵分量［5.6］

用数组下标语法访问矩阵分量。例如：

```
mat4 m;                // m represents a matrix
m[1] = vec4(2.0);      // sets second column to
                       // all 2.0
m[0][0] = 1.0;         // sets upper left element
                       // to 1.0
m[2][3] = 2.0;         // sets 4th element of 3rd
                       // column to 2.0
```

矩阵和向量操作的实例如下：

```
m = f * m;    // scalar * matrix
              // component-wise
v = f * v;    // scalar * vector
              // component-wise
```

语句和结构

循环和跳转［6］

入口	`void main()`

循环	`for(;;){break, continue}`
	`while(){break, continue}`
	`do{break, continue} while();`

选择	`if(){}`
	`if(){}else{}`
	`switch(){break, case }`

跳转	`break, continue, return` `discard // 仅片段着色器`

内建输入、输出和常量［7］

着色器程序使用特殊标量与管线的固定功能部分通信。输出特殊变量可以在写入之后读回。输入特殊变量是只读的。所有特殊变量的作用域都为全局。

顶点着色器特殊变量［7.1］

输入：

```
  int          gl_VertexID;              //整数索引
  int          gl_InstanceID;            //实例号
```

输出：

```
out gl_PerVertex{
  vec4         gl_Position;              //变换后的顶点位置，以裁剪坐标表示
  float        gl_PointSize;             //变换后的点大小，以像素数表示（仅点光栅化）
};
```

片段着色器特殊变量［7.2］

输入：

```
  highp vec4   gl_FragCoord;             //帧缓冲区中的片段位置
  bool         gl_FrontFacing;           //属于面对图元的片段
  medium vec2  gl_PointCoord;            //每个分量的范围，从0.0到1.0
```

输出：

```
  highp float  gl_FragDepth;             //深度范围
```

内建常量和最小值［7.3］

内建常量	最小值
const mediump int gl_MaxVertexAttribs	16
const mediump int gl_MaxVertexUniformVectors	256
const mediump int gl_MaxVertexOutputVectors	16
const mediump int gl_MaxFragmentlnputVectors	15
const mediump int gl_MaxVertexTexturelmageUnits	16
const mediump int gl_MaxCombinedTexturelmageUnits	32
const mediump int gl_MacTexturelmageUnits	16
const mediump int gl_MacFragmentUmformVectors	224
const mediump intgl_MaxDrawBuffers	4
const mediump intgl_MimProgramTexelOffset	–8
const mediump intgl_MaxProgramTexelOffset	7

内建统一状态［7.4］

作为访问 OpenGL ES 处理状态的一个辅助手段，OpenGL ES 着色语言内建了如下统一变量：

```
struct gl_DepthRangeParameters {
  float near;        // n
  float far;         // f
  float diff;        // f - n
};
uniform gl_DepthRangeParameters gl_DepthRange;
```

内建函数

角度和三角函数［8.1］

按分量运算。指定为 *angle* 的参数假定使用弧度单位。T 是 float、vec2、vec3 和 vec4。

T **radians** (T *degrees*);	角度→弧度
T **degrees** (T *radians*);	弧度→角度
T **sin** (T *angle*);	正弦
T **cos** (T *angle*);	余弦
T **tan** (T *angle*);	正切
T **asin** (T *x*);	反正弦
T **acos** (T *x*);	反余弦
T **atan** (T *y*, T *x*); T **atan** (T *y_over_x*);	反正切
T **sinh** (T *x*);	双曲正弦
T **cosh** (T *x*);	双曲余弦
T **tanh** (T *x*);	双曲正切
T **asinh** (T *x*);	双曲反正弦；sinh 的逆函数
T **acosh** (T *x*);	双曲反余弦；cosh 的非负逆函数
T **atanh** (T *x*);	双曲反正切；tanh 的逆函数

指数函数 [8.2]

按分量运算。T 是 float、vec2、vec3 和 vec4。

T **pow** (T *x*, T *y*);	*xy*
T **exp** (T *x*);	e^x
T **log** (T *x*);	ln
T **exp2** (T *x*);	2^x
T **log2** (T *x*);	$\log_2$
T **sqrt** (T *x*);	平方根
T **inversesqrt** (T *x*);	平方根倒数

常用函数 [8.3]

按分量运算。T 是 float 和 vec*n*，TI 是 int 和 ivec*n*，TU 是 uint 和 uvec*n*，TB 是 bool 和 bvec*n*，其中 *n* 为 1、2、3、4。

T **abs** (T *x*); TI **abs** (TI *x*);	绝对值
T **sign** (T *x*); TI **sign** (TI *x*);	返回 -1.0、0.0 或 1.0
T **floor** (T *x*);	<=*x* 的最接近整数
T **trunc** (T *x*);	最接近的整数 *a*，满足 |*a*|<=|*x*|
T **round** (T *x*);	舍入为最接近的整数
T **roundEven** (T *x*);	舍入为最接近的整数
T **ceil** (T *x*);	> = *x* 的最接近整数
T **fract** (T *x*);	*x*-floor (*x*)
T **mod** (T *x*, T *y*); T **mod** (T *x*, float *y*); T **mod** (T *x*, out T *i*);	取模

（续）

T **min** (T *x*, T *y*); TI **min** (TI *x*, TI *y*); TU **min** (TU *x*, TU *y*); T **min** (T *x*, float *y*); TI **min** (TI *x*, int *y*); TU **min** (TU *x*, uint *y*);	最小值
T **max** (T *x*, T *y*); TI **max** (TI *x*, TI *y*); TU **max** (TU *x*, TU *y*); T **max** (T *x*, float *y*); TI **max** (TI *x*, int *y*); TU **max** (TU *x*, uint *y*);	最大值
T **clamp** (TI *x*, T *minVal*, T *maxVal*); TI **clamp** (V *x*, TI *minVal*, TI *maxVal*); TU **clamp** (TU *x*, TU *minVal*, TU *maxVal*); T **clamp** (T *x*, float *minVal*, float *maxVal*); TI **clamp** (TI *x*, int *minVal*, int *minVal*); TU **clamp** (TU *x*, uint *minVal*, uint *minVal*);	min (max (*x*, *minVal*), *maxval*)
T **mix** (T *x*, T *y*, T *a*); T **mix** (T *x*, T *y*, float *a*);	*x* 和 *y* 的线性混合
T **mix** (T *x*, T *y*, TB *a*);	选择向量源的每个返回分量
T **step** (T *edge*, T *x*); T **step** (float *edge*, T *x*)	如果 $x<edge$ 为 0，否则为 1
T **smoothstep** (T *edge0*, T *edge1*, T *x*); T **smoothstep** (float *edge0*, float *edge1*, T *x*);	固定和平滑
TB **isnan** (T *x*);	如果 *x* 是一个 NaN，则为真
TB **isinf** (T *x*);	如果 *x* 是正负无穷大，则为真
TI **floatBitsToInt** (T *value*); TU **floatBitsToUint** (T *value*);	highp 整数，保留浮点位级表示
T **intBitsToFloat** (TI *value*); T **uintBitsToFloat** (TU *value*);	highp 浮点数，保留整数位级表示

浮点数打包和解包［8.4］

uint **packSnorm2x16** (vec2 *v*); uint **packUnorm2x16** (vec2 *v*);	将两个浮点数转换为定点数，并打包为一个整数
vec2 **unpackSnorm2x16** (uint *p*); vec2 **unpackUnorm2x16** (uint *p*);	将一对定点值解包为浮点数
uint **packHalf2x16** (vec2 *v*);	将两个浮点数转换为半精度浮点数，并打包为一个整数
vec2 **unpackHalf2x16** (uint *v*);	将半值对解包为完整的浮点数

几何函数［8.5］

这些函数在向量上以向量方式运算，而不以按分量方式运算。T 是 float、vcc2、vec3 和 vec4。

float **length** (T *x*);	向量长度
float **distance** (T *p0*, T *p1*);	点之间的距离
float **dot** (T *x*, T *y*);	点乘
vec3 **cross** (vec3 *x*, vec3 *y*);	叉积
T **normalize** (T *x*);	将向量规范化为长度 1
T **faceforward** (T *N*, T *I*, T *Nref*);	如果 dot (*Nref*,*I*) <0 返回 *N*，否则返回 –*N*
T **reflect** (T *I*, T *N*);	反射方向 *I*–2*dot (*N*,*I*) **N*
T **refract** (T *I*, T *N*, float *eta*);	折射向量

矩阵函数 [8.6]

mat 是任意矩阵类型。

mat **matrixCompMult** (mat *x*, mat *y*) ;	*x* 和 *y* 按分量相乘
mat2 **outerProduct** (vec2 *c*, vec2 *r*) ; mat3 **outerProduct** (vec3 *c*, vec3 *r*) ; mat4 **outerProduct** (vec4 *c*, vec4 *r*) ;	线性代数列向量 × 行向量
mat2x3 **outerProduct** (vec3 *c*, vec2 *r*) ; mat3x2 **outerProduct** (vec2 *c*, vec3 *r*) ; mat2x4 **outerProduct** (vec4 *c*, vec2 *r*) ; mat4x2 **outerProduct** (vec2 *c*, vec4 *r*) ; mat3x4 **outerProduct** (vec4 *c*, vec3 *r*) ; mat4x3 **outerProduct** (vec3 *c*, vec4 *r*) ;	线性代数列向量 × 行向量
mat2 **transpose** (mat2 *m*) ; mat3 **transpose** (mat3 *m*) ; mat4 **transpose** (mat4 *m*) ; mat2x3 **transpose** (mat3x2 *m*) ; mat3x2 **transpose** (mat2x3 *m*) ; mat2x4 **transpose** (mat4x2 *m*) ; mat4x2 **transpose** (mat2x4 *m*) ; mat3x4 **transpose** (mat4x3 *m*) ; mat4x3 **transpose** (mat3x4 *m*) ;	矩阵 *m* 的转置
float **determinant** (mat2 *m*) ; float **determinant** (mat3 *m*) ; float **determinant** (mat4 *m*) ;	矩阵 *m* 的行列式
mat2 **inverse** (mat2 *m*) ; mat3 **inverse** (mat3 *m*) ; mat4 **inverse** (mat4 *m*) ;	矩阵 *m* 的逆矩阵

向量关系函数 [8.7]

按照分量比较 *x* 和 *y*。特定调用的输入与返回向量大小必须相匹配。bvec 类型为 bvec*n*；vec 是 vec*n*；ivec 是 ivce *n*；uvec 是 uvec*n*；(其中 *n* 是 1、2、3 或 4)。T 是 vec 和 ivec 的统称。

bvec **lessThan** (T *x*, T *y*) ; bvec **lessThan** (uvec *x*, uvec *y*) ;	*x*<*y*
bvec **lessThanEqual** (T *x*, T *y*) ; bvec **lessThanEqual** (uvec *x*, uvec *y*) ;	*x*<=*y*
bvec **greaterThan** (T *x*, T *y*) ; bvec **greaterThan** (uvec *x*, uvec *y*) ;	*x*>*y*

（续）

bvec **greaterThanEqual**(T *x*, T *y*); bvec **greaterThanEqual**(uvec *x*, uvec *y*);	*x*>=*y*
bvec **equal**(T *x*, T *y*); bvec **equal**(bvec *x*, bvec *y*); bvec **equal**(uvec *x*, uvec *y*);	*x*==*y*
bvec **notEqual**(T *x*, T *y*); bvec **notEqual**(bvec *x*, bvec *y*); bvec **notEqual**(uvec *x*, uvec *y*);	*x*!=*y*
bool **any**(bvec *x*);	如果 *x* 的任何分量为真，则返回真
bool **all**(bvec *x*);	如果 *x* 的所有分量为真，则返回真
bool **not**(bvec *x*);	*x* 的逻辑补

纹理查找函数 [8.8]

正如 OpenGL ES 3.0 规范 [2.11.9] 节中所述，textureSize 函数返回绑定到采样器的纹理细节级别的尺寸。类型名称开头的“g”是占位符，代表“空”、“i”或者“u”。

```
highp ivec{2,3} textureSize(gsampler{2,3}D sampler, int lod);
highp ivec2  textureSize(gsamplerCube sampler, int lod);
highp ivec2  textureSize(sampler2DShadow sampler, int lod);
highp ivec2  textureSize(samplerCubeShadow sampler, int lod);
highp ivec3  textureSize(gsampler2DArray sampler, int lod);
highp ivec3  textureSize(sampler2DArrayShadow sampler, int lod);
```

使用采样器的纹理查找函数可用于顶点和片段着色器，类型名称开头的“g”是占位符，代表“空”、“i”或者“u”。

```
gvec4  texture(gsampler{2,3}D sampler, vec{2,3} P [, float bias]);
gvec4  texture(gsamplerCube sampler, vec3 P [, float bias]);
float  texture(sampler2DShadow sampler, vec3 P [, float bias]);
float  texture(samplerCubeShadow sampler, vec4 P [, float bias]);
gvec4  texture(gsampler2DArray sampler, vec3 P [, float bias]);
float  texture(sampler2DArrayShadow sampler, vec4 P);

gvec4  textureProj(gsampler2D sampler, vec{3,4} P [, float bias]);
gvec4  textureProj(gsampler3D sampler, vec4 P [, float bias]);
float  textureProj(sampler2DShadow sampler, vec4 P [, float bias]);

gvec4  textureLod(gsampler{2,3}D sampler, vec{2,3} P, float lod);
gvec4  textureLod(gsamplerCube sampler, vec3 P, float lod);
float  textureLod(sampler2DShadow sampler, vec3 P, float lod);
gvec4  textureLod(gsampler2DArray sampler, vec3 P, float lod);

gvec4  textureOffset(gsampler2D sampler, vec2 P, ivec2 offset [, float bias]);
gvec4  textureOffset(gsampler3D sampler, vec3 P, ivec3 offset [, float bias]);
float  textureOffset(sampler2DShadow sampler, vec3 P, ivec2 offset [, float bias]);
gvec4  textureOffset(gsampler2DArray sampler, vec3 P, ivec2 offset [, float bias]);

gvec4  texelFetch(gsampler2D sampler, ivec2 P, int lod);
gvec4  texelFetch(gsampler3D sampler, ivec3 P, int lod);
gvec4  texelFetch(gsampler2DArray sampler, ivec3 P, int lod);

gvec4  texelFetchOffset(gsampler2D sampler, ivec2 P, int lod, ivec2 offset);
gvec4  texelFetchOffset(gsampler3D sampler, ivec3 P, int lod, ivec3 offset);
gvec4  texelFetchOffset(gsampler2DArray sampler, ivec3 P, int lod, ivec2 offset);
```

（续）

gvec4 **textureProjOffset**(gsampler2D *sampler*, vec3 P, ivec2 *offset* [, float *bias*]); gvec4 **textureProjOffset**(gsampler2D *sampler*, vec4 P, ivec2 *offset* [, float *bias*]); gvec4 **textureProjOffset**(gsampler3D *sampler*, vec4 P, ivec3 *offset* [, float *bias*]); float **textureProjOffset**(sampler2DShadow *sampler*, vec4 P, ivec2 *offset* [, float *bias*]);
gvec4 **textureLodOffset**(gsampler2D *sampler*, vec2 P, float *lod*, ivec2 *offset*); gvec4 **textureLodOffset**(gsampler3D *sampler*, vec3 P, float *lod*, ivec3 *offset*); float **textureLodOffset**(sampler2DShadow *sampler*, vec3 P, float *lod*, ivec2 *offset*); gvec4 **textureLodOffset**(gsampler2DArray *sampler*, vec3 P, float *lod*, ivec2 *offset*);
gvec4 **textureProjLod**(gsampler2D *sampler*, vec3 P, float *lod*); gvec4 **textureProjLod**(gsampler2D *sampler*, vec4 P, float *lod*); gvec4 **textureProjLod**(gsampler3D *sampler*, vec4 P, float *lod*); float **textureProjLod**(sampler2DShadow *sampler*, vec4 P, float *lod*);
gvec4 **textureProjLodOffset**(gsampler2D *sampler*, vec3 P, float *lod*, ivec2 *offset*); gvec4 **textureProjLodOffset**(gsampler2D *sampler*, vec4 P, float *lod*, ivec2 *offset*); gvec4 **textureProjLodOffset**(gsampler3D *sampler*, vec4 P, float *lod*, ivec3 *offset*); float **textureProjLodOffset**(sampler2OShadow *sampler*, vec4 P, float *lod*, ivec2 *offset*);
gvec4 **textureProjGrad**(gsampler2D *sampler*, vec3 P, vec2 *dPdx*, vec2 *dPdy*); gvec4 **textureProjGrad**(gsampler2D *sampler*, vec4 P, vec2 *dPdx*, vec2 *dPdy*); gvec4 **textureProjGrad**(gsampler3D *sampler*, vec4 P, vec3 *dPdx*, vec3 *dPdy*); float **textureProjGrad**(sampler2DShadow *sampler*, vec4 P, vec2 *dPdx*, vec2 *dPdy*);
gvec4 **textureGrad**(gsampler2D *sampler*, vec2 P, vec2 *dPdx*, vec2 *dPdy*); gvec4 **textureGrad**(gsampler3D *sampler*, vec3 P, vec3 *dPdx*, vec3 *dPdy*); gvec4 **textureGrad**(gsamplerCube *sampler*, vec3 P, vec3 *dPdx*, vec3 *dPdy*); float **textureGrad**(sampler2DShadow *sampler*, vec3 P, vec2 *dPdx*, vec2 *dPdy*);
float **textureGrad**(samplerCubeShadow *sampler*, vec4 P, vec3 *dPdx*, vec3 *dPdy*); gvec4 **textureGrad**(gsampler2DArray *sampler*, vec3 P, vec2 *dPdx*, vec2 *dPdy*); float **textureGrad**(sampler2DArrayShadow *sampler*, vec4 P, vec2 *dPdx*, vec2 *dPdy*);
gvec4 **textureGradOffset**(gsampler2D *sampler*, vec2 P, vec2 *dPdx*, vec2 *dPdy*, ivec2 *offset*); gvec4 **textureGradOffset**(gsampler3D *sampler*, vec3 P, vec3 *dPdx*, vec3 *dPdy*, ivec3 *offset*); float **textureGradOffset**(sampler2OShadow *sampler*, vec3 P, vec2 *dPdx*, vec2 *dPdy*, ivec2 *offset*); gvec4 **textureGradOffset**(gsampler2DArray *sampler*, vec3 P, vec2 *dPdx*, vec2 *dPdy*, ivec2 *offset*); float **textureGradOffset**(sampler2DArrayShadow*sampler*, vec4P, vec2 *dPdx*, vec2 *dPdy*, ivec2 *offset*);
gvec4 **textureProjGradOffset**(gsampler2D *sampler*, vec3 P, vec2 *dPdx*, vec2 *dPdy*, ivec2 *offset*); gvec4 **textureProjGradOffset**(gsampler2D *sampler*, vec4 P, vec2 *dPdx*, vec2 *dPdy*, ivec2 *offset*); gvec4 **textureProjGradOffset**(gsampler3D *sampler*, vec4 P, vec3 *dPdx*, vec3 *dPdy*, ivec3 *offset*); float **textureProjGradOffset**(sampler2DShadow *sampler*, vec4 P, vec2 *dPdx*, vec2 *dPdy*, ivec2 *offset*);

片段处理函数 [8.9]

用局部微分得出近似值。

T **dFdx** (T *p*);	关于 *x* 求导
T **dFdy** (T *p*);	关于 *y* 求导
T **fwidth** (T *p*);	abs (dFdx (*p*)) + abs (dFdy (*p*))

样板程序

下面是 GLSL ES 3.0 多重渲染目标下延迟照明的 G 缓冲区构造示例。

顶点着色器

```
#version 300 es

// inputs
layout (location=0) in vec4 a_position;
layout (location=1) in vec2 a_texCoord;
layout (location=3) in vec3 a_normal;

// outputs
out  vec2 v_texCoord;
out  vec3 v_normal;
out  vec3 v_worldPos;

// uniforms
layout(std140) uniform transforms
{
   mat4 u_modelViewMat;
   mat4 u_modelViewProjMat;
   mat3 u_normalMat;
};

void main()
{
   v_texCoord    = a_texCoord;
   v_normal      = u_normalMat * a_normal;
   v_worldPos    = (u_modelViewMat * a_position).xyz;

   // vertex position calculation
   gl_Position   = u_modelViewProjMat * a_position;
}
```

片段着色器

```
#version 300 es

precision mediump float;

// inputs
in   vec2 v_texCoord;
in   vec3 v_normal;
in   vec3 v_worldPos;

// outputs
out vec4 gl_FragData[3];

// uniforms
uniform sampler2D   u_baseTextureSamp;
uniform float       u_specular;
void main()
{
   vec4 baseColor = texture(u_baseTextureSamp, v_texCoord);

   // Normalize per-pixel vectors
   vec3 normal     = normalize(v_normal);
   // Store material properties into MRTs
   gl_FragData[0] = baseColor;                        // base color
   gl_FragData[1] = vec4(normal, u_specular);   // packed: surface
                                                       // normal in xyz, specular exponent in w.
   gl_FragData[2] = vec4(v_worldPos, 0.0);         // world position
}
```

OpenGL ES 是 Silicon Graphics 国际公司的注册商标，在 Khronos 集团许可下使用。Khronos 集团是一个行业联盟，为多种平台和设备上的创作和并行计算加速、图形及动态媒体建立开放标准。关于 Khronos 集团的更多信息参见 www.khronos.org。

OpenGL ES 3.0 Programming Guide

(Second Edition)

OpenGL ES 3.0 编程指南

（原书第2版）

（美） Dan Ginsburg　Budirijanto Purnomo　等著

姚军　等译

图书在版编目（CIP）数据

OpenGL ES 3.0 编程指南（原书第 2 版）/（美）金斯伯格（Ginsburg, D.）等著；姚军等译．
—北京：机械工业出版社，2015.2（2024.1 重印）
（华章程序员书库）
书名原文：OpenGL ES 3.0 Programming Guide，Second Edition

ISBN 978-7-111-48915-3

I. O…　II. ①金…　②姚…　III. 图形软件 – 指南　IV. TP391.41-62

中国版本图书馆 CIP 数据核字（2014）第 305067 号

北京市版权局著作权合同登记　图字：01-2014-3688 号。

Authorized translation from the English language edition, entitled *OpenGL ES 3.0 Programming Guide, Second Edition*, 9780321933881 by Dan Ginsburg, Budirijanto Purnomo et al., published by Pearson Education, Inc., Copyright © 2014.

All rights reserved. No part of this book may be reproduced or transmitted in any form or by any means, electronic or mechanical, including photocopying, recording or by any information storage retrieval system, without permission from Pearson Education, Inc.

Chinese simplified language edition published by China Machine Press Copyright © 2015.

本书中文简体字版由 Pearson Education（培生教育出版集团）授权机械工业出版社在中国大陆地区（不包括香港、澳门特别行政区及台湾地区）独家出版发行。未经出版者书面许可，不得以任何方式抄袭、复制或节录本书中的任何部分。

本书封底贴有 Pearson Education（培生教育出版集团）激光防伪标签，无标签者不得销售。

OpenGL ES 3.0 编程指南（原书第 2 版）

出版发行：机械工业出版社（北京市西城区百万庄大街 22 号　邮政编码：100037）

责任编辑：关　敏　　责任校对：董纪丽

印　　刷：北京建宏印刷有限公司　　版　　次：2024 年 1 月第 1 版第 11 次印刷

开　　本：186mm × 240mm　1/16　　印　　张：22.75　　插　　页：8

书　　号：ISBN 978-7-111-48915-3　　定　　价：79.00 元

客服电话：（010）88361066　68326294

版权所有・侵权必究
封底无防伪标均为盗版

Praise 本书赞誉

“作为一名图形技术人员和认真的 OpenGL ES 开发人员，我真心诚意地认为，如果你只购买一本有关 OpenGL ES 3.0 编程的书籍，那么就应该是买这本书。Dan 和 Budirijanto 的这本书很明显是程序员写给程序员的书，任何对 OpenGL ES 3.0 感兴趣的人都有必要阅读它。本书信息丰富，结构严谨，内容全面，尤其是可操作性强。你会发现在编程过程中，你将会一次又一次地打开本书，而不是阅读 OpenGL ES 的规范。我给它最高的推荐级别。”

——Rick Tewell，Freescale 图形技术架构师

“本书用清晰、全面的解释和大量示例介绍了 OpenGL ES 的最新版本。任何开发移动应用的人的案头都应该准备一本。”

——Dave Astle，高通公司图形工具主管，GameDev.net 创始人

“本书的第 2 版详细介绍了 OpenGL ES 3.0 规范，并用丰富的实用信息和示例帮助不同水平的开发者立即开始编程。针对用我们的 PowerVR Rogue 图形为各种移动和嵌入式产品创建应用的成千上万的开发人员，我们推荐将本书作为 OpenGL ES 3.0 的入门读物。”

——Kristof Beets，Imagination 技术公司业务开发部

“这是一本可靠的 OpenGL ES 3.0 参考书。它介绍了这一 API 的所有方面，帮助所有开发人员熟悉和理解 API，并专门介绍了 ES 3.0 的新功能。”

——Jed Fisher，4D Pipeline 执行合伙人

“这是一本清晰且全面的 OpenGL ES 3.0 参考书，它出色地介绍了现代 OpenGL 编程中的所有概念。这是我在研究嵌入式 OpenGL 时希望带在身边的指南。”

——Todd Furlong，Inv3rsion 公司总裁兼首席工程师

译者序 The Translator's Words

自计算机诞生以来，图形处理就是其应用领域中的一个重要的方面，不管是用于科学研究、设计还是娱乐，强大的图形处理能力都是人们梦寐以求的。进入 PC 时代以来，和 CPU 相比图形处理单元（GPU）的发展速度有过之而无不及。在移动设备大行其道的今天，图形处理的领域又扩展到掌上娱乐等方向，与人们的日常生活更加息息相关。

如何充分利用 GPU 强大的性能呢？精心开发的驱动程序和 API 是其中的关键，有了它们，应用和游戏程序开发者才能够从繁琐的绘图实现中解放出来，将其才华应用到应用程序中真正闪光的创意上。在 PC 时代出现的众多 API 和程序库中，Khronos 组织开发的 OpenGL 无疑是个中翘楚，它所提供的丰富功能、极佳的性能以及跨平台的特性得到了广大硬件供应商和编程开发人员的喜爱，很快成为最受欢迎的桌面图形 API 之一。

移动和嵌入式设备日益成为人们生活中不可或缺的一部分，受限于较低的性能和硬件规格以及平台供应商的多样性，这些设备上的图形编程多年来一直困扰着设备制造商和应用开发人员。人们自然地想到，如果在移动平台上有类似于桌面 OpenGL 那样的 API，那该是多么令人期待的事情。Khronos 不负众望，在 OpenGL 的基础上开发出了用于手持和嵌入式平台的 OpenGL ES API 及配套的着色语言。这个程序库不仅保留了 OpenGL 中丰富的功能，而且引入了许多根据目标设备特点优化的特性，为移动图形应用打开了一扇窗户，很快成为业界领先的图形 API，为 Apple、Google 等移动平台供应商所采用和支持。

从 1.0 版本开始，随着硬件平台的发展以及桌面 OpenGL 的升级换代，OpenGL ES 也推出了数个版本，OpenGL ES 3.0 是其最新版本，它充分利用了硬件发展的最新成果，在性能上所做的妥协更少，对桌面版本功能的保留和兼容性更好，从而使更多的桌面图形开发人员投身于移动平台，大大推进了这些平台上图形应用的发展。

本书是由几位 OpenGL ES 专家合作编著，是适用于全面学习 OpenGL ES 规范的权威指南。在介绍 OpenGL ES 2.0 的第 1 版的基础上，现在的版本全面介绍了 OpenGL ES 3.0 的各种特性，尤其重点介绍了对2.0版本新增的功能。从OpenGL ES 3.0基本概念的介绍开始，通过大量详尽的示例，本书介绍了OpenGL ES可编程图形管线的全貌，既有简单图形的渲染方法，又深入介绍了粒子系统等高级特效。刚接触OpenGL ES的读者可以通过阅读本书对OpenGL ES有较为深入的了解，而对OpenGL ES编程有一定经验的读者可以从中得到高级技术的概述。书中所附的OpenGL ES参考卡片以及对各种函数、类型、接口的深入介绍，更可以长期作为开发人员的资料来源。

本书的翻译工作主要由姚军完成，徐锋、陈绍继、郑端、吴兰陟、施游、林起浪、陈志勇、刘建林、白龙、宁懿等也为本书的翻译工作做出了贡献，希望广大读者多多指正。

译者

序 Foreword

5 年以前，本书第 1 版介绍的 OpenGL ES 2.0 曾经警示开发人员，移动和嵌入式系统上的可编程 3D 图形还没有到来，但是值得期待。

5 年之后，每天全球有超过 10 亿人使用 OpenGL ES 与他们的计算设备交互，以获得信息或者娱乐。智能手机屏幕上的每个像素几乎都是由这个无处不在的图形 API 生成、操纵或者组合的。

现在 Khronos 组织已经开发出了 OpenGL ES 3.0，并随最新的移动设备发布，继续向世界各地的消费者提供高级图形功能——这些功能最初是为使用桌面 OpenGL 的高端系统开发的，并在这些系统上得到了证明。

实际上，OpenGL 现在已经是最广泛部署的 3D API 家族，除了桌面 OpenGL 和 OpenGL ES 之外，WebGL 的加入将 OpenGL ES 的能力带给了全球的 Web 内容。OpenGL ES 3.0 将加快 WebGL 的革新，使 HTML5 开发人员能够直接从真正可移植的 3D 应用中利用最新 GPU 的能力。

OpenGL ES 3.0 不仅将更多的图形功能提供给大量设备和平台的开发人员，还可以帮助他们更轻松地编写、移植和维护更快、更节约电力的 3D 应用——本书将会告诉你如何做到这一点。

对于 3D 开发人员来说，当今的时代是有史以来最激动人心的。我要感谢和祝贺本书的作者，他们继续作为 OpenGL ES 发展历程的重要部分，努力工作，用这本书帮助世界各地的开发人员更好地理解和利用 OpenGL ES 3.0 的全部能力。

——Neil Trevett，Khronos 组织总裁，NVIDIA 移动生态系统副总裁

Preface 前　言

OpenGL ES 3.0 是在手持设备和嵌入式设备上渲染复杂 3D 图形的软件接口。OpenGL ES 是具有可编程 3D 硬件的手持和嵌入式设备（包括手机、个人数字助理（PDA）、控制台、家用设备、车辆和航空电子设备）的主要图形程序库。本书详细地介绍了整个 OpenGL ES 3.0 应用程序编程接口（API）和管线，并包含详细的例子，为手持设备的各种高性能 3D 应用的开发提供指导。

目标读者

本书是为对学习 OpenGL ES 3.0 感兴趣的开发人员所写的，我们希望读者在计算机图形学领域有一定的基础。在正文部分我们解释了许多相关的图形学概念，因为它们与 OpenGL ES 3.0 的各个部分有关，但是我们期望读者理解基本的 3D 概念。本书中的代码示例都以 C 语言编写。我们假定读者熟悉 C 或者 C++，并且只介绍与 OpenGL ES 3.0 相关的语言主题。

读者将学到有关图形管线各个方面的设置和编程的知识。本书详细介绍了如何编写顶点和片段着色器，以及如何实现逐像素照明和粒子系统等高级渲染技术。此外，书中还提供性能提示以及有效使用 API 和硬件的技巧。

完成本书的学习之后，读者就能为编写充分利用嵌入式图形硬件可编程能力的 OpenGL ES 3.0 应用做好准备。

本书的组织结构

本书将顺序介绍 API，帮助你逐步形成对 OpenGL ES 3.0 的认识。

第 1 章——OpenGL ES 3.0 简介

第 1 章简单介绍 OpenGL ES，概述了 OpenGL ES 3.0 图形管线，讨论了 OpenGL ES 3.0

的设计理念和限制，最后介绍了 OpenGL ES 3.0 中使用的一些约定和类型。

第 2 章——你好，三角形：一个 OpenGL ES 3.0 示例

第 2 章介绍绘制三角形的一个简单 OpenGL ES 3.0 示例。我们的目的是说明 OpenGL ES 3.0 程序的样子，向读者介绍一些 API 概念，并说明如何构建和运行 OpenGL ES 3.0 示例程序。

第 3 章——EGL 简介

第 3 章介绍 EGL——为 OpenGL ES 3.0 创建表面和渲染上下文的 API。我们说明与原生窗口系统通信、选择配置和创建 EGL 渲染上下文及表面的方法，传授足够多的 EGL 知识，你可以了解到启动 OpenGL ES 3.0 进行渲染所需的所有知识。

第 4 章——着色器和程序

着色器对象和程序对象是 OpenGL ES 3.0 中最基本的对象。第 4 章介绍创建着色器对象、编译着色器和检查编译错误的方法。这一章还说明如何创建程序对象、将着色器对象连接到程序对象以及链接最终程序对象的方法。我们讨论如何查询程序对象的信息以及加载统一变量（uniform）的方法。此外，你将学习有关源着色器和程序二进制代码之间的差别以及它们的使用方法。

第 5 章——OpenGL ES 着色语言

第 5 章介绍编写着色器所需的着色语言的基础知识。这些着色语言基础知识包括变量和类型、构造器、结构、数组、统一变量、统一变量块（uniform block）和输入 / 输出变量。该章还描述着色语言的某些更细微的部分，例如精度限定符和不变性。

第 6 章——顶点属性、顶点数组和缓冲区对象

从第 6 章开始（到第 11 章为止），我们将详细介绍管线，教授设置和编程图形管线各个部分的方法。这一旅程从介绍几何形状输入图形管线的方法开始，包含了对顶点属性、顶点数组和缓冲区对象的讨论。

第 7 章——图元装配和光栅化

在前一章讨论几何形状输入图形管线的方法之后，第 7 章将讨论几何形状如何装配成图元，介绍 OpenGL ES 3.0 中所有可用的图元类型，包括点精灵、直线、三角形、三角形条带和三角扇形。此外，我们还说明了在顶点上进行坐标变换的方法，并简单介绍了 OpenGL ES 3.0 管线的光栅化阶段。

第 8 章——顶点着色器

我们所介绍的管线的下一部分是顶点着色器。第 8 章概述了顶点着色器如何融入管线以及 OpenGL ES 着色语言中可用于顶点着色器的特殊变量，介绍了多个顶点着色器的示例，包括逐像素照明和蒙皮（skinning）。我们还给出了用顶点着色器实现 OpenGL ES 1.0（和 1.1）固定功能管线的示例。

第 9 章——纹理

第 9 章开始介绍片段着色器，描述 OpenGL ES 3.0 中所有可用的纹理功能。该章提供了创建纹理、加载纹理数据以及纹理渲染的细节，描述了纹理包装模式、纹理过滤、纹理格式、压缩纹理、采样器对象、不可变纹理、像素解包缓冲区对象和 Mip 贴图。该章介绍了 OpenGL ES 3.0 支持的所有纹理类型：2D 纹理、立方图、2D 纹理数组和 3D 纹理。

第 10 章——片段着色器

第 9 章的重点是如何在片段着色器中使用纹理，第 10 章介绍编写片段着色器所需知道的其他知识。该章概述了片段着色器和所有可用的特殊内建变量，还演示了用片段着色器实现 OpenGL ES 1.1 中所有固定功能技术的方法。多重纹理、雾化、Alpha 测试和用户裁剪平面的例子都使用片段着色器实现。

第 11 章——片段操作

第 11 章讨论可以适用于整个帧缓冲区或者在 OpenGL ES 3.0 片段管线中执行片段着色器后适用于单个片段的操作。这些操作包括剪裁测试、模板测试、深度测试、多重采样、混合和抖动。本章介绍 OpenGL ES 3.0 图形管线的最后阶段。

第 12 章——帧缓冲区对象

第 12 章讨论使用帧缓冲区对象渲染屏幕外表面。帧缓冲区对象有多种用法，最常见的是渲染到一个纹理。本章提供 API 帧缓冲区对象部分的完整概述。理解帧缓冲区对象对于实现许多高级特效（如反射、阴影贴图和后处理）至关重要。

第 13 章——同步对象和栅栏

第 13 章概述同步对象和栅栏，它们是在 OpenGL ES 3.0 主机应用和 GPU 执行中同步的有效图元。我们讨论同步对象和栅栏的使用方法，并以一个示例作为结束。

第 14 章——OpenGL ES 3.0 高级编程

第 14 章是核心章节，将本书介绍的许多主题串联在一起。我们已经选择了高级渲染技术的一个样本，并展示了实现这些功能的示例。该章包含使用法线贴图的逐像素照明、环境贴图、粒子系统、图像后处理、程序纹理、阴影贴图、地形渲染和投影纹理等渲染技术。

第 15 章——状态查询

OpenGL ES 3.0 中有大量的状态查询。对于你的几乎任何设置，都有获取当前值的对应方法。第 15 章提供了 OpenGL ES 3.0 中各种可用状态查询的参考。

第 16 章——OpenGL ES 平台

在最后一章中，我们抛开 API 的细节，讨论如何为 iOS 7、Android 4.3 NDK、Android 4.3 SDK、Windows 和 Linux 构建 OpenGL ES 样板代码。该章的意图是作为一个指南，帮助你在所选择的 OpenGL ES 3.0 平台上建立和运行样板代码。

附录 A——GL_HALF_FLOAT

附录 A 详细介绍半浮点格式，并提供如何从 IEEE 浮点值转换为半浮点值（以及相反方向的转换）的参考。

附录 B——内建函数

附录 B 提供了 OpenGL ES 着色语言中所有可用的内建函数。

附录 C——ES 框架 API

附录 C 提供了我们为本书开发的实用框架的参考，并说明了每个函数的作用。

OpenGL ES 3.0 参考卡片

本书正文前面有几页 OpenGL ES 3.0 参考卡片，版权归 Khronos 所有，并授权我们使用。该参考卡片包含了 OpenGL ES 3.0 中所有函数的完整列表以及 OpenGL ES 着色语言中的所有类型、操作符、限定符、内建函数和函数。

代码和着色器示例

本书包括大量程序和着色器示例。你可以从本书英文版网站（opengles-book.com）上下载这些示例，该网站提供了寄存本书代码的 github.com 网站链接。在写作本书时，示例程序已在 iOS7、Android 4.3 NDK、Android 4.3 SDK、Windows（OpenGL ES 3.0 Emulation）和 Ubuntu Linux 上编译和测试过。该网站提供了任何必要工具的下载链接。

致　谢 *Acknowledgements*

我要感谢 Affie Munshi 和 Dave Shreiner 对本书第 1 版做出的巨大贡献，非常感谢 Budi Purnomo 和我一起将本书更新到 OpenGL ES 3.0。我还要感谢多年来一起工作的同事，他们对我在计算机图形学、OpenGL 和 OpenGL ES 上的教育给予了许多帮助。需要感谢的人很多，无法一一列出，特别要感谢 Shawn Leaf、Bill Licea-Kane、Maurice Ribble、Benj Lipchak、Roger Descheneaux、David Gosselin、Thorsten Scheuermann、John Isidoro、Chris Oat、Jason Mitchell、Dan Gessel 和 Evan Hart。

我要特别感谢我的妻子 Sofia，感谢她在我忙于本书时对我的支持。我还要感谢我的儿子 Ethan，他出生于本书写作期间，他的笑声每天都给我带来欢乐。

——Dan Ginsburg

我要向 Dan Ginsburg 致以深深的谢意，感谢他给我提供机会为本书做出贡献。感谢我的经理 Callan McInally 和 AMD 所有同事对我的支持。我还要感谢过去的教授——Jonathan Cohen、Subodh Kumar、Ching-Kuang Shene 和 John Lowther，感谢他们带我进入计算机图形和 OpenGL 的世界。

我要感谢父母和姐妹无条件的爱。特别感谢我了不起的妻子——Liana Hadi，她的爱和支持帮助我完成了这个项目。感谢我的女儿 Michelle Lo 和 Scarlett Lo，她们是我生命中的阳光。

—— Budi Purnomo

我们都要感谢 Neil Trevett 为本书作序，并从 Khronos 发起人委员会获得批准，允许我们在附录 B 中使用来自 OpenGL ES 着色语言规范的文本以及 OpenGL ES 3.0 参考卡片。特别感激评阅人宝贵的反馈——Maurice Ribble、Peter Lohrmann 和 Emmanuel Agu。我们还要感谢本书第 1 版的技术评审——Brian Collins、Chris Grimm、Jeremy Sandmel、Tom Olson 和

Adam Smith。

对 Addison-Wesley 的编辑 Laura Lewin，我们亏欠她太多了，她对本书创作的每个方面都给予了很多帮助。Addison-Wesley 的许多人都对本书的编辑做出了宝贵的贡献，对此我们深深感激，这些人包括 Debra Williams Cauley、Olivia Basegio、Sheri Cain 和 Curt Johnson 等。

我们要感谢第 1 版的读者，他们报告书中的错误并改进样板代码，对我们的帮助很大。特别要感谢读者 Javed Rabbani Shah，他用 Java 将 OpenGL ES 3.0 样板代码移植到 Android 4.3 SDK 中。他还帮助我们进行 Android NDK 的移植，并解决了许多设备特定问题。我们感谢 Jarkko Vatjus-Anttila 提供 Linux X11 移植，Eduardo Pelegri-Llopart 和 Darryl Gough 将第 1 版的代码移植到 BlackBerry Native SDK 中。

深深感谢 OpenGL ARB、OpenGL ES 工作组和所有对 OpenGL ES 开发做出贡献的人。

目　录 *Contents*

第1章 Chapter 1

OpenGL ES 3.0 简介

OpenGL ES（OpenGL for Embedded Systems）是以手持和嵌入式设备为目标的高级3D图形应用程序编程接口（API）。OpenGL ES是当今智能手机中占据统治地位的图形API，其作用范围已经扩展到桌面。OpenGL ES支持的平台包括iOS、Android、BlackBerry、bada、Linux和Windows，它还是基于浏览器的3D图形Web标准WebGL的基础。

从2009年6月iPhone 3GS发布和2010年3月Android 2.0发布以来，OpenGL ES 2.0已经得到iOS和Android设备的支持。本书第1版详细介绍了OpenGL ES 2.0。这次更新重点关注OpenGL ES的下一个版本OpenGL ES 3.0。毫无疑问，所有不断发展的手持式平台都将支持OpenGL ES 3.0。实际上，使用Android 4.3以上版本的设备和使用iOS7的iPhone 5s已经支持OpenGL ES 3.0。OpenGL ES 3.0向后兼容OpenGL ES 2.0，也就是说，为OpenGL ES 2.0编写的应用程序在OpenGL ES 3.0中可以继续使用。

OpenGL ES是Khronos组织创立的API套装之一。Khronos组织创立于2000年1月，是由成员提供资金的行业联盟，专注于创建开放标准和无版税API。Khronos组织还管理OpenGL，这是一个供运行Linux、UNIX家族、Mac OS X和Microsoft Windows的桌面系统使用的跨平台标准3D API，是一个在现实中大量使用和广为接受的标准3D API。

由于OpenGL是广泛采用的3D API，因此从桌面OpenGL API开始开发手持和嵌入式设备的开放标准3D API，然后修改它以符合手持和嵌入式设备领域需求和限制就很有意义了。在OpenGL ES的早期版本（1.0、1.1和2.0）中，设计时考虑了设备的限制，包括有限的处理能力和内存可用性、低内存带宽和电源消耗的敏感性。工作组使用如下标准定义OpenGL ES规范：

- OpenGL API规模庞大且复杂，OpenGL ES工作组的目标是创建适合于受限设备的

API。为了实现这一目标，工作组从 OpenGL API 中删除任何冗余。在相同操作可以多种方式执行的情况下，采用最实用的方法，将多余的技术删除。指定几何形状就是一个好的例子，在 OpenGL 中应用程序可以使用立即模式、显示列表或者顶点数组。在 OpenGL ES 中，只存在顶点数组，而删除了立即模式和显示列表。

- 删除冗余是个重要的目标，但是维护与 OpenGL 的兼容性也很重要。OpenGL ES 尽一切可能设计成可以运行用 OpenGL 功能的嵌入式子集编写的程序。这是一个重要的目标，因为这使得开发人员可以使用两个 API 并开发使用相同功能子集的应用程序和工具。
- 引入新功能来处理手持和嵌入式设备的特定限制。例如，为了降低电源消耗，提高着色器的性能，在着色语言中引入了精度限定符。
- OpenGL ES 的设计者旨在确保实现图像质量的最小功能集。在早期的手持式设备中，屏幕尺寸有限，必须尽可能保证在屏幕上绘制的像素质量。
- OpenGL ES 工作组希望确保任何 OpenGL ES 实现都能够满足图像质量、正确性和稳定性的某种可接受和公认的标准。这通过开发相关的相容性测试来实现，OpenGL ES 实现必须通过这些测试才被视为兼容。

到目前为止 Khronos 已经发布了 4 种 OpenGL ES 规范：OpenGL ES 1.0 和 ES 1.1（在本书中称作 OpenGL ES 1.x）、OpenGL ES 2.0 及 OpenGL ES 3.0。OpenGL ES 1.0 和 1.1 规范采用固定功能管线，分别从 OpenGL 1.3 和 1.5 规范衍生而来。

OpenGL ES 2.0 规范采用了可编程图形管线，从 OpenGL 2.0 规范衍生而来。从 OpenGL 规范衍生意味着对应的 OpenGL 规范被用作基线，以确定特定 OpenGL ES 版本中包含的功能集。

OpenGL ES 3.0 是手持图形革命的下一个步骤，从 OpenGL 3.3 规范衍生而来。虽然 OpenGL ES 2.0 成功地在手持设备中引入了类似于 DirectX9 和 Microsoft Xbox 360 的功能，但是桌面 GPU 的图形能力已经继续发展。采用阴影贴图、体渲染（volume rendering）、基于 GPU 的粒子动画、几何形状实例化、纹理压缩和伽马校正等技术的重要功能在 OpenGL ES 2.0 中都不具备。OpenGL ES 3.0 将这些功能引入手持设备，同时继续适应嵌入系统的局限性。

当然，设计 OpenGL ES 旧版本时需要考虑的一些限制现在已经不再重要。例如，手持设备现在配备了大尺寸的屏幕（有些提供了比大部分桌面 PC 显示器更高的分辨率）。此外，许多手持设备配备了高性能的多核 CPU 和大量内存。在开发 OpenGL ES 3.0 时，Khronos 组织的重点转向手持应用相关功能的合适市场时机，而不是应付设备的有限能力。

下面几节介绍 OpenGL ES 3.0 管线。

1.1 OpenGL ES 3.0

如前所述，OpenGL ES 3.0 是本书所介绍的 API。我们的目标是全面介绍 OpenGL ES 3.0 规范的细节，提供如何使用 OpenGL ES 3.0 功能的具体示例，并讨论各种性能优化技术。阅读本书之后，你应该很好地掌握 OpenGL ES 3.0，能够轻松地编写迷人的 OpenGL ES 3.0 应用程序，而没必要担心必须阅读多种规范才能理解某种功能的原理。

OpenGL ES 3.0 实现了具有可编程着色功能的图形管线，由两个规范组成：OpenGL ES 3.0 API 规范和 OpenGL ES 着色语言 3.0 规范（OpenGL ES SL）。图 1-1 展示了 OpenGL ES 3.0 图形管线。图中带有阴影的方框表示 OpenGL ES 3.0 中管线的可编程阶段。下面概述 OpenGL ES 3.0 图形管线的各个阶段。

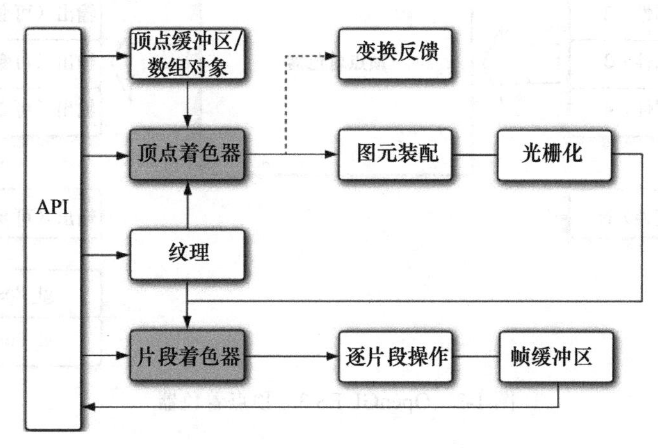

图 1-1　OpenGL ES 3.0 图形管线

1.1.1　顶点着色器

本节简单概述顶点着色器。顶点和片段着色器将在后面的章节中深入介绍。顶点着色器实现了顶点操作的通用可编程方法。

顶点着色器的输入包括：

- 着色器程序——描述顶点上执行操作的顶点着色器程序源代码或者可执行文件。
- 顶点着色器输入（或者属性）——用顶点数组提供的每个顶点的数据。
- 统一变量（uniform）——顶点（或者片段）着色器使用的不变数据。
- 采样器——代表顶点着色器使用纹理的特殊统一变量类型。

顶点着色器的输出在 OpenGL ES 2.0 中称作可变（varying）变量，但是在 OpenGL ES 3.0 中改名为顶点着色器输出变量。在图元光栅化阶段，为每个生成的片段计算顶点着色器输出值，并作为输入传递给片段着色器。用于从分配给每个图元顶点的顶点着色器输出生成每个片段值的机制称作插值（Interpolation）。此外，OpenGL ES 3.0 增加了一个新功能——变换反馈，使顶点着色器输出可以选择性地写入一个输出缓冲区（除了传递给片段着色器之外，也可能代替这种传递）。例如，在第 14 章中介绍的变换反馈示例中，在顶点着色器中实现了一个粒子系统，其中的粒子用变换反馈输出到一个缓冲区对象。顶点着色器的输入和输出如图 1-2 所示。

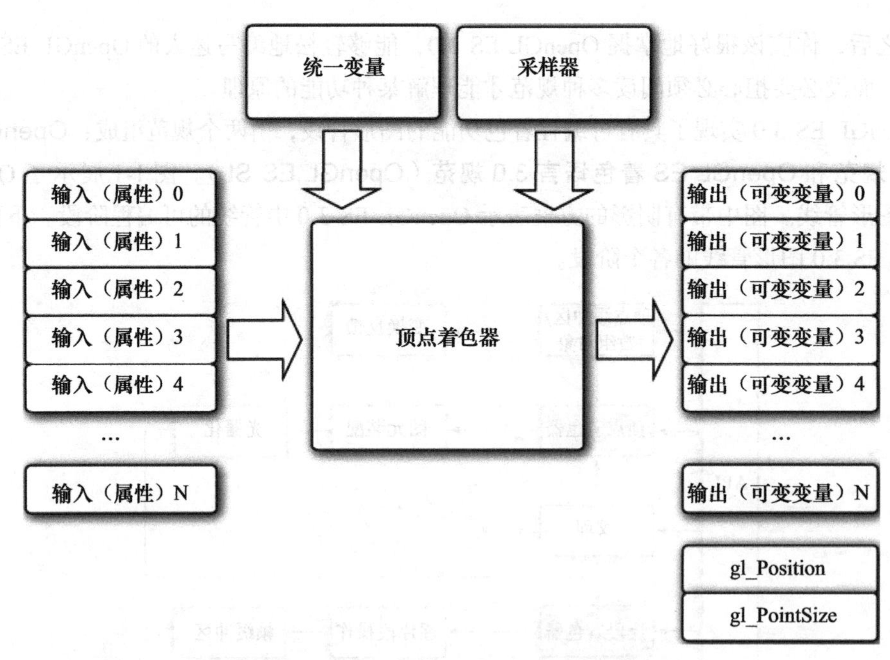

图 1-2　OpenGL ES 3.0 顶点着色器

顶点着色器可以用于通过矩阵变换位置、计算照明公式来生成逐顶点颜色以及生成或者变换纹理坐标等基于顶点的传统操作。此外，因为顶点着色器由应用程序规定，所以它可以用于执行自定义计算，实施新的变换、照明或者较传统的固定功能管线所不允许的基于顶点的效果。

例 1-1 展示了用 OpenGL ES 着色语言编写的一个顶点着色器。我们将在本书后面详细说明顶点着色器，这里提供的着色器只是让你对顶点着色器有个概念。例 1-1 中的顶点着色器取得一个位置及相关的颜色数据作为输入属性，用一个 4×4 矩阵变换位置，并输出变换后的位置和颜色。

例 1-1　顶点着色器示例

```
1.   #version 300 es
2.   uniform mat4 u_mvpMatrix; // matrix to convert a_position
3.                             // from model space to normalized
4.                             // device space
5.
6.   // attributes input to the vertex shader
7.   in vec4 a_position;       // position value
8.   in vec4 a_color;          // input vertex color
9.
10.  // output of the vertex shader - input to fragment
11.  // shader
12.  out vec4 v_color;         // output vertex color
13.  void main()
14.  {
```

```
15.     v_color = a_color;
16.     gl_Position = u_mvpMatrix * a_position;
17. }
```

第1行提供了着色语言的版本——这一信息必须出现在着色器的第1行（#version 300 es表示OpenGL ES着色语言v3.00）。第2行描述了统一变量u_mvpMatrix，它存储组合的模型视图和投影矩阵。第7行和第8行描述了顶点着色器的输入，被称作顶点属性。a_position是输入顶点位置属性，a_color是输入顶点颜色属性。第12行声明了输出变量v_color，用于存储描述每个顶点颜色的顶点着色器输出。内建变量gl_Position是自动声明的，着色器必须将变换后的位置写入这个变量。片段着色器的顶点有一个单一入口点，称作主函数。第13～17行描述顶点着色器main函数。在第15行中，读入顶点属性输入a_color，并将其写入顶点输出颜色v_color。第16行中，变换后的顶点位置写入gl_Position输出。

1.1.2　图元装配

顶点着色器之后，OpenGL ES 3.0图形管线的下一阶段是图元装配。图元（Primitive）是三角形、直线或者点精灵等几何对象。图元的每个顶点被发送到顶点着色器的不同拷贝。在图元装配期间，这些顶点被组合成图元。

对于每个图元，必须确定图元是否位于视锥体（屏幕上可见的3D空间区域）内。如果图元没有完全在视锥体内，则可能需要进行裁剪。如果图元完全处于该区域之外，它就会被抛弃。裁剪之后，顶点位置被转换为屏幕坐标。也可以执行一次淘汰操作，根据图元面向前方或者后方抛弃它们。裁剪和淘汰之后，图元便准备传递给管线的下一阶段——光栅化阶段。

1.1.3　光栅化

下一阶段是光栅化（如图1-3所示），在此阶段绘制对应的图元（点精灵、直线或者三角形）。光栅化是将图元转化为一组二维片段的过程，然后，这些片段由片段着色器处理。这些二维片段代表着可在屏幕上绘制的像素。

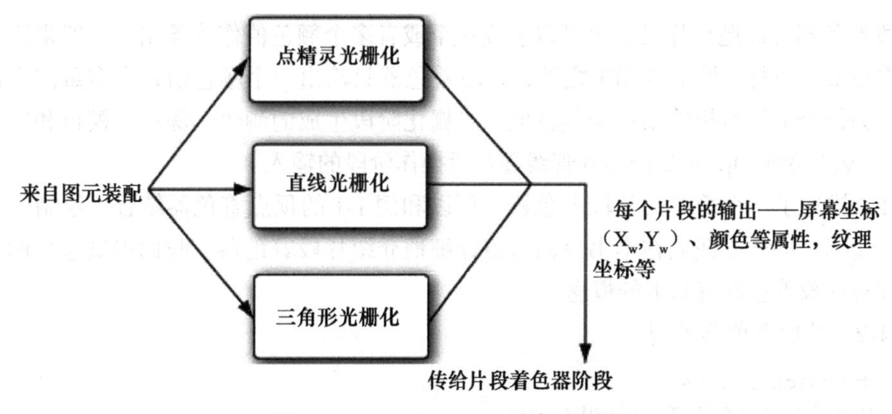

图1-3　OpenGL ES 3.0光栅化阶段

1.1.4 片段着色器

片段着色器为片段上的操作实现了通用的可编程方法。如图 1-4 所示，对光栅化阶段生成的每个片段执行这个着色器，采用如下输入：

- 着色器程序——描述片段上所执行操作的片段着色器程序源代码或者可执行文件。
- 输入变量——光栅化单元用插值为每个片段生成的顶点着色器输出。
- 统一变量——片段（或者顶点）着色器使用的不变数据。
- 采样器——代表片段着色器所用纹理的特殊统一变量类型。

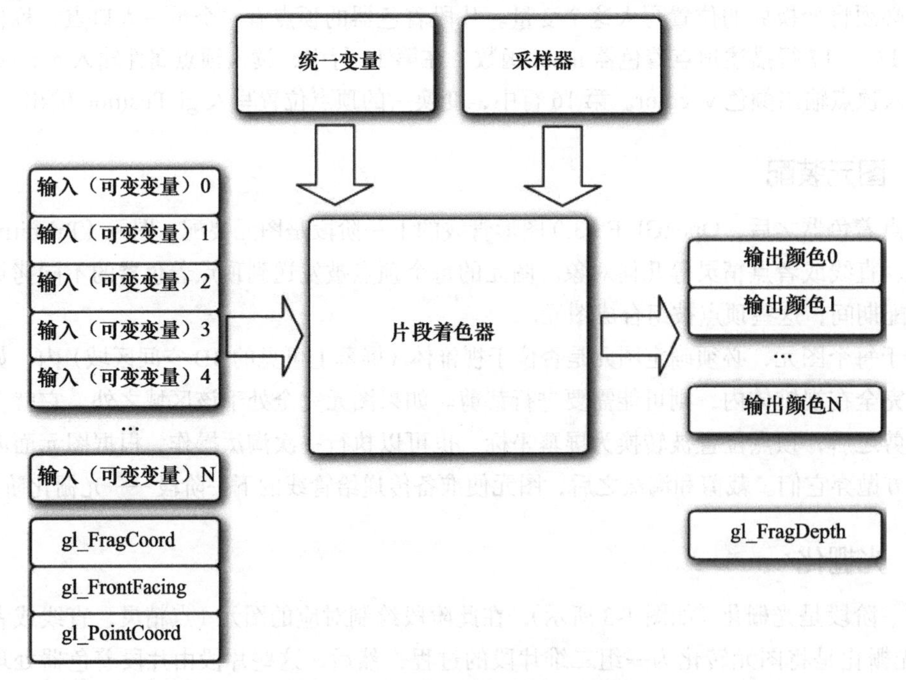

图 1-4 OpenGL ES 3.0 片段着色器

片段着色器可以抛弃片段，也可以生成一个或者多个颜色值作为输出。一般来说，除了渲染到多重渲染目标（见 11.7 节）之外，片段着色器只输出一个颜色值；在多重渲染目标的情况下，为每个渲染目标输出一个颜色值。光栅化阶段生成的颜色、深度、模板和屏幕坐标位置（x_w，y_w）变成 OpenGL ES 3.0 管线逐片段操作阶段的输入。

例 1-2 描述了一个简单的片段着色器，可以和例 1-1 的顶点着色器结合，绘制一个反光着色的三角形。同样，我们在本书后面将更详细地介绍片段着色器。我们提供这个例子只是为了让你对片段着色器有基本的概念。

例 1-2 片段着色器示例

```
1.  #version 300 es
2.  precision mediump float;
```

```
3.
4.  in vec4 v_color;    // input vertex color from vertex shader
5.
6.  out vec4 fragColor; // output fragment color
7.  void main()
8.  {
9.     fragColor = v_color;
10. }
```

正如顶点着色器那样，第 1 行提供着色语言的版本；这一信息必须出现在片段着色器的第 1 行（#version 300 es 表示 OpenGL ES 着色语言 v3.00）。第 2 行设置默认的精度限定符，这在第 4 章中详加解释。第 4 行描述片段着色器的输入。顶点着色器必须输出和片段着色器读入的同一组变量。第 6 行提供片段着色器输出变量的声明，这将是传递到下一阶段的颜色。第 7 ~ 10 行描述片段着色器的 main 函数。输出颜色设置为输入颜色 v_color。片段着色器的输入在图元之间进行线性插值，然后传递给片段着色器。

1.1.5　逐片段操作

在片段着色器之后，下一阶段是逐片段操作。光栅化生成的屏幕坐标为（x_w，y_w）的片段只能修改帧缓冲区中位置为（x_w，y_w）的像素。图 1-5 描述了 OpenGL ES 3.0 逐片段操作阶段。

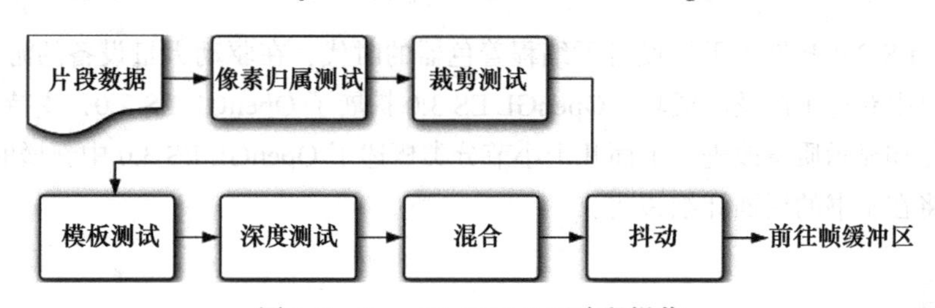

图 1-5　OpenGL ES 3.0 逐片段操作

在逐片段操作阶段，在每个片段上执行如下功能（和测试），如图 1-5 所示：

- 像素归属测试——这个测试确定帧缓冲区中位置（x_w，y_w）的像素目前是不是归 OpenGL ES 所有。这个测试使窗口系统能够控制帧缓冲区中的哪些像素属于当前 OpenGL ES 上下文。例如，如果一个显示 OpenGL ES 帧缓冲区窗口的窗口被另一个窗口所遮蔽，则窗口系统可以确定被遮蔽的像素不属于 OpenGL ES 上下文，从而完全不显示这些像素。虽然像素归属测试是 OpenGL ES 的一部分，但是它不由开发人员控制，而是在 OpenGL ES 内部进行。
- 裁剪测试——裁剪测试确定（x_w，y_w）是否位于作为 OpenGL ES 状态的一部分的裁剪矩形范围内。如果该片段位于裁剪区域之外，则被抛弃。
- 模板和深度测试——这些测试在输入片段的模板和深度值上进行，以确定片段是否应该被拒绝。
- 混合——混合将新生成的片段颜色值与保存在帧缓冲区（x_w,y_w）位置的颜色值组合起来。

- 抖动——抖动可用于最小化因为使用有限精度在帧缓冲区中保存颜色值而产生的伪像。

在逐片段操作阶段的最后，片段或者被拒绝，或者在帧缓冲区的（x_w，y_w）位置写入片段的颜色、深度或者模板值。写入片段颜色、深度和模板值取决于启用的相应写入掩码。写入掩码可以更精细地控制写入相关缓冲区的颜色、深度和模板值。例如，可以设置颜色缓冲区的写入掩码，使得任何红色值都不被写入颜色缓冲区。此外，OpenGL ES 3.0 提供一个接口，以从帧缓冲区读回像素。

注意 Alpha 测试和逻辑操作（LogicOp）不再是逐片段操作阶段的一部分，这两个阶段存在于 OpenGL 2.0 和 OpenGL ES 1.x 中。不再需要 Alpha 测试阶段是因为片段着色器可能抛弃片段，因此 Alpha 测试可以在片段着色器中进行。此外，删除逻辑操作是因为它很少被应用程序使用，OpenGL ES 工作组没有接到独立软件供应商（ISV）在 OpenGL ES 2.0 中支持这一特性的请求。

1.2 OpenGL ES 3.0 新功能

OpenGL ES 2.0 开创了手持设备可编程着色器的时代，在驱动大量设备的游戏、应用程序和用户接口中获得了广泛的成功。OpenGL ES 3.0 扩展了 OpenGL ES 2.0，支持许多新的渲染技术、优化和显示质量改进。下面几个小节分类概述了 OpenGL ES 3.0 中新增的主要功能，每种功能都将在本书的后面详细说明。

1.2.1 纹理

OpenGL ES 3.0 引入了许多和纹理相关的新功能：

- sRGB 纹理和帧缓冲区——允许应用程序执行伽马校正渲染。纹理可以保存在经过伽马矫正的 sRGB 空间，在着色器中读取时反校正到线性空间，然后在输出到帧缓冲区时转换回 sRGB 伽马校正空间。通过在线性空间中正确地进行照明和其他计算，可能得到更高的视觉保真度。
- 2D 纹理数组——保存一组 2D 纹理的纹理目标。例如，这些数组可以用于执行纹理动画。在 2D 纹理数组出现之前，这种动画一般通过在单个 2D 纹理中平铺动画帧并修改纹理坐标改变动画帧来实现。有了 2D 纹理数组，动画的每个帧可以在数组的一个 2D 切片中指定。
- 3D 纹理——一些 OpenGL ES 2.0 实现通过扩展支持 3D 纹理，而 OpenGL ES 3.0 将此作为强制的功能。3D 纹理对于许多医学成像应用是必不可少的，例如执行三维数据（如 CT、MRI 或者 PET 数据）直接体渲染的程序。
- 深度纹理和阴影比较——启用存储在纹理中的深度缓冲区。深度纹理的最常见用途是渲染阴影，这时深度缓冲区从光源的角度渲染，然后用于在渲染场景时比较，以确定片段是否在阴影中。除了深度纹理之外，OpenGL ES 3.0 可以在读取时比较深度纹理，从而在深度纹理上完成双线性过滤（也称作百分比渐近过滤（PCF））。

- 无缝立方图——在 OpenGL ES 2.0 中，利用立方图渲染可能在立方图各面之间的边界产生伪像。在 OpenGL ES 3.0 中，立方图可以进行采样如过滤来使用相邻面的数据并删除接缝处的伪像。
- 浮点纹理——OpenGL ES 3.0 大大扩展了所支持的纹理格式，支持并可以过滤浮点半浮点（16 位）纹理，也支持全浮点（32 位）纹理，但是不能过滤。访问浮点纹理数据的能力有许多应用，包括高动态范围纹理和多功能计算。
- ETC2/EAC 纹理压缩——多种 OpenGL ES 2.0 实现支持供应商专用压缩纹理格式（例如高通的 ATC、Imagination Technologies 的 PVRTC 和索尼爱立信的爱立信纹理压缩），但是开发者没有可以依靠的标准压缩格式。在 OpenGL ES 3.0 中强制支持 ETC2/EAC。ETC2/EAC 的格式为 RGB888、RGB8888 和单通道及双通道有符号 / 无符号纹理数据。纹理压缩具有很多好处，包括更好的性能（因为更好地利用了纹理缓存）以及减少 GPU 内存占用。
- 整数纹理——OpenGL ES 3.0 引入了渲染和读取保存为未规范化有符号或者无符号 8 位、16 位和 32 位整数纹理的能力。
- 其他纹理格式——除了前面提到的格式之外，OpenGL ES 3.0 还包含了对 11-11-10 RGB 浮点纹理、共享指数 RGB 9-9-9-5 纹理、10-10-10-2 整数纹理以及 8 位分量有符号规范化纹理的支持。
- 非 2 幂次纹理（NPOT）——纹理现在可以指定为不为 2 的幂次的尺寸。这在许多情况下都很有用，例如来自视频或者摄像头的以不为 2 的幂次尺寸捕捉 / 记录的纹理。
- 纹理细节级别（LOD）功能——现在，可以强制使用用于确定读取哪个 Mipmap 的 LOD 参数。此外，可以强制基本和最大 Mipmap 级别。这两个功能组合起来，可以流化 Mipmap。在更大的 Mipmap 级别可用时，可以提高基本级别，LOD 值可以平滑地增加，以提供平滑的流化纹理。这一功能非常实用，例如，用于通过网络连接下载纹理 Mipmap。
- 纹理调配——引入新的纹理对象状态，允许独立控制纹理数据每个通道（R、G、B 和 A）在着色器中的映射。
- 不可变纹理——为应用程序提供在加载数据之前指定纹理格式和大小的机制。在这样做的时候，纹理格式不可变，OpenGL ES 驱动程序可以预先执行所有一致性和内存检查。通过允许驱动程序在绘制的时候跳过一致性检查，可以改进性能。
- 最小尺寸增大——所有 OpenGL ES 3.0 实现必须支持远大于 OpenGL ES 2.0 的纹理资源。例如，OpenGL ES 2.0 中支持的最小 2D 纹理尺寸为 64，而在 OpenGL ES 3.0 中增大到 2048。

1.2.2 着色器

OpenGL ES 3.0 包含对 OpenGL ES 着色语言的重大更新（ESSL v3.00）和支持着色器新功能的 API 特性：

- 二进制程序文件——在 OpenGL ES 2.0 中可以二进制格式存储着色器，但是仍然必须在运行时链接到程序中。在 OpenGL ES 3.0 中，完全链接过的二进制程序文件（包含顶点和片段着色器）可以保存为离线二进制格式，运行时不需要链接步骤。这有助于减少应用程序的加载时间。此外，OpenGL ES 3.0 提供从驱动程序检索程序二进制代码的一个接口，所以不需要任何离线工具就可以使用二进制程序代码。
- 强制的在线编译器——OpenGL ES 2.0 可以选择驱动程序是否支持着色器的在线编译，意图是降低驱动程序的内存需求，但是这一功能代价很大，开发人员不得不依靠供应商专用工具来生成着色器。在 OpenGL ES 3.0 中，所有实现都有在线着色器编译器。
- 非方矩阵——支持方阵之外的新矩阵类型，并在 API 中增加了相关的统一调用，以支持这些矩阵的加载。非方矩阵可以减少执行变换所需的指令。例如，执行仿射变换时，可以用 4×3 矩阵代替最后一行为（0，0，0，1）的 4×4 矩阵，从而减少执行变换所需的指令。
- 全整数支持——ESSL 3.00 支持整数（以及无符号整数）标量和向量类型以及全整数操作。有各种内建函数可以实现从整数到浮点数、从浮点数到整数的转换以及从纹理中读取整数值和向整数颜色缓冲区中输出整数值的功能。
- 质心采样——为了避免在多重采样时产生伪像，可以用质心采样声明顶点着色器的输出变量（和片段着色器的输入）。
- 平面 / 平滑插值程序——在 OpenGL ES 2.0 中，所有插值程序均隐含地在图元之间采用线性插值。在 ESSL 3.00 中，插值程序（顶点着色器输出 / 片段着色器输入）可以显式声明为平面或者平滑着色。
- 统一变量块——统一变量值可以组合为统一变量块。统一变量块可以更高效地加载，也可在多个着色器程序间共享。
- 布局限定符——顶点着色器输入可以用布局限定符声明，以显式绑定着色器源代码中的位置，而不需要调用 API。布局限定符也可以用于片段着色器输出，在渲染到多个渲染目标时将输出绑定到各个目标。而且，布局限定符可以用于控制统一变量块的内存布局。
- 实例和顶点 ID——顶点索引现在可以在顶点着色器中访问，如果使用实例渲染，还可以访问实例 ID。
- 片段深度——片段着色器可以显式控制当前片段的深度值，而不是依赖深度值的插值。
- 新的内建函数——ESSL 3.00 引入了许多新的内建函数，以支持新的纹理功能、片段导数、半浮点数据转换和矩阵及数学运算。
- 宽松的限制——ESSL 3.0 大大放松了对着色器的限制。着色器不再限于指令长度，完全支持变量为基础的循环和分支，并支持数组索引。

1.2.3　几何形状

OpenGL ES 3.0 引入了多种与几何形状规范和图元渲染控制相关的新功能：

- 变换反馈——可以在缓冲区对象中捕捉顶点着色器的输出。这对许多在 GPU 上执行动画而不需要 CPU 干预的技术很实用，例如，粒子动画或者使用“渲染到顶点缓冲区”的物理学模拟。
- 布尔遮挡查询——应用程序可以查询一个（或者一组）绘制调用的任何像素是否通过深度测试。这个功能可以在各种技术中使用，例如镜头眩光效果的可见性确定，以及避免在边界被遮盖的对象上进行几何形状处理的优化。
- 实例渲染——有效地渲染包含类似几何形状但是属性（例如变换矩阵、颜色或者大小）不同的对象。这一功能在渲染大量类似对象时很有用，例如人群的渲染。
- 图元重启——在 OpenGL ES 2.0 中为新图元使用三角形条带时，应用程序必须在索引缓冲区中插入索引，以表示退化的三角形。在 OpenGL ES 3.0 中，可以使用特殊的索引值表示新图元的开始。这就消除了使用三角形条带时生成退化三角形的需求。
- 新顶点格式——OpenGL ES 3.0 支持新的顶点格式，包括 10-10-10-2 有符号和无符号规范化顶点属性；8 位、16 位和 32 位整数属性；以及 16 位半浮点。

1.2.4　缓冲区对象

OpenGL ES 3.0 引入了许多新的缓冲区对象，以提高为图形管线各部分指定数据的效率和灵活性：

- 统一变量缓冲区对象——为存储 / 绑定大的统一变量块提供高效的方法。统一变量缓冲区对象可以用于减少将统一变量值绑定到着色器的性能代价，这是 OpenGL ES 2.0 应用程序中的常见瓶颈。
- 顶点数组对象——提供绑定和在顶点数组状态之间切换的高效方法。顶点数组对象实际上是顶点数组状态的容器对象。使用它们，应用程序可以在一次 API 调用中切换顶点数组状态，而不是发出多个调用。
- 采样器对象——将采样器状态（纹理循环模式和过滤）与纹理对象分离。这为在纹理中共享采样器状态提供了更高效的方法。
- 同步对象——为应用程序提供检查一组 OpenGL ES 操作是否在 GPU 上完成执行的机制。相关的新功能是栅栏（Fence），它为应用程序提供了通知 GPU 应该等待一组 OpenGL ES 操作结束才能接受更多操作进入执行队列的方法。
- 像素缓冲区对象——使应用程序能够执行对像素操作和纹理传输操作的异步数据传输。这种优化主要是为了在 CPU 和 GPU 之间提供更快的数据传输，在传输操作期间，应用程序可以继续工作。

- 缓冲区子界映射——使应用程序能够映射缓冲区的一个子区域，供 CPU 访问。这可以提供比传统缓冲区映射更好的性能，在传统缓冲区映射中，必须使整个缓冲区可用于客户。
- 缓冲区对象间拷贝——提供了高效地从一个缓冲区对象向另一个缓冲区对象传输数据的机制，不需要 CPU 的干预。

1.2.5 帧缓冲区

OpenGL ES 3.0 增添了许多与屏幕外渲染到帧缓冲区对象相关的新功能：

- 多重渲染目标（MRT）——允许应用程序同时渲染到多个颜色缓冲区。利用 MRT 技术，片段着色器输出多个颜色，每个用于一个相连的颜色缓冲区。MRT 用于许多高级的渲染算法，例如延迟着色。
- 多重采样渲染缓冲区——使应用程序能够渲染到具备多重采样抗锯齿功能的屏幕外帧缓冲区。多重采样帧缓冲区不能直接绑定到纹理，但是可以用新引入的帧缓冲区块移动（Blit）解析为单采样纹理。
- 帧缓冲区失效提示——OpenGL ES 3.0 的许多实现使用基于块状渲染（TBR，在 12.7 节中说明）的 GPU。TBR 常常在必须为了进一步渲染到帧缓冲区而毫无必要地恢复图块内容时导致很高的性能代价。帧缓冲区失效为应用程序提供了通知驱动程序不再需要帧缓冲区内容的机制。这使驱动程序能够采取优化步骤，跳过不必要的图块恢复操作。这一功能对于在许多应用程序中实现峰值性能很重要，特别是那些进行大量屏幕外渲染的程序。
- 新的混合方程式——OpenGL ES 3.0 支持最大值 / 最小值函数作为混合方程式。

1.3 OpenGL ES 3.0 和向后兼容性

OpenGL ES 3.0 向后兼容 OpenGL ES 2.0。这意味着，任何使用 OpenGL ES 2.0 编写的应用程序在 OpenGL ES 3.0 的各个实现上都能运行。后续版本的一些很小的修改可能会影响少数应用程序的向后兼容性。即帧缓冲区对象不再在各个上下文之间共享，立方图总是使用无缝过滤，有符号定点数转换为浮点数的方法也有小修改。

OpenGL ES 3.0 向后兼容 OpenGL ES 2.0 这一事实不同于 OpenGL ES 2.0 和以前的 OpenGL ES 版本之间的向后兼容性。OpenGL ES 2.0 不能向后兼容 OpenGL ES 1.x。OpenGL ES 2.0/3.0 不支持 OpenGL ES 1.x 支持的固定功能管线。OpenGL ES 2.0/3.0 可编程顶点着色器替代了 OpenGL ES 1.x 中实现的固定功能顶点单元。固定功能顶点单元实现了一个特殊的顶点转换和照明方程式，可以用它们变换顶点位置、变换或者生成纹理坐标、计算顶点颜色。相类似，可编程片段着色器替代了 OpenGL ES 1.x 中实现的固定功能纹理组合单元。固定功能纹理组合单元实现了每个纹理单元的纹理组合阶段。纹理颜色使用一组固定操作（如加、求模、减和点乘）与扩散颜色及前一个纹理组合阶段的输出组合。

基于如下理由，OpenGL ES 工作组决定不提供 OpenGL ES 2.0/3.0 和 OpenGL ES 1.x 之间的向后兼容性：

- 在 OpenGL ES 2.0/3.0 中支持固定功能管线意味着该 API 将以不止一种方法实现相同功能，这违反了工作组采用的支持功能确定标准。可编程管线使应用程序能够用着色器实现固定功能管线，所以向后兼容 OpenGL ES 1.x 没有具有说服力的理由。
- ISV 的反馈表明，大部分游戏并不混合使用可编程管线和固定功能管线。也就是说，游戏要么使用固定功能管线，要么使用可编程管线。一旦有了可编程管线，就没有理由使用固定功能管线，因为可编程管线在可渲染特效上有更多的灵活性。
- 如果 OpenGL ES 2.0/3.0 必须同时支持固定功能管线和可编程管线，则其驱动程序的内存占用将会大得多。对于 OpenGL ES 所支持的设备，最小化内存占用是重要的设计原则。将固定功能支持分隔到 OpenGL ES 1.x API 中，在 OpenGL ES 2.0/3.0 API 中放置可编程着色器支持，意味着不需要 OpenGL ES 1.x 支持的供应商不再需要包含该驱动程序。

1.4　EGL

OpenGL ES 命令需要渲染上下文和绘制表面。渲染上下文存储相关的 OpenGL ES 状态。绘制表面是用于绘制图元的表面，它指定渲染所需的缓冲区类型，例如颜色缓冲区、深度缓冲区和模板缓冲区。绘制表面还要指定所需的缓冲区的位深度。

OpenGL ES API 没有提及如何创建渲染上下文，或者渲染上下文如何连接到原生窗口系统。EGL 是 Khronos 渲染 API（如 OpenGL ES）和原生窗口系统之间的接口；在实现 OpenGL ES 时，没有提供 EGL 的硬性需求。开发人员应该参考平台供应商的文档，以确定支持哪个接口。在编写本书的时候，唯一支持 OpenGL ES 而不支持 EGL 的平台是 iOS。

任何 OpenGL ES 应用程序都必须在开始渲染之前使用 EGL 执行如下任务：

- 查询并初始化设备商可用的显示器。例如，翻盖手机可能有两个液晶面板，我们可以使用 OpenGL ES 渲染可在某一或者两个面板上显示的表面。
- 创建渲染表面。EGL 中创建的表面可以分类为屏幕上的表面或者屏幕外表面。屏幕上的表面连接到原生窗口系统，而屏幕外表面是不显示但是可以用作渲染表面的像素缓冲区。这些表面可以用于渲染纹理，并可以在多个 Khronos API 之间共享。
- 创建渲染上下文。EGL 是创建 OpenGL ES 渲染上下文所必需的。这个上下文必须连接到合适的表面才能开始渲染。

EGL API 实现上述功能以及像电源管理、在一个进程中支持多个渲染上下文、在一个进程中跨渲染上下文共享对象（如纹理或者顶点缓冲区）这样的附加功能，并实现获得给定实现支持的 EGL 或者 OpenGL ES 扩展功能函数指针的机制。

EGL 规范最新的版本是 EGL v1.4。

1.4.1 使用 OpenGL ES 3.0 编程

要编写任何 OpenGL ES 3.0 应用程序，你都必须知道所要包含的头文件以及应用程序需要链接的库文件。理解 EGL 使用的语法以及 GL 命令名、命令参数也很有用。

1.4.2 库和包含文件

OpenGL ES 3.0 应用程序必须与如下库链接：OpenGL ES 3.0 库 libGLESv2.lib 和 EGL 库 libEGL.lib。

OpenGL ES 3.0 应用程序还必须包含相应的 ES 3.0 和 EGL 头文件。任何 OpenGL ES 3.0 应用程序都必须包含如下包含文件：

```
#include <EGL/egl.h>
#include <GLES3/gl3.h>
```

egl.h 是 EGL 头文件，gl3.h 是 OpenGL ES 3.0 头文件。应用程序可以选择性地包含 gl2ext.h，这是描述 OpenGL ES 2.0/3.0 的 Khronos 批准的扩展列表的头文件。

头文件和库的名称取决于平台。OpenGL ES 工作组试图定义库和头文件名并表示这些文件的组织方式，但是这种安排可能不会出现在所有 OpenGL ES 平台上。不过，开发人员应该参考平台供应商的文档，以获得库和包含文件的命名及组织方式的信息。官方 OpenGL ES 头文件由 Khronos 维护，可以从 http://khronos.org/registry/gles/ 获得。本书的样板代码也包含了头文件的一个拷贝（样板代码的使用将在下一章中说明）。

1.5 EGL 命令语法

所有 EGL 命令都以 egl 前缀开始，对组成命令名的每个单词使用首字母大写（例如 eglCreateWindowSurface）。相类似，EGL 数据类型也从 Egl 前缀开始，对于组成类型名的每个单词采用首字母大写（EGLint 和 EGLenum 除外）。

表 1-1 简单说明了使用的 EGL 数据类型。

表 1-1 EGL 数据类型

数据类型	C 语言类型	EGL 类型
32 位整数	int	EGLint
32 位无符号整数	unsignedint	EGLBoolean、EGLenum
指针	void*	EGLConfig、EGLContext、EGLDisplay、EGLSurface、EGLClientBuffer

1.6 OpenGL ES 命令语法

所有 OpenGL ES 命令以 gl 前缀开始，对组成命令名的每个单词采用首字母大写（如 glBlendEquation）。相类似，OpenGL ES 数据类型也以 GL 前缀开始。

此外，有些命令可能采用不同风格的参数。风格或者类型根据采用的参数数量（1 ~ 4 个）、参数使用的数据类型（字节 [b]、无符号字节 [ub]、短整数 [s]、无符号短整数 [us]、整数 [i] 和浮点 [f]）以及参数是否以向量（v）形式传递而各不相同。下面是 OpenGL ES 中允许使用的命令风格的几个例子。

除了一条命令将统一变量值指定为浮点数而另一条将统一变量值指定为整数之外，下面两条命令等价：

```
glUniform2f(location, 1.0f, 0.0f);
glUniform2i(location, 1, 0)
```

下面几行描述命令也等价，只是其中一条命令以向量形式传递参数，其他命令则不是这样的：

```
GLfloat   coord[4] = { 1.0f, 0.75f, 0.25f, 0.0f };
glUniform4fv(location, coord);
glUniform4f(location, coord[0], coord[1], coord[2], coord[3]);
```

表 1-2 描述了 OpenGL ES 中使用的命令后缀和参数数据类型。

表 1-2　OpenGL ES 命令后缀和参数数据类型

后　缀	数据类型	C 语言类型	GL 类型
b	8 位有符号整数	signed char	GLbyte
ub	8 位无符号整数	unsigned char	GLubyte、GLboolean
s	16 位有符号整数	short	GLshort
us	16 位无符号整数	unsigned short	GLushort
i	32 位有符号整数	int	Glint
ui	32 位无符号整数	unsigned int	GLuint、GLbitfield、GLenum
x	16.16 定点数	int	GLfixed
f	32 位浮点数	float	GLfloat、GLclampf
i64	64 位整数	khronos_int64_t（取决于平台）	GLint64
ui64	64 位无符号整数	khronos_uint64_t(取决于平台)	GLuint64

最后，OpenGL ES 定义了 GLvoid 类型。该类型用于接受指针的 OpenGL ES 命令。

在本书的余下部分，OpenGL ES 命令仅使用其基本名称，而使用星号表示该基本名称指的是命令名称的多种风格。例如，glUniform*() 表示用于指定统一变量的命令的所有变种，而 glUniform*v() 指的是用于指定统一变量的命令的所有向量版本。如果需要讨论命令的特定版本，则使用带有相应后缀的完整命令名。

1.7 错误处理

若不正确使用 OpenGL ES 命令，应用程序会生成一个错误代码。这个错误代码将被记录，可以用 glGetError 查询。在应用程序用 glGetError 查询第一个错误代码之前，不会记录其他错误。一旦查询到错误代码，当前错误代码便被复位为 GL_NO_ERROR。除了本节后面描述的 GL_OUT_OF_MEMORY 错误之外，生成错误的命令会被忽略，且不会影响 OpenGL ES 状态。

下面说明 glGetError 命令。

```
GLenum      glGetError (void)
```

返回当前错误代码，并将当前错误代码复位为 GL_NO_ERROR。如果返回 GL_NO_ERROR，则说明从上一次调用 glGetError 以来没有生成任何错误。

表 1-3 列出了基本错误代码及其描述。本表列出的基本错误代码之外的其他错误代码将在介绍生成这些特殊错误的 OpenGL ES 命令的章节中说明。

表 1-3 OpenGL ES 基本错误代码

错误代码	描 述
GL_NO_ERROR	从上一次调用 glGetError 以来没有生成任何错误
GL_INVALID_ENUM	GLenum 参数超出范围。忽略生成该错误的命令
GL_INVALID_VALUE	数值型参数超出范围。忽略生成这个错误的命令
GL_INVALID_OPERATION	特定命令在当前 OpenGL ES 状态下不能执行。忽略生成该错误的命令
GL_OUT_OF_MEMORY	内存不足时执行该命令。如果遇到这个错误，除非是当前错误代码，否则 OpenGL ES 管线的状态被认为未定义

1.8 基本状态管理

图 1-1 展示了 OpenGL ES 3.0 中管线的各个阶段。每个管线阶段都有一个可以启用或者禁用的状态，每个上下文维护相应的状态值。状态的例子有混合启用、混合因子、剔除启用、剔除曲面。在初始化 OpenGL ES 上下文（EGLContext）时，状态用默认值初始化。启用状态可以用 glEnable 和 glDisable 命令设置。

```
void    glEnable(GLenum cap)
void    glDisable(GLenum cap)
```

glEnable 和 glDisable 启用各种功能。除了 GL_DITHER 被设置为 GL_TRUE 之外，其他功能的初始化值均被设置为 GL_FALSE。如果 cap 不是有效的状态枚举值，则生成错误代码 GL_INVALID_ENUM。

cap 是要启用或者禁用的状态，可以是：

```
GL_BLEND
GL_CULL_FACE
GL_DEPTH_TEST
GL_DITHER
GL_POLYGON_OFFSET_FILL
GL_PRIMITIVE_RESTART_FIXED_INDEX
GL_RASTERIZER_DISCARD
GL_SAMPLE_ALPHA_TO_COVERAGE
GL_SAMPLE_COVERAGE
GL_SCISSOR_TEST
GL_STENCIL_TEST
```

后面的章节将说明图 1-1 中所展示的每个管线阶段中所启用的特定状态。你也可以用 glIsEnabled 命令检查某个状态目前是启用还是禁用。

```
GLboolean    glIsEnabled(GLenum cap)
```

根据被查询的状态是启用还是禁用返回 GL_TRUE 或 GL_FALSE。如果 cap 不是有效的状态枚举值，则生成错误代码 GL_INVALID_ENUM。

混合因子、深度测试值等特殊状态值也可以用 glGet*** 命令查询，这些命令在第 15 章中详细介绍。

1.9 延伸阅读

OpenGL ES 1.0、1.1、2.0 和 3.0 规范可以在 khronos.org/opengles/ 上找到。此外，Khronos 网站（khronos.org）有所有 Khronos 规范、开发人员留言板、教程和示例的最新信息。

- Khronos OpenGL ES 1.1 网站 :http://khronos.org/opengles/1_X/
- Khronos OpenGL ES 2.0 网站 :http://khronos.org/opengles/2_X/
- Khronos OpenGL ES 3.0 网站 :http://khronos.org/opengles/3_X/
- Khronos EGL 网站 :http://khronos.org/egl/

Chapter 2 第2章

你好，三角形：一个 OpenGL ES 3.0 示例

为了介绍 OpenGL ES 3.0 的基本概念，我们从一个简单的示例开始。本章说明创建绘制一个三角形的 OpenGL ES 3.0 程序所需要的步骤。我们将要编写的程序只是绘制几何形状的 OpenGL ES 3.0 应用程序的最基本的例子。本章介绍如下概念：

- 用 EGL 创建屏幕上的渲染表面
- 加载顶点和片段着色器
- 创建一个程序对象，连接顶点和片段着色器，并链接程序对象
- 设置视口
- 清除颜色缓冲区
- 渲染简单图元
- 使颜色缓冲区的内容在 EGL 窗口表面中可见

正如上面所看到的，需要许多步骤，我们才能开始用 OpenGL ES 3.0 绘制一个三角形。本章将简单介绍这些步骤的基础知识。在本书的后面，我们将详细介绍这些步骤并进一步说明 API。本章的目的是帮助你构建和运行第一个样本示例，使你对创建 OpenGL ES 3.0 应用有些概念。

2.1 代码框架

在本书中，我们构建一个实用工具函数库，组成一个编写 OpenGL ES 3.0 程序所用的有用的函数框架。在开发本书示例程序时，我们对于这个代码框架有多种目标：

1. 它应该简单、短小、容易理解。我们希望将示例的焦点放在相关的 OpenGL ES 3.0 调

用，而不是我们所创造的大型代码框架上。因此，我们的框架重点在于简洁性，寻求易于阅读理解的示例程序。这个框架的目标是让你把注意力放在每个示例中重要的 OpenGL ES 3.0 API 概念上。

2. 框架应该可移植。在可能的情况下，我们希望样板代码能够用在所有 OpenGL ES 3.0 平台上。

在浏览本书的示例时，我们将正式介绍使用的所有新代码框架函数。此外，你可以在附录 C 中找到代码框架的完整文档。示例代码中所有使用名称以 es 开始（例如 esCreateWindow()）的函数都是我们为本书样板程序编写的代码框架的一部分。

2.2 示例下载位置

你可以从本书英文版网站 opengles-book.com 下载示例。

在编著本书的时候，源代码可用于 Windows、Linux、Android 4.3+ NDK、Android 4.3+ SDK（Java）和 iOS7。在 Windows 上，这些代码与 Qualcomm OpenGL ES 3.0 Emulator、ARM OpenGL ES 3.0 Emulator 和 PowerVR OpenGL ES 3.0 Emulator 兼容。在 Linux 上，当前可用的仿真程序是 Qualcomm OpenGL ES 3.0 Emulator 和 PowerVR OpenGL ES 3.0 Emulator。除了上面提到的仿真程序以外，这些代码应该兼容于任何基于 Windows 或者 Linux 的 OpenGL ES 3.0 实现。开发工具的选择取决于读者。我们使用 Windows 和 Linux 上的跨平台构建生成工具 cmake，它可以使用包括 Microsoft Visual Studio、Eclipse、Code::Blocks 和 Xcode 在内的 IDE。

在 Android 和 iOS 上，我们提供了兼容于这些平台的项目（Eclipse ADT 和 Xcode）。到本书编写的时候，许多设备支持 OpenGL ES 3.0，包括 iPhone 5S、Google Nexus 4 和 7、Nexus 10、HTC One、LG G2、三星 Galaxy S4（Snapdragon）和三星 Galaxy Note 3。在 iOS7 上，你可以用 iOS 模拟器在 Mac 上运行 OpenGL ES 3.0 示例。在 Android 上，你需要兼容于 OpenGL ES 3.0 的设备来运行这些示例。为每个平台编译样板代码的细节参见第 16 章。

2.3 “你好，三角形”（Hello Triangle）示例

我们先来看看例 2-1 中列出的 Hello Triangle 示例程序的完整源代码。熟悉固定功能桌面 OpenGL 的读者可能认为只为了绘制一个简单的三角形而使用的代码太多了。不熟悉桌面 OpenGL 的读者也可能认为这样的代码太冗长了！记住，OpenGL ES 3.0 完全基于着色器，这意味着，如果没有加载和绑定合适的着色器，就无法绘制任何几何形状。也就是说，渲染需要比使用固定功能处理的桌面 OpenGL 更多的设置代码。

例 2-1 Hello_Triangle.c 示例

```
#include "esUtil.h"

typedef struct
{
   // Handle to a program object
   GLuint programObject;

} UserData;

///
// Create a shader object, load the shader source, and
// compile the shader
//
GLuint LoadShader ( GLenum type, const char *shaderSrc )
{
   GLuint shader;
   GLint compiled;

   // Create the shader object
   shader = glCreateShader ( type );
    if ( shader == 0 )
         return 0;

    // Load the shader source
    glShaderSource ( shader, 1, &shaderSrc, NULL );

    // Compile the shader
    glCompileShader ( shader );

    // Check the compile status
    glGetShaderiv ( shader, GL_COMPILE_STATUS, &compiled );

    if ( !compiled )
    {
       GLint infoLen = 0;

       glGetShaderiv ( shader, GL_INFO_LOG_LENGTH, &infoLen );

       if ( infoLen > 1 )
       {
          char* infoLog = malloc (sizeof(char) * infoLen );

          glGetShaderInfoLog( shader, infoLen, NULL, infoLog );
          esLogMessage ( "Error compiling shader:\n%s\n", infoLog );

          free ( infoLog );

       }

       glDeleteShader ( shader );
       return 0;
    }

    return shader;

 }
```

```
///
// Initialize the shader and program object
//
int Init ( ESContext *esContext )
{
   UserData *userData = esContext->userData;
   char vShaderStr[] =
      "#version 300 es                          \n"
      "layout(location = 0) in vec4 vPosition;  \n"
      "void main()                              \n"
      "{                                        \n"
   "   gl_Position = vPosition;                \n"
   "}                                          \n";

char fShaderStr[] =
   "#version 300 es                                  \n"
   "precision mediump float;                         \n"
   "out vec4 fragColor;                              \n"
   "void main()                                      \n"
   "{                                                \n"
   "   fragColor = vec4 ( 1.0, 0.0, 0.0, 1.0 );      \n"
   "}                                                \n";

GLuint vertexShader;
GLuint fragmentShader;
GLuint programObject;
GLint linked;

// Load the vertex/fragment shaders
vertexShader = LoadShader ( GL_VERTEX_SHADER, vShaderStr );
fragmentShader = LoadShader ( GL_FRAGMENT_SHADER, fShaderStr );

// Create the program object
programObject = glCreateProgram ( );

if ( programObject == 0 )
     return 0;

glAttachShader ( programObject, vertexShader );
glAttachShader ( programObject, fragmentShader );

// Link the program
glLinkProgram ( programObject );

// Check the link status
glGetProgramiv ( programObject, GL_LINK_STATUS, &linked );

if ( !linked )
{
   GLint infoLen = 0;

   glGetProgramiv ( programObject, GL_INFO_LOG_LENGTH, &infoLen );
```

```
      if ( infoLen > 1 )
      {
         char* infoLog = malloc (sizeof(char) * infoLen );

         glGetProgramInfoLog ( programObject, infoLen, NULL, infoLog );
           esLogMessage ( "Error linking program:\n%s\n", infoLog );

           free ( infoLog );
         }

         glDeleteProgram ( programObject );
         return FALSE;

      }

      // Store the program object
      userData->programObject = programObject;

      glClearColor ( 0.0f, 0.0f, 0.0f, 0.0f );
      return TRUE;
   }

   ///
   // Draw a triangle using the shader pair created in Init()
   //
   void Draw ( ESContext *esContext )
   {
      UserData *userData = esContext->userData;
      GLfloat vVertices[] = { 0.0f,  0.5f, 0.0f,
                             -0.5f, -0.5f, 0.0f,
                              0.5f, -0.5f, 0.0f };

      // Set the viewport
      glViewport ( 0, 0, esContext->width, esContext->height );

      // Clear the color buffer
      glClear ( GL_COLOR_BUFFER_BIT );

      // Use the program object
      glUseProgram ( userData->programObject );

      // Load the vertex data
      glVertexAttribPointer ( 0, 3, GL_FLOAT, GL_FALSE, 0, vVertices );
      glEnableVertexAttribArray ( 0 );

      glDrawArrays ( GL_TRIANGLES, 0, 3 );
   }

   void Shutdown ( ESContext *esContext )
   {
      UserData *userData = esContext->userData;

      glDeleteProgram( userData->programObject );
   }
```

```
int esMain( ESContext *esContext )
{
   esContext->userData = malloc ( sizeof( UserData ) );

   esCreateWindow ( esContext, "Hello Triangle", 320, 240,
                    ES_WINDOW_RGB );

   if ( !Init ( esContext ) )
        return GL_FALSE;

   esRegisterShutdownFunc( esContext, Shutdown );
   esRegisterDrawFunc ( esContext, Draw );

   return GL_TRUE;
}
```

本章余下的部分说明这个示例中的代码。如果运行 Hello Triangle 示例，则应该看到如图 2-1 所示的窗口。如何在 Windows、Linux、Android 4.3+ 和 iOS 上编译和运行样板代码的说明参见第 16 章。请参考该章中的指令，为你的平台准备和运行样板代码。

Khronos 提供的标准 GL3（GLES3/gl3.h）和 EGL（EGL/egl.h）头文件被用作 OpenGL ES 3.0 和 EGL 的接口。OpenGL ES 3.0 示例被组织到如下目录中：

- Common/——包含 OpenGL ES 3.0 框架项目、代码和仿真程序。
- chapter_x/——包含每一章的示例程序。

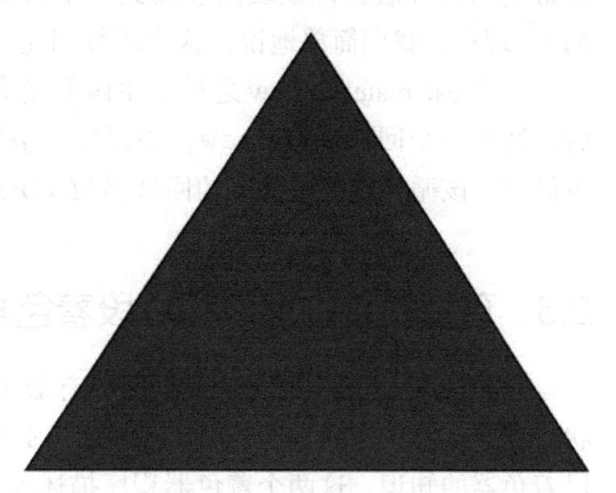

图 2-1　Hello Triangle 示例

2.4　使用 OpenGL ES 3.0 框架

使用我们的代码框架的每个应用程序声明名为 esMain 的主入口点。在 Hello Triangle 的主函数中，你将看到多个 ES 实用工具函数调用。esMain 函数以 ESContext 作为参数。

```
int esMain( ESContext *esContext )
```

ESContext 有一个名为 userData、类型为 void* 的成员变量。每个样板程序将把应用程序所需的所有数据保存在 userData 中。ESContext 结构中的其他元素在头文件中描述，意图只是供用户应用程序读取。ESContext 结构中的其他数据包括窗口宽度和高度、EGL 上下文和回调函数指针等信息。

esMain 函数负责分配 userData、创建窗口和初始化绘图回调函数：

```
esContext->userData = malloc ( sizeof( UserData ) );

esCreateWindow( esContext, "Hello Triangle", 320, 240,
                ES_WINDOW_RGB );

if ( !Init( esContext ) )
     return GL_FALSE;

esRegisterDrawFunc(esContext, Draw);
```

对 esCreateWindow 的调用创建指定宽度和高度的窗口（在示例中是 320 × 240）。“Hello Triangle”参数用于命名窗口；在支持的平台（Windows 和 Linux）中，该名称将显示在窗口的顶部。最后一个参数是个位域，用于指定窗口创建选项。在例子中，我们请求一个 RGB 帧缓冲区。第 3 章会更详细地讨论 esCreateWindow 的作用。这个函数使用 EGL 创建一个屏幕上的渲染表面，该表面连接到一个窗口。EGL 是平台无关的创建渲染表面和上下文的 API。现在，我们简单地说，这个函数创建一个渲染表面，下一章将介绍它的工作细节。

调用 esCreateWindow 之后，主函数接下来调用 Init，以初始化运行程序所需的一切。最后，注册一个回调函数 `Draw`，该函数将被调用，以渲染帧。退出 `esMain` 之后，框架进入主循环，该循环将调用注册的回调函数（Draw，Update），直到窗口关闭。

2.5　创建简单的顶点和片段着色器

在 OpenGL ES 3.0 中，除非加载有效的顶点和片段着色器，否则不会绘制任何几何形状。在第 1 章中，我们介绍了 OpenGL ES 3.0 可编程管线的基础知识，学习了有关顶点和片段着色器的知识。这两个着色器程序描述顶点变换和片段的绘制。要进行任何渲染，OpenGL ES 3.0 程序必须至少有一个顶点着色器和一个片段着色器。

Hello Triangle 中的 Init 函数完成的最主要任务是加载一个顶点着色器和一个片段着色器。程序中的顶点着色器非常简单：

```
char vShaderStr[] =
   "#version 300 es                          \n"
   "layout(location = 0) in vec4 vPosition;  \n"
   "void main()                              \n"
   "{                                        \n"
   "   gl_Position = vPosition;              \n"
   "}                                        \n";
```

顶点着色器的第 1 行声明使用的着色器版本（#version 300 es 表示 OpenGL ES 着色语言 V3.00）。这个顶点着色器声明一个输入属性数组——一个名为 vPosition 的 4 分量向量。之后，Hello Triangle 中的 Draw 函数将传入放在这个变量中的每个顶点的位置。layout(location = 0）限定符表示这个变量的位置是顶点属性 0。着色器声明一个 main 函数，表示着色器执行的开始。着色器主体非常简单；它将 vPosition 输入属性拷贝到名为 gl_Position 的特殊输出变量。每个顶点着色器必须在 gl_Position 变量中输出一个位置。这个变量定义传递到管线下一个阶段的位置。编写着色器的主题是本书要介绍的重要部分，但是现在我们只是解释一下顶点着色器的样子。在第 5 章中将介绍 OpenGL ES 着色语言；在第 8 章中，我们会具体地介绍如何编写顶点着色器。

本例中的片段着色器很简单：

```
char fShaderStr[] =
   "#version 300 es                              \n"
   "precision mediump float;                     \n"
   "out vec4 fragColor;                          \n"
   "void main()                                  \n"
   "{                                            \n"
   "   fragColor = vec4 ( 1.0, 0.0, 0.0, 1.0 );  \n"
   "}                                            \n";
```

正如顶点着色器那样，片段着色器的第 1 行也声明着色器的版本，其下一条语句声明着色器中浮点变量的默认精度。这一主题的更多细节参见第 5 章中关于精度限定符的小节。片段着色器声明一个输出变量 fragColor，这是一个 4 分量的向量。写入这个变量的值将被输出到颜色缓冲区。在这个例子中，所有片段的着色器输出都是红色（1.0，0.0，0.0，1.0）。第 9 章和第 10 章将介绍开发片段着色器的细节。同样，这里我们只是展示一下片段着色器的样子。

一般来说，游戏或者应用程序不会像这个例子一样内嵌着色器源字符串。在大部分现实世界的应用程序中，着色器从某种文本或者数据文件中加载，然后加载到 API。然而，为了简单和示例程序的完备性，我们直接在程序代码中提供着色器源字符串。

2.6　编译和加载着色器

现在我们已经定义了着色器源代码，可以将着色器加载到 OpenGL ES 了。Hello Triangle 示例中的 LoadShader 函数负责加载着色器源代码、编译并检查其错误。它返回一个着色器对象，这是一个 OpenGL ES 3.0 对象，以后可以用于连接到程序对象（这两种对象会在第 4 章中详细介绍）。

我们先来看看 LoadShader 函数是如何工作的。首先，glCreateShader 创建指定类型的新着色器对象。

```
GLuint LoadShader(GLenum type, const char *shaderSrc)
{
   GLuint shader;
   GLint compiled;

   // Create the shader object
   shader = glCreateShader(type);

   if(shader == 0)
      return 0;
```

着色器源代码本身用 glShaderSource 加载到着色器对象。然后，着色器用 glCompileShader 函数编译。

```
// Load the shader source
glShaderSource(shader, 1, &shaderSrc, NULL);
// Compile the shader
glCompileShader(shader);
```

编译着色器之后，确定编译的状态，打印输出生成的错误。

```
   // Check the compile status
   glGetShaderiv(shader, GL_COMPILE_STATUS, &compiled);

   if(!compiled)
   {
      GLint infoLen = 0;

      glGetShaderiv(shader, GL_INFO_LOG_LENGTH, &infoLen);

      if(infoLen > 1)
      {
         char* infoLog = malloc(sizeof(char) * infoLen);

         glGetShaderInfoLog(shader, infoLen, NULL, infoLog);
         esLogMessage("Error compiling shader:\n%s\n", infoLog);

         free(infoLog);
      }

      glDeleteShader(shader);
      return 0;
   }

      return shader;

}
```

如果着色器编译成功，则返回一个新的着色器对象，这个对象以后将连接到程序。这些着色器对象函数将在第 4 章开始的几节中详细介绍。

2.7 创建一个程序对象并链接着色器

一旦应用程序为顶点和片段着色器创建了着色器对象，就需要创建一个程序对象。从概念上说，程序对象可以视为最终链接的程序。不同的着色器编译为一个着色器对象之后，它们必须连接到一个程序对象并一起链接，才能绘制图形。

第 4 章将完整地描述创建程序对象和链接的过程。现在，我们提供该过程的简单概述。第一步是创建程序对象并将顶点着色器和片段着色器连接到对象上。

```
// Create the program object
programObject = glCreateProgram();
```

```
if(programObject == 0)
   return 0;
glAttachShader(programObject, vertexShader);
glAttachShader(programObject, fragmentShader);
```

最后，我们做好链接程序、检查错误的准备：

```
// Link the program
glLinkProgram(programObject);

// Check the link status
glGetProgramiv(programObject, GL_LINK_STATUS, &linked);

if(!linked)
{
   GLint infoLen = 0;

   glGetProgramiv(programObject, GL_INFO_LOG_LENGTH,&infoLen);

   if(infoLen > 1)
   {
      char* infoLog = malloc(sizeof(char) * infoLen);

      glGetProgramInfoLog(programObject, infoLen, NULL,infoLog);
      esLogMessage("Error linking program:\n%s\n", infoLog);

      free(infoLog) ;
   }

   glDeleteProgram(programObject) ;
   return FALSE;
}

// Store the program object
userData->programObject = programObject;
```

经过上述的所有步骤之后，我们最终编译了着色器，检查编译错误，创建程序对象，连接着色器，链接程序并检查链接错误。程序对象成功链接之后，终于可以使用程序对象来渲染了！我们用 glUseProgram 绑定程序对象，进行渲染。

```
// Use the program object
glUseProgram(userData->programObject);
```

用程序对象句柄调用 glUseProgram 之后，所有后续的渲染将用连接到程序对象的顶点和片段着色器进行。

2.8　设置视口和清除颜色缓冲区

我们已经用 EGL 创建了渲染表面，并初始化和加载了着色器，这就为真正的绘图做好了准备。Draw 回调函数用于绘制帧。在 Draw 中执行的第一条命令是 glViewport，它通知 OpenGL ES 用于绘制的 2D 渲染表面的原点、宽度和高度。在 OpenGL ES 中，视口（Viewport）定义所有 OpenGL ES 渲染操作最终显示的 2D 矩形。

```
// Set the viewport
glviewport(0, 0, esContext->width, esContext->height);
```

视口由原点坐标（*x,y*）和宽度、高度定义，我们将在第 7 章中讨论坐标系统和裁剪时更详细地介绍 glViewport。

在设置视口之后，下一步是清除屏幕。在 OpenGL ES 中，绘图中涉及多种缓冲区类型：颜色、深度和模板。我们将在第 11 章详细介绍这些缓冲区。在 Hello Triangle 示例中，只向颜色缓冲区中绘制图形。在每个帧的开始，我们用 glClear 函数清除颜色缓冲区。

```
// Clear the color buffer
glClear(GL_COLOR_BUFFER_BIT);
```

缓冲区将用 glClearColor 指定的颜色清除。在示例程序中 Init 的最后，清除颜色被设置为（1.0，1.0，1.0，1.0），因此屏幕清为白色。清除颜色应该由应用程序在调用颜色缓冲区的 glClear 之前设置。

2.9 加载几何形状和绘制图元

清除颜色缓冲区、设置视口和加载程序对象之后，必须指定三角形的几何形状。三角形的顶点由 vVertices 数组中的 3 个坐标（*x,y,z*）指定。

```
GLfloat vVertices[] = { 0.0f,   0.5f,   0.0f,
                       -0.5f,  -0.5f,   0.0f,
                        0.5f,  -0.5f,   0.0f};
…
// Load the vertex data
glVertexAttribPointer(0, 3, GL_FLOAT, GL_FALSE, 0, vVertices);
glEnableVertexAttribArray(0) ;
glDrawArrays(GL_TRIANGLES, 0, 3);
```

顶点位置需要加载到 GL，并连接到顶点着色器中声明的 vPosition 属性。你应该记得，前面我们已经将 vPosition 变量与输入属性位置 0 绑定。顶点着色器中的每个属性都有一个由无符号整数值唯一标识的位置。为了将数据加载到顶点属性 0，我们调用 glVertexAttribPointer 函数。在第 6 章中，我们会完整介绍加载顶点属性和使用顶点数组的方法。

绘制三角形的最后一步是真正告诉 OpenGL ES 绘制图元。在这个例子里，我们用 glDrawArrays 函数实现这个目的。这个函数绘制三角形、直线或者条带等图元。第 7 章中将更详细地介绍图元。

2.10　显示后台缓冲区

终于到了将三角形绘制到帧缓冲区的时候了。现在，我们必须介绍最后一个细节：如何在屏幕上真正显示帧缓冲区的内容。在介绍这一点之前，我们先讨论双缓冲区（Double Buffering）的概念。

屏幕上可见的帧缓冲区由一个像素数据的二维数组表示。我们可以将在屏幕上显示图像视为在绘制时简单地更新可见帧缓冲区中的像素数据。但是，直接在可显示缓冲区上更新像素有一个严重的问题——也就是说，在典型的显示系统中，物理屏幕以固定的速率从帧缓冲区内存中更新。如果我们直接绘制到帧缓冲区，那么用户在部分更新帧缓冲区时会看到伪像。

为了解决这个问题，我们使用所谓的双缓冲区。在这种方案中，有两个缓冲区：前台缓冲区和后台缓冲区。所有渲染都发生在后台缓冲区，它位于不可见于屏幕的内存区域。当所有渲染完成时，这个缓冲区被“交换”到前台缓冲区（或者可见缓冲区）。然后前台缓冲区变成下一帧的后台缓冲区。

使用这种技术，我们在一帧上的所有渲染完成之前不显示可见表面。在 OpenGL ES 应用程序中，这种活动通过 EGL 函数 eglSwapBuffers 控制（我们的框架在调用 Draw 回调函数之后调用该函数）：

```
eglSwapBuffers(esContext->eglDisplay, esContext->eglSurface);
```

这个函数通知 EGL 切换前台缓冲区和后台缓冲区。发送到 eglSwapBuffers 的参数是 EGL 显示器和表面。这两个参数分别代表物理显示器和渲染表面。在下一章中，我们将更详细地说明 eglSwapBuffers，进一步澄清表面、上下文和缓冲区管理的概念。现在，只要说切换缓冲区之后，我们就在屏幕上显示了三角形就够了。

2.11　小结

本章我们介绍了一个在屏幕上绘制一个三角形的简单 OpenGL ES 3.0 程序，目的是帮助你熟悉组成 OpenGL ES 3.0 应用程序的几个关键组件：用 EGL 创建屏幕渲染表面、使用着色器和相关对象、设置视口、清除颜色缓冲区和渲染图元。现在，你已经理解了组成 OpenGL ES 3.0 应用程序的基础知识，从介绍更多 EGL 相关信息的下一章开始，我们将深入讨论这些主题。

Chapter 3 第3章

EGL简介

在第2章中，我们用OpenGL ES 3.0在窗口上绘制了一个三角形，而且使用一些自己设计的自定义函数打开和管理该窗口。虽然这种技术简化了我们的示例，但是掩盖了在你自己的系统上使用OpenGL ES 3.0的必要性。

作为Khronos组织为开发内容所提供的API家族的一员，（大部分）平台无关的API——EGL可以用于管理绘图表面（窗口只是一种类型；我们将在后面讨论其他类型）。EGL提供如下机制：

- 与设备的原生窗口系统通信
- 查询绘图表面的可用类型和配置
- 创建绘图表面
- 在OpenGL ES 3.0和其他图形渲染API（如桌面OpenGL和OpenVG——硬件加速矢量图形的跨平台API，或者窗口系统的原生绘图命令）之间同步渲染。
- 管理纹理贴图等渲染资源

本章介绍打开一个窗口所需要的基本步骤。在描述其他操作（如创建纹理贴图）时，我们会讨论必要的EGL命令。

3.1 与窗口系统通信

EGL提供了OpenGL ES 3.0（和其他Khronos图形API）和运行于计算机上的原生窗口系统（如GNU/Linux系统上常见的X Window系统、Microsoft Windows或者Mac OS X的Quartz）之间的一个“结合”层次。在EGL能够确定可用的绘制表面类型（或者底层系统的其他特性）之前，它必须打开和窗口系统的通信渠道。注意，Apple提供自己的EGL API的iOS实现，称为EAGL。

因为每个窗口系统都有不同的语义，所以EGL提供基本的不透明类型——EGLDisplay，该类型封装了所有系统相关性，用于和原生窗口系统接口。任何使用EGL的应用程序必须执行的第一个操作是创建和初始化与本地EGL显示的连接。这采用例3-1所示的两次调用序列完成。

例3-1 初始化EGL

```
EGLint majorVersion;
EGLint minorVersion;

EGLDisplay display = eglGetDisplay ( EGL_DEFAULT_DISPLAY );
if ( display == EGL_NO_DISPLAY )
{
   // Unable to open connection to local windowing system
}

if ( !eglInitialize ( display, &majorVersion, &minorVersion ) )
{
   // Unable to initialize EGL; handle and recover
}
```

调用如下函数打开与EGL显示服务器的连接：

```
EGLDisplay eglGetDisplay(EGLNativeDisplayType displayId)
```

displayId 指定显示连接，默认连接为EGL_DEFAULT_DISPLAY

定义EGLNativeDisplayType是为了匹配原生窗口系统的显示类型。例如，在Microsoft Windows上，EGLNativeDisplayType将被定义为一个HDC——Microsoft Windows设备上下文的句柄。但是，为了方便地将代码转移到不同的操作系统和平台，应该接受EGL_DEFAULT_DISPLAY标志，返回与默认原生显示的连接，就像上面我们所做的那样。

如果显示连接不可用，则eglGetDisplay将返回EGL_NO_DISPLAY，这个错误表示EGL不可用，因此你无法使用OpenGL ES 3.0。

在继续讨论更多的EGL操作之前，我们需要简短地描述EGL如何处理错误并向你的应用程序报告。

3.2 检查错误

EGL中的大部分函数在成功时返回EGL_TRUE，否则返回EGL_FALSE。但是，EGL所做的不仅是告诉你调用是否失败——它将记录错误，指示故障原因。不过，这个错误代码不会直接返回给你；你需要明确地查询EGL错误代码，为此可以调用如下函数完成：

```
EGLint eglGetError()
```

这个函数返回特定线程中最近调用的 EGL 函数的错误代码，如果返回 EGL_SUCCESS，则说明没有错误。

你可能感到疑惑，为什么说这种方法比调用结束时直接返回错误代码更明智？尽管我们从不鼓励任何人忽略函数返回代码，但是允许可选的错误代码恢复减少了已经验证为正常工作的应用程序中的多余代码。你当然应该在开发和调试期间检查错误，在关键应用中也应该持续检查，但是一旦相信应用程序能够按照预想的方式工作，就可以减少错误检查。

3.3 初始化 EGL

成功地打开连接之后，需要初始化 EGL，这通过调用如下函数完成：

```
EGLBoolean eglInitialize(EGLDisplay display,
                         EGLint *majorVersion,
                         EGLint *minorVersion)
```

display 指定 EGL 显示连接

majorVersion 指定 EGL 实现返回的主版本号，可能为 NULL

minorVersion 指定 EGL 实现返回的次版本号，可能为 NULL

这个函数初始化 EGL 内部数据结构，返回 EGL 实现的主版本号和次版本号。如果 EGL 无法初始化，这个调用将返回 EGL_FALSE，并将 EGL 错误代码设置为：

- EGL_BAD_DISPLAY——如果 display 没有指定有效的 EGLDisplay。
- EGL_NOT_INITIALIZED——如果 EGL 不能初始化。

3.4 确定可用表面配置

一旦初始化了 EGL，就可以确定可用渲染表面的类型和配置，这有两种方法：

- 查询每个表面配置，找出最好的选择。
- 指定一组需求，让 EGL 推荐最佳匹配。

在许多情况下，使用第二种方法更简单，而且最有可能得到用第一种方法找到的匹配。在任何一种情况下，EGL 将返回一个 EGLConfig，这是包含有关特定表面及其特性（如每个颜色分量的位数、与 EGLConfig 相关的深度缓冲区（如果有的话））的 EGL 内部数据结构的标识符。你可以用我们后面说明的 eglGetConfigAttrib 函数查询 EGLConfig 的任何属性。

调用如下函数，可以查询底层窗口系统支持的所有 EGL 表面配置：

```
EGLBoolean eglGetConfigs(EGLDisplay display,
                         EGLConfig *configs,
                         EGLint maxReturnConfigs,
                         EGLint *numConfigs)
```

display 指定 EGL 显示连接

configs 指定 configs 列表

maxReturnConfigs 指定 configs 的大小

numConfigs 指定返回的 configs 大小

这个函数调用成功时返回 EGL_TRUE。失败时，调用返回 EGL_FALSE，并将 EGL 错误代码设置为:

- EGL_NOT_INITIALIZED——如果 display 没有初始化。
- EGL_BAD_PARAMETER——如果 numConfigs 为空

调用 eglGetConfigs 有两种方法。首先，如果你指定 configs 的值为 NULL，该系统将返回 EGL_TRUE，并将 numConfigs 设置为可用 EGLConfigs 的数量。没有关于系统中 EGLConfigs 的任何附加信息返回，但是知道可用配置的数量，如果谨慎为之，你就可以分配足够的内存获得完整的 EGLConfigs 集合。

你也可以选择（这可能更有用）分配一个未初始化 EGLConfig 值的数组，并将它们传递给 eglGetConfigs 作为 configs 参数。将 maxReturnConfigs 设置为分配的数组大小，这也指定了返回的最大配置数量。调用完成时，numConfigs 将用修改后的 configs 中的输入项数量更新。然后，你可以开始处理返回值的列表，查询各种配置的特性，确定你需要的最佳匹配。

3.5 查询 EGLConfig 属性

现在，我们说明与 EGLConfig 相关的 EGL 值，并说明如何检索这些值。

EGLConfig 包含关于 EGL 启用的表面的所有信息。这包括关于可用颜色、与配置相关的其他缓冲区（如后面将要讨论的深度和模板缓冲区）、表面类型和许多其他特性。下面是可以从 EGLConfig 中查询的属性的一个列表。在本章中我们只讨论一个子集，表 3-1 中列出了完整的列表作为参考。

使用如下函数可以查询与 EGLConfig 相关的特定属性:

```
EGLBoolean eglGetConfigAttrib(EGLDisplay display,
                              EGLConfig config,
                              EGLint attribute,
                              EGLint *value)
```

display 指定 EGL 显示连接

config 指定要查询的配置

attribute 指定返回的特定属性

value 指定返回值

上述函数在调用成功时返回 EGL_TRUE，失败时返回 EGL_FALSE，如果 attribute 不是有效的属性，则还要返回 EGL_BAD_ATTRIBUTE 错误。

这个调用将返回相关 EGLConfig 的指定属性值，因此你可以完全控制所选择的配置，最终创建渲染表面。但是，查看表 3-1 时，你可能被大量的选项吓住。EGL 提供了另一个例程 eglChooseConfig，可以指定对你的应用程序重要的选项，并根据你的请求返回最匹配的配置。

表 3-1　EGLConfig 属性

属　性	描　述	默认值
EGL_BUFFER_SIZE	颜色缓冲区中所有颜色分量的位数	0
EGL_RED_SIZE	颜色缓冲区中红色分量位数	0
EGL_GREEN_SIZE	颜色缓冲区中绿色分量位数	0
EGL_BLUE_SIZE	颜色缓冲区中蓝色分量位数	0
EGL_LUMINANCE_SIZE	颜色缓冲区中亮度位数	0
EGL_ALPHA_SIZE	颜色缓冲区中 Alpha 值位数	0
EGL_ALPHA_MASK_SIZE	掩码缓冲区中 Alpha 掩码位数	0
EGL_BIND_TO_TEXTURE_RGB	如果可以绑定到 RGB 纹理，则为真	EGL_DONT_CARE
EGL_BIND_TO_TEXTURE_RGBA	如果可以绑定到 RGBA 纹理，则为真	EGL_DONT_CARE
EGL_COLOR_BUFFER_TYPE	颜色缓冲区类型：EGL_RGB_BUFFER 或 EGL_LUMINANCE_BUFFER	EGL_RGB_BUFFER
EGL_CONFIG_CAVEAT	和配置相关的任何注意事项	EGL_DONT_CARE
EGL_CONFIG_ID	唯一的 EGLConfig 标识符值	EGL_DONT_CARE
EGL_CONFORMANT	如果用这个 EGLConfig 创建的上下文兼容，则为真	—
EGL_DEPTH_SIZE	深度缓冲区位数	0
EGL_LEVEL	帧缓冲区级别	0
EGL_MAX_PBUFFER_WIDTH	用这个 EGLConfig 创建的 PBuffer 的最大宽度	—
EGL_MAX_PBUFFER_HEIGHT	用这个 EGLConfig 创建的 PBuffer 的最大高度	—
EGL_MAX_PBUFFER_PIXELS	用这个 EGLConfig 创建的 PBuffer 的最大尺寸	—
EGL_MAX_SWAP_INTERVAL	最大缓冲区交换间隔	EGL_DONT_CARE
EGL_MIN_SWAP_INTERVAL	最小缓冲区交换间隔	EGL_DONT_CARE
EGL_NATIVE_RENDERABLE	如果原生渲染库可以渲染到用 EGLConfig 创建的表面，则为真	EGL_DONT_CARE
EGL_NATIVE_VISUAL_ID	关于应原生窗口系统可视 ID 句柄	EGL_DONT_CARE
EGL_NATIVE_VISUAL_TYPE	关于应原生窗口系统可视类型	EGL_DONT_CARE
EGL_RENDERABLE_TYPE	由 EGL_OPENGL_ES_BIT、EGL_OPENGL_ES2_BIT、EGL_OPENGL_ES3_BIT_KHR（需要 EGL_KHR_create_context 扩展）、EGL_OPENGL_BIT 或 EGL_OPENVG_BIT 组成的位掩码，代表配置支持的渲染接口	EGL_OPENGL_ES_BIT
EGL_SAMPLE_BUFFERS	可用多重采样缓冲区数量	0
EGL_SAMPLES	每个像素的样本数量	0
EGL_STENCIL_SIZE	模板缓冲区位数	0

（续）

属　性	描　述	默认值
EGL_SURFACE_TYPE	支持的 EGL 表面类型，可能是 EGL_WINDOW_BIT、EGL_PIXMAP_BIT、EGL_PBUFFER_BIT、EGL_MULTISAMPLE_RESOLVE_BOX_BIT、EGL_SWAP_BEHAVIOR_PRESERVED_BIT、EGL_VG_COLORSPACE_LINEAR_BIT 或 者 EGL_VG_ALPHA_FORMAT_PRE_BIT	EGL_WINDOW_BIT
EGL_TRANSPARENT_TYPE	支持的透明度	EGL_NONE
EGL_TRANSPARENT_RED_VALUE	解读为透明的红色值	EGL_DONT_CARE
EGL_TRANSPARENT_GREEN_VALUE	解读为透明的绿色值	EGL_DONT_CARE
EGL_TRANSPARENT_BLUE_VALUE	解读为透明的蓝色值	EGL_DONT_CARE

3.6 让 EGL 选择配置

使用如下函数，让 EGL 选择匹配的 EGLConfig：

```
EGLBoolean eglChooseConfig(EGLDisplay display,
                           const EGLint *attribList,
                           EGLConfig *configs,
                           EGLint maxReturnConfigs,
                           EGLint *numConfigs)
```

display　　指定 EGL 显示连接

attribList　　指定 configs 匹配的属性列表

configs　　指定配置列表

maxReturnConfigs　　指定配置的大小

numConfigs　　指定返回的配置大小

这个函数在调用成功时返回 EGL_TRUE，失败时返回 EGL_FALSE，如果 attribList 包含未定义的 EGL 属性，或者某个属性值未被承认 / 超限，则还要返回 EGL_BAD_ATTRIBUTE 错误。

你需要提供一个属性列表以及所有属性的相关首选值，这些值对于应用程序的改正操作很重要。例如，如果你需要支持 5 位红色和蓝色分量、6 位绿色分量（常用的“RGB565”格式）的渲染表面、一个深度缓冲区和 OpenGL ES 3.0 的 EGLConfig，则可以声明例 3-2 所示的数组。

对于属性列表中未明确指定的值，EGL 将使用表 3-1 中所示的默认值。此外，为属性指定数字值时，EGL 保证如果有匹配的 EGLConfig，则返回的配置至少有该值。

例 3-2　指定 EGL 属性

```
EGLint attribList[] =
{
   EGL_RENDERABLE_TYPE, EGL_OPENGL_ES3_BIT_KHR,
   EGL_RED_SIZE, 5,
   EGL_GREEN_SIZE, 6,
   EGL_BLUE_SIZE, 5,
   EGL_DEPTH_SIZE, 1,
   EGL_NONE
};
```

注意 使用 EGL_OPENGL_ES3_BIT_KHR 属性需要 EGL_KHR_create_context 扩展。这个属性在 eglext.h（EGL v1.4）中定义。还要注意，有些实现总是将 OpenGL ES 2.0 上下文升级为 OpenGL ES 3.0 上下文，因为 OpenGL ES 3.0 向后兼容 OpenGL ES 2.0。

按照例 3-3，将这组属性作为选择标准。

例 3-3　查询 EGL 表面配置

```
const EGLint MaxConfigs = 10;
EGLConfig configs[MaxConfigs]; // We'll accept only 10 configs
EGLint numConfigs;
if ( !eglChooseConfig( display, attribList, configs, MaxConfigs,
                       &numConfigs ) )
{
   // Something did not work ... handle error situation
}
else
{
   // Everything is okay; continue to create a rendering surface
}
```

如果 eglChooseConfig 成功返回，则将返回一组匹配你的标准的 EGLConfig。如果匹配的 EGLConfig 超过一个（最多是你所指定的最大配置数量），则 eglChooseConfig 将按照如下顺序排列配置：

1. 按照 EGL_CONFIG_CAVEAT 的值。没有配置注意事项（EGL_CONFIG_CAVEAT 值为 EGL_NONE）的配置优先，然后是慢速渲染配置（EGL_SLOW_CONFIG），最后是不兼容的配置（EGL_NON_CONFORMANT_CONFIG）。

2. 按照 EGL_COLOR_BUFFER_TYPE 指定的缓冲区类型。

3. 按照颜色缓冲区位数降序排列。缓冲区中的位数取决于 EGL_COLOR_BUFFER_TYPE，至少是为特定颜色通道指定的值。当缓冲区类型为 EGL_RGB_BUFFER 时，位数是 EGL_RED_SIZE、EGL_GREEN_SIZE 和 EGL_BLUE_SIZE 的总和。当颜色缓冲区类型为 EGL_LUMINANCE_BUFFER 时，位数是 EGL_LUMINANCE_SIZE 与 EGL_ALPHA_SIZE 的和。

4. 按照 EGL_BUFFER_SIZE 值的升序排列。

5. 按照 EGL_SAMPLE_BUFFERS 值的升序排列。
6. 按照 EGL_SAMPLES 数量的升序排列。
7. 按照 EGL_DEPTH_SIZE 值的升序排列。
8. 按照 EGL_STENCIL_SIZE 值的升序排列。
9. 按照 EGL_ALPHA_MASK_SIZE 的值排列（这仅适用于 OpenVG 表面）。
10. 按照 EGL_NATIVE_VISUAL_TYPE，以实现相关的方式排列。
11. 按照 EGL_CONFIG_ID 值的升序排列。

上述列表中未提及的参数不用于排序过程。

注意　因为第 3 条排序规则，所以为了获得匹配你所指定属性的最佳格式，必须添加额外的逻辑来检查返回的结果。例如，如果你要求“565”RGB 格式，那么“888”格式将先出现在返回的结果中。

例 3-3 中已经提到，如果 eglChooseConfig 成功返回，我们就有足够的信息可以继续创建绘图表面。默认情况下，如果没有指定所需类型的渲染表面（通过指定 EGL_SURFACE_TYPE 属性），则 EGL 假定你所需的是屏幕上的窗口。

3.7　创建屏幕上的渲染区域：EGL 窗口

一旦我们有了符合渲染需求的 EGLConfig，就为创建窗口做好了准备。调用如下函数可以创建一个窗口：

```
EGLSurface eglCreateWindowSurface(EGLDisplay display,
                                  EGLConfig config,
                                  EGLNativeWindowType window,
                                  const EGLint *attribList)
```

display	指定 EGL 显示连接
config	指定配置
window	指定原生窗口
attribList	指定窗口属性列表；可能为 NULL

这个函数以我们到原生显示管理器的连接和前一步获得的 EGLConfig 为参数。此外，它需要原生窗口系统事先创建的一个窗口。因为 EGL 是许多不同窗口系统和 OpenGL ES 3.0 之间的软件接口层，所以阐述如何创建原生窗口超出了本书的范围。请参考原生窗口系统的文档，以确定在此环境下创建窗口的必要条件。

最后，这个调用需要一个属性列表；但是，这个列表与表 3-1 中所示的属性不同。因为 EGL 支持其他渲染 API（最著名的是 OpenVG），所以在使用 OpenGL ES 3.0 时 eglCreateWindowSurface

接受的一些属性不适用（见表 3-2）。对于我们的目的，eglCreateWindowSurface 接受单一属性，该属性用于指定所要渲染的表面是前台缓冲区还是后台缓冲区。

表 3-2 用 eglCreateWindowSurface 创建窗口的属性

标志	说明	默认值
EGL_RENDER_BUFFER	指定渲染所用的缓冲区（使用 EGL_SINGLE_BUFFER 值）或者后台缓冲区（EGL_BACK_BUFFER）	EGL_BACK_BUFFER

注意 对于 OpenGL ES 3.0 窗口渲染表面，只支持双缓冲区窗口。

属性列表可能为空（也就是 attribList 值为 Null 指针），也可以用 EGL_NONE 标志作为列表的第一个元素。在这种情况下，所有相关属性都使用默认值。

eglCreateWindowSurface 在很多情况下可能失败，如果发生这种情况，调用会返回 EGL_NO_SURFACE 并设置特定的错误，这时，我们可以调用 eglGetError 来确定失败的原因，该函数返回的原因如表 3-3 所示。

表 3-3 eglCreateWindowSurface 失败时可能的错误

错误代码	描述
EGL_BAD_MATCH	• 原生窗口属性不匹配提供的 EGLConfig • 提供的 EGLConfig 不支持渲染到窗口（也就是说，EGL_SURFACE_TYPE 属性没有设置 EGL_WINDOW_BIT）
EGL_BAD_CONFIG	如果提供的 EGLConfig 没有得到系统的支持，则标记该错误
EGL_BAD_NATIVE_WINDOW	如果提供的原生窗口句柄无效，则指定该错误
EGL_BAD_ALLOC	如果 eglCreateWindowSurface 无法为新的 EGL 窗口分配资源，或者已经有和提供的原生窗口关联的 EGLConfig，则发生这种错误

综上所述，创建一个窗口的代码如例 3-4 所示。

例 3-4 创建一个 EGL 窗口表面

```
EGLint attribList[] =
{
   EGL_RENDER_BUFFER, EGL_BACK_BUFFER,
   EGL_NONE
);

EGLSurface window = eglCreateWindowSurface ( display, config,
                                             nativeWindow,
                                             attribList );
if ( window == EGL_NO_SURFACE )
{
   switch ( eglGetError ( ) )
   {
      case EGL_BAD_MATCH:
```

```
        // Check window and EGLConfig attributes to determine
        // compatibility, or verify that the EGLConfig
        // supports rendering to a window
        break;

     case EGL_BAD_CONFIG:
        // Verify that provided EGLConfig is valid
        break;


     case EGL_BAD_NATIVE_WINDOW:
        // Verify that provided EGLNativeWindow is valid
        break;

     case EGL_BAD_ALLOC:
        // Not enough resources available; handle and recover
        break;
   }
}
```

上述代码创建了一个绘图场所，但是我们还必须完成两个步骤，才能成功地用 OpenGL ES 3.0 在我们的窗口上绘图。然而，窗口并不是唯一的可用渲染表面。在完成讨论之前，我们介绍另一种渲染表面类型。

3.8 创建屏幕外渲染区域：EGL Pbuffer

除了可以用 OpenGL ES 3.0 在屏幕上的窗口渲染之外，还可以渲染称作 pbuffer（像素缓冲区 Pixel buffer 的简写）的不可见屏幕外表面。和窗口一样，Pbuffer 可以利用 OpenGL ES 3.0 中的任何硬件加速。Pbuffer 最常用于生成纹理贴图。如果你想要做的是渲染到一个纹理，那么我们建议使用帧缓冲区对象（在第 12 章中介绍）代替 Pbuffer，因为帧缓冲区更高效。不过，在某些帧缓冲区对象无法使用的情况下，Pbuffer 仍然有用，例如用 OpenGL ES 在屏幕外表面上渲染，然后将其作为其他 API（如 OpenVG）中的纹理。

创建 Pbuffer 和创建 EGL 窗口非常相似，只有少数微小的不同。为了创建 Pbuffer，需要和窗口一样找到 EGLConfig，并作一处修改：我们需要扩增 EGL_SURFACE_TYPE 的值，使其包含 EGL_PBUFFER_BIT。拥有适用的 EGLConfig 之后，就可以用如下函数创建 pbuffer：

```
EGLSurface eglCreatePbufferSurface(EGLDisplay display,
                                   EGLConfig config,
                                   const EGLint *attribList)
```

display　　指定 EGL 显示连接

config　　指定配置

attribList　　指定像素缓冲区属性列表；可能为 NULL

和窗口创建一样，这个函数以和原生显示管理器的连接及我们选择的 EGLConfig 为参数。这个调用也使用属性列表，如表 3-4 所示。

表 3-4 EGL 像素缓冲区属性

标　志	描　述	默认值
EGL_WIDTH	指定 pbuffer 的宽度（以像素表示）	0
EGL_HEIGHT	指定 pbuffer 的高度（以像素表示）	0
EGL_LARGEST_PBUFFER	如果请求的大小不可用，选择最大的可用 pbuffer。有效值为 EGL_TRUE 和 EGL_FALSE	EGL_FALSE
EGL_TEXTURE_FORMAT	如果 pbuffer 绑定到一个纹理贴图，则指定纹理格式类型（见第 9 章），有效值是 EGL_TEXTURE_RGB，EGL_TEXTURE_RGBA，和 EGL_NO_TEXTURE（表示 pbuffer 不能直接用作纹理）	EGL_NO_TEXTURE
EGL_TEXTURE_TARGET	指定 pbuffer 作为纹理贴图时应该连接到的相关纹理目标（见第 9 章），有效值为 EGL_TEXTURE_2D 和 EGL_NO_TEXTURE	EGL_NO_TEXTURE
EGL_MIPMAP_TEXTURE	指定是否应该另外为纹理 mipmap 级别（见第 9 章）分配存储。有效值是 EGL_TRUE 和 EGL_FALSE	EGL_FALSE

在一些情况下，eglCreatePbufferSurface 可能失败。和窗口创建一样，如果发生这些故障，调用将返回 EGL_NO_SURFACE 并设置特定错误。在这种情况下，eglGetError 返回表 3-5 中列出的某种错误。

表 3-5 eglCreatePbufferSurface 失败时可能的错误

错误代码	描　述
EGL_BAD_ALLOC	pbuffer 因为缺乏资源而无法分配时发生这种错误
EGL_BAD_CONFIG	如果提供的 EGLConfig 不是系统支持的有效配置，则发生这种错误
EGL_BAD_PARAMETER	如果属性列表中提供的 EGL_WIDTH 或 EGL_HEIGHT 是负值，则产生这种错误
EGL_BAD_MATCH	如果如下情况发生，则出现该错误：所提供的 EGLConfig 不支持 pbuffer 表面；pbuffer 被用作纹理贴图（EGL_TEXTURE_FORMAT 不是 EGL_NO_TEXTURE），且指定的 EGL_WIDTH 和 EGL_HEIGHT 是无效的纹理尺寸；EGL_TEXTURE_FORMAT 和 EGL_TEXTURE_TARGET 设置为 EGL_NO_TEXTURE，而其他属性没有设置成 EGL_NO_TEXTURE
EGL_BAD_ATTRIBUTE	如果指定 EGL_TEXTURE_FORMAT、EGL_TEXTURE_TARGET 或 EGL_MIPMAP_TEXTURE，但是提供的 EGLConfig 不支持 OpenGL ES 渲染（如只支持 OpenVG 渲染），则发生该错误

综上所述，我们在例 3-5 中创建一个 pbuffer。

例 3-5　创建 EGL 像素缓冲区

```
EGLint attribList[] =
{
   EGL_SURFACE_TYPE, EGL_PBUFFER_BIT,
   EGL_RENDERABLE_TYPE, EGL_OPENGL_ES3_BIT_KHR,
   EGL_RED_SIZE, 5,
   EGL_GREEN_SIZE, 6,
   EGL_BLUE_SIZE, 5,
   EGL_DEPTH_SIZE, 1,
```

```
   EGL_NONE
};

const EGLint MaxConfigs = 10;
EGLConfig configs[MaxConfigs]; // We'll accept only 10 configs
EGLint numConfigs;
if ( !eglChooseConfig( display, attribList, configs, MaxConfigs,
                       &numConfigs ) )
{
   // Something did not work ... handle error situation
}
else
{
   // We have found a pbuffer-capable EGLConfig
}

// Proceed to create a 512 x 512 pbuffer
// (or the largest available)
EGLSurface pbuffer;
EGLint attribList[] =
{
   EGL_WIDTH, 512,
   EGL_HEIGHT, 512,
   EGL_LARGEST_PBUFFER, EGL_TRUE,
   EGL_NONE
);

pbuffer = eglCreatePbufferSurface( display, config, attribList);
if ( pbuffer == EGL_NO_SURFACE )
{
   switch ( eglGetError ( ) )
   {
      case EGL_BAD_ALLOC:
      // Not enough resources available; handle and recover
      break;

      case EGL_BAD_CONFIG:
      // Verify that provided EGLConfig is valid
      break;
      case EGL_BAD_PARAMETER:
      // Verify that EGL_WIDTH and EGL_HEIGHT are
      // non-negative values
      break;

      case EGL_BAD_MATCH:
      // Check window and EGLConfig attributes to determine
      // compatibility and pbuffer-texture parameters
      break;
   }
}

// Check the size of pbuffer that was allocated
EGLint width;
EGLint height;
```

```
if ( !eglQuerySurface ( display, pbuffer, EGL_WIDTH, &width ) ||
     !eglQuerySurface ( display, pbuffer, EGL_HEIGHT, &height ))
{
   // Unable to query surface information
}
```

像窗口一样，Pbuffers 支持所有 OpenGL ES 3.0 渲染机制。主要的区别——除了你无法在屏幕上显示 Pbuffer——是在你完成渲染时，不像窗口中那样交换缓冲区，而是从 Pbuffer 中将数值复制到应用程序，或者将 Pbuffer 的绑定更改为纹理。

3.9 创建一个渲染上下文

渲染上下文是 OpenGL ES 3.0 的内部数据结构，包含操作所需的所有状态信息。例如，它包含对第 2 章中的示例程序中使用的顶点和片段着色器及顶点数据数组的引用。OpenGL ES 3.0 必须有一个可用的上下文才能绘图。

使用如下函数创建上下文：

```
EGLContext eglCreateContext(EGLDisplay display,
                            EGLConfig config,
                            EGLContext shareContext,
                            const EGLint *attribList)
```

display 指定 EGL 显示连接

config 指定配置

shareContext 允许多个 EGL 上下文共享特定类型的数据，例如着色器程序和纹理贴图；使用 EGL_NO_CONTEXT 表示没有共享

attribList 指定创建上下文使用的属性列表；只有一个可接受的属性——EGL_CONTEXT_CLIENT_VERSION

同样，你需要显示连接和最能代表应用程序需求的 EGLConfig。第三个参数 shareContext 允许多个 EGLContext 共享特定类型的数据，例如着色器程序和纹理贴图。我们暂时传递 EGL_NO_CONTEXT 作为 shareContext 的值，表示我们不和其他上下文共享资源。

最后，和许多 EGL 调用一样，指定特定于 eglCreateContext 操作的属性列表。在这种情况下，只接受一个属性 EGL_CONTEXT_CLIENT_VERSION，表 3-6 中讨论了这个属性。

表 3-6 用 eglCreateContext 创建上下文时的属性

标　志	描　述	默认值
EGL_CONTEXT_CLIENT_VERSION	指定与你所使用的 OpenGL ES 版本相关的上下文类型	1（指定 OpenGL ES 1.X 上下文）

因为我们打算使用 OpenGL ES 3.0，所以总是必须指定这个属性，以获得正确的上下文类型。

eglCreateContext成功时，它返回一个指向新创建上下文的句柄。如果不能创建上下文，则eglCreateContext返回EGL_NO_CONTEXT，并设置失败原因，这可以通过调用eglGetError获得。根据我们目前的知识，eglGetError失败的唯一原因是我们提供的EGLConfig无效，这种情况下eglGetError返回的错误是EGL_BAD_CONFIG。

例3-6说明如何在选择合适的EGLConfig之后创建一个上下文。

例3-6 创建一个EGL上下文

```
const EGLint attribList[] =
{
   // EGL_KHR_create_context is required
   EGL_CONTEXT_CLIENT_VERSION, 3,
   EGL_NONE
};

EGLContext context = eglCreateContext ( display, config,
                                        EGL_NO_CONTEXT,
                                        attribList );

if ( context == EGL_NO_CONTEXT )
{
   EGLError error = eglGetError ( );

   if ( error == EGL_BAD_CONFIG )
   {
      // Handle error and recover
   }
}
```

eglCreateContext可能产生其他错误，但是现在我们只检查EGLConfig无效的错误。

成功创建EGLContext之后，我们必须完成最后一步才能开始渲染。

3.10 指定某个EGLContext为当前上下文

因为一个应用程序可能创建多个EGLContext用于不同的用途，所以我们需要关联特定的EGLContext和渲染表面——这一过程常常被称作“指定当前上下文”。

使用如下调用，关联特定的EGLContext和某个EGLSurface。

```
EGLBoolean eglMakeCurrent(EGLDisplay display,
                          EGLSurface draw,
                          EGLSurface read,
                          EGLContext context)
```

display	指定EGL显示连接
draw	指定EGL绘图表面
read	指定EGL读取表面
context	指定连接到该表面的渲染上下文

这个函数调用成功时返回 EGL_TRUE，失败时返回 EGL_FALSE。

你可能注意到这个调用使用两个 EGLSurface 参数。尽管这种方法具有灵活性（在我们关于高级 EGL 用法的讨论中将利用），但是现在把 read 和 draw 参数设置为同一个值——我们前面创建的窗口。

注意　因为 EGL 规范要求 eglMakeCurrent 实现进行一次刷新，所以这一调用对于基于图块的架构代价很高。

3.11 结合所有 EGL 知识

本章的最后是一个完整的例子，说明了从 EGL 初始化开始到 EGLContext 绑定到 EGLSurface 的全过程。我们假定已经创建了一个原生窗口，并且如果发生任何错误，则应用程序将会终止。

实际上，除了分离窗口和上下文创建（原因将在后面讨论）的那些例程之外，例 3-7 类似于我们在第 2 章中完成的封装必要 EGL 窗口创建代码的 esCreateWindow 函数。

例 3-7　创建 EGL 窗口的完整例程

```
EGLBoolean initializeWindow ( EGLNativeWindow nativeWindow )
{
   const EGLint configAttribs[] =
   {
      EGL_RENDER_TYPE, EGL_WINDOW_BIT,
      EGL_RED_SIZE, 8,
      EGL_GREEN_SIZE, 8,
      EGL_BLUE_SIZE, 8,
      EGL_DEPTH_SIZE, 24,
      EGL_NONE
   };

   const EGLint contextAttribs[] =
   {
      EGL_CONTEXT_CLIENT_VERSION, 3,
      EGL_NONE
   };

   EGLDisplay display = eglGetDisplay ( EGL_DEFAULT_DISPLAY )
   if ( display == EGL_NO_DISPLAY )
   {
      return EGL_FALSE;
   }

   EGLint major, minor;
   if ( !eglInitialize ( display, &major, &minor ) )
```

```
   {
      return EGL_FALSE;
   }

   EGLConfig config;
   EGLint numConfigs;
   if ( !eglChooseConfig ( display, configAttribs, &config, 1,
                           &numConfigs ) )
   {
      return EGL_FALSE;
   }

   EGLSurface window = eglCreateWindowSurface ( display, config,
                                                nativeWindow, NULL );
   if (window == EGL_NO_SURFACE)
   {
      return EGL_FALSE;
   }
   EGLContext context = eglCreateContext ( display, config,
                                           EGL_NO_CONTEXT,
                                           contextAttribs);

   if ( context == EGL_NO_CONTEXT )
   {
      return EGL_FALSE;
   }

   if ( !eglMakeCurrent ( display, window, window, context ) )
   {
      return EGL_FALSE;
   }
   return EGL_TRUE;
}
```

上述代码和例3-8中应用程序调用的打开512×512窗口的代码类似。

例 3-8 用 esUtil 库创建一个窗口

```
ESContext esContext;
const char* title = "OpenGL ES Application Window Title";

if (esCreateWindow(&esContext, title, 512, 512,
                   ES_WINDOW_RGB | ES_WINDOW_DEPTH))
{
   // Window creation failed
}
```

esCreateWindow的最后一个参数指定我们的窗口需要的特性，是如下值的一个位掩码：

- ES_WINDOW_RGB——指定基于RGB的颜色缓冲区。
- ES_WINDOW_ALPHA——分配目标Alpha缓冲区。
- ES_WINDOW_DEPTH——分配深度缓冲区。
- ES_WINDOW_STENCIL——分配模板缓冲区。
- ES_WINDOW_MULTISAMPLE——分配多重采样缓冲区。

在窗口配置位掩码中指定这些值将在 EGLConfig 属性列表（就是前一个例子中的 configAttribs）中添加相关的标志和数值。

3.12 同步渲染

你可能会碰到一些情况，即需要协调多个图形 API 在单个窗口中的渲染。例如，你可能发现使用 OpenVG 更容易找到比 OpenGL ES 3.0 更适于在窗口中绘制字符的原生窗口系统字体渲染函数。在这种情况下，需要让应用程序允许多个库渲染到共享窗口。EGL 有几个函数有助于同步任务。

如果你的应用程序只使用 OpenGL ES 3.0 渲染，那么可以简单地调用 glFinish（或者第 13 章中讨论的更高效的同步对象和栅栏）来保证所有渲染已经发生。

但是，如果你使用不止一个 Khronos API 进行渲染（例如 OpenVG），那么在切换窗口系统原生渲染 API 之前可能不知道使用的是哪个 API，为此可以调用如下函数：

```
EGLBoolean eglWaitClient()
```

延迟客户端的执行，直到通过某个 Khronos API（如 OpenGL ES 3.0、OpenGL 或 OpenVG）的所有渲染完成。成功时返回 EGL_TRUE，失败时返回 EGL_FALSE，并发送 EGL_BAD_CURRENT_SURFACE 错误。

这个函数的操作与 glFinish 类似，但是不管当前操作的是哪个 Khronos API 均有效。

同样，如果你需要保证原生窗口系统的渲染完成，则调用如下函数：

```
EGLBoolean eglWaitNative(EGLint engine)
```

engine 指定渲染程序等待渲染完成

参数值 EGL_CORE_NATIVE_ENGINE 总是可接受的，代表所支持的最常见引擎；其他引擎特定于实现，通过 EGL 扩展指定。成功时返回 EGL_TRUE，失败时返回 EGL_FALSE 和 EGL_BAD_PARAMETER 错误。

3.13 小结

在本章中，我们介绍了有关 EGL 的知识，这是 OpenGL ES 3.0 用于创建表面和渲染上下文的 API。现在，你知道了如何初始化 EGL；查询各种 EGL 属性；用 EGL 创建一个屏幕上和屏幕外的渲染区域和渲染上下文。你已经学习了足够多的 EGL 知识，可以完成 OpenGL ES 3.0 渲染所需的所有任务。在下一章中，我们将介绍创建 OpenGL ES 着色器和程序的方法。

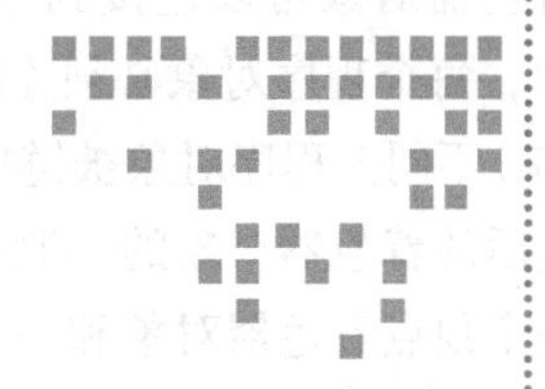

第 4 章 Chapter 4

着色器和程序

第 2 章介绍了绘制一个三角形的简单程序。在那个例子中，我们创建了两个着色器对象（一个用于顶点着色器，另一个用于片段着色器）和一个程序对象，以渲染三角形。着色器对象和程序对象是使用 OpenGL ES 3.0 着色器的基本概念。在本章中，我们提供创建着色器、编译它们并链接到一个程序对象的完整细节。编写顶点着色器和片段着色器的细节将在本书后面介绍。现在，我们关注如下主题：

- 着色器和程序对象概述
- 创建和编译着色器
- 创建和链接程序
- 获取和设置统一变量
- 获取和设置属性
- 着色器编译器和程序二进制代码

4.1 着色器和程序

需要创建两个基本对象才能用着色器进行渲染：着色器对象和程序对象。理解着色器对象和程序对象的最佳方式是将它们比作 C 语言的编译器和链接程序。C 编译器为一段源代码生成目标代码（例如，.obj 或者 .o 文件）。在创建目标文件之后，C 链接程序将对象文件链接为最后的程序。

OpenGL ES 在着色器的表现上使用类似的范式。着色器对象是包含单个着色器的对象。源代码提供给着色器对象，然后着色器对象被编译为一个目标形式（类似于 .obj 文件）。

编译之后，着色器对象可以连接到一个程序对象。程序对象可以连接多个着色器对象。在 OpenGL ES 中，每个程序对象必须连接一个顶点着色器和一个片段着色器（不多也不少），这和桌面 OpenGL 不同。程序对象被链接为用于渲染的最后“可执行程序”。

获得链接后的着色器对象的一般过程包括 6 个步骤：

1. 创建一个顶点着色器对象和一个片段着色器对象。
2. 将源代码连接到每个着色器对象。
3. 编译着色器对象。
4. 创建一个程序对象。
5. 将编译后的着色器对象连接到程序对象。
6. 链接程序对象。

如果没有错误，就可以在任何时候通知 GL 使用这个程序绘图。下一节将详细介绍执行这一过程所使用的 API 调用。

4.1.1 创建和编译一个着色器

使用着色器对象的第一步是创建着色器，这用 glCreateShader 完成。

```
GLuint   glCreateShader(GLenum type)
```

type 创建的着色器类型可以是 GL_VERTEX_SHADER 或者 GL_FRAGMENT_SHADER

调用 glCreateShader 将根据传入的 type 参数创建一个新的顶点或者片段着色器。返回值是指向新着色器对象的句柄。当完成着色器对象时，可以用 glDeleteShader 删除。

```
void   glDeleteShader(GLuint shader)
```

shader 要删除的着色器对象的句柄。

注意，如果一个着色器连接到一个程序对象（后面将更详细地介绍），那么调用 glDeleteShader 不会立刻删除着色器，而是将着色器标记为删除，在着色器不再连接到任何程序对象时，它的内存将被释放。

一旦创建了着色器对象，下一件事通常是用 glShaderSource 提供着色器源代码。

```
void   glShaderSource(GLuint shader,   GLsizei count,
                      const GLchar* const *string,
                      const GLint *length)
```

shader 指向着色器对象的句柄。

count 着色器源字符串的数量。着色器可以由多个源字符串组成，但是每个着色器只能有一个 main 函数。

string 指向保存数量为 count 的着色器源字符串的数组指针。

length 指向保存每个着色器字符串大小且元素数量为 count 的整数数组指针。如果

length 为 NULL，着色器字符串将被认定为空。如果 length 不为 NULL，则它的每个元素保存对应于 string 数组的着色器的字符数量。如果任何元素的 length 值均小于 0，则该字符串被认定以 null 结束。

指定着色器源代码之后，下一步是用 glCompileShader 编译着色器。

```
void   glCompileShader(GLuint shader)
```

shader　　需要编译的着色器对象句柄

调用 glCompileShader 将编译已经保存在着色器对象的着色器源代码。和常规的语言编译器一样，编译之后你想知道的第一件事情是有没有错误。你可以使用 glGetShaderiv 查询这一信息和其他有关着色器对象的信息。

```
void   glGetShaderiv(GLuint shader,   GLenum pname,
                     GLint *params)
```

shader　　指向需要获取信息的着色器对象的句柄

pname　　获得信息的参数，可以为：

```
GL_COMPILE_STATUS
GL_DELETE_STATUS
GL_INFO_LOG_LENGTH
GL_SHADER_SOURCE_LENGTH
GL_SHADER_TYPE
```

params　　指向查询结果的整数存储位置的指针

要检查着色器是否成功编译，可以用 pname 参数 GL_COMPILE_STATUS 在着色器对象上调用 glGetShaderiv。如果着色器编译成功，结果将是 GL_TRUE。如果编译失败，结果将为 GL_FALSE，编译错误将写入信息日志。信息日志是由编译器写入并包含错误信息或者警告的日志。即使编译操作成功，也会在信息日志中写入信息。要检查信息日志，可以用 GL_INFO_LOG_LENGTH 查询它的长度。日志本身可以用 glGetShaderInfoLog（接下来将介绍）检索。查询 GL_SHADER_TYPE 将返回着色器类型：GL_VERTEX_SHADER 或 GL_FRAGMENT_SHADER。查询 GL_SHADER_SOURCE_LENGTH 返回着色器源代码长度（包括 null 终止符）。最后，查询 GL_DELETE_STATUS 返回着色器是否用 glDeleteShader 标记为删除。

编译着色器并检查信息日志长度之后，你可能希望检索信息日志（特别是在编译失败时查看原因）。为此，首先需要查询 GL_INFO_LOG_LENGTH 并分配一个足以存储信息日志的字符串。然后，用 glGetShaderInfoLog 检索信息日志。

```
void   glGetShaderInfoLog(GLuint shader,   GLsizei maxLength,
                          GLsizei *length,   GLchar *infoLog)
```

shader　　需要获取信息日志的着色器对象句柄

maxLength　　保存信息日志的缓冲区大小

length 写入的信息日志的长度（减去null终止符）；如果不需要知道长度，这个参数可以为NULL

infoLog 指向保存信息日志的字符缓冲区的指针

信息日志没有任何强制的格式或者必需的信息。但是，大部分OpenGL ES 3.0实现将返回错误信息，包括编译器发现错误的源代码行号。有些实现还在日志中提供警告或者附加信息。例如，当着色器源代码包含未声明变量时，编译器产生如下错误信息：

```
ERROR: 0:10: 'i_position' : undeclared identifier
ERROR: 0:10: 'assign' : cannot convert from '4X4 matrix of float'
to 'vertex out/varying 4-component vector of float'
ERROR: 2 compilation errors. No code generated.
```

到现在为止，我们已经说明了创建着色器、编译、找出编译状态和查询信息日志所需的所有函数。为了复习，例4-1中展示了通过第2章的代码使用刚刚说明的函数加载一个着色器。

例4-1 加载着色器

```
GLuint LoadShader ( GLenum type, const char *shaderSrc )
{
   GLuint shader;
   GLint compiled;

   // Create the shader object
   shader = glCreateShader ( type );

   if ( shader == 0 )
   {
      return 0;
   }
   // Load the shader source
   glShaderSource ( shader, 1, &shaderSrc, NULL );

   // Compile the shader
   glCompileShader ( shader );

   // Check the compile status
   glGetShaderiv ( shader, GL_COMPILE_STATUS, &compiled );

   if ( !compiled )
   {
      // Retrieve the compiler messages when compilation fails
      GLint infoLen = 0;

      glGetShaderiv ( shader, GL_INFO_LOG_LENGTH, &infoLen );

      if ( infoLen > 1 )
      {
         char* infoLog = malloc ( sizeof ( char ) * infoLen );

         glGetShaderInfoLog ( shader, infoLen, NULL, infoLog );
```

```
            esLogMessage("Error compiling shader:\n%s\n", infoLog);

            free ( infoLog );
         }

         glDeleteShader ( shader );
         return 0;

      }

      return shader;

   }
```

4.1.2 创建和链接程序

我们已经展示了如何创建着色器对象，下一步是创建一个程序对象。如前所述，程序对象是一个容器对象，可以将着色器与之连接，并链接一个最终的可执行程序。操纵程序对象的函数调用类似于着色器对象。可以使用 glCreateProgram 创建一个程序对象。

```
GLuint    glCreateProgram()
```

你可能已经注意到，glCreateProgram 没有任何参数；它简单地返回一个指向新程序对象的句柄。使用 glDeleteProgram 可以删除一个程序对象。

```
Void   glDeleteProgram(GLuint program)
```

program 指向需要删除的程序对象的句柄

一旦创建了程序对象，下一步就是将着色器与之连接。在 OpenGL ES 3.0 中，每个程序对象必须连接一个顶点着色器和一个片段着色器。可以使用 glAttachShader 连接着色器和程序。

```
void   glAttachShader(GLuint program,    GLuint shader)
```

program 指向程序对象的句柄

shader 指向程序连接的着色器对象的句柄

这个函数将着色器连接到给定的程序。注意，着色器可以在任何时候连接——在连接到程序之前不一定需要编译，甚至可以没有源代码。唯一的要求是，每个程序对象必须有且只有一个顶点着色器和片段着色器与之连接。除了连接着色器之外，你还可以用 glDetachShader 断开着色器的连接。

```
void   glDetachShader(GLuint program,    GLuint shader)
```

program 指向程序对象的句柄

shader 指向程序断开连接的着色器对象的句柄

一旦连接了着色器（并且着色器已经成功编译），我们就最终为链接着色器做好了准备。程序对象的链接用 glLinkProgram 完成。

```
void    glLinkProgram(GLuint program)
```

program　　指向程序对象的句柄

链接操作负责生成最终的可执行程序。链接程序将检查各种对象的数量，确保成功链接。我们现在将介绍某些条件，但是在详细介绍顶点和片段着色器之前，这些条件对你来说可能有些不好理解。链接程序将确保顶点着色器写入片段着色器使用的所有顶点着色器输出变量（并用相同的类型声明）。链接程序还将确保任何在顶点和片段着色器中都声明的统一变量和统一变量缓冲区的类型相符。此外，链接程序将确保最终的程序符合具体实现的限制（例如，属性、统一变量或者输入输出着色器变量的数量）。一般来说，链接阶段是生成在硬件上运行的最终硬件指令的时候。

链接程序之后，你必须检查链接是否成功，可以使用 glGetProgramiv 检查链接状态。

```
void    glGetProgramiv(GLuint program,  GLenum pname,
                       GLint *params)
```

program　　需要获取信息的程序对象句柄

pname　　获取信息的参数，可以是：

```
GL_ACTIVE_ATTRIBUTES
GL_ACTIVE_ATTRIBUTE_MAX_LENGTH
GL_ACTIVE_UNIFORM_BLOCK
GL_ACTIVE_UNIFORM_BLOCK_MAX_LENGTH
GL_ACTIVE_UNIFORMS
GL_ACTIVE_UNIFORM_MAX_LENGTH
GL_ATTACHED_SHADERS
GL_DELETE_STATUS
GL_INFO_LOG_LENGTH
GL_LINK_STATUS
GL_PROGRAM_BINARY_RETRIEVABLE_HINT
GL_TRANSFORM_FEEDBACK_BUFFER_MODE
GL_TRANSFORM_FEEDBACK_VARYINGS
GL_TRANSFORM_FEEDBACK_VARYING_MAX_LENGTH
GL_VALIDATE_STATUS
```

params　　指向查询结果整数存储位置的指针

要检查链接是否成功，可以查询 GL_LINK_STATUS。还可以在程序对象上执行大量的其他查询。查询 GL_ACTIVE_ATTRIBUTES 返回顶点着色器中活动属性的数量。查询 GL_ACTIVE_ATTRIBUTE_MAX_LENGTH 返回最大属性名称的最大长度（以字符数表示）；这一信息可以用于确定存储属性名字符串所需的内存量。同样，GL_ACTIVE_UNIFORMS 和 GL_ACTIVE_UNIFORM_MAX_LENGTH 分别返回活动统一变量的数量和最大统一变量名称的最大长度。连接到程序对象的着色器数量可以用 GL_ATTACHED_SHADERS 查询。GL_DELETE_STATUS 查询返回程序对象是否已经标记为删除。和着色器对象一样，程序对象存储一个信息日志，其长度可以用 GL_INFO_LOG_LENGTH 查询。查询 GL_TRANSFORM_

FEEDBACK_BUFFER_MODE 返回 GL_SEPARATE_ATTRIBS 或 GL_INTERLEAVED_ATTRIBS，表示变换反馈启用时的缓冲区模式。查询 GL_TRANSFORM_FEEDBACK_VARYINGS 和 GL_TRANSFORM_FEEDBACK_VARYING_MAX_LENGTH 分别返回程序的变换反馈模式中捕捉的输出变量数量和输出变量名称的最大长度。变换反馈在第 8 章中描述。包含活动统一变量的程序中的统一变量块数量和统一变量块名称的最大长度可以分别用 GL_ACTIVE_UNIFORM_BLOCKS 和 GL_ACTIVE_UNIFORM_BLOCK_MAX_LENGTH 查询。统一变量块将在后面的小节里介绍。查询 GL_PROGRAM_BINARY_RETRIEVABLE_HINT 返回一个表示程序目前是否启用二进制检索提示的值。最后，可以用 GL_VALIDATE_STATUS 查询最后一个校验操作的状态。程序对象的校验在本节后面介绍。

在链接程序之后，我们接下来要从程序的信息日志中获得信息（特别是链接发生问题时）。这和获取着色器对象的信息日志类似。

```
void   glGetProgramInfoLog(GLuint program, GLsizei maxLength,
                           GLsizei *length,
                           GLchar *infoLog)
```

program 指向需要获取信息的程序对象的句柄

maxLength 存储信息日志的缓冲区大小

length 写入的信息日志长度（减去 null 终止符）；如果不需要知道长度，这个参数可以为 NULL

infoLog 指向存储信息日志的字符缓冲区的指针

一旦成功链接程序，我们就几乎已经为使用它渲染做好了准备。但是，在此之前，我们可能想要检查程序是否有效。也就是说，成功链接不能保证执行的某些方面。例如，应用程序可能没有把有效的纹理绑定到采样器。这种行为在链接的时候无从得知，但是在绘图的时候很明显。为了检查程序能以当前状态执行，可以调用 glValidateProgram。

```
void   glValidateProgram(GLuint program)
```

program 需要校验的程序对象的句柄

校验的结果可以用前面介绍的 GL_VALIDATE_STATUS 检查，信息日志也将更新。

注意 你实际上只想将 glValidateProgram 用于调试的目的。这是一个速度很慢的操作，不是在每次渲染之前都想执行的检查。实际上，如果应用程序成功渲染，你可以完全不使用它。但是，我们希望你意识到这个函数的存在。

目前，我们已经介绍了创建程序对象、连接着色器、链接以及获得信息日志所需的函数。在渲染之前，你还需要对程序对象做一件事，就是用 glUseProgram 将其设置为活动程序。

```
void   glUseProgram(GLuint program)
```

program 设置为活动程序的程序对象句柄

现在我们的程序已经设置为活动，可以开始渲染了。例4-2再次展示了第2章中的样板代码，该代码使用上述函数。

例 4-2 创建程序、连接着色器并链接程序

```
// Create the program object
programObject = glCreateProgram ( );

if ( programObject == 0 )
{
   return 0;
}

glAttachShader ( programObject, vertexShader );
glAttachShader ( programObject, fragmentShader );

// Link the program
glLinkProgram ( programObject );

// Check the link status
glGetProgramiv ( programObject, GL_LINK_STATUS, &linked );

if ( !linked )
{
   // Retrieve compiler error messages when linking fails
   GLint infoLen = 0;

   glGetProgramiv( programObject, GL_INFO_LOG_LENGTH, &infoLen);

   if ( infoLen > 1 )
   {
      char* infoLog = malloc ( sizeof ( char ) * infoLen );

      glGetProgramInfoLog ( programObject, infoLen, NULL,
                            infoLog );
      esLogMessage ( "Error linking program:\n%s\n", infoLog );

      free ( infoLog );
   }

   glDeleteProgram ( programObject );
   return FALSE;
}

// ...

// Use the program object
glUseProgram ( programObject );
```

4.2 统一变量和属性

一旦链接了程序对象，就可以在对象上进行许多查询。首先，你可能需要找出程序中的活动统一变量。统一变量（uniform）——在关于着色语言的下一章中详细介绍——是存储应用程序通过 OpenGL ES 3.0 API 传递给着色器的只读常数值的变量。

统一变量被组合成两类统一变量块。第一类是命名统一变量块，统一变量的值由所谓的统一变量缓冲区对象（下面将详细介绍）支持。命名统一变量块被分配一个统一变量块索引。下面的例子声明一个名为 TransformBlock 并包含 3 个统一变量（matViewProj、matNormal 和 matTexGen）的统一变量块：

```
uniform TransformBlock
{
    mat4 matViewProj;
    mat3 matNormal;
    mat3 matTexGen;
};
```

第二类是默认的统一变量块，用于在命名统一变量块之外声明的统一变量。和命名统一变量块不同，默认统一变量块没有名称或者统一变量块索引。下面的例子在命名统一变量块之外声明同样的 3 个统一变量：

```
uniform mat4 matViewProj;
uniform mat3 matNormal;
uniform mat3 matTexGen;
```

我们将在 5.14 节更详细地说明统一变量块。

如果统一变量在顶点着色器和片段着色器中均有声明，则声明的类型必须相同，且在两个着色器中的值也需相同。在链接阶段，链接程序将为程序中与默认统一变量块相关的活动统一变量指定位置。这些位置是应用程序用于加载统一变量的标识符。链接程序还将为与命名统一变量块相关的活动统一变量分配偏移和跨距（对于数组和矩阵类型的统一变量）。

4.2.1　获取和设置统一变量

要查询程序中活动统一变量的列表，首先要用 GL_ACTIVE_UNIFORMS 参数（前一节中已说明）调用 glGetProgramiv。这样可以获得程序中活动统一变量的数量。这个列表包含命名统一变量块中的统一变量、着色器代码中声明的默认统一变量块中的统一变量以及着色器代码中使用的内建统一变量。如果统一变量被程序使用，就认为它是“活动”的。换言之，如果你在一个着色器中声明了一个统一变量，但是从未使用，链接程序可能会在优化时将其去掉，不在活动统一变量列表中返回。你还可能发现程序中最大统一变量名称的字符数量（包括 null 终止符）；这可以用 GL_ACTIVE_UNIFORM_MAX_LENGTH 参数调用 glGetProgramiv 获得。

知道活动统一变量和存储统一变量名称所需的字符数之后，我们可以用 glGetActiveUniform 和 glGetActiveUniformsiv 找出每个统一变量的细节。

```
void    glGetActiveUniform(GLuint program,    GLuint index,
                           GLsizei bufSize,   GLsizei *length,
```

```
                                  GLint *size,   GLenum *type,
                                  GLchar *name)
```

program 程序对象句柄

index 查询的统一变量索引

bufSize 名称数组中的字符数

length 如果不是 NULL，则是名称数组中写入的字符数（不含 null 终止符）

size 如果查询的统一变量是个数组，这个变量便将写入程序中使用的最大数组元素（加 1）；如果查询的统一变量不是数组，则该值为 1

type 将写入统一变量类型；可以为：

```
GL_FLOAT, GL_FLOAT_VEC2, GL_FLOAT_VEC3,
GL_FLOAT_VEC4, GL_INT, GL_INT_VEC2, GL_INT_VEC3,
GL_INT_VEC4, GL_UNSIGNED_INT,
GL_UNSIGNED_INT_VEC2, GL_UNSIGNED_INT_VEC3,
GL_UNSIGNED_INT_VEC4, GL_BOOL, GL_BOOL_VEC2,
GL_BOOL_VEC3, GL_BOOL_VEC4, GL_FLOAT_MAT2,
GL_FLOAT_MAT3, GL_FLOAT_MAT4, GL_FLOAT_MAT2x3,
GL_FLOAT_MAT2x4, GL_FLOAT_MAT3x2, GL_FLOAT_MAT3x4,
GL_FLOAT_MAT4x2, GL_FLOAT_MAT4x3, GL_SAMPLER_2D,
GL_SAMPLER_3D, GL_SAMPLER_CUBE,
GL_SAMPLER_2D_SHADOW, GL_SAMPLER_2D_ARRAY,
GL_SAMPLER_2D_ARRAY_SHADOW,
GL_SAMPLER_CUBE_SHADOW, GL_INT_SAMPLER_2D,
GL_INT_SAMPLER_3D, GL_INT_SAMPLER_CUBE,
GL_INT_SAMPLER_2D_ARRAY,
GL_UNSIGNED_INT_SAMPLER_2D,
GL_UNSIGNED_INT_SAMPLER_3D,
GL_UNSIGNED_INT_SAMPLER_CUBE,
GL_UNSIGNED_INT_SAMPLER_2D_ARRAY
```

name 写入统一变量名称，最大字符数为 bufSize，这是一个以 null 终止的字符串

```
void    glGetActiveUniformsiv(GLuint program,  GLsizei count,
                              const GLuint *indices,
                              GLenum pname,   GLint *params)
```

program 程序对象句柄

count 索引（indices）数组中的元素数量

indices 统一变量索引列表

pname 统一变量索引中每个统一变量的属性，将被写入 params 元素；可以是：

```
GL_UNIFORM_TYPE, GL_UNIFORM_SIZE,
GL_UNIFORM_NAME_LENGTH, GL_UNIFORM_BLOCK_INDEX,
GL_UNIFORM_OFFSET, GL_UNIFORM_ARRAY_STRIDE,
GL_UNIFORM_MATRIX_STRIDE, GL_UNIFORM_IS_ROW_MAJOR
```

params 将写入由对应于统一变量索引中每个统一变量的 pname 所指定的结果

使用glGetActiveUniform，可以确定几乎所有统一变量的属性。你可以确定统一变量的名称和类型。此外，可以发现变量是不是数组以及数组中使用的最大元素。统一变量的名称对于找到统一变量的位置是必要的，要知道如何加载统一变量的数据，需要统一变量的类型和大小。一旦有了统一变量的名称，就可以用glGetUniformLocation找到它的位置。统一变量的位置是一个整数值，用于标识统一变量在程序中的位置（注意，命名统一变量块中的统一变量没有指定位置）。这个位置值用于加载统一变量值的后续调用（例如，glUniformlf）。

```
GLint   glGetUniformLocation(GLuint program,
                             const GLchar* name)
```

program　　程序对象句柄

name　　需要获得位置的统一变量名称

这个函数将返回由name指定的统一变量的位置。如果这个统一变量不是程序中的活动统一变量，返回值将为-1。有了统一变量的位置及其类型和数组大小，我们就可以加载统一变量的值。加载统一变量值有许多不同的函数，每种统一变量类型都对应不同的函数。

```
void  glUniform1f(GLint location, GLfloat x)
void  glUniform1fv(GLint location, GLsizei count,
                   const GLfloat* value)
void  glUniform1i(GLint location, GLint x)
void  glUniform1iv(GLint location, GLsizei count,
                   const GLint* value)
void  glUniform1ui(GLint location, GLuint x)
void  glUniform1uiv(GLint location, GLsizei count,
                    const GLuint* value)
void  glUniform2f(GLint location, GLfloat x, GLfloat y)
void  glUniform2fv(GLint location, GLsizei count,
                   const GLfloat* value)
void  glUniform2i(GLint location, GLint x, GLint y)
void  glUniform2iv(GLint location, GLsizei count,
                   const GLint* value)
void  glUniform2ui(GLint location, GLuint x, GLuint y)
void  glUniform2uiv(GLint location, GLsizei count,
                    const GLuint* value)
void  glUniform3f(GLint location, GLfloat x, GLfloat y,
                  GLfloat z)
void  glUniform3fv(GLint location, GLsizei count,
                   const GLfloat* value)
void  glUniform3i(GLint location, GLint x, GLint y,
                  GLint z)
void  glUniform3iv(GLint location, GLsizei count,
                   const GLint* value)
void  glUniform3ui(GLint location, GLuint x, GLuint y,
                   GLuint z)
```

```
void glUniform3uiv(GLint location, GLsizei count,
                   const GLuint* value)
void glUniform4f(GLint location, GLfloat x, GLfloat y,
                 GLfloat z, GLfloat w);
void glUniform4fv(GLint location, GLsizei count,
                  const GLfloat* value)
void glUniform4i(GLint location, GLint x, GLint y,
                 GLint z, GLint w)
void glUniform4iv(GLint location, GLsizei count,
                  const GLint* value)
void glUniform4ui(GLint location, GLuint x, GLuint y,
                  GLuint z, GLuint w)
void glUniform4uiv(GLint location, GLsizei count,
                   const GLuint* value)
void glUniformMatrix2fv(GLint location, GLsizei count,
                        GLboolean transpose,
                        const GLfloat* value)
void glUniformMatrix3fv(GLint location, GLsizei count,
                        GLboolean transpose,
                        const GLfloat* value)
void glUniformMatrix4fv(GLint location, GLsizei count,
                        GLboolean transpose,
                        const GLfloat* value)
void glUniformMatrix2x3fv(GLint location, GLsizei count,
                          GLboolean transpose,
                          const GLfloat* value)
void glUniformMatrix3x2fv(GLint location, GLsizei count,
                          GLboolean transpose,
                          const GLfloat* value)
void glUniformMatrix2x4fv(GLint location, GLsizei count,
                          GLboolean transpose,
                          const GLfloat* value)
void glUniformMatrix4x2fv(GLint location, GLsizei count,
                          GLboolean transpose,
                          const GLfloat* value)
void glUniformMatrix3x4fv(GLint location, GLsizei count,
                          GLboolean transpose,
                          const GLfloat* value)
void glUniformMatrix4x3fv(GLint location, GLsizei count,
                          GLboolean transpose,
                          const GLfloat* value)
```

location 要加载值的统一变量的位置

count 指定需要加载的数组元素的数量（针对向量命令）或者要修改的矩阵数量（针对矩阵命令）

transpose 对于矩阵命令，指定矩阵是采用列优先顺序（GL_FALSE）还是行优先顺

	序（GL_TRUE）
x，*y*，*z*，*w*	更新的统一变量值
value	指向计数元素数组的指针

加载统一变量的函数大部分都不言自明。加载统一变量所需的函数根据 glGetActiveUniform 函数返回的 type 确定。例如，如果返回的类型是 GL_FLOAT_VEC4，那么可以使用 glUniform4f 或 glUniform4fv。如果 glGetActiveUniform 返回的 size 大于 1，则使用 glUniform4fv 在一次调用中加载整个数组。如果统一变量不是数组，则可以使用 glUniform4f 或 glUniform4fv。

值得注意的一点是，glUniform* 调用不以程序对象句柄作为参数。原因是，glUniform* 总是在与 glUseProgram 绑定的当前程序上操作。统一变量值本身保存在程序对象中。也就是说，一旦在程序对象中设置一个统一变量的值，即使你让另一个程序处于活动状态，该值仍然保留在原来的程序对象中。从这个意义上，我们可以说统一变量值是程序对象局部所有的。

例 4-3 中的代码块演示了用上述函数查询程序对象中的统一变量信息的方法。

例 4-3 查询活动统一变量

```
GLint maxUniformLen;
GLint numUniforms;
char *uniformName;
GLint index;

glGetProgramiv ( progObj, GL_ACTIVE_UNIFORMS, &numUniforms );
glGetProgramiv ( progObj, GL_ACTIVE_UNIFORM_MAX_LENGTH,
                 &maxUniformLen );

uniformName = malloc ( sizeof ( char ) * maxUniformLen );

for ( index = 0; index < numUniforms; index++ )
{
   GLint size;
   GLenum type;
   GLint location;

   // Get the uniform info
   glGetActiveUniform ( progObj, index, maxUniformLen, NULL,
                        &size, &type, uniformName );

   // Get the uniform location
   location = glGetUniformLocation ( progObj, uniformName );

   switch ( type )
   {
   case GL_FLOAT:
      //
      break;

   case GL_FLOAT_VEC2:
```

```
            //
            break;

        case GL_FLOAT_VEC3:
            //
            break;

        case GL_FLOAT_VEC4:
            //
            break;

        case GL_INT:
            //
            break;

        // ... Check for all the types ...
       default:
          // Unknown type
          break;

     }

   }
```

4.2.2 统一变量缓冲区对象

可以使用缓冲区对象存储统一变量数据，从而在程序中的着色器之间甚至程序之间共享统一变量。这种缓冲区对象称作统一变量缓冲区对象。使用统一变量缓冲区对象，你可以在更新大的统一变量块时降低API开销。此外，这种方法增加了统一变量的可用存储，因为你可以不受默认统一变量块大小的限制。

要更新统一变量缓冲区对象中的统一变量数据，你可以用glBufferData、glBufferSubData、glMapBufferRange和glUnmapBuffer等命令（这些命令将在第6章中说明）修改缓冲区对象的内容，而不是使用上一节介绍的glUniform*命令。

在统一变量缓冲区对象中，统一变量在内存中以如下形式出现：

- 类型为bool、int、uint和float的成员保存在内存的特定偏移，分别作为单个uint、int、unit和float类型的分量。
- 基本数据类型bool、int、uint或者float的向量保存在始于特定偏移的连续内存位置中，第一个分量在最低偏移处。
- C列R行的列优先矩阵被当成C浮点列向量的一个数组对待，每个向量包含R个分量。相类似，R行C列的行优先矩阵被当成R浮点行向量的一个数组，每个向量包含C个分量。列向量或者行向量连续存储，但是有些实现的存储中可能有缺口。矩阵中两个向量之间的偏移量被称作列跨距或者行跨距（GL_UNIFORM_MATRIX_STRIDE），可以在链接的程序中用glGetActiveUniformsiv查询。

- 标量、向量和矩阵的数组按照元素的顺序存储于内存中，成员0放在最低偏移处。数组中每对元素之间的偏移量是一个常数，称作数组跨距（GL_UNIFORM_ARRAY_STRIDE），可以在链接的程序中用glGetActiveUniformsiv查询。

除非你使用std140统一变量块布局（默认），否则需要查询程序对象得到字节偏移和跨距，以在统一变量缓冲区对象中设置统一变量数据。Std140布局保证使用由OpenGL ES 3.0规范定义的明确布局规范进行特定包装。因此，使用std140，你就可以在不同的OpenGL ES 3.0实现之间共享统一变量块。其他包装格式（见表5-4）可能使某些OpenGL ES 3.0实现以比std140布局更紧凑的方式打包数据。

下面是一个使用std140布局的命名统一变量块LightBlock的例子：

```
layout (std140) uniform LightBlock
{
   vec3 lightDirection;
   vec4 lightPosition;
};
```

Std140布局规定如下（改编自OpenGL ES 3.0规范）。当统一变量块包含如下成员时：

1. 标量变量——基线对齐是标量的大小，例如sizeof（GLint）。

2. 2分量向量——基线对齐是基础分量类型大小的两倍。

3. 3分量或者4分量向量——基线对齐是基础分量类型大小的4倍。

4. 标量或者向量数组——基线对齐和数组跨距设置为匹配单元素数组的基线对齐。整个数组被填充为vec4大小的倍数。

5. C列R行的列优先矩阵——根据规则4，存储为一个由C个具有R个分量的向量组成的数组。

6. M个C列R行的列优先矩阵组成的数组——根据规则4，存储为由M×C个具有R个分量的向量组成的数组。

7. C列R行的行优先矩阵——根据规则4，存储为一个由R个向量组成的数组，其中每个向量有C个分量。

8. M个C列R行的行优先矩阵组成的数组——根据规则4，存储为由M×R个具有C个分量的向量组成的数组。

9. 单个结构——根据前面的规则计算偏移和大小。结构的大小将填充为vec4大小的倍数

10. S个结构组成的数组——基线对齐根据数组元素的基线对齐计算。数组的元素根据规则9计算。

与统一变量位置值用于引用统一变量类似，统一变量块索引用于引用统一变量块，可以用glGetUniformBlockIndex检索统一变量块索引。

```
GLuint   glGetUniformBlockIndex(GLuint program,
                                const GLchar *blockName)
```

program　　　程序对象句柄

blockName 需要获取索引的统一变量块名称

从统一变量块索引，你可以用 glGetActiveUniformBlockName（获取块名）和 glGetActiveUniformBlockiv（获取统一变量块的许多属性）确定活动统一变量块的细节。

```
void glGetActiveUniformBlockName(GLuint program,
                                 GLuint index,
                                 GLsizei bufSize,
                                 GLsizei *length,
                                 GLchar *blockName)
```

program 程序对象句柄

index 需要查询的统一变量块索引

bufSize 名称数组中的字符数

length 如果不为 NULL，将写入名称数组中的字符数（减去 null 终止符）

blockName 将写入统一变量名称，最大字符数为 bufSize 个字符，这是一个以 null 终止的字符串

```
void glGetActiveUniformBlockiv(GLuint program,
                               GLuint index,
                               GLenum pname,
                               GLint *params)
```

program 程序对象句柄

index 需要查询的统一变量块索引

pname 写入 params 的统一变量块索引属性；可以是

GL_UNIFORM_BLOCK_BINDING
GL_UNIFORM_BLOCK_DATA_SIZE
GL_UNIFORM_BLOCK_NAME_LENGTH
GL_UNIFORM_BLOCK_ACTIVE_UNIFORMS
GL_UNIFORM_BLOCK_ACTIVE_UNIFORM_INDICES
GL_UNIFORM_BLOCK_REFERENCED_BY_VERTEX_SHADER
GL_UNIFORM_BLOCK_REFERENCED_BY_FRAGMENT_SHADER

params 写入 pname 指定的结果

查询 GL_UNIFORM_BLOCK_BINDING 返回统一变量块的最后一个缓冲区绑定点（如果该块不存在则为 0）。GL_UNIFORM_BLOCK_DATA_SIZE 参数返回保存统一变量块中所有统一变量的最小总缓冲区对象尺寸，而查询 GL_UNIFORM_BLOCK_NAME_LENGTH 返回统一变量块名称的总长度（包括 null 终止符）。统一变量块中活动统一变量的数量可以用 GL_UNIFORM_BLOCK_ACTIVE_UNIFORMS 查 询。GL_UNIFORM_BLOCK_ACTIVE_NUMBER_INDICES 查询返回统一变量块中活动统一变量索引的列表。最后，查询 GL_UNIFORM_BLOCK_REFERENCED_BY_VERTEX_SHADER 和 GL_UNIFORM_BLOCK_REFERENCED_BY_FRAGMENT_SHADER 返回一个布尔值，分别表示统一变量块由程序中的顶点着色器或者片段着色器引用。

一旦有了统一变量块索引，就可以调用glUniformBlockBinding，将该索引和程序中的统一变量块绑定点关联。

```
void   glUniformBlockBinding(GLuint program,
                             GLuint blockIndex,
                             GLuint blockBinding)
```

program	程序对象句柄
blockIndex	统一变量块的索引
blockBinding	统一变量缓冲区对象绑定点

最后，可以用glBindBufferRange或者glBindBufferBase将统一变量缓冲区对象绑定到GL_UNIFORM_BUFFER目标和程序中的统一变量块绑定点。

```
void   glBindBufferRange(GLenum target, GLuint index,
                         GLuint buffer, GLintptr offset,
                         GLsizeiptr size)
void   glBindBufferBase(GLenum target, GLuint index,
                        GLuint buffer)
```

target	必须是GL_UNIFORM_BUFFER或GL_TRANSFORM_FEEDBACK_BUFFER
index	绑定索引
buffer	缓冲区对象句柄
offset	以字节数计算的缓冲区对象起始偏移（仅glBindBufferRange）
size	可以从缓冲区对象读取或者写入缓冲区对象的数据量（以字节数计算，仅glBindBufferRange）

编程统一变量块时，应该注意如下的限制：

- 顶点或者片段着色器使用的最大活动统一变量块的数量可以分别用带GL_MAX_VERTEX_UNIFORM_BLOCKS或GL_MAX_FRAGMENT_UNIFORM_BLOCKS参数的glGetIntegerv查询。所有实现中最小的支持数量为12。
- 程序中所有着色器使用的最大总活动统一变量块的数量可以用带GL_MAX_COMBINED_UNIFORM_BLOCKS参数的glGetIntegerv查询。所有实现中最小的支持数量为24。
- 每个统一变量缓冲区的最大可用存储量可以用带GL_MAX_UNIFORM_BLOCK_SIZE参数的glGetInteger64v查询，返回的大小以字节数表示。所有实现中最小的支持数量为16KB。

如果违反了这些限制，程序就无法链接。

下面的例子说明如何用前面描述的命名统一变量块LightTransform建立一个统一变量缓冲区对象：

```
GLuint blockId, bufferId;
GLint blockSize;
GLuint bindingPoint = 1;
GLfloat lightData[] =
{
   // lightDirection (padded to vec4 based on std140 rule)
   1.0f, 0.0f, 0.0f, 0.0f,

   // lightPosition
   0.0f, 0.0f, 0.0f, 1.0f
};

// Retrieve the uniform block index
blockId = glGetUniformBlockIndex ( program, "LightBlock" );

// Associate the uniform block index with a binding point
glUniformBlockBinding ( program, blockId, bindingPoint );

// Get the size of lightData; alternatively,
// we can calculate it using sizeof(lightData) in this example
glGetActiveUniformBlockiv ( program, blockId,
                            GL_UNIFORM_BLOCK_DATA_SIZE,
                            &blockSize );

// Create and fill a buffer object
glGenBuffers ( 1, &bufferId );
glBindBuffer ( GL_UNIFORM_BUFFER, bufferId );
glBufferData ( GL_UNIFORM_BUFFER, blockSize, lightData,
               GL_DYNAMIC_DRAW);

// Bind the buffer object to the uniform block binding point
glBindBufferBase ( GL_UNIFORM_BUFFER, bindingPoint, buffer );
```

4.2.3 获取和设置属性

除了查询程序对象上的统一变量信息之外，还需要使用程序对象设置顶点属性。对顶点属性的查询与统一变量查询非常相似。你可以用 GL_ACTIVE_ATTRIBUTES 查询找到活动属性列表，可以用 glGetActiveAttrib 找到某个属性的特性。然后，有一组例程可用于设置顶点数组，以加载顶点属性值。

顶点属性的设置确实需要更好地理解图元和顶点着色器，但是，我们现在不做这么深入的研究，而是用一整章（第 6 章）专门介绍顶点属性和顶点数组。如果你打算找出查询顶点属性信息的方法，可以跳到 6.2 节。

4.3 着色器编译器

当你要求 OpenGL ES 编译和链接着色器时，光花一点时间思考 OpenGL ES 实现必须做到的事。着色器代码通常解析为某种中间表现形式，这和大部分编译语言相同（例如，抽象语法树）。编译器必须将抽象表现形式转化为硬件的机器指令。理想状态下，这个编译器还应该进行大量的优化，例如无用代码删除、常量传播等。进行这些工作需要付出代价——主要是 CPU 时间和内存。

OpenGL ES 3.0 实现必须支持在线着色器编译（用 glGetBooleanv 检索的 GL_SHADER_COMPILER 值必须是 GL_TRUE）。你可以指定着色器使用 glShaderSource，就像我们在示例中所做的那样。你还可以尝试缓解着色器编译对资源的影响。也就是说，一旦完成了应用程序中着色器的编译，就可以调用 glReleaseShaderCompiler。这个函数提示 OpenGL ES 实现你已经完成了着色器编译器的工作，可以释放它的资源了。注意，这个函数只是一个提示，如果决定用 glCompileShader 编译更多的着色器，那么 OpenGL ES 实现需要重新为编译器分配资源。

```
void   glReleaseShaderCompiler (void)
```

提示 OpenGL ES 实现可以释放着色器编译器使用的资源。因为这个函数只是个提示，所以有些实现可能忽略对这个函数的调用。

4.4 程序二进制码

程序二进制码是完全编译和链接的程序的二进制表现形式。它们很有用，因为可以保存到文件系统供以后使用，从而避免在线编译的代价。你也可以使用程序二进制码，这样就没有必要在实现中分发着色器源代码。

你可以在成功地编译和链接程序之后，使用 glGetProgramBinary 检索程序二进制码。

```
void   glGetProgramBinary(GLuint program, GLsizei bufSize,
                          GLsizei *length, GLenum binaryFormat,
                          GLvoid *binary)
```

program	程序对象句柄
bufSize	可以写入 binary 的最大字节数
length	二进制数据的字节数
binaryFormat	供应商专用二进制格式标志
binary	着色器编译器生成的二进制数据指针

在你检索了程序二进制码之后，可以用 glProgramBinary 将其保存到文件系统，或者将程序二进制码读回 OpenGL ES 实现。

```
void   glProgramBinary(GLuint program, GLenum binaryFormat,
                       const GLvoid *binary, GLsizei length)
```

program	程序对象句柄

binaryFormat	供应商专用二进制格式标志
binary	着色器编译器生成的二进制数据指针
length	二进制数据的字节数

OpenGL ES 规范不强制使用任何特定的二进制格式；相反，二进制格式完全取决于供应商。这明显意味着程序的可移植性较差，但是也意味着供应商可以创建较不笨重的 OpenGL ES 3.0 实现。实际上，二进制格式在同一供应商的不同驱动程序版本中的实现可能出现变化。为了确保存储的程序二进制码仍然兼容，在调用 glProgramBinary 之后，可以通过 glGetProgramiv 查询 GL_LINK_STATUS。如果二进制码不再兼容，你必须重新编译着色器源代码。

4.5 小结

在本章中，我们介绍了创建、编译和链接着色器到程序的方法。着色器对象和程序对象组成了 OpenGL ES 3.0 中的基本对象。我们讨论了如何查询程序对象的信息以及加载统一变量的方法。此外，你还学习了着色器源代码和程序二进制码的差别以及各自的使用方法。接下来，你将学习如何用 OpenGL ES 着色语言编写着色器。

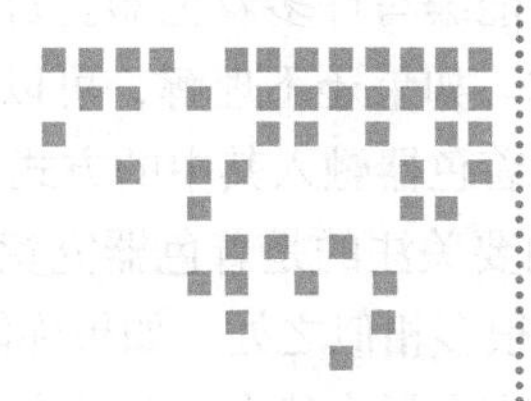

第 5 章 Chapter 5

OpenGL ES 着色语言

在前面几章中你已经看到，着色器是 OpenGL ES 3.0 API 的一个基础核心概念。每个 OpenGL ES 3.0 程序都需要一个顶点着色器和一个片段着色器，以渲染有意义的图片。考虑到着色器是 API 概念的核心，我们希望确保你在深入了解图形 API 的更多细节之前，掌握编写着色器的基础知识。

本章的目标是确保你理解着色语言中的如下概念：

- 变量和变量类型
- 向量和矩阵的构造及选择
- 常量
- 结构和数组
- 运算符、控制流和函数
- 输入 / 输出变量、统一变量、统一变量块和布局限定符
- 预处理器和指令
- 统一变量和插值器打包
- 精度限定符和不变性

我们在第 2 章中的例子里已经介绍了这些概念的少数细节。现在，我们将用更多的细节来充实这些概念，确保你理解如何编写和阅读着色器。

5.1 OpenGL ES 着色语言基础知识

在阅读本书时，你会看到许多着色器。如果你开始开发自己的 OpenGL ES 3.0 应用程

序，则很有可能编写许多着色器。目前，你应该已经理解了着色器作用的基本概念以及它融入管线的方式。如果还不理解，可以复习第 1 章，在那里我们介绍了管线，并且描述了顶点着色器和片段着色器融入其中的方式。

现在我们要关注的是着色器究竟是由什么组成的。你可能已经观察到，着色器的语法和 C 编程语言有很多相似之处。如果你能够理解 C 代码，理解着色器的语法就没有太大的难度。但是，两种语言之间当然有一些重大的区别，首先是版本规范和所支持的原生数据类型。

5.2 着色器版本规范

OpenGL ES 3.0 顶点着色器和片段着色器的第 1 行总是声明着色器版本。声明着色器版本通知着色器编译器预期在着色器中出现的语法和结构。编译器按照声明的着色语言版本检查着色器语法。采用如下语法声明着色器使用 OpenGL ES 着色语言 3.00 版本：

```
#version 300 es
```

没有声明版本号的着色器被认定为使用 OpenGL ES 着色语言的 1.00 版本。着色语言的 1.00 版本用于 OpenGL ES 2.0。对于 OpenGL ES 3.0，规范的作者决定匹配 API 和着色语言的版本号，这就是版本号从 1.00 跳到 3.00 的原因。正如第 1 章中所述，OpenGL ES 着色语言 3.0 增加了许多新功能，包括非方矩阵、全整数支持、插值限定符、统一变量块、布局限定符、新的内建函数、全循环、全分支支持以及无限的着色器指令长度。

5.3 变量和变量类型

在计算机图形中，两个基本数据类型组成了变换的基础：向量和矩阵。这两种数据类型在 OpenGL ES 着色语言中也是核心。表 5-1 具体描述了着色语言中存在的基于标量、向量和矩阵的数据类型。

表 5-1 OpenGL ES 着色语言中的数据类型

变量分类	类　型	描　述
标量	float, int, uint, bool	用于浮点、整数、无符号整数和布尔值的基于标量的数据类型
浮点向量	float, vec2, vec3, vec4	有 1、2、3、4 个分量的基于浮点的向量类型
整数向量	int, ivec2, ivec3, ivec4	有 1、2、3、4 个分量的基于整数的向量类型
无符号整数向量	uint, uvec2, uvec3, uvec4	有 1、2、3、4 个分量的基于无符号整数的向量类型
布尔向量	bool, bvec2, bvec3, bvec4	有 1、2、3、4 个分量的基于布尔的向量类型
矩阵	mat2（或 mat2x2），mat2x3, at2x4, mat3x2, mat3（或 mat3x3），mat3x4, mat4x2, mat4x3, mat4（或 mat4x4）	2×2，2×3，2×4，3×2，3×3，3×4，4×2，4×3 或 4×4 的基于浮点的矩阵

着色语言中的变量必须以某个类型声明。例如，下面的声明描述如何声明一个标量、一个向量和一个矩阵：

```
float specularAtten;      // A floating-point-based scalar
vec4 vPosition;           // A floating-point-based 4-tuple vector
mat4 mViewProjection;     // A 4 x 4 matrix variable declaration
ivec2 vOffset;            // An integer-based 2-tuple vector
```

变量可以在声明时或者声明以后初始化。初始化通过使用构造器进行，构造器也用于类型转换。

5.4 变量构造器

OpenGL ES 着色语言在类型转换方面有非常严格的规则。也就是说，变量只能赋值为相同类型的其他变量或者与相同类型的变量进行运算。在语言中不允许隐含类型转换的原因是，这样可以避免着色器作者遇到可能导致难以跟踪的缺陷的意外转换。为了应付类型转换，语言中有一些可用的构造器。你可以使用构造器初始化变量，并作为不同类型变量之间的转换手段。变量可以在声明（或者以后在着色器中）时使用构造器初始化。每种内建变量类型都有一组相关的构造器。

我们首先来看看如何使用构造器初始化和转换标量值。

```
float myFloat = 1.0;
float myFloat2 = 1; // ERROR: invalid type conversion
bool  myBool = true;
int   myInt = 0;
int   myInt2 = 0.0; // ERROR: invalid type conversion
myFloat = float(myBool); // Convert from bool -> float
myFloat = float(myInt);  // Convert from int  -> float
myBool  = bool(myInt);   // Convert from int  -> bool
```

类似地，构造器可以用于转换和初始化向量数据类型。向量构造器的参数将被转换为与被构造的向量相同的基本类型（float、int 或 bool）。向量构造器的参数传递有两种基本方法：

- 如果只为向量构造器提供一个标量参数，则该值用于设置向量的所有值。
- 如果提供了多个标量或者向量参数，则向量的值从左到右使用这些参数设置。如果提供了多个标量参数，那么在向量中必须有至少和参数中一样多的分量。

下面是构造向量的一些例子：

```
vec4 myVec4 = vec4(1.0);           // myVec4 = {1.0, 1.0, 1.0,
                                   //           1.0}
vec3 myVec3 = vec3(1.0,0.0,0.5);   // myVec3 = {1.0, 0.0, 0.5}
vec3 temp   = vec3(myVec3);        // temp = myVec3
vec2 myVec2 = vec2(myVec3);        // myVec2 = {myVec3.x,
                                   //           myVec3.y}

myVec4 = vec4(myVec2, temp);       // myVec4 = {myVec2.x,
```

```
                         //          myVec2.y,
                         //          temp.x, temp.y}
```

对于矩阵的构造，着色语言很灵活。下面是构造矩阵的一些基本规则：

- 如果只为矩阵构造器提供一个标量参数，则该值被放在矩阵的对角线上。例如，mat4（1.0）将创建一个 4×4 的单位矩阵。
- 矩阵可以从多个向量参数构造。例如，mat2 可以从两个 vec2 构造。
- 矩阵可以从多个标量参数构造——每个参数代表矩阵中的一个值，从左到右使用。

矩阵的构造比刚才说明的基本规则更灵活，只要在矩阵初始化时提供足够多的分量，矩阵基本上可以从任何标量和向量的组合构造。OpenGL ES 中的矩阵以列优先顺序存储。使用矩阵构造器时，参数按列填充矩阵。下面的例子中的注释说明了矩阵构造参数如何映射到列中。

```
mat3 myMat3 = mat3(1.0, 0.0, 0.0,  // First column
                   0.0, 1.0, 0.0,  // Second column
                   0.0, 1.0, 1.0); // Third column
```

5.5 向量和矩阵分量

向量的单独分量可以用两种方式访问：使用“.”运算符或者通过数组下标。根据组成向量的分量数量，每个分量可以通过使用 {*x*, *y*, *z*, *w*}、{*r*, *g*, *b*, *a*} 或者 {*s*, *t*, *p*, *q*} 组合访问。3 种不同命名方案的原因是向量可以互换地用于表示数学上的向量、颜色和纹理坐标。*x*、*r*、*s* 分量总是引用向量的第一个分量。不同的命名约定只是为了方便。但是，不能在访问向量时混合使用命名约定（换言之，不能采用 .xgr 这样的引用方法，因为一次只能使用一种命名约定）。使用“.”运算符时，可以在操作中重新排列向量的分量，下面是一个例子。

```
vec3 myVec3 = vec3(0.0, 1.0, 2.0); // myVec3 = {0.0, 1.0, 2.0}
vec3 temp;

temp = myVec3.xyz;                  // temp = {0.0, 1.0, 2.0}
temp = myVec3.xxx;                  // temp = {0.0, 0.0, 0.0}
temp = myVec3.zyx;                  // temp = {2.0, 1.0, 0.0}
```

除了“.”运算符之外，向量还可以使用数组下标“[]”运算符访问。在数组下标中，元素［0］对应于 *x*，元素［1］对应于 *y*，等等。矩阵被看成由一些向量组成。例如，mat2 可以看作两个 vec2，mat3 可以看作 3 个 vec3，等等。对于矩阵，单独的列可以用数组下标运算符“[]”选择，然后每个向量可以通过向量访问行为来访问。下面展示一些访问矩阵的例子：

```
mat4 myMat4 = mat4(1.0);    // Initialize diagonal to 1.0
                               (identity)
```

```
vec4 col0 = myMat4[0];      // Get col0 vector out of the matrix
float m1_1 = myMat4[1][1]; // Get element at [1][1] in matrix
float m2_2 = myMat4[2].z;  // Get element at [2][2] in matrix
```

5.6　常量

可以将任何基本类型声明为常数变量。常数变量是着色器中不变的值。声明常量时，在声明中加入const限定符。常数变量必须在声明时初始化。下面是const声明的一些例子：

```
const float zero = 0.0;
const float pi = 3.14159;
const vec4 red = vec4(1.0, 0.0, 0.0, 1.0);
const mat4 identity = mat4(1.0);
```

正如在C或者C++中那样，声明为const的变量是只读的，不能在源代码中修改。

5.7　结构

除了使用语言中提供的基本类型之外，还可以和C语言一样将变量聚合成结构。OpenGL ES着色语言中声明结构的语法如下例所示：

```
struct fogStruct
{
   vec4 color;
   float start;
   float end;
} fogVar;
```

上述定义的结果是一个名为fogStruct的新用户类型和一个新变量fogVar。

结构可以用构造器初始化。在定义新的结构类型之后，也用与类型相同的名称定义一个新的结构构造器。结构中的类型和构造器中的类型必须是一对一的。例如，上述结构可以用如下构造语法初始化：

```
struct fogStruct
{
   vec4 color;
   float start;
   float end;
} fogVar;

fogVar = fogStruct(vec4(0.0, 1.0, 0.0, 0.0), // color
                   0.5,                       // start
                   2.0);                      // end
```

结构的构造器基于类型名称，以每个分量作为参数。访问结构元素的方法与C中的结构的相同，如下例所示：

```
vec4 color  = fogVar.color;
float start = fogVar.start;
float end   = fogVar.end;
```

5.8 数组

除了结构之外，OpenGL ES 着色语言也支持数组。数组的语法与 C 语言很相似，索引从 0 开始。下面的代码块展示了一些创建数组的例子：

```
float floatArray[4];
vec4  vecArray[2];
```

数组可以用数组初始化构造器初始化，如下面的代码所示：

```
float a[4] = float[](1.0, 2.0, 3.0, 4.0);
float b[4] = float[4](1.0, 2.0, 3.0, 4.0);
vec2 c[2] = vec2[2](vec2(1.0), vec2(1.0));
```

为数组构造器提供的大小是可选的。数组构造器中的参数数量必须等于数组的大小。

5.9 运算符

表 5-2 列出了 OpenGL ES 着色语言提供的运算符。

表 5-2 OpenGL ES 着色语言运算符

运算符类型	D 描述	运算符类型	D 描述
*	乘	==, !=, <, >, <=, >=	比较运算符
/	除	&&	逻辑与
%	取模	^^	逻辑异或
+	加	||	逻辑或
–	减	<<, >>	移位
++	递增（前缀和后缀）	&, ^, |	按位与、异或、或
--	递减（前缀和后缀）	?:	选择
=	赋值	,	序列
+=, –=, *=, /=	算术赋值		

大部分运算符的表现和 C 中一样。在上一节中已经说过，OpenGL ES 着色语言对运算符有严格的类型规则。也就是说，运算符只能出现在有相同基本类型的变量之间。对于二元运算符（*、/、+、–），变量的基本类型必须是浮点或者整数。而且，像乘这样的运算符可以在浮点、向量和矩阵之间进行运算。下面是一些例子：

```
float   myFloat;
vec4    myVec4;
mat4    myMat4;
```

```
myVec4 = myVec4 * myFloat; // Multiplies each component of
                           // myVec4 by a scalar myFloat
myVec4 = myVec4 * myVec4;  // Multiplies each component of
                           // myVec4 together (e.g.,
                           // myVec4 ^ 2)
myVec4 = myMat4 * myVec4;  // Does a matrix * vector multiply of
                           // myMat4 * myVec4
myMat4 = myMat4 * myMat4;  // Does a matrix * matrix multiply of
                           // myMat4 * myMat4
myMat4 = myMat4 * myFloat; // Multiplies each matrix component
                           // by the scalar myFloat
```

除了 == 和 != 之外，比较运算符（<, <=, >, >=）只能用于标量值。要比较向量，可以使用内建函数，逐个分量进行比较（后面将更详细地介绍）。

5.10　函数

函数的声明方法和 C 语言中相同。如果函数在定义前使用，则必须提供原型声明。OpenGL ES 着色语言函数和 C 语言函数的最明显的不同之处在于函数参数的传递方法。OpenGL ES 着色语言提供特殊的限定符，定义函数是否可以修改可变参数；这些限定符如表 5-3 所示。

表 5-3　OpenGL ES 着色语言限定符

限定符	描　述
in	（没有指定时的默认限定符）这个限定符指定参数按值传送，函数不能修改
inout	这个限定符规定变量按照引用传入函数，如果该值被修改，它将在函数退出后变化
out	这个限定符表示该变量的值不被传入函数，但是在函数返回时将被修改

下面提供一个函数声明的示例，这个例子说明了参数限定符的用法。

```
vec4 myFunc(inout float myFloat, // inout parameter
            out vec4 myVec4,     // out parameter
            mat4 myMat4);        // in parameter (default)
```

下面的函数定义示例是一个计算基本漫射光线的简单函数：

```
vec4 diffuse(vec3 normal,
             vec3 light,
             vec4 baseColor)
{
   return baseColor * dot(normal, light);
}
```

关于 OpenGL ES 着色语言中的函数还要注意一点：函数不能递归。这一限制的原因是，某些实现通过把函数代码真正地内嵌到为 GPU 生成的最终程序来实施函数调用。着色语言有意地构造为允许这种内嵌式实现，以支持没有堆栈的 GPU。

5.11 内建函数

前一节描述了着色器作者如何创建一个函数。OpenGL ES 着色语言中最强大的功能之一是该语言中提供的内建函数。下面的例子是一些用于在片段着色器中计算基本反射照明的着色器代码：

```
float nDotL = dot(normal, light);
float rDotV = dot(viewDir, (2.0 * normal) * nDotL - light);
float specular = specularColor * pow(rDotV, specularPower);
```

如你所见，这个着色器代码块使用了内建函数 dot 计算两个向量的点积，用内建函数 pow 计算标量的幂次。这只是两个简单的例子，OpenGL ES 着色语言有许多内建函数，可以处理通常在着色器中进行的各种计算任务。附录 B 提供了 OpenGL ES 着色语言提供的内建函数的完整参考。现在我们只是想让你知道 OpenGL ES 着色语言中有许多内建函数。为了高效编写着色器，你必须熟悉最常见的内建函数。

5.12 控制流语句

OpenGL ES 着色语言中的控制流语句的语法类似于 C 语言。简单的 if-then-else 逻辑测试可以用与 C 语言相同的语法完成，例如：

```
if(color.a < 0.25)
{
   color *= color.a;
}
else
{
   color = vec4(0.0);
}
```

条件语句中测试的表达式求出的必须是一个布尔值。也就是说，测试必须基于一个布尔值或者某些得出布尔值的表达式（例如比较运算符）。这是条件在 OpenGL ES 着色语言中的基本表达方式。

除了基本的 if-then-else 语句之外，还可以编写 while 和 do-while 循环。在 OpenGL ES 2.0 中，循环的使用有非常严格的管控规则。本质上，只有编译器能够展开的循环才得到支持。这些限制在 OpenGL ES 3.0 中不复存在。人们期望 GPU 硬件为循环和流控提供支持，因此循环得到完全的支持。

这并不是说循环在性能上没有什么影响。在大部分 GPU 架构中，顶点或者片段并行批量执行。GPU 通常要求一个批次中的所有片段或者顶点计算流控语句中的所有分支（或者循环迭代）。如果批次中的顶点或者片段执行不同的路径，则批次中的所有其他顶点 / 片段通常都必须也执行该路径。批次的大小特定于 GPU，往往需要进行剖析，以确定在特定架构中使用流控的性能意义。但是，经验法则是，应该尝试限制跨顶点 / 片段的扩散性流控或者循环迭代的使用。

5.13　统一变量

OpenGL ES 着色语言中的变量类型限定符之一是统一变量。统一变量存储应用程序通过 OpenGL ES 3.0 API 传入着色器的只读值，对于保存着色器所需的所有数据类型（如变换矩阵、照明参数和颜色）都很有用。本质上，一个着色器的任何参数在所有顶点或者片段中都应该以统一变量的形式传入。在编译时已知值的变量应该是常量，而不是统一变量，这样可以提高效率。

统一变量在全局作用域中声明，只需要统一限定符。下面是统一变量的一些例子：

```
uniform mat4 viewProjMatrix;
uniform mat4 viewMatrix;
uniform vec3 lightPosition;
```

在第 4 章中，我们描述了应用程序如何将统一变量加载到着色器。还要注意，统一变量的命名空间在顶点着色器和片段着色器中都是共享的。也就是说，如果顶点和片段着色器一起链接到一个程序对象，它们就会共享同一组统一变量。因此，如果在顶点着色器和片段着色器中都声明一个统一变量，那么两个声明必须匹配。应用程序通过 API 加载统一变量时，它的值在顶点和片段着色器中都可用。

统一变量通常保存在硬件中，这个区域被称作“常量存储”，是硬件中为存储常量值而分配的特殊空间。因为常量存储的大小一般是固定的，所以程序中可以使用的统一变量数量受到限制。这种限制可以通过读取内建变量 gl_MaxVertexUniformVectors 和 gl_MaxFragmentUniformVectors 的值来确定（或者用 glGetintegerv 查询 GL_MAX_VERTEX_UNIFORM_VECTORS 或 GL_MAX_FRAGMENT_UNIFORM_VECTORS）。OpenGL ES 3.0 实现必须提供至少 256 个顶点统一向量和 224 个片段统一向量，但是也可以提供更多。我们将在第 8 章和第 10 章介绍用于顶点和片段着色器的全部限制及查询。

5.14　统一变量块

在第 4 章中，我们介绍了统一变量缓冲区对象的概念。复习一下，统一变量缓冲区对象可以通过一个缓冲区对象支持统一变量数据的存储。统一变量缓冲区对象在某些条件下比单独的统一变量有更多优势。例如，利用统一变量缓冲区对象，统一变量缓冲区数据可以在多个程序中共享，但只需要设置一次。此外，统一变量缓冲区对象一般可以存储更大量的统一变量数据。最后，在统一缓冲区对象之间切换比一次单独加载一个统一变量更高效。

统一缓冲区对象可以在OpenGL ES着色语言中通过应用统一变量块使用。下面是统一变量块的例子：

```
uniform TransformBlock
{
    mat4 matViewProj;
    mat3 matNormal;
    mat3 matTexGen;
};
```

上述代码声明一个名为TransformBlock且包含3个矩阵的统一变量块。名称TransformBlock将供应用程序使用，作为第4章介绍的统一缓冲区对象函数glGetUniformBlockIndex中的blockName参数。统一变量块声明中的变量在着色器中都可以访问，就像常规形式声明的变量一样。例如，TransformBlock中声明的matViewProj矩阵的访问方法如下：

```
#version 300 es
uniform TransformBlock
{
    mat4 matViewProj;
    mat3 matNormal;
    mat3 matTexGen;
};
layout(location = 0) in vec4 a_position;
void main()
{
    gl_Position = matViewProj * a_position;
}
```

一些可选的布局限定符可用于指定支持统一变量块的统一缓冲区对象在内存中的布局方式。布局限定符可以提供给单独的统一变量块，或者用于所有统一变量块。在全局作用域内，为所有统一变量块设置默认布局的方法如下：

```
layout(shared, column_major) uniform;  // default if not
                                       // specified
layout(packed, row_major) uniform;
```

单独的统一变量块也可以通过覆盖全局作用域上的默认设置来设置布局。此外，统一变量块中的单独统一变量也可以指定布局限定符，如下所示：

```
layout(std140) uniform TransformBlock
{
    mat4 matViewProj;
    layout(row_major) mat3 matNormal;
    mat3 matTexGen;
};
```

表5-4列出了可以用于统一变量块的所有布局限定符。

表 5-4　统一变量块布局限定符

限定符	描　述
shared	shared 限定符指定多个着色器或者多个程序中统一变量块的内存布局相同。要使用这个限定符，不同定义中的 row_major/column_major 值必须相等。覆盖 std140 和 packed（默认）
packed	packed 布局限定符指定编译器可以优化统一变量块的内存布局。使用这个限定符时必须查询偏移位置，而且统一变量块无法在顶点 / 片段着色器或者程序间共享。覆盖 std140 和 shared
std140	std140 布局限定符指定统一变量块的布局基于 OpenGL ES 3.0 规范的“标准统一变量块布局”一节中定义的一组标准规则。我们在第 4 章中详细介绍了这些布局规则。覆盖 shared 和 packed
row_major	矩阵在内存中以行优先顺序布局
column_major	矩阵在内存中以列优先顺序布局（默认）

5.15　顶点和片段着色器输入 / 输出

OpenGL ES 着色器语言的另一个特殊变量类型是顶点输入（或者属性）变量。顶点输入变量用于指定顶点着色器中每个顶点的输入，用 in 关键字指定。它们通常存储位置、法线、纹理坐标和颜色这样的数据。这里的关键是理解顶点输入是为绘制的每个顶点指定的数据。例 5-1 是具有位置和颜色顶点输入变量的顶点着色器样板。

这个着色器的两个顶点输入变量 a_position 和 a_color 的数据由应用程序加载。本质上，应用程序将为每个顶点创建一个顶点数组，该数组包含位置和颜色。注意例 5-1 中的顶点输入变量之前使用了 layout 限定符。这种情况下的布局限定符用于指定顶点属性的索引。布局限定符是可选的，如果没有指定，链接程序将自动为顶点输入变量分配位置。我们将在第 6 章中详细介绍整个过程。

例 5-1　顶点着色器样板

```
#version 300 es

uniform mat4 u_matViewProjection;
layout(location = 0) in vec4 a_position;
layout(location = 1) in vec3 a_color;
out vec3 v_color;
void main(void)
{
    gl_Position = u_matViewProjection * a_position;
    v_color = a_color;
}
```

和统一变量一样，底层硬件通常在可输入顶点着色器的属性变量数目上有限制。OpenGL ES 实现支持的最大属性数量由内建变量 gl_MaxVertexAttribs 给出（也可以使用 glGetIntegerv 查询 GL_MAX_VERTEX_ATTRIBS 得到）。OpenGL ES 3.0 实现可支持的最小属性为 16 个。不同的实现可以支持更多变量，但是如果想要编写保证能在任何 OpenGL ES 3.0 实现上运行的着色器，则应该将属性限制为不多于 16 个。我们将在第 8 章更详细地介绍属性限制。

来自顶点着色器的输出变量由 out 关键字指定。在例 5-1 中，v_color 变量被声明为输出变量，其内容从 a_color 输入变量中复制而来。每个顶点着色器将在一个或者多个输出变量中输出需要传递给片段着色器的数据。然后，这些变量也会在片段着色器中声明为 in 变量（类型相符），在光栅化阶段中对图元进行线性插值（如果你想要得到更多有关光栅化阶段发生的这种插值的细节，可以跳到第 7 章）。

例如，片段着色器中与例 5-1 中的顶点输出 v_color 相匹配的输入声明如下：

```
in vec3 v_color;
```

注意，与顶点着色器输入不同，顶点着色器输出 / 片段着色器输入变量不能有布局限定符。OpenGL ES 实现自动选择位置。与统一变量和顶点输入属性相同，底层硬件通常限制顶点着色器输出 / 片段着色器输入（在硬件上，这些变量通常被称作插值器）的数量。OpenGL ES 实现支持的顶点着色器输出的数量由内建变量 gl_MaxVertexOutputVectors 给出（用 glGetIntegerv 查询 GL_MAX_VERTEX_OUTPUT_COMPONENTS 将提供总分量值数量，而非向量数量）。OpenGL ES 3.0 实现可以支持的最小顶点输出向量数为 16。与此类似，OpenGL ES 3.0 实现支持的片段着色器输入的数量由 gl_MaxFragmentInputVectors 给出（用 glGetIntegerv 查询 GL_MAX_FRAGMENT_INPUT_COMPONENTS 将提供总分量值数量，而非向量数量）。OpenGL ES 3.0 实现可以支持的最小片段输入向量数为 15。

例 5-2 是具有匹配的输出 / 输入声明的顶点着色器和片段着色器的例子。

例 5-2　具有匹配的输出 / 输入声明的顶点和片段着色器

```
// Vertex shader
#version 300 es

uniform mat4 u_matViewProjection;

// Vertex shader inputs
layout(location = 0) in vec4 a_position;
layout(location = 1) in vec3 a_color;

// Vertex shader output
out vec3 v_color;

void main(void)
{
  gl_Position = u_matViewProjection * a_position;
  v_color = a_color;
}

// Fragment shader
#version 300 es
precision mediump float;

// Input from vertex shader
in vec3 v_color;
```

```
// Output of fragment shader
layout(location = 0) out vec4 o_fragColor;
void main()
{
    o_fragColor = vec4(v_color, 1.0);
}
```

在例5-2中，片段着色器包含输出变量o_fragColor的定义：

```
layout(location = 0) out vec4 o_fragColor;
```

片段着色器将输出一个或者多个颜色。在典型的情况下，我们只渲染到一个颜色缓冲区，在这种时候，布局限定符是可选的（假定输出变量进入位置0）。但是，当渲染到多个渲染目标（MRT）时，我们可以使用布局限定符指定每个输出前往的渲染目标。MRT将在第11章详细讨论。对于这种典型的情况，在片段着色器中会有一个输出变量，该值将是传递给管线逐片段操作部分的输出颜色。

5.16 插值限定符

在例5-2中，我们声明了自己的顶点着色器输出和片段着色器输入，没有使用任何限定符。在没有限定符时，默认的插值行为是执行平滑着色。也就是说，来自顶点着色器的输出变量在图元中线性插值，片段着色器接收线性插值之后的数值作为输入。我们可以明确地请求平滑着色，而不是依赖例5-2中的默认行为，在这种情况下，输出/输入如下：

```
// ...Vertex shader...
// Vertex shader output
smooth out vec3 v_color;

// ...Fragment shader...
// Input from vertex shader
smooth in vec3 v_color;
```

OpenGL ES 3.0还引入了另一种插值——平面着色。在平面着色中，图元中的值没有进行插值，而是将其中一个顶点视为驱动顶点（Provoking Vertex，取决于图元类型；我们将在7.2.2小节介绍），该顶点的值被用于图元中的所有片段。我们可以声明如下的平面着色输出/输入：

```
// ...Vertex shader...
// Vertex shader output
flat out vec3 v_color;

// ...Fragment shader...
// Input from vertex shader
flat in vec3 v_color;
```

最后，可以用centroid关键字在插值器中添加另一个限定符。质心采样（centroid sampling）

的定义在 11.5 节中提供。本质上，使用多重采样渲染时，centroid 关键字可用于强制插值发生在被渲染图元内部（否则，在图元的边缘可能出现伪像）。质心采样的完整定义参见第 11 章。现在，我们简单地介绍声明使用质心采样的输出 / 输入变量的方法。

```
// ...Vertex shader...
// Vertex shader output
smooth centroid out vec3 v_color;

// ...Fragment shader...
// Input from vertex shader
smooth centroid in vec3 v_color;
```

5.17 预处理器和指令

我们尚未提及的一个 OpenGL ES 着色语言功能是预处理器。OpenGL ES 着色语言配备一个预处理器，遵循许多标准 C++ 预处理器的约定。可以使用如下指令定义宏和条件测试：

```
#define
#undef
#if
#ifdef
#ifndef
#else
#elif
#endif
```

注意，宏不能定义为带有参数（在 C++ 的宏中可以这样）。#if、#else 和 #elif 指令可以使用 defind 测试来查看宏是否已经定义。下面的宏是预先定义的，接下来将作说明：

```
__LINE__     // Replaced with the current line number in a shader
__FILE__     // Always 0 in OpenGL ES 3.0
__VERSION__  // The OpenGL ES shading language version
             // (e.g., 300)
GL_ES        // This will be defined for ES shaders to a value
             // of 1
```

#error 指令将会导致在着色器编译时出现编译错误，并在信息日志中放入对应的消息。#pragma 指令用于为编译器指定特定于实现的指令。

预处理器中的另一条重要指令是 #extension，用于启用和设置扩展的行为。当供应商（或者供应商集团）扩展 OpenGL ES 着色语言时，它们将创建一个语言扩展规范（例如，GL_NV_shadow_samplers_cube）。着色器必须命令编译器是否允许使用扩展，如果不允许，应该采取什么行动，这些用 #extension 指令完成。下面的代码展示了 #extension 的一般格式：

```
// Set behavior for an extension
#extension extension_name : behavior
// Set behavior for ALL extensions
#extension all : behavior
```

第一个参数是扩展的名称（例如GL_NV_shadow_samplers_cube）或者表示该行为适用于所有扩展的all。该行为有4个可能的选项，如表5-5所示。

表5-5 扩展行为

扩展行为	描述
require	扩展是必需的，因此预处理器在扩展不受支持时将抛出错误。如果指定了all，将总是抛出错误
enable	扩展被启用，因此扩展不受支持时预处理器将抛出警告。如果扩展被启用，该语言将被处理。如果指定all，将总是抛出错误
warn	对于扩展的任何使用均提出警告，除非这种使用是另一个已经启用的扩展所必需的。如果指定all，则在使用扩展时都将抛出警告。而且，如果扩展不受支持，将抛出警告
disable	扩展被禁用，因此如果使用扩展将抛出错误。如果指定all（默认），则不启用任何扩展

举个例子，假定你希望预处理器在NVIDIA阴影采样器立方体扩展不受支持时产生警告（而且，你希望在该扩展受到支持时着色器得到处理）。为此，你将在着色器开始处添加如下语句：

```
#extension GL_NV_shadow_samplers_cube : enable
```

5.18 统一变量和插值器打包

正如前面几个关于统一变量和顶点着色器输出/片段着色器输入的小节中所介绍的，底层硬件中可用于每个变量存储的资源是固定的。统一变量通常保存在所谓的“常量存储”中，这可以看作向量的物理数组。顶点着色器输出/片段着色器输入一般保存在插值器中，这通常也保存为一个向量数组。你可能已经注意到，着色器可能声明各种类型的统一变量和着色器输入/输出，包括标量、各种向量分量和矩阵。但是，这些变量声明如何映射到硬件上的可用物理空间呢？换言之，如果一个OpenGL ES 3.0实现支持16个顶点着色器输出向量，那么物理存储实际上是如何使用的呢？

在OpenGL ES 3.0中，这个问题通过打包规则处理，该规则定义插值器和统一变量映射到物理存储空间的方式。打包规则基于物理存储空间被组织为一个每个存储位置4列（每个向量分量一列）和1行的网格的概念。打包规则寻求打包变量，使生成代码的复杂度保持不变。换言之，打包规则不进行重排序操作（这种操作需要编译器生成合并未打包数据的额外指令），而是试图在不对运行时性能产生负面影响的情况下，优化物理地址空间的使用。

我们来看一组统一变量声明的例子，看看如何打包它们：

```
uniform mat3 m;
uniform float f[6];
uniform vec3 v;
```

如果完全不进行打包，你可能发现许多常量存储空间将被浪费。矩阵m将占据3行，数组f占据6行，向量v占据1行，共需要10行才能存储这些变量。表5-6展示了不进行任何打包的结果。利用打包规则，这些变量将被组织以打包到表 5-7 所示的网格中。

表 5-6　未进行打包的统一变量存储

位　置	X	Y	Z	W
0	m[0].x	m[0].y	m[0].z	—
1	m[1].x	m[1].y	m[1].z	—
2	m[2].x	m[2].y	m[2].z	—
3	f[0]	—	—	—
4	f[1]	—	—	—
5	f[2]	—	—	—
6	f[3]	—	—	—
7	f[4]	—	—	—
8	f[5]	—	—	—
9	v.x	v.y	v.z	–6

表 5-7　打包的统一变量存储

位　置	X	Y	Z	W
0	m[0].x	m[0].y	m[0].z	f[0]
1	m[1].x	m[1].y	m[1].z	f[1]
2	m[2].x	m[2].y	m[2].z	f[2]
3	v.x	v.y	v.z	f[3]
4	—	—	—	f[4]
5	—	—	—	f[5]

在使用打包规则时，只需使用 6 个物理常量位置。你将会注意到，数组 f 的元素会跨越行的边界，原因是 GPU 通常会按照向量位置索引对常量存储进行索引。打包必须使数组跨越行边界，这样索引才能够起作用。

所有打包对 OpenGL ES 着色语言的用户都是完全透明的，除了一个细节：打包影响统一变量和顶点着色器输出 / 片段着色器输入的计数方式。如果你想要编写保证能够在所有 OpenGL ES 3.0 实现上运行的着色器，就不应该使用打包之后超过最小运行存储大小的统一变量或者插值器。因此，了解打包非常重要，这样你才能编写在任何 OpenGL ES 3.0 实现上都不超过最小允许存储的可移植着色器。

5.19　精度限定符

精度限定符使着色器创作者可以指定着色器变量的计算精度。变量可以声明为低、中或者高精度。这些限定符用于提示编译器允许在较低的范围和精度上执行变量计算。在较低的精度上，有些 OpenGL ES 实现在运行着色器时可能更快，或者电源效率更高。

当然，这种效率提升是以精度为代价的，在没有正确使用精度限定符时可能造成伪像。

注意，OpenGL ES 规范中没有规定底层硬件中必须支持多种精度，所以某个 OpenGL ES 实现在最高精度上进行所有运算并简单地忽略限定符是完全正常的。不过，在某些实现上，使用较低的精度可能带来好处。

精度限定符可以用于指定任何基于浮点数或者整数的变量的精度。指定精度的关键字是 lowp、mediump 和 highp。下面是一些带有精度限定符的声明示例：

```
highp vec4 position;
varying lowp vec4 color;
mediump float specularExp;
```

除了精度限定符之外，还有默认精度的概念。也就是说，如果变量声明时没有使用精度限定符，它将拥有该类型的默认精度。默认精度限定符在顶点或者片段着色器的开头用如下语法指定：

```
precision highp float;
precision mediump int;
```

为 float 类型指定的精度将用作所有基于浮点值的变量的默认精度。同样，为 int 指定的精度将用作所有基于整数的变量的默认精度。

在顶点着色器中，如果没有指定默认精度，则 int 和 float 的默认精度都为 highp。也就是说，顶点着色器中所有没用精度限定符声明的变量都使用最高的精度。片段着色器的规则与此不同。在片段着色器中，浮点值没有默认的精度值：每个着色器必须声明一个默认的 float 精度，或者为每个 float 变量指定精度。

最后要注意的是，精度限定符指定的精度有特定于实现的范围和精度。确定给定实现的范围和精度有一个相关的 API 调用，将在第 15 章中介绍。举个例子，在 PowerVR SGX GPU 上，lowp float 变量用 10 位定点格式表示，mediump float 变量是 16 位浮点值，而 highp float 是 32 位浮点值。

5.20 不变性

OpenGL ES 着色语言中引入的 invariant 关键字可以用于任何可变的顶点着色器输出。不变性是什么意思，为什么它很必要呢？问题在于着色器需要编译，而编译器可能进行导致指令重新排序的优化。这种指令重排意味着两个着色器之间的等价计算不能保证产生完全相同的结果。这种不一致性在多遍着色器特效时尤其可能成为问题，在这种情况下，相同的对象用 Alpha 混合绘制在自身上方。如果用于计算输出位置的数值的精度不完全一样，精度差异就会导致伪像。这个问题通常表现为“深度冲突”（Z fighting），每个像素的 Z（深度）精度差异导致不同遍着色相互之间有微小的偏移。

下面的例子直观地展示了进行多遍着色时不变性的重要性。图中的圆环对象用两遍绘制：片段着色器在第一遍中计算反射，第二遍中计算环境光线和漫射光。顶点着色器不使用不变性，所以精度的小差异会导致深度冲突，如图 5-1 所示。

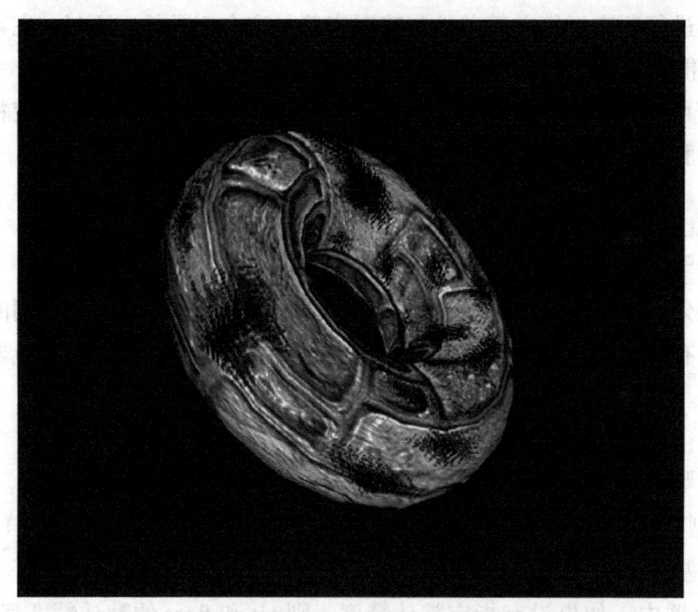

图 5-1 由于没有使用不变性导致的深度冲突伪像

使用不变性的同一多遍顶点着色器产生如图 5-2 所示的正确图像。

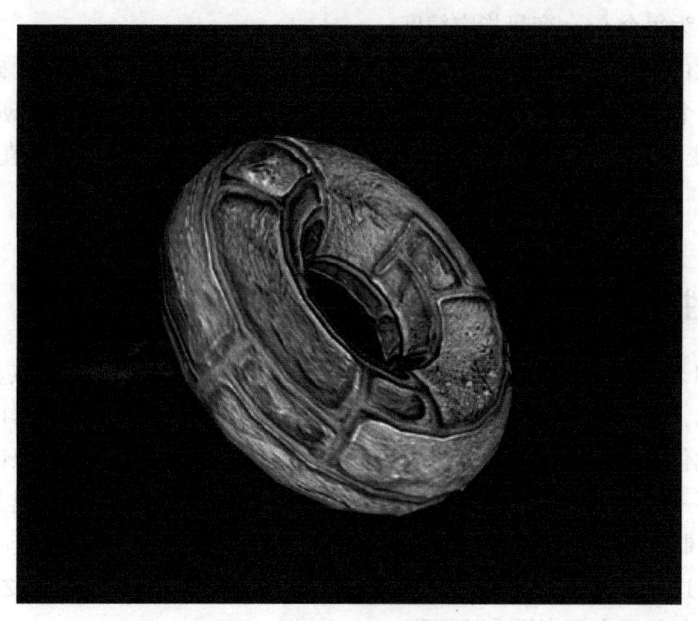

图 5-2 用不变性避免深度冲突

引入不变性为着色器编写者提供了一种途径来规定用于计算输出的相同计算的值必须相

同（或者不变）。invariant 关键字可以用于变量声明，或者用于已经声明的变量。下面是一些例子：

```
invariant gl_Position;
invariant texCoord;
```

一旦某个输出变量声明了不变性，编译器便保证相同的计算和着色器输入条件下结果相同。例如，两个顶点着色器通过将视图投影矩阵和输入位置相乘计算输出位置，你可以保证这些位置不变。

```
#version 300 es
uniform mat4 u_viewProjMatrix;
layout(location = 0) in vec4 a_vertex;
invariant gl_Position;
void main()
{
   // Will be the same value in all shaders with the
   // same viewProjMatrix and vertex
   gl_Position = u_viewProjMatrix * a_vertex;
}
```

也可以用 #pragma 指定让所有变量全都不变：

```
#pragma STDGL invariant(all)
```

警告：因为编译器需要保证不变性，所以可能限制它所做的优化。因此，invariant 限定符应该只在必要时使用；否则可能导致性能下降。由于这个原因，全局启用不变性的 #pragma 指令只应该在不变性对于所有变量都必需的时候使用。还要注意，虽然不变性表示在指定 GPU 上的计算会得到相同的结果，但是并不意味着计算在任何 OpenGL ES 实现之间保持不变。

5.21　小结

本章介绍了 OpenGL ES 着色语言的如下特性：

- 使用 #version 指定着色器版本规范
- 标量、向量和矩阵数据类型及构造器
- 用 const 限定符声明常量
- 结构和数组的创建与初始化
- 运算符、控制流和函数
- 使用 in 和 out 关键字及布局限定符的顶点着色器输入 / 输出和片段着色器输入 / 输出
- 平滑、平面和质心插值限定符
- 统一变量、统一变量块和统一变量块布局限定符
- 预处理器和指令

- 统一变量和插值器打包
- 精度限定符和不变性

在下一章中，我们关注如何从顶点数组和顶点缓冲区对象加载顶点输入变量数据。本书自始至终都将扩展你的 OpenGL ES 着色语言知识。例如，在第 8 章中，我们将说明如何在顶点着色器中执行变换、照明和蒙皮。在第 9 章中，我们解释如何加载纹理，如何在片段着色器中使用它们。在第 10 章中，我们介绍如何计算雾化、执行 Alpha 测试以及在片段着色器中如何计算用户裁剪平面。在第 14 章中，我们深入编写执行高级特效（如环境贴图、投影纹理和逐片段照明）的着色器。利用本章的 OpenGL ES 着色语言基础知识，我们就可以向你介绍使用着色器实现各种渲染技术的方法。

第 6 章 Chapter 6

顶点属性、顶点数组和缓冲区对象

本章描述 OpenGL ES 3.0 中指定顶点属性和数据的方法。我们讨论顶点属性的概念、如何指定它们和它们支持的数据格式，以及如何绑定顶点属性以用于顶点着色器。阅读本章之后，你将很好地掌握顶点属性以及在 OpenGL ES 3.0 中用顶点属性绘制图元的方法。

顶点数据也称作顶点属性，指定每个顶点的数据。这种逐顶点数据可以为每个顶点指定，也可以用于所有顶点的常量。例如，如果你想要绘制固定颜色的三角形（在这个例子中，假定颜色为黑色，如图 6-1 所示），可以指定一个常量值，用于三角形的全部 3 个顶点。但是，组成三角形的 3 个顶点的位置不同，所以我们必须指定一个顶点数组来存储 3 个位置值。

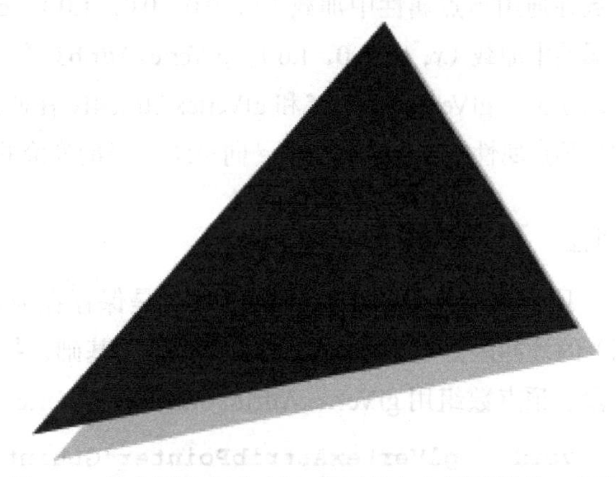

图 6-1　具有固定颜色顶点和逐顶点位置属性的三角形

6.1　指定顶点属性数据

顶点属性数据可以用一个顶点数组对每个顶点指定，也可以将一个常量值用于一个图元的所有顶点。

所有 OpenGL ES 3.0 实现必须支持最少 16 个顶点属性。应用程序可以查询特定实现支持的顶点属性的准确数量。下面的代码说明应用程序如何查询 OpenGL ES 3.0 实现真正支持的顶点属性数量。

```
GLint maxVertexAttribs;    // n will be >= 16
glGetIntegerv(GL_MAX_VERTEX_ATTRIBS, &maxVertexAttribs);
```

6.1.1 常量顶点属性

常量顶点属性对于一个图元的所有顶点都相同，所以对一个图元的所有顶点只需指定一个值。可以用如下任何一个函数指定：

```
void glVertexAttrib1f(GLuint index, GLfloat x);
void glVertexAttrib2f(GLuint index, GLfloat x, GLfloat y);
void glVertexAttrib3f(GLuint index, GLfloat x, GLfloat y,
                      GLfloat z);
void glVertexAttrib4f(GLuint index, GLfloat x, GLfloat y,
                      GLfloat z, GLfloat w);
void glVertexAttrib1fv(GLuint index, const GLfloat *values);
void glVertexAttrib2fv(GLuint index, const GLfloat *values);
void glVertexAttrib3fv(GLuint index, const GLfloat *values);
void glVertexAttrib4fv(GLuint index, const GLfloat *values);
```

glVertexAttrib* 命令用于加载 index 指定的通用顶点属性。glVertexAttrib1f 和 glVertexAttrib1fv 函数在通用顶点属性中加载（*x*，0.0，0.0，1.0）。glVertexAttrib2f 和 glVertexAttrib2fv 在通用顶点属性中加载（*x*, *y*, 0.0，1.0）。glVertexAttrib3f 和 glVertexAttrib3fv 在通用顶点属性中加载（*x*, *y*, *z*, 1.0）。glVertexAttrib4f 和 glVertexAttrib4fv 在通用顶点属性中加载（*x*, *y*, *z*, *w*）。在实践中，常量顶点属性提供与使用标量 / 向量统一变量等价的功能，两者都是可以接受的选择。

6.1.2 顶点数组

顶点数组指定每个顶点的属性，是保存在应用程序地址空间（OpenGL ES 称为客户空间）的缓冲区。它们作为顶点缓冲对象的基础，提供指定顶点属性数据的一种高效、灵活的手段。顶点数组用 glVertexAttribPointer 或 glVertexAttribIPointer 函数指定。

```
void   glVertexAttribPointer(GLuint index, GLint size,
                             GLenum type,
                             GLboolean normalized,
                             GLsizei stride,
                             const void *ptr)
void   glVertexAttribIPointer(GLuint index, GLint size,
                              GLenum type,
                              GLsizei stride,
                              const void *ptr)
```

index 指定通用顶点属性索引。这个值的范围从 0 到支持的最大顶点属性数 –1。

size 顶点数组中为索引引用的顶点属性所指定的分量数量。有效值为 1 ~ 4。

type 数据格式。两个函数都包括的有效值是

GL_BYTE
GL_UNSIGNED_BYTE
GL_SHORT
GL_UNSIGNED_SHORT
GL_INT
GL_UNSIGNED_INT

glVertexAttribPointer 的有效值还包括

GL_HALF_FLOAT
GL_FLOAT
GL_FIXED
GL_INT_2_10_10_10_REV
GL_UNSIGNED_INT_2_10_10_10_REV

normalized （仅 glVertexAttribPointer）用于表示非浮点数据格式类型在转换为浮点值时是否应该规范化。对于 glVertexAttribIPointer，这些值被当作整数对待。

stride 每个顶点由 size 指定的顶点属性分量顺序存储。stride 指定顶点索引 I 和（I+1）表示的顶点数据之间的位移。如果 stride 为 0，则每个顶点的属性数据顺序存储。如果 stride 大于 0，则使用该值作为获取下一个索引表示的顶点数据的跨距。

ptr 如果使用客户端顶点数组，则是保存顶点属性数据的缓冲区的指针。如果使用顶点缓冲区对象，则表示该缓冲区内的偏移量。

接下来，我们介绍几个示例，说明如何用 glVertexAttribPointer 指定顶点属性。分配和存储顶点属性数据有两种常用的方法：

- 在一个缓冲区中存储顶点属性——这种方法称为结构数组。结构表示顶点的所有属性，每个顶点有一个属性的数组。
- 在单独的缓冲区中保存每个顶点属性——这种方法称为数组结构。

假定每个顶点有 4 个顶点属性——位置、法线和两个纹理坐标——这些属性一起保存在为所有顶点分配的一个缓冲区中。顶点位置属性以 3 个浮点数的向量（x,y,z）的形式指定，顶点法线也以 3 个浮点数组成的向量的形式指定，每个纹理坐标以两个浮点数组成的向量的形式指定。图 6-2 给出了这个缓冲区的内存布局。在这个例子中，缓冲区的跨距为组成顶点的所有属性总大小（一个顶点等于 10 个浮点数或者 40 个字节——12 个字节用于位置、12 个字节用于法线，8 个字节用于 Tex0，8 个字节用于 Tex1）。

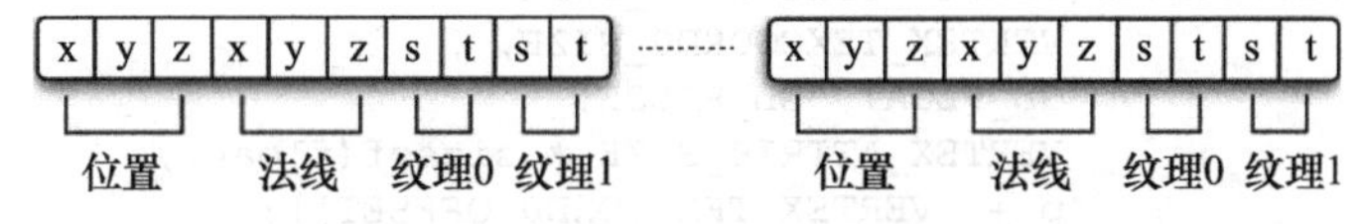

图 6-2 位置、法线和两个纹理坐标存储为一个数组

例 6-1 描述了如何用 glVertexAttribPointer 指定这 4 个顶点属性。注意，我们在此介绍如何使用客户端顶点数组，以便解释逐顶点数据指定的概念。我们建议应用程序使用顶点缓冲区对象（本章后面将介绍），避免使用客户端顶点数组，以实现最佳性能。在 OpenGL ES 3.0 中支持客户端顶点数组只是为了与 OpenGL ES 2.0 兼容。在 OpenGL ES 3.0 中，总是建议使用顶点缓冲区对象。

例 6-1 结构数组

```
#define VERTEX_POS_SIZE            3  // x, y, and z
#define VERTEX_NORMAL_SIZE         3  // x, y, and z
#define VERTEX_TEXCOORD0_SIZE      2  // s and t
#define VERTEX_TEXCOORD1_SIZE      2  // s and t

#define VERTEX_POS_INDX            0
#define VERTEX_NORMAL_INDX         1
#define VERTEX_TEXCOORD0_INDX      2
#define VERTEX_TEXCOORD1_INDX      3

// the following 4 defines are used to determine the locations
// of various attributes if vertex data are stored as an array
// of structures
#define VERTEX_POS_OFFSET          0
#define VERTEX_NORMAL_OFFSET       3
#define VERTEX_TEXCOORD0_OFFSET    6
#define VERTEX_TEXCOORD1_OFFSET    8

#define VERTEX_ATTRIB_SIZE   (VERTEX_POS_SIZE + \
                              VERTEX_NORMAL_SIZE + \
                              VERTEX_TEXCOORD0_SIZE + \
                              VERTEX_TEXCOORD1_SIZE)

float *p  = (float*) malloc(numVertices * VERTEX_ATTRIB_SIZE
                     * sizeof(float));

// position is vertex attribute 0
glVertexAttribPointer(VERTEX_POS_INDX, VERTEX_POS_SIZE,
                      GL_FLOAT, GL_FALSE,
                      VERTEX_ATTRIB_SIZE * sizeof(float),
                      p);

// normal is vertex attribute 1
glVertexAttribPointer(VERTEX_NORMAL_INDX, VERTEX_NORMAL_SIZE,
                      GL_FLOAT, GL_FALSE,
                      VERTEX_ATTRIB_SIZE * sizeof(float),
                     (p +  VERTEX_NORMAL_OFFSET));

// texture coordinate 0 is vertex attribute 2
glVertexAttribPointer(VERTEX_TEXCOORD0_INDX,
                      VERTEX_TEXCOORD0_SIZE,
                      GL_FLOAT, GL_FALSE,
                      VERTEX_ATTRIB_SIZE * sizeof(float),
                     (p +  VERTEX_TEXCOORD0_OFFSET));
```

```
// texture coordinate 1 is vertex attribute 3
glVertexAttribPointer(VERTEX_TEXCOORD1_INDX,
                      VERTEX_TEXCOORD1_SIZE,
                      GL_FLOAT, GL_FALSE,
                      VERTEX_ATTRIB_SIZE * sizeof(float),
                       (p + VERTEX_TEXCOORD1_OFFSET));
```

在例 6-2 中，位置、法线、纹理坐标 0 和 1 都保存在单独的缓冲区中。

例 6-2　数组结构

```
float *position  = (float*) malloc(numVertices *
   VERTEX_POS_SIZE * sizeof(float));
float *normal    = (float*) malloc(numVertices *
   VERTEX_NORMAL_SIZE * sizeof(float));
float *texcoord0 = (float*) malloc(numVertices *
   VERTEX_TEXCOORD0_SIZE * sizeof(float));
float *texcoord1 = (float*) malloc(numVertices *
   VERTEX_TEXCOORD1_SIZE * sizeof(float));
// position is vertex attribute 0
glVertexAttribPointer(VERTEX_POS_INDX, VERTEX_POS_SIZE,
                      GL_FLOAT, GL_FALSE,
                      VERTEX_POS_SIZE * sizeof(float),
                      position);

// normal is vertex attribute 1
glVertexAttribPointer(VERTEX_NORMAL_INDX, VERTEX_NORMAL_SIZE,
                      GL_FLOAT, GL_FALSE,
                      VERTEX_NORMAL_SIZE * sizeof(float),
                      normal);

// texture coordinate 0 is vertex attribute 2
glVertexAttribPointer(VERTEX_TEXCOORD0_INDX,
                      VERTEX_TEXCOORD0_SIZE,
                      GL_FLOAT, GL_FALSE,
                      VERTEX_TEXCOORD0_SIZE *
                      sizeof(float), texcoord0);

// texture coordinate 1 is vertex attribute 3
glVertexAttribPointer(VERTEX_TEXCOORD1_INDX,
                      VERTEX_TEXCOORD1_SIZE,
                      GL_FLOAT, GL_FALSE,
                      VERTEX_TEXCOORD1_SIZE * sizeof(float),
                      texcoord1);
```

性能提示

如何存储顶点的不同属性

我们已经描述了两种最常用的顶点属性存储方法：结构数组和数组结构。问题是，对于

OpenGL ES 3.0 硬件实现，哪种分配方法最高效？在大部分情况下，答案是结构数组。原因是，每个顶点的属性数据可以顺序方式读取，这最有可能造成高效的内存访问模式。使用结构数组的缺点在应用程序需要修改特定属性时变得很明显。如果顶点属性数据的一个子集需要修改（例如，纹理坐标），这将造成顶点缓冲区的跨距更新。当顶点缓冲区以缓冲区对象的形式提供时，需要重新加载整个顶点属性缓冲区。可以通过将动态的顶点属性保存在单独的缓冲区来避免这种效率低下的情况。

顶点属性使用哪种数据格式

glVertexAttribPointer 中用 type 参数指定的顶点属性数据格式不仅影响顶点属性数据的图形内存存储需求，而且影响整体性能，这是渲染帧所需内存带宽的一个函数。数据空间占用越小，需要的内存带宽越小。OpenGL ES 3.0 支持名为 GL_HALF_FLOAT（在附录 A 中详细介绍）的 16 位浮点顶点格式。我们建议在应用程序中尽可能使用 GL_HALF_FLOAT。纹理坐标、法线、副法线、切向量等都是使用 GL_HALF_FLOAT 存储每个分量的候选。颜色可以存储为 GL_UNSIGNED_BYTE，每个顶点颜色具有 4 个分量。我们还建议用 GL_HALF_FLOAT 存储顶点位置，但是发现这种选择在不少情况下都不可行。对于这些情况，顶点位置可以存储为 GL_FLOAT。

glVertexAttribPointer 中的规范化标志如何工作

在用于顶点着色器之前，顶点属性在内部保存为单精度浮点数。如果数据类型表示顶点属性不是浮点数，顶点属性将在用于顶点着色器之前转换为单精度浮点数。规范化标志控制非浮点顶点属性数据到单精度浮点值的转换。如果规范化标志为假，则顶点数据被直接转换为浮点值。这类似于将非浮点类型的变量转换为浮点变量。下面的代码提供了一个例子：

```
GLfloat  f;
GLbyte b;
f = (GLfloat)b;  // f represents values in the range [-128.0,
                 // 127.0]
```

如果规范化标志为真，且如果数据类型为 GL_BYTE、GL_SHORT 或者 GL_FIXED，则顶点数据被映射到 [–1.0，1.0] 范围内，如果数据类型为 GL_UNSIGNED_BYTE 或 GL_UNSIGNED_SHORT，则被映射到 [0.0，1.0] 范围内。

表 6-1 说明了设置规范化标志时非浮点数据类型的转换，表中第 2 列的 c 值指的是第 1 列中指定格式的一个值。

表 6-1　数据转换

顶点数据格式	转换为浮点数
GL_BYTE	$\max(c/(2^7-1), -1.0)$
GL_UNSIGNED_BYTE	$c/(2^8-1)$

（续）

顶点数据格式	转换为浮点数
GL_SHORT	$\max(c/(2^{16}-1), -1.0)$
GL_UNSIGNED_SHORT	$c/(2^{16}-1)$
GL_FIXED	$c/2^{16}$
GL_FLOAT	c
GL_HALF_FLOAT_OES	c

在顶点着色器中，也有可能按照整数的形式访问整数型顶点属性数据，而不将其转换为浮点数。在这种情况下，将使用 glVertexAttribIPointer 函数，顶点属性应该在顶点着色器中声明为一种整数类型。

在常量顶点属性和顶点数组之间选择

应用程序可以让 OpenGL ES 使用常量数据或者来自顶点数组的数据。图 6-3 描述了这在 OpenGL ES 3.0 中的实现方式。

glEnableVertexAttribArray 和 glDisableVertexAttribArray 命令分别用于启用和禁用通用顶点属性数组。如果某个通用属性索引的顶点属性数组被禁用，将使用为该索引指定的常量顶点属性数据。

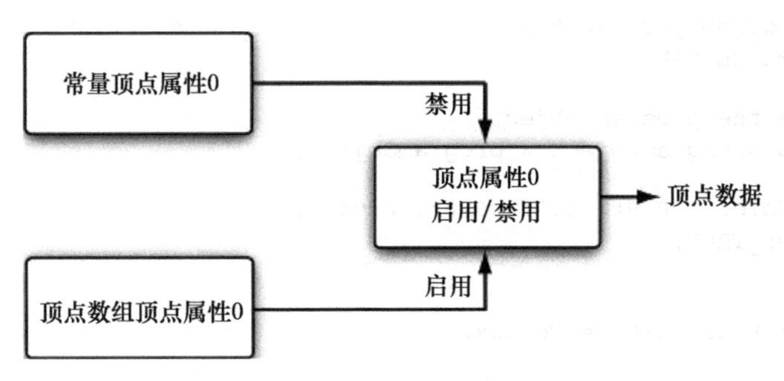

图 6-3　选择常量或者顶点数组顶点属性

```
void    glEnableVertexAttribArray(GLuint index);
void    glDisableVertexAttribArray(GLuint index);
```

index　指定通用顶点属性索引。这个值的范围从 0 到支持的最大顶点属性数量减 1。

例 6-3 说明如何绘制一个三角形，该三角形的一个顶点属性是常量，其他属性用顶点数组指定。

例 6-3　使用常量和顶点数组属性

```
int Init ( ESContext *esContext )
{
   UserData *userData = (UserData*) esContext->userData;
   const char vShaderStr[] =
      "#version 300 es                              \n"
```

```
      "layout(location = 0) in vec4 a_color;     \n"
      "layout(location = 1) in vec4 a_position;  \n"
      "out vec4 v_color;                         \n"
      "void main()                               \n"
      "{                                         \n"
      "    v_color = a_color;                    \n"
      "    gl_Position = a_position;             \n"
      "}";

   const char fShaderStr[] =
      "#version 300 es              \n"
      "precision mediump float;     \n"
      "in vec4 v_color;             \n"
      "out vec4 o_fragColor;        \n"
      "void main()                  \n"
      "{                            \n"
      "   o_fragColor = v_color;    \n"
      "}" ;

   GLuint programObject;

   // Create the program object
   programObject = esLoadProgram ( vShaderStr, fShaderStr );

   if ( programObject == 0 )
      return GL_FALSE;

   // Store the program object
   userData->programObject = programObject;

   glClearColor ( 0.0f, 0.0f, 0.0f, 0.0f );
   return GL_TRUE;
}

void Draw ( ESContext *esContext )
{
   UserData *userData = (UserData*) esContext->userData;
   GLfloat color[4] = { 1.0f, 0.0f, 0.0f, 1.0f };
   // 3 vertices, with (x, y, z) per-vertex
   GLfloat vertexPos[3 * 3] =
   {
       0.0f,  0.5f, 0.0f, // v0
      -0.5f, -0.5f, 0.0f, // v1
       0.5f, -0.5f, 0.0f  // v2
   };

   glViewport ( 0, 0, esContext->width, esContext->height );

   glClear ( GL_COLOR_BUFFER_BIT );

   glUseProgram ( userData->programObject );

   glVertexAttrib4fv ( 0, color );
```

```
    glVertexAttribPointer ( 1, 3, GL_FLOAT, GL_FALSE, 0,
                            vertexPos );
    glEnableVertexAttribArray ( 1 );

    glDrawArrays ( GL_TRIANGLES, 0, 3 );

    glDisableVertexAttribArray ( 1 );
}
```

代码示例中使用的顶点属性 color 是一个常量，用 glVertexAttrib4fv 指定，不启用顶点属性数组 0。vertexPos 属性用 glVertexAttribPointer 以一个顶点数组指定，并用 glEnableVertexAttribArray 启用数组。Color 值对于所绘制的三角形的所有顶点均相同，而 vertexPos 属性对于三角形的各个顶点可以不同。

6.2　在顶点着色器中声明顶点属性变量

我们已经知道顶点属性的定义，并且考虑了如何在 OpenGL ES 中指定顶点属性，现在讨论如何在顶点着色器中声明顶点属性。

在顶点着色器中，变量通过使用 in 限定符声明为顶点属性。属性变量也可以选择包含一个布局限定符，提供属性索引。下面是几个顶点属性声明的示例：

```
layout(location = 0) in vec4    a_position;
layout(location = 1) in vec2    a_texcoord;
layout(location = 2) in vec3    a_normal;
```

in 限定符只能用于数据类型 float、vec2、vec3、vec4、int、ivec2、ivec3、ivec4、uint、uvec2、uvec3、uvec4、mat2、mat2x2、mat2x3、mat2x4、mat3、mat3x3、mat3x4、mat4、mat4x2 和 mat4x3。属性变量不能声明为数组或者结构。下面是无效顶点属性声明的例子，应该产生一个编译错误：

```
in foo_t   a_A;    // foo_t is a structure
in vec4    a_B[10];
```

OpenGL ES 3.0 实现支持 GL_MAX_VERTEX_ATTRIBS 四分量向量顶点属性。声明为标量、二分量向量或者三分量向量的顶点属性将被当作一个四分量向量属性计算。声明为二维、三维或者四维矩阵的顶点属性将分别被作为 2、3 或者 4 个四分量向量属性计算。与编译器自动打包的统一变量及顶点着色器输出 / 片段着色器输入变量不同，属性不进行打包。在用小于四分量向量的尺寸声明顶点属性时请小心考虑，因为可用的最少顶点属性是有限的资源。将它们一起打包到单个四分量属性可能比在顶点着色器中声明为单个顶点属性更好。

在顶点着色器中声明为顶点属性的变量是只读变量，不能修改。下面的代码将导致编译错误：

```
in        vec4   a_pos;
uniform   vec4   u_v;

void main()
{
   a_pos = u_v; <--- cannot assign to a_pos as it is read-only
}
```

属性可以在顶点着色器内部声明——但是如果没有使用，就不会被认为是活动属性，从而不会被计入限制。如果在顶点着色器中使用的属性数量大于 GL_MAX_VERTEX_ATTRIBS，这个顶点着色器就无法链接。

一旦程序成功链接，我们就需要找出连接到该程序的顶点着色器使用的活动顶点属性数量。注意，这一步骤只在你对属性不使用输入布局限定符时才有必要。在 OpenGL ES 3.0 中，建议使用布局限定符；这样你就没有必要事后查询这一信息。不过，为了完整起见，下面的代码行展示了如何获得活动顶点属性数量：

```
glGetProgramiv(program, GL_ACTIVE_ATTRIBUTES, &numActiveAttribs);
```

第 4 章中详细说明了 glGetProgramiv。

程序使用的活动顶点属性列表和它们的数据类型可以用 glGetActiveAttrib 命令查询。

```
void    glGetActiveAttrib(GLuint program, GLuint index,
                          GLsizei bufsize, GLsizei *length,
                          GLenum *type, GLint *size,
                          GLchar *name)
```

program 前面成功链接的程序对象名称。

index 指定需要查询的顶点属性，其值为 0 到 GL_ACTIVE_ATTRIBUTES – 1。GL_ACTIVE_ATTRIBUTES 的值用 glGetProgramiv 确定。

bufsize 指定可以写入 name 的最大字符数，包括 Null 终止符。

length 返回写入 name 的字符数，如果 length 不为 NULL，则不含 Null 终止符。

type 返回属性类型，有效值为

```
GL_FLOAT, GL_FLOAT_VEC2, GL_FLOAT_VEC3,
GL_FLOAT_VEC4, GL_FLOAT_MAT2, GL_FLOAT_MAT3,
GL_FLOAT_MAT4, GL_FLOAT_MAT2x3, GL_FLOAT_MAT2x4,
GL_FLOAT_MAT3x2, GL_FLOAT_MAT3x4, GL_FLOAT_MAT4x2,
GL_FLOAT_MAT_4x3, GL_INT, GL_INT_VEC2, GL_INT_VEC3,
GL_INT_VEC4, GL_UNSIGNED_INT, GL_UNSIGNED_INT_VEC2,
GL_UNSIGNED_INT_VEC3, GL_UNSIGNED_INT_VEC4
```

size 返回属性大小。这以 type 返回的类型单元格数量指定。如果变量不是一个数组，则 size 总是为 1。如果变量是一个数组，则 size 返回数组的大小。

name 顶点着色器中声明的属性变量名称。

glGetActiveAttrib 调用提供 index 选择的属性的相关信息。正如 glGetActiveAttrib 的

描述中所详细介绍的，index 必须是 0 到 GL_ACTIVE_ATTRIBUTES – 1 之间的数值。GL_ACTIVE_ATTRIBUTES 的值用 glGetProgramiv 查询。index 为 0 选择第一个活动属性，index 为 GL_ACTIVE_ATTRIBUTES – 1 选择最后一个顶点属性。

将顶点属性绑定到顶点着色器中的属性变量

前面我们讨论了在顶点着色器中，顶点属性变量由 in 限定符指定，活动属性数量可以用 glGetProgramiv 查询，程序中的活动属性列表可以用 glGetActiveAttrib 查询。我们还说明了从 0 到（GL_MAX_VERTEX_ATTRIBS – 1）的通用属性索引如何用于启用通用顶点属性，以及如何用 glVertexAttrib* 和 glVertexAttribPointer 命令指定常量或者逐顶点（顶点数组）值。现在，我们考虑如何将这个通用属性索引映射到顶点着色器中声明的对应属性变量。这种映射使对应的顶点数据可以读入顶点着色器中正确的顶点属性变量。

图 6-4 描述了指定通用顶点属性和绑定到顶点着色器中的属性名称的方法。

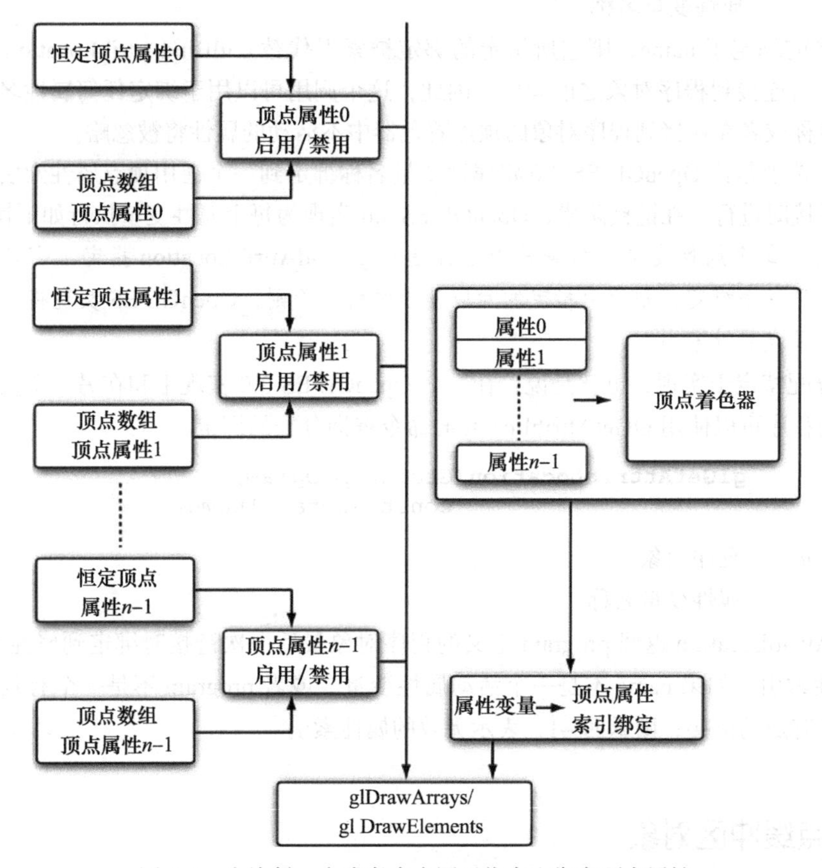

图 6-4 为绘制一个或者多个图元指定和绑定顶点属性

在 OpenGL ES 3.0 中，可以使用 3 种方法将通用顶点属性索引映射到顶点着色器中的一个属性变量名称。这些方法可以分为如下几类：

- 索引可以在顶点着色器源代码中用layout（location = N）限定符指定（推荐）。
- OpenGL ES 3.0将通用顶点属性索引绑定到属性名称。
- 应用程序可以将顶点属性索引绑定到属性名称。

将属性绑定到一个位置的最简单方法是简单地使用layout(location = N)限定符，这种方法需要的代码最少。但是，在某些情况下，其他两个选项可能更适合。glBindAttribLocation命令可用于将通用顶点属性索引绑定到顶点着色器中的一个属性变量。这种绑定在下一次程序链接时生效——不会改变当前链接的程序中使用的绑定。

```
void    glBindAttribLocation(GLuint program,  GLuint index,
                             const GLchar *name)
```

program 程序对象名称

index 通用顶点属性索引

name 属性变量名称

如果之前绑定了name，则它所指定的绑定被索引代替。glBindAttribLocation甚至可以在顶点着色器连接到程序对象之前调用，因此，这个调用可以用于绑定任何属性名称。不存在的属性名称或者在连接到程序对象的顶点着色器中不活动的属性将被忽略。

另一个选项是让OpenGL ES 3.0将属性变量名称绑定到一个通用顶点属性索引。这种绑定在程序链接时进行。在链接阶段，OpenGL ES 3.0实现为每个属性变量执行如下操作：

> 对于每个属性变量，检查是否已经通过glBindAttribLocation指定了绑定。如果指定了一个绑定，则使用指定的对应属性索引。否则，OpenGL ES实现将分配一个通用顶点属性索引。

这种分配特定于实现；也就是说，在一个OpenGL ES 3.0实现中和在另一个实现中可能不同。应用程序可以使用glGetAttribLocation命令查询分配的绑定。

```
GLint     glGetAttribLocation(GLuint program,
                              const GLchar *name)
```

program 程序对象

name 属性变量名称

glGetAttribLocation返回program定义的程序对象最后一次链接时绑定到属性变量name的通用属性索引。如果name不是一个活动属性变量，或者program不是一个有效的程序对象，或者没有成功链接，则返回-1，表示无效的属性索引。

6.3 顶点缓冲区对象

使用顶点数组指定的顶点数据保存在客户内存中。在进行glDrawArrays或者glDrawElements等绘图调用时，这些数据必须从客户内存复制到图形内存。这两个命令将在

第7章详细介绍。但是，如果我们没有必要在每次绘图调用时都复制顶点数据，而是在图形内存中缓存这些数据，那就好得多了。这种方法可以显著地改进渲染性能，也会降低内存带宽和电力消耗需求，对于手持设备相当重要。这是顶点缓冲区对象发挥作用的地方。顶点缓冲区对象使 OpenGL ES 3.0 应用程序可以在高性能的图形内存中分配和缓存顶点数据，并从这个内存进行渲染，从而避免在每次绘制图元的时候重新发送数据。不仅是顶点数据，描述图元顶点索引、作为 glDrawElements 参数传递的元素索引也可以缓存。

OpenGL ES 3.0 支持两类缓冲区对象，用于指定顶点和图元数据：数组缓冲区对象和元素数组缓冲区对象。GL_ARRAY_BUFFER 标志指定的数组缓冲区对象用于创建保存顶点数据的缓冲区对象。GL_ELEMENT_ARRAY_BUFFER 标志指定的元素数组缓冲区对象用于创建保存图元索引的缓冲区对象。OpenGL ES 3.0 中的其他缓冲区对象类型在本书的其他地方说明：统一变量缓冲区（第4章）、变换反馈缓冲区（第8章）、像素解包缓冲区（第9章）、像素包装缓冲区（第11章）和复制缓冲区（本章后面的6.6节）。现在，我们重点关注用于指定顶点属性的对象和元素数组。

注意 为了得到最佳性能，我们建议 OpenGL ES 3.0 应用程序对顶点属性数据和元素索引使用顶点缓冲区对象。

在使用缓冲对象渲染之前，需要分配缓冲区对象并将顶点数据和元素索引上传到相应的缓冲区对象。例 6-4 中的样板代码演示了这一操作。

例 6-4　创建和绑定顶点缓冲区对象

```
void        initVertexBufferObjects(vertex_t *vertexBuffer,
                                    GLushort *indices,
                                    GLuint numVertices,
                                    GLuint numlndices,
                                    GLuint *vboIds)

{
    glGenBuffers(2, vboIds);

    glBindBuffer(GL_ARRAY_BUFFER, vboIds[0]);
    glBufferData(GL_ARRAY_BUFFER, numVertices *
                 sizeof(vertex_t), vertexBuffer,
                 GL_STATIC_DRAW);

    // bind buffer object for element indices
    glBindBuffer(GL_ELEMENT_ARRAY_BUFFER, vboIds[1]);
    glBufferData(GL_ELEMENT_ARRAY_BUFFER,
                 numIndices * sizeof(GLushort),
                 indices, GL_STATIC_DRAW);
}
```

例 6-4 中的代码创建两个缓冲区对象：一个用于保存实际的顶点属性数据，另一个用于保存组成图元的元素索引。在这个例子中，调用 glGenBuffers 命令获取 vboIds 中两个未用的缓冲区对象名称。然后，vboIds 中返回的未使用的缓冲区对象名称用于创建一个数组缓冲区对象和一个元素数组缓冲区对象。数组缓冲区对象用于保存一个或者多个图元的顶点属性数据。元素数组缓冲区对象保存一个或者多个图元的索引。实际数组或者元素数据用 glBufferData 指定。注意，GL_STATIC_DRAW 作为一个参数传递给 glBufferData，该值用于描述应用程序如何访问缓冲区，这将在本节后面说明。

```
void    glGenBuffers(GLsizei n,    GLuint *buffers)
```

n 返回的缓冲区对象名称数量

buffers 指向 *n* 个条目的数组指针，该数组是分配的缓冲区对象返回的位置

glGenBuffers 分配 *n* 个缓冲区对象名称，并在 buffers 中返回它们。glGenBuffers 返回的缓冲区对象名称是 0 以外的无符号整数。0 值由 OpenGL ES 保留，不表示缓冲区对象。企图修改或者查询缓冲区对象 0 的缓冲区对象状态将产生一个错误。

glBindBuffer 命令用于指定当前缓冲区对象。第一次通过调用 glBindBuffer 绑定缓冲区对象名称时，缓冲区对象以默认状态分配；如果分配成功，则分配的对象绑定为目标的当前缓冲区对象。

```
void    glBindBuffer(GLenum target,    GLuint buffer)
```

target 可以设置为以下目标中的任何一个：

```
GL_ARRAY_BUFFER
GL_ELEMENT_ARRAY_BUFFER
GL_COPY_READ_BUFFER
GL_COPY_WRITE_BUFFER
GL_PIXEL_PACK_BUFFER
GL_PIXEL_UNPACK_BUFFER
GL_TRANSFORM_FEEDBACK_BUFFER
GL_UNIFORM_BUFFER
```

buffer 分配给目标作为当前对象的缓冲区对象

注意，在用 glBindBuffer 绑定之前，分配缓冲区对象名称并不需要 glGenBuffers。应用程序可以用 glBindBuffer 指定一个未使用的缓冲区对象。然而，我们建议 OpenGL ES 应用程序调用 glGenBuffers，并使用 glGenBuffers 返回的缓冲区对象名称，而不是指定它们自己的缓冲区对象名称。

和缓冲区对象相关的状态分类如下：

- GL_BUFFER_SIZE　引用由 glBufferData 指定的缓冲区对象数据的大小。在用 glBindBuffer 首次绑定缓冲区对象时，初始值为 0。
- GL_BUFFER_USAGE　这是对应用程序如何使用存储在缓冲区对象中的数据的提示。详细的说明在表 6-2 中。初始值为 GL_STATIC_DRAW。

表 6-2　缓冲区使用方法

缓冲区使用枚举值	描　述
GL_STATIC_DRAW	缓冲区对象数据将被修改一次，使用多次，以绘制图元或者指定图像
GL_STATIC_READ	缓冲区对象数据将被修改一次，使用多次，以从 OpenGL ES 读回数据。从 OpenGL ES 读回的数据将从应用程序中查询
GL_STATIC_COPY	缓冲区对象数据将被修改一次，使用多次，以从 OpenGL ES 读回数据。从 OpenGL ES 读回的数据将直接用作绘制图元或者修改图像的信息来源
GL_DYNAMIC_DRAW	缓冲区对象数据将被重复修改，使用多次，以绘制图元或者指定图像
GL_DYNAMIC_READ	缓冲区对象数据将被重复修改，使用多次，以从 OpenGL ES 读回数据。从 OpenGL ES 读回的数据将从应用程序中查询
GL_DYNAMIC_COPY	缓冲区对象数据将被重复修改，使用多次，以从 OpenGL ES 读回数据。从 OpenGL ES 读回的数据将直接用作绘制图元或者修改图像的信息来源
GL_STREAM_DRAW	缓冲区对象数据将被修改一次，只使用少数几次，以绘制图元或者指定图像
GL_STREAM_READ	缓冲区对象数据将被修改一次，只使用少数几次，以从 OpenGL ES 读回数据。从 OpenGL ES 读回的数据将从应用程序中查询
GL_STREAM_COPY	缓冲区对象数据将被修改一次，只使用少数几次，以从 OpenGL ES 读回数据。从 OpenGL ES 读回的数据将直接用作绘制图元或者修改图像的信息来源

如前所述，GL_BUFFER_USAGE 是对 OpenGL ES 的一个提示——而不是保证。因此，应用程序可以分配一个缓冲区对象数据，将其使用方式设置为 GL_STATIC_DRAW，并且频繁修改它。

顶点数组数据或者元素数组数据存储用 glBufferData 命令创建和初始化。

```
void   glBufferData(GLenum target,   GLsizeiptr size,
                    const void *data,    GLenum usage)
```

target　　可以设置为如下目标中的任何一个：

```
GL_ARRAY_BUFFER
GL_ELEMENT_ARRAY_BUFFER
GL_COPY_READ_BUFFER
GL_COPY_WRITE_BUFFER
GL_PIXEL_PACK_BUFFER
GL_PIXEL_UNPACK_BUFFER
GL_TRANSFORM_FEEDBACK_BUFFER
GL_UNIFORM_BUFFER
```

size　　缓冲区数据存储大小，以字节数表示

data　　应用程序提供的缓冲区数据的指针

usage　　应用程序将如何使用缓冲区对象中存储的数据的提示（详见表 6-2）

glBufferData 将根据 size 的值保留相应的数据存储。data 参数可以为 NULL 值，表示保留的数据存储不进行初始化。如果 data 是一个有效的指针，则其内容被复制到分配的数据存储。缓冲区对象数据存储的内容可以用 glBufferSubData 命令初始化或者更新。

```
void    glBufferSubData(GLenum target,   GLintptr offset,
                        GLsizeiptr size,    const void *data)
```

target 可以设置为如下目标中的任何一个：

GL_ARRAY_BUFFER
GL_ELEMENT_ARRAY_BUFFER
GL_COPY_READ_BUFFER
GL_COPY_WRITE_BUFFER
GL_PIXEL_PACK_BUFFER
GL_PIXEL_UNPACK_BUFFER
GL_TRANSFORM_FEEDBACK_BUFFER
GL_UNIFORM_BUFFER

offset 缓冲区数据存储中的偏移

size 被修改的数据存储字节数

data 需要被复制到缓冲区对象数据存储的客户数据指针

在用 glBufferData 或者 glBufferSubData 初始化或者更新缓冲区对象数据存储之后，客户数据存储不再需要，可以释放。对于静态的几何形状，应用程序可以释放客户数据存储，减少应用程序消耗的系统内存。对于动态几何形状，这可能无法做到。

现在，我们看看使用和不使用缓冲区对象进行的图元绘制。例 6-5 描述了使用和不使用顶点缓冲区对象进行的图元绘制。注意，设置顶点属性的代码非常相似。在这个例子中，我们对一个顶点的所有属性使用相同的缓冲区对象。使用 GL_ARRAY_BUFFER 缓冲区对象时，glVertexAttribPointer 的 pointer 参数从指向实际数据的一个指针变成用 glBufferData 分配的顶点缓冲区存储中以字节表示的偏移量。类似地，如果使用有效的 GL_ELEMENT_ARRAY_BUFFER 对象，则 glDrawElements 中的 indices 参数从指向实际元素索引的指针变成用 glBufferData 分配的元素索引缓冲区存储中以字节表示的偏移量。

例 6-5 使用和不使用顶点缓冲区对象进行绘制

```
#define VERTEX_POS_SIZE        3 // x, y, and z
#define VERTEX_COLOR_SIZE      4 // r, g, b, and a

#define VERTEX_POS_INDX        0
#define VERTEX_COLOR_INDX      1
//
// vertices   - pointer to a buffer that contains vertex
//              attribute data
// vtxStride  - stride of attribute data / vertex in bytes
// numIndices - number of indices that make up primitives
//              drawn as triangles
// indices    - pointer to element index buffer
//
void DrawPrimitiveWithoutVBOs(GLfloat *vertices,
                              GLint vtxStride,
                              GLint numIndices,
                              GLushort *indices)
```

```
{
   GLfloat   *vtxBuf = vertices;

   glBindBuffer(GL_ARRAY_BUFFER, 0);
   glBindBuffer(GL_ELEMENT_ARRAY_BUFFER, 0);

   glEnableVertexAttribArray(VERTEX_POS_INDX);
   glEnableVertexAttribArray(VERTEX_COLOR_INDX);

   glVertexAttribPointer(VERTEX_POS_INDX, VERTEX_POS_SIZE,
                         GL_FLOAT, GL_FALSE, vtxStride,
                         vtxBuf);
   vtxBuf += VERTEX_POS_SIZE;

   glVertexAttribPointer(VERTEX_COLOR_INDX,
                         VERTEX_COLOR_SIZE, GL_FLOAT,
                         GL_FALSE, vtxStride, vtxBuf);

   glDrawElements(GL_TRIANGLES, numIndices, GL_UNSIGNED_SHORT,
                  indices);

   glDisableVertexAttribArray(VERTEX_POS_INDX);
   glDisableVertexAttribArray(VERTEX_COLOR_INDX);
}

void DrawPrimitiveWithVBOs(ESContext *esContext,
                           GLint numVertices, GLfloat *vtxBuf,
                           GLint vtxStride, GLint numIndices,
                           GLushort *indices)
{
   UserData *userData = (UserData*) esContext->userData;
   GLuint   offset = 0;
   // vboIds[0] - used to store vertex attribute data
   // vboIds[l] - used to store element indices
   if ( userData->vboIds[0] == 0 && userData->vboIds[1] == 0 )
   {
      // Only allocate on the first draw
      glGenBuffers(2, userData->vboIds);

      glBindBuffer(GL_ARRAY_BUFFER, userData->vboIds[0]);
      glBufferData(GL_ARRAY_BUFFER, vtxStride * numVertices,
                   vtxBuf, GL_STATIC_DRAW);
      glBindBuffer(GL_ELEMENT_ARRAY_BUFFER,
                    userData->vboIds[1]);
      glBufferData(GL_ELEMENT_ARRAY_BUFFER,
                   sizeof(GLushort) * numIndices,
                   indices, GL_STATIC_DRAW);
   }

   glBindBuffer(GL_ARRAY_BUFFER, userData->vboIds[0]);
   glBindBuffer(GL_ELEMENT_ARRAY_BUFFER, userData->vboIds[1]);

   glEnableVertexAttribArray(VERTEX_POS_INDX);
   glEnableVertexAttribArray(VERTEX_COLOR_INDX);
```

```
   glVertexAttribPointer(VERTEX_POS_INDX, VERTEX_POS_SIZE,
                         GL_FLOAT, GL_FALSE, vtxStride,
                         (const void*)offset);

   offset += VERTEX_POS_SIZE * sizeof(GLfloat);
   glVertexAttribPointer(VERTEX_COLOR_INDX,
                         VERTEX_COLOR_SIZE,
                         GL_FLOAT, GL_FALSE, vtxStride,
                         (const void*)offset);

   glDrawElements(GL_TRIANGLES, numIndices, GL_UNSIGNED_SHORT,
                  0);

   glDisableVertexAttribArray(VERTEX_POS_INDX);
   glDisableVertexAttribArray(VERTEX_COLOR_INDX);

   glBindBuffer(GL_ARRAY_BUFFER, 0);
   glBindBuffer(GL_ELEMENT_ARRAY_BUFFER, 0);
}
void Draw ( ESContext *esContext )
{
   UserData *userData = (UserData*) esContext->userData;

   // 3 vertices, with (x, y, z),(r, g, b, a) per-vertex
   GLfloat vertices[3 * (VERTEX_POS_SIZE + VERTEX_COLOR_SIZE)] =
   {
      -0.5f,  0.5f, 0.0f,          // v0
       1.0f,  0.0f, 0.0f, 1.0f,    // c0
      -1.0f, -0.5f, 0.0f,          // v1
       0.0f,  1.0f, 0.0f, 1.0f,    // c1
       0.0f, -0.5f, 0.0f,          // v2
       0.0f,  0.0f, 1.0f, 1.0f,    // c2
   };
   // index buffer data
   GLushort indices[3] = { 0, 1, 2 };

   glViewport ( 0, 0, esContext->width, esContext->height );
   glClear ( GL_COLOR_BUFFER_BIT );
   glUseProgram ( userData->programObject );
   glUniform1f ( userData->offsetLoc, 0.0f );

   DrawPrimitiveWithoutVBOs ( vertices,
      sizeof(GLfloat) * (VERTEX_POS_SIZE + VERTEX_COLOR_SIZE),
      3, indices );

   // offset the vertex positions so both can be seen
   glUniform1f ( userData->offsetLoc, 1.0f );

   DrawPrimitiveWithVBOs ( esContext, 3, vertices,
      sizeof(GLfloat) * (VERTEX_POS_SIZE + VERTEX_COLOR_SIZE),
      3, indices );
}
```

在例 6-5 中，我们使用一个缓冲区对象来存储所有顶点数据。这演示了例 6-1 中描述的存储顶点属性的结构数组方法。也可以对每个顶点属性使用一个缓冲区对象——就是例 6-2 中描述的存储顶点属性的数组结构方法。例 6-6 展示了对每个顶点属性使用单独缓冲区对象的 drawPrimitiveWithVBOs。

例 6-6　对每个属性使用一个缓冲区对象绘制

```
#define VERTEX_POS_SIZE       3 // x, y, and z
#define VERTEX_COLOR_SIZE     4 // r, g, b, and a

#define VERTEX_POS_INDX       0
#define VERTEX_COLOR_INDX     1


void DrawPrimitiveWithVBOs(ESContext *esContext,
                           GLint numVertices, GLfloat **vtxBuf,
                           GLint *vtxStrides, GLint numIndices,
                           GLushort *indices)
{
   UserData *userData = (UserData*) esContext->userData;
   // vboIds[0] - used to store vertex position
   // vboIds[1] - used to store vertex color
   // vboIds[2] - used to store element indices
   if ( userData->vboIds[0] == 0 && userData->vboIds[1] == 0 &&
        userData->vboIds[2] == 0)
   {
      // allocate only on the first draw
      glGenBuffers(3, userData->vboIds);

      glBindBuffer(GL_ARRAY_BUFFER, userData->vboIds[0]);
      glBufferData(GL_ARRAY_BUFFER, vtxStrides[0] * numVertices,
                   vtxBuf[0], GL_STATIC_DRAW);
      glBindBuffer(GL_ARRAY_BUFFER, userData->vboIds[1]);
      glBufferData(GL_ARRAY_BUFFER, vtxStrides[1] * numVertices,
                   vtxBuf[1], GL_STATIC_DRAW);
      glBindBuffer(GL_ELEMENT_ARRAY_BUFFER,
                   userData->vboIds[2]);
      glBufferData(GL_ELEMENT_ARRAY_BUFFER,
                   sizeof(GLushort) * numIndices,
                   indices, GL_STATIC_DRAW);
   }

   glBindBuffer(GL_ARRAY_BUFFER, userData->vboIds[0]);
   glEnableVertexAttribArray(VERTEX_POS_INDX);
   glVertexAttribPointer(VERTEX_POS_INDX, VERTEX_POS_SIZE,
                         GL_FLOAT, GL_FALSE, vtxStrides[0], 0);

   glBindBuffer(GL_ARRAY_BUFFER, userData->vboIds[1]);
   glEnableVertexAttribArray(VERTEX_COLOR_INDX);
   glVertexAttribPointer(VERTEX_COLOR_INDX,
                         VERTEX_COLOR_SIZE,
                         GL_FLOAT, GL_FALSE, vtxStrides[1], 0);
```

```
   glBindBuffer(GL_ELEMENT_ARRAY_BUFFER, userData->vboIds[2]);

   glDrawElements(GL_TRIANGLES, numIndices,
                  GL_UNSIGNED_SHORT, 0);

   glDisableVertexAttribArray(VERTEX_POS_INDX);
   glDisableVertexAttribArray(VERTEX_COLOR_INDX);

   glBindBuffer(GL_ARRAY_BUFFER, 0);
   glBindBuffer(GL_ELEMENT_ARRAY_BUFFER, 0);
}
```

在应用程序结束缓冲区对象的使用之后，可以用 glDeleteBuffers 命令删除它们。

```
void    glDeleteBuffers(GLsizei n,  const GLuint *buffers)
```

n 删除的缓冲区对象数量

buffers 包含要删除的缓冲区对象的有 *n* 个元素的数组

glDeleteBuffers 删除缓冲区中指定的缓冲区对象。一旦缓冲区对象被删除，它就可以作为新的缓冲区对象重用，存储顶点属性或者不同图元的元素索引。

正如你在这些例子中所看到的，使用顶点缓冲区对象非常容易，比起顶点数组，所需要的额外工作非常少。考虑到这种功能提供的性能提升，支持顶点缓冲区对象的少量额外工作很值得。在下一章中，我们讨论如何用 glDrawArrays 和 glDrawElements 等命令绘制图元，以及 OpenGL ES 3.0 中图元装配和光栅化管线阶段的工作原理。

6.4 顶点数组对象

迄今为止，我们已经介绍了加载顶点属性的两种不同方式：使用客户顶点数组和使用顶点缓冲区对象。顶点缓冲区对象优于客户顶点数组，因为它们能够减少 CPU 和 GPU 之间复制的数据量，从而获得更好的性能。在 OpenGL ES 3.0 中引入了一个新特性，使顶点数组的使用更加高效：顶点数组对象（VAO）。正如我们已经看到的，使用顶点缓冲区对象设置绘图操作可能需要多次调用 glBindBuffer、glVertexAttribPointer 和 glEnableVertexAttribArray。为了更快地在顶点数组配置之间切换，OpenGL ES 3.0 推出了顶点数组对象。VAO 提供包含在顶点数组 / 顶点缓冲区对象配置之间切换所需要的所有状态的单一对象。

实际上，OpenGL ES 3.0 中总是有一个活动的顶点数组对象。本章目前为止的所有例子都在默认的顶点数组对象上操作（默认 VAO 的 ID 为 0）。要创建新的顶点数组对象，可以使用 glGenVertexArrays 函数。

```
void    glGenVertexArrays(GLsizei n,    GLuint *arrays)
```

n 要返回的顶点数组对象名称的数量

arrays 指向一个 *n* 个元素的数组的指针，该数组是分配的顶点数组对象返回的位置

一旦创建，就可以用 glBindVertexArray 绑定顶点数组对象供以后使用。

```
void    glBindVertexArray(GLuint array)
```

array　　被指定为当前顶点数组对象的对象

每个 VAO 都包含一个完整的状态向量，描述所有顶点缓冲区绑定和启用的顶点客户状态。绑定 VAO 时，它的状态向量提供顶点缓冲区状态的当前设置。用 glBindVertexArray 绑定顶点数组对象后，更改顶点数组状态的后续调用（glBindBuffer、glVertexAttribPointer、glEnableVertexAttribArray 和 glDisableVertexAttribArray）将影响新的 VAO。

这样，应用程序可以通过绑定一个已经设置状态的顶点数组对象快速地在顶点数组配置之间切换。所有变化可以在一个函数调用中完成，没有必要多次调用以更改顶点数组状态。例 6-7 演示了顶点数组对象在初始化时用于设置顶点数组状态。然后，在绘图的时候，使用 glBindVertexArray 在一次函数调用中设置顶点数组状态。

例 6-7　用顶点数组对象绘图

```
#define VERTEX_POS_SIZE       3 // x, y, and z
#define VERTEX_COLOR_SIZE     4 // r, g, b, and a

#define VERTEX_POS_INDX       0
#define VERTEX_COLOR_INDX     1

#define VERTEX_STRIDE         ( sizeof(GLfloat) *     \
                                ( VERTEX_POS_SIZE +   \
                                  VERTEX_COLOR_SIZE ) )


int Init ( ESContext *esContext )
{
   UserData *userData = (UserData*) esContext->userData;
   const char vShaderStr[] =
      "#version 300 es                            \n"
      "layout(location = 0) in vec4 a_position;   \n"
      "layout(location = 1) in vec4 a_color;      \n"
      "out vec4 v_color;                          \n"
      "void main()                                \n"
      "{                                          \n"
      "    v_color = a_color;                     \n"
      "    gl_Position = a_position;              \n"
      "}";


   const char fShaderStr[] =
      "#version 300 es              \n"
      "precision mediump float;     \n"
      "in vec4 v_color;             \n"
      "out vec4 o_fragColor;        \n"
      "void main()                  \n"
      "{                            \n"
      "    o_fragColor = v_color; \n"
      "}" ;

   GLuint programObject;
```

```
// 3 vertices, with (x, y, z),(r, g, b, a) per-vertex
GLfloat vertices[3 * (VERTEX_POS_SIZE + VERTEX_COLOR_SIZE)] =
{
    0.0f,  0.5f, 0.0f,          // v0
    1.0f,  0.0f, 0.0f, 1.0f,    // c0
   -0.5f, -0.5f, 0.0f,          // v1
    0.0f,  1.0f, 0.0f, 1.0f,    // c1
    0.5f, -0.5f, 0.0f,          // v2
    0.0f,  0.0f, 1.0f, 1.0f,    // c2
};
// Index buffer data
GLushort indices[3] = { 0, 1, 2 };

// Create the program object
programObject = esLoadProgram ( vShaderStr, fShaderStr );

if ( programObject == 0 )
   return GL_FALSE;

// Store the program object
userData->programObject = programObject;

// Generate VBO Ids and load the VBOs with data
glGenBuffers ( 2, userData->vboIds );

glBindBuffer ( GL_ARRAY_BUFFER, userData->vboIds[0] );
glBufferData ( GL_ARRAY_BUFFER, sizeof(vertices),
               vertices, GL_STATIC_DRAW);
glBindBuffer ( GL_ELEMENT_ARRAY_BUFFER, userData->vboIds[1]);
glBufferData ( GL_ELEMENT_ARRAY_BUFFER, sizeof ( indices ),
               indices, GL_STATIC_DRAW );

// Generate VAO ID
glGenVertexArrays ( 1, &userData->vaoId );

// Bind the VAO and then set up the vertex
// attributes
glBindVertexArray ( userData->vaoId );

glBindBuffer(GL_ARRAY_BUFFER, userData->vboIds[0]);
glBindBuffer(GL_ELEMENT_ARRAY_BUFFER, userData->vboIds[1]);

glEnableVertexAttribArray(VERTEX_POS_INDX);
glEnableVertexAttribArray(VERTEX_COLOR_INDX);

glVertexAttribPointer ( VERTEX_POS_INDX, VERTEX_POS_SIZE,
   GL_FLOAT, GL_FALSE, VERTEX_STRIDE, (const void*) 0 );

glVertexAttribPointer ( VERTEX_COLOR_INDX, VERTEX_COLOR_SIZE,
   GL_FLOAT, GL_FALSE, VERTEX_STRIDE,
   (const void*) ( VERTEX_POS_SIZE * sizeof(GLfloat) ) );

// Reset to the default VAO
glBindVertexArray ( 0 );
```

```
   glClearColor ( 0.0f, 0.0f, 0.0f, 0.0f );
   return GL_TRUE;
}
void Draw ( ESContext *esContext )
{
   UserData *userData = (UserData*) esContext->userData;

   glViewport ( 0, 0, esContext->width, esContext->height );
   glClear ( GL_COLOR_BUFFER_BIT );
   glUseProgram ( userData->programObject );

   // Bind the VAO
   glBindVertexArray ( userData->vaoId );

   // Draw with the VAO settings
   glDrawElements ( GL_TRIANGLES, 3, GL_UNSIGNED_SHORT,
                    (const void*) 0 );

   // Return to the default VAO
   glBindVertexArray ( 0 );
}
```

当应用程序结束一个或者多个顶点数组对象的使用时，可以用 glDeleteVertexArrays 删除它们。

```
void    glDeleteVertexArrays(GLsizei n,  GLuint *arrays)
```

n 要删除的顶点数组对象的数量

arrays 包含需要删除的顶点数组对象的有 *n* 个元素的数组

6.5 映射缓冲区对象

到目前为止，我们已经介绍了如何用 glBufferData 或 glBufferSubData 将数据加载到缓冲区对象。应用程序也可以将缓冲区对象数据存储映射到应用程序的地址空间（也可以解除映射）。应用程序映射缓冲区而不使用 glBufferData 或者 glBufferSubData 加载数据有几个理由：

- 映射缓冲区可以减少应用程序的内存占用，因为可能只需要存储数据的一个副本。
- 在使用共享内存的架构上，映射缓冲区返回 GPU 存储缓冲区的地址空间的直接指针。通过映射缓冲区，应用程序可以避免复制步骤，从而实现更好的更新性能。

glMapBufferRange 命令返回指向所有或者一部分（范围）缓冲区对象数据存储的指针。这个指针可以供应用程序使用，以读取或者更新缓冲区对象的内容。glUnmapBuffer 命令用于指示更新已经完成和释放映射的指针。

```
void    *glMapBufferRange(GLenum target,  GLintptr offset,
                          GLsizeiptr length, GLbitfield
                          access)
```

target 可以设置为如下目标中的任何一个：

GL_ARRAY_BUFFER
GL_ELEMENT_ARRAY_BUFFER
GL_COPY_READ_BUFFER
GL_COPY_WRITE_BUFFER
GL_PIXEL_PACK_BUFFER
GL_PIXEL_UNPACK_BUFFER
GL_TRANSFORM_FEEDBACK_BUFFER
GL_UNIFORM_BUFFER

offset 缓冲区数据存储中的偏移量，以字节数计算

length 需要映射的缓冲区数据的字节数

access 访问标志的位域组合。应用程序必须指定如下标志中的至少一个：

GL_MAP_READ_BIT	应用程序将从返回的指针读取
GL_MAP_WRITE_BIT	应用程序将写入返回的指针

此外，应用程序可以包含如下可选访问标志：

GL_MAP_INVALIDATE_RANGE_BIT	表示指定范围内的缓冲区内容可以在返回指针之前由驱动程序放弃。这个标志不能与GL_MAP_READ_BIT组合使用
GL_MAP_INVALIDATE_BUFFER_BIT	表示整个缓冲区的内容可以在返回指针之前由驱动程序放弃。这个标志不能与GL_MAP_READ_BIT组合使用
GL_MAP_FLUSH_EXPLICIT_BIT	表示应用程序将明确地用glFlushMappedBufferRange刷新对映射范围子范围的操作。这个标志不能与GL_MAP_WRITE_BIT组合使用
GL_MAP_UNSYNCHRONIZED_BIT	表示驱动程序在返回缓冲区范围的指针之前不需要等待缓冲对象上的未决操作。如果有未决的操作，则未决操作的结果和缓冲区对象上的任何未来操作都变为未定义

glMapBufferRange返回请求的缓冲区数据存储范围的指针。如果出现错误或者发出无效的请求，该函数将返回NULL。glUnmapBuffer命令取消之前的缓冲区映射。

```
GLboolean   glUnmapBuffer(GLenum target)
```

target 必须设置为GL_ARRAY_BUFFER

如果取消映射操作成功，则glUnmapBuffer返回GL_TRUE。glMapBufferRange返回的指针在成功执行取消映射之后不再可以使用。如果顶点缓冲区对象数据存储中的数据在缓冲区映射之后已经破坏，glUnmapBuffer将返回GL_FALSE，这可能是因为屏幕分辨率的变化、OpenGL ES上下文使用多个屏幕或者导致映射内存被抛弃的内存不足事件[⊖]所导致。

例6-8中的代码演示了使用glMapBufferRange和glUnmapBuffer写入顶点缓冲区对象的内容。

⊖ 如果在运行时屏幕分辨率改变为更大的宽度、高度和像素位数，则映射的内存可能不得不释放。注意，这在手持设备上不是很常见的问题。在大部分手持和嵌入式设备上很少实现后备存储，因此，内存不足事件将导致内存被释放，并且可以重用于关键的需求。——原注

例 6-8　为写入映射缓冲区对象

```
GLfloat *vtxMappedBuf;
GLushort *idxMappedBuf;

glGenBuffers ( 2, userData->vboIds );

glBindBuffer ( GL_ARRAY_BUFFER, userData->vboIds[0] );
glBufferData ( GL_ARRAY_BUFFER, vtxStride * numVertices,
               NULL, GL_STATIC_DRAW );

vtxMappedBuf = (GLfloat*)
   glMapBufferRange ( GL_ARRAY_BUFFER, 0,
                      vtxStride * numVertices,
                      GL_MAP_WRITE_BIT |
                      GL_MAP_INVALIDATE_BUFFER_BIT );
if ( vtxMappedBuf == NULL )
{
   esLogMessage( "Error mapping vertex buffer object." );
   return;
}

// Copy the data into the mapped buffer
memcpy ( vtxMappedBuf, vtxBuf, vtxStride * numVertices );

// Unmap the buffer
if ( glUnmapBuffer( GL_ARRAY_BUFFER ) == GL_FALSE )
{
   esLogMessage( "Error unmapping array buffer object." );
   return;
}

// Map the index buffer
glBindBuffer ( GL_ELEMENT_ARRAY_BUFFER,
               userData->vboIds[1] );
glBufferData ( GL_ELEMENT_ARRAY_BUFFER,
               sizeof(GLushort) * numIndices,
            NULL, GL_STATIC_DRAW );
idxMappedBuf = (GLushort*)
   glMapBufferRange ( GL_ELEMENT_ARRAY_BUFFER, 0,
                      sizeof(GLushort) * numIndices,
                      GL_MAP_WRITE_BIT |
                      GL_MAP_INVALIDATE_BUFFER_BIT );
if ( idxMappedBuf == NULL )
{
   esLogMessage( "Error mapping element buffer object." );
   return;
}

// Copy the data into the mapped buffer
memcpy ( idxMappedBuf, indices,
         sizeof(GLushort) * numIndices );

// Unmap the buffer
```

```
if ( glUnmapBuffer( GL_ELEMENT_ARRAY_BUFFER ) == GL_FALSE )
{
   esLogMessage( "Error unmapping element buffer object." );
   return;
}
```

刷新映射的缓冲区

应用程序可能希望用glMapBufferRange来映射缓冲区对象的一个范围（或者全部），但是只更新映射范围的不同子区域。为了避免调用用glUnmapBuffer时刷新整个映射范围的潜在性能损失，应用程序可以用GL_MAP_FLUSH_EXPLICIT_BIT访问标志（和GL_MAP_WRITE_BIT组合）映射。当应用程序完成映射范围一部分的更新时，可以用glFlushMappedBufferRange指出这个事实。

```
void *glFlushMappedBufferRange(GLenum target,
                               GLintptr offset,
                               GLsizeiptr length)
```

target 可以设置为如下目标中的任何一个：

GL_ARRAY_BUFFER
GL_ELEMENT_ARRAY_BUFFER
GL_COPY_READ_BUFFER
GL_COPY_WRITE_BUFFER
GL_PIXEL_PACK_BUFFER
GL_PIXEL_UNPACK_BUFFER
GL_TRANSFORM_FEEDBACK_BUFFER
GL_UNIFORM_BUFFER

offset 从映射缓冲区起始点的偏移量，以字节数表示

length 从偏移点开始刷新的缓冲区字节数

如果应用程序用GL_MAP_FLUSH_EXPLICIT_BIT映射，但是没有明确地用glFlushMappedBufferRange刷新修改后的区域，它的内容将是未定义的。

6.6 复制缓冲区对象

迄今为止，我们已经说明如何用glBufferData、glBufferSubData和glMapBufferRange加载缓冲区对象。所有这些技术都涉及从应用程序到设备的数据传输。OpenGL ES 3.0还可以从一个缓冲区对象将数据完全复制到设备，这可用glCopyBufferSubData函数完成。

```
void   glCopyBufferSubData(GLenum readtarget,
                           GLenum writetarget,
```

```
                    GLintptr readoffset,
                    GLintptr writeoffset,
                    GLsizeiptr size)
```

readtarget　　读取的缓冲区对象目标

writetarget　　写入的缓冲区对象目标。readtarget 和 writetarget 都可以设置为如下目标中的任何一个（尽管它们不必设置为同一个目标）：

```
GL_ARRAY_BUFFER
GL_ELEMENT_ARRAY_BUFFER
GL_COPY_READ_BUFFER
GL_COPY_WRITE_BUFFER
GL_PIXEL_PACK_BUFFER
GL_PIXEL_UNPACK_BUFFER
GL_TRANSFORM_FEEDBACK_BUFFER
GL_UNIFORM_BUFFER
```

readoffset　　需要复制的读缓冲数据中的偏移量，以字节表示

writeoffset　　需要复制的写缓冲数据中的偏移量，以字节表示

size　　从读缓冲区数据复制到写缓冲区数据的字节数

调用 glCopyBufferSubData 将从绑定到 readtarget 的缓冲区复制指定的字节到 writetarget。缓冲区绑定根据每个目标的最后一次 glBindBuffer 调用确定。任何类型的缓冲区对象（数组、元素数组、变换反馈等）都可以绑定到 GL_COPY_READ_BUFFER 或 GL_COPY_WRITE_BUFFER 目标。这两个目标是一种方便的措施，使得应用程序在执行缓冲区间的复制时不必改变任何真正的缓冲区绑定。

6.7 小结

本章探索了 OpenGL ES 3.0 中指定顶点属性和数据的方法，特别是介绍了如下主题：

- 如何使用 glVertexAttrib* 函数指定常量顶点属性和用 glVertexAttrib［I］Pointer 函数指定顶点数组。
- 如何在顶点缓冲区对象中创建和存储顶点属性以及元素数据。
- 顶点数组状态在顶点数组对象中如何封装，以及如何使用 VAO 改进性能。
- 加载缓冲区对象数据的各种方法：glBuffer［Sub］Data、glMapBufferRange 和 glCopyBufferSubData。

现在我们知道了指定顶点数据的方法，下一章将介绍在 OpenGL ES 中可以使用顶点数据的各种图元。

Chapter 7 第 7 章

图元装配和光栅化

本章描述 OpenGL ES 支持的图元和几何形状对象的类型，并说明绘制它们的方法。然后描述发生在顶点着色器处理图元顶点之后的图元装配阶段。在这一阶段，执行裁剪、透视分割和视口变换操作，对这些操作将作详细的讨论。本章以光栅化阶段的描述作为结束。光栅化是将图元转换为一组二维片段的过程，这些片段由片段着色器处理，代表可以在屏幕上绘制的像素。

顶点着色器的详细说明参见第 8 章。第 9 章和第 10 章描述适用于光栅化阶段生成的片段的处理。

7.1 图元

图元是可以用 OpenGL ES 中的 glDrawArrays、glDrawElements、glDrawRangeElements、glDrawArraysInstanced 和 glDrawElementsInstanced 命令绘制的几何形状对象。图元由一组表示顶点位置的顶点描述。其他如颜色、纹理坐标和几何法线等信息也作为通用属性与每个顶点关联。

OpenGL ES 3.0 可以绘制如下图元：

- 三角形
- 直线
- 点精灵

7.1.1 三角形

三角形代表着描述由 3D 应用程序渲染的几何形状对象时最常用的方法。OpenGL ES

支持的三角形图元有 GL_TRIANGLES、GL_TRIANGLE_STRIP 和 GL_TRIANGLE_FAN。图 7-1 展示了支持的三角形图元类型示例。

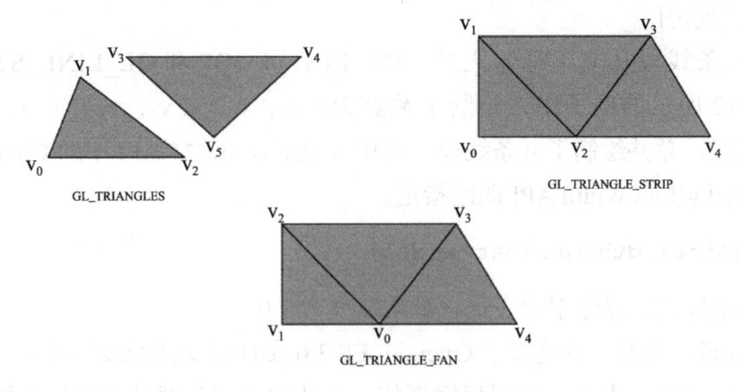

图 7-1　三角形图元类型

GL_TRIANGLES 绘制一系列单独的三角形。在图 7-1 中，绘制了顶点为（v_0，v_1，v_2）和（v3，v4，v5）的两个三角形。总共绘制了 n/3 个三角形，其中 n 是前面提到的 glDraw*** API 中的 Count 指定的索引。

GL_TRIANGLE_STRIP 绘制一系列相互连接的三角形。在图 7-1 的例子中，绘制了 3 个顶点为（v_0，v_1，v_2）、（v_2，v_1，v_3）（注意顺序）和（v_2，v_3，v_4）的三角形。总共绘制了 n–2 个三角形，其中 n 是 glDraw*** API 中的 Count 指定的索引。

GL_TRIANGLE_FAN 也绘制一系列相连的三角形。在图 7-1 的例子中，绘制了顶点为（v_0，v_1，v_2）、（v_0，v_2，v_3）和（v_0，v_3，v_4）的三角形，总共绘制了 n–2 个三角形，其中 n 是 glDraw*** API 中的 Count 指定的索引。

7.1.2　直线

OpenGL ES 支持的直线图元有 GL_LINES、GL_LINE_STRIP 和 GL_LINE_LOOP。图 7-2 展示了支持的直线图元类型的示例。

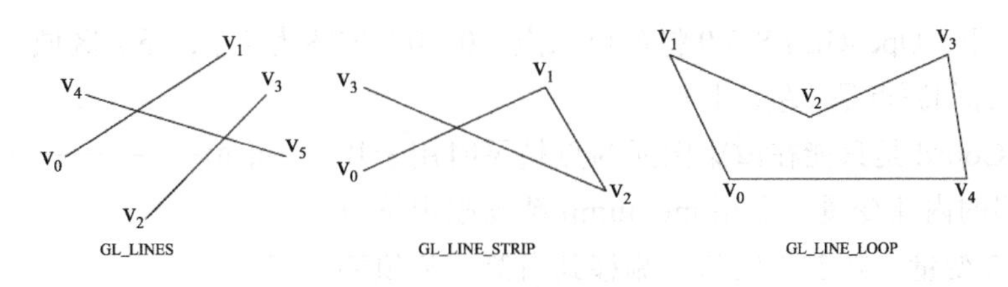

图 7-2　直线图元类型

GL_LINES 绘制一系列不相连的线段。在图 7-2 展示的例子中，绘制了端点为（v_0，v_1）、（v_2，v_3）和（v_4，v_5）的单独线段。总共绘制了 n/2 条线段，其中 n 是 glDraw*** API 中的 Count 指定的索引。

GL_LINE_STRIP 绘制一系列相连的线段。在图 7-2 展示的例子中，绘制了 3 条端点为（v_0，v_1）、（v_1，v_2）和（v_2，v_3）的线段。总共绘制了 n–1 条线段，其中 n 是 glDraw*** API 中的 Count 指定的索引。

除了最后一条线段从 v_{n-1} 到 v_0 之外，GL_LINE_LOOP 和 GL_LINE_STRIP 的绘制方法类似。在图 7-2 展示的例子中，绘制了端点为（v_0，v_1）、（v_1，v_2）、（v_2，v_3）、（v_3，v_4）和（v_4, v_0）的线段。总共绘制了 n 条线段，其中 n 是 glDraw*** API 中的 Count 指定的索引。

线段的宽度用 glLineWidth API 调用指定。

```
void    glLineWidth(GLfloat width)
```

width　指定线宽，以像素数表示；默认宽度为 1.0

glLineWidth 指定的宽度将受限于 OpenGL ES 3.0 实现所支持的线宽范围。此外，指定的宽度将被 OpenGL 记住，直到由应用程序更新。支持的线宽范围可以用如下的命令查询。对于大于 1 的线宽，没有强制支持。

```
GLfloat  lineWidthRange[2];
glGetFloatv ( GL_ALIASED_LINE_WIDTH_RANGE, lineWidthRange );
```

7.1.3 点精灵

OpenGL ES 支持的点精灵图元是 GL_POINTS。点精灵对指定的每个顶点绘制。点精灵通常用于将粒子效果当作点而非正方形绘制，从而实现高效渲染。点精灵是指定位置和半径的屏幕对齐的正方形，位置描述正方形的中心，半径用于计算描述点精灵的正方形的 4 个坐标。

gl_PointSize 是可用于在顶点着色器中输出点半径（或者点尺寸）的内建变量。与点图元相关的顶点着色器输出 gl_PointSize 很重要，否则，点尺寸值被视为未定义，很可能会造成绘图错误。顶点着色器输出的 gl_PointSize 受到 OpenGL ES 3.0 实现所支持的非平滑点尺寸范围的限制。这个范围可以用如下命令查询：

```
GLfloat   pointSizeRange[2];
glGetFloatv ( GL_ALIASED_POINT_SIZE_RANGE, pointSizeRange );
```

默认情况下，OpenGL ES 3.0 将窗口原点（0，0）描述为（左，下）区域。但是，对于点精灵，点坐标的原点是（左，上）。

gl_PointCoord 是只能在渲染图元为点精灵时用于片段着色器内部的内建变量。它用 mediump 精度限定符声明为一个 vec2 变量。随着我们从左侧移到右侧，从顶部移到底部，赋予 gl_PointCoord 的值从 0 ~ 1 变化，如图 7-3 所示。

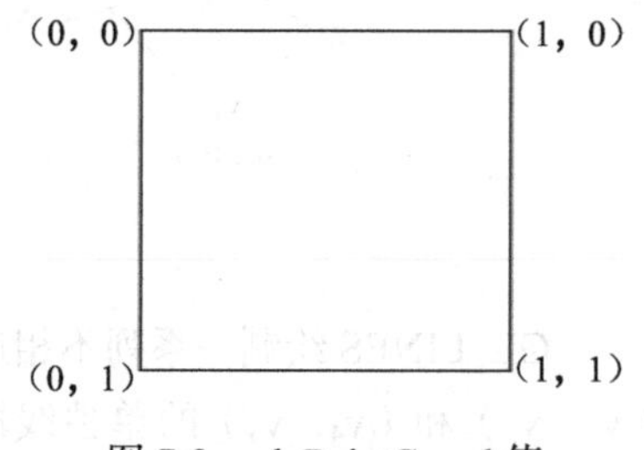

图 7-3　gl_PointCoord 值

下面的片段着色器代码说明 gl_PointCoord 如何用作纹理坐标来绘制一个带有纹理的点精灵：

```
#version 300 es
precision mediump float;
uniform sampler2D s_texSprite;
layout(location = 0) out vec4 outColor;

void main()
{
   outColor = texture(s_texSprite, gl_PointCoord);
}
```

7.2　绘制图元

OpenGL ES 中有 5 个绘制图元的 API 调用：glDrawArrays、glDrawElements、glDrawRangeElements、glDrawArraysInstanced 和 glDrawElementsInstanced。我们在本节将描述前 3 个常规的非实例化绘图调用 API，然后在下一小节描述剩下的两个实例化绘图调用 API。

glDrawArrays 用元素索引为 first 到 first+count–1 的元素指定的顶点绘制 mode 指定的图元。调用 glDrawArrays（GL_TRIANGLES，0，6）将绘制两个三角形：一个三角形由元素索引（0，1，2）指定，另一个三角形由元素索引（3，4，5）指定。类似地，调用 glDrawArrays（GL_TRIANGLE_STRIP，0，5）将绘制 3 个三角形：一个由元素索引（0，1，2）指定，第二个三角形由元素索引（2，1，3）指定，最后一个三角形由元素索引（2，3，4）指定。

```
void   glDrawArrays(GLenum mode, GLint first,
                    GLsizei count)
```

mode　指定要渲染的图元；有效值为

```
GL_POINTS
GL_LINES
GL_LINE_STRIP
GL_LINE_LOOP
GL_TRIANGLES
GL_TRIANGLE_STRIP
GL_TRIANGLE_FAN
```

first　指定启用的顶点数组中的起始顶点索引

count　指定要绘制的顶点数量

```
void  glDrawElements(GLenum mode, GLsizei count,
                     GLenum type, const GLvoid *indices)
void  glDrawRangeElements(GLenum mode, GLuint start,
                          GLuint end, GLsizei count,
                          GLenum type, const GLvoid *indices)
```

mode　指定要渲染的图元；有效值为

GL_POINTS
GL_LINES
GL_LINE_STRIP
GL_LINE_LOOP
GL_TRIANGLES
GL_TRIANGLE_STRIP
GL_TRIANGLE_FAN

start 指定 indices 中的最小数组索引（仅 glDrawRangeElements）

end 指定 indices 中的最大数组索引（仅 glDrawRangeElements）

count 指定要绘制的索引数量

type 指定 indices 中保存的元素索引类型；有效值为

GL_UNSIGNED_BYTE
GL_UNSIGNED_SHORT
GL_UNSIGNED_INT

indices 指向元素索引存储位置的指针

如果你有一个由一系列顺序元素索引描述的图元，且几何形状的顶点不共享，则 glDrawArrays 很好用。但是，游戏或者其他 3D 应用程序使用的典型对象由多个三角形网格组成，其中的元素索引可能不一定按照顺序，顶点通常在网格的三角形之间共享。

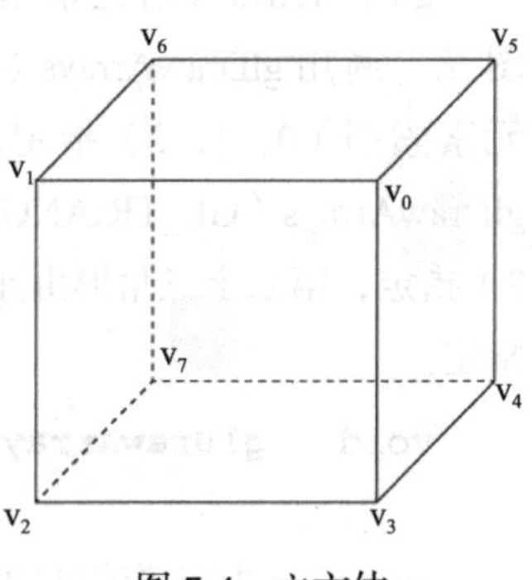

图 7-4 立方体

考虑图 7-4 中显示的立方体。如果我们用 glDrawArrays 绘制，则代码如下：

```
#define VERTEX_POS_INDX 0
#define NUM_FACES       6

GLfloat vertices[] = { … }; // (x, y, z) per vertex
glEnableVertexAttribArray ( VERTEX_POS_INDX );
glVertexAttribPointer ( VERTEX_POS_INDX, 3, GL_FLOAT,
                        GL_FALSE, 0, vertices );

for (int i=0; i<NUM_FACES; i++)
{
   glDrawArrays ( GL_TRIANGLE_FAN, i*4, 4 );
}

   Or

glDrawArrays ( GL_TRIANGLES, 0, 36 );
```

为了用 glDrawArrays 绘制这个立方体，需要为立方体的每一面调用 glDrawArrays。共享的顶点必须重复，这意味着需要分配 24 个顶点（如果将每面当作 GL_TRIANGLE_FAN 绘制）或者 36 个顶点（如果使用 GL_TRIANGLES），而不是 8 个顶点。这不是一个高效的方法。

用 glDrawElements 绘制同一个立方体的代码如下：

```
#define VERTEX_POS_INDX 0
GLfloat vertices[] = { … };// (x, y, z) per vertex
GLubyte indices[36] = {0, 1, 2, 0, 2, 3,
                       0, 3, 4, 0, 4, 5,
                       0, 5, 6, 0, 6, 1,
                       7, 1, 6, 7, 2, 1,
                       7, 5, 4, 7, 6, 5,
                       7, 3, 2, 7, 4, 3 };

glEnableVertexAttribArray ( VERTEX_POS_INDX );
glVertexAttribPointer ( VERTEX_POS_INDX, 3, GL_FLOAT,
                        GL_FALSE, 0, vertices );
glDrawElements ( GL_TRIANGLES,
                 sizeof(indices)/sizeof(GLubyte),
                 GL_UNSIGNED_BYTE, indices );
```

即使我们用glDrawElements绘制三角形，用glDrawArrays和glDrawElements绘制一个三角扇形，我们的应用程序在GPU上运行的也比glDrawArrays更快，这有许多原因。例如，由于顶点重用（我们将在后面的小节中讨论GPU变换后顶点缓存），顶点属性数据的尺寸将小于glDrawElements。这也导致较小的内存占用和内存带宽需求。

7.2.1 图元重启

使用图元重启，可以在一次绘图调用中渲染多个不相连的图元（例如三角扇形或者条带）。这对于降低绘图API调用的开销是有利的。图元重启的另一种方法是生成退化三角形（需要一些注意事项），这种方法较不简洁，我们将在后面的小节中讨论。

使用图元重启，可以通过在索引列表中插入一个特殊索引来重启一个用于索引绘图调用（如glDrawElements、glDrawElementsInstanced或glDrawRangeElements）的图元。这个特殊索引是该索引类型的最大可能索引（例如，索引类型为GL_UNSIGNED_BYTE或GL_UNSIGNED_SHORT时，分别为255或者6 5535）。

例如，假定两个三角形条带分别有元素索引（0，1，2，3）和（8，9，10，11）。如果我们想利用图元重启在一次调用glDrawElements*中绘制两个条带，索引类型为GL_UNSIGNED_BYTE，则组合的元素索引列表为（0，1，2，3，255，8，9，10，11）。

可以用如下代码启用和禁用图元重启：

```
glEnable ( GL_PRIMITIVE_RESTART_FIXED_INDEX );
// Draw primitives
…
glDisable ( GL_PRIMITIVE_RESTART_FIXED_INDEX );
```

7.2.2 驱动顶点

如果没有限定符，那么顶点着色器的输出值在图元中使用线性插值。但是，使用平面着色（在5.16节中描述）时没有发生插值。因为没有发生插值，所以片段着色器中只有一个顶点值可用。对于给定的图元实例，这个驱动顶点确定使用顶点着色器的哪一个顶点输出，因为只能使用一个顶点。表 7-1 展示了驱动顶点选择的规则。

表 7-1 第 i 个图元实例的驱动顶点选择，顶点的编号从 1 到 n，n 是绘制的顶点数量

图元 i 的类型	驱动顶点
GL_POINTS	i
GL_LINES	2i
GL_LINE_LOOP	如果 i<n，为 i+1 如果 i=n，为 1
GL_LINE_STRIP	i+1
GL_TRIANGLES	3i
GL_TRIANGLE_STRIP	i+2
GL_TRIANGLE_FAN	i+2

7.2.3 几何形状实例化

几何形状实例化很高效，可以用一次 API 调用多次渲染具有不同属性（例如不同的变换矩阵、颜色或者大小）的一个对象。这一功能在渲染大量类似对象时很有用，例如对人群的渲染。几何图形实例化降低了向 OpenGL ES 引擎发送许多 API 调用的 CPU 处理开销。要使用实例化绘图调用渲染，可以使用如下命令：

```
void  glDrawArraysInstanced(GLenum mode, GLint first,
                            GLsizei count, GLsizei instanceCount)
void  glDrawElementsInstanced (GLenum mode, GLsizei count,
                            GLenum type, const GLvoid *indices,
                            GLsizei instanceCount)
```

mode 指定要渲染的图元；有效值为

GL_POINTS
GL_LINES
GL_LINE_STRIP
GL_LINE_LOOP
GL_TRIANGLES
GL_TRIANGLE_STRIP
GL_TRIANGLE_FAN

first 指定启用的顶点数组中的起始顶点索引（仅 glDrawArraysInstanced）

count 指定绘制的索引数量

type 指定保存在 indices 中的元素索引类型（仅 glDrawElementsInstanced）；有效值为

GL_UNSIGNED_BYTE
GL_UNSIGNED_SHORT
GL_UNSIGNED_INT

indices 指定元素索引存储位置的一个指针（仅 glDrawElementsInstanced）

instanceCount 指定绘制的图元实例数量

可以使用两种方法访问每个实例的数据。第一种方法是用如下命令指示 OpenGL ES 对每个实例读取一次或者多次顶点属性：

void **glVertexAttribDivisor**(GLuint *index*, GLuint *divisor*)

index 指定通用顶点属性索引

divisor 指定 index 位置的通用属性更新之间传递的实例数量

默认情况下，如果没有指定 glVertexAttribDivisor 或者顶点属性的 divisor 等于零，对每个顶点将读取一次顶点属性。如果 divisor 等于 1，则每个图元实例读取一次顶点属性。

第二种方法是使用内建输入变量 gl_InstanceID 作为顶点着色器中的缓冲区索引，以访问每个实例的数据。使用前面提到的几何形状实例化 API 调用时，gl_InstanceID 将保存当前图元实例的索引。使用非实例化绘图调用时，gl_InstanceID 将返回 0。

下面两个代码片段说明如何用一次实例化绘图调用绘制多个几何形状（例如立方体），其中每个立方体实例的颜色不同。注意，完整的源代码可以在 Chapter_7/Instancing 示例中找到。

首先，我们创建一个颜色缓冲区，用于保存以后用于实例化绘图调用的多种颜色数据（每个实例一个颜色）。

```
// Random color for each instance
{
   GLubyte colors[NUM_INSTANCES][4];
   int instance;

   srandom ( 0 );

   for ( instance = 0; instance < NUM_INSTANCES; instance++ )
   {
      colors[instance][0] = random() % 255;
      colors[instance][1] = random() % 255;
      colors[instance][2] = random() % 255;
      colors[instance][3] = 0;
   }

   glGenBuffers ( 1, &userData->colorVBO );
   glBindBuffer ( GL_ARRAY_BUFFER, userData->colorVBO );
   glBufferData ( GL_ARRAY_BUFFER, NUM_INSTANCES * 4, colors,
                  GL_STATIC_DRAW );
}
```

创建和填充颜色缓冲区之后，我们可以绑定颜色缓冲区，将其作为几何形状的顶点属性之一。然后，指定顶点属性因数 1，为每个图元实例读取颜色。最后，用一次实例化绘图调用绘制立方体。

```
// Load the instance color buffer
```

```
glBindBuffer ( GL_ARRAY_BUFFER, userData->colorVBO );
glVertexAttribPointer ( COLOR_LOC, 4, GL_UNSIGNED_BYTE,
                        GL_TRUE, 4 * sizeof ( GLubyte ),
                        ( const void * ) NULL );
glEnableVertexAttribArray ( COLOR_LOC );
// Set one color per instance
glVertexAttribDivisor ( COLOR_LOC, 1 );

// code skipped ...

// Bind the index buffer
glBindBuffer ( GL_ELEMENT_ARRAY_BUFFER, userData->indicesIBO );

// Draw the cubes
glDrawElementsInstanced ( GL_TRIANGLES, userData->numIndices,
                          GL_UNSIGNED_INT,
                          (const void *) NULL, NUM_INSTANCES );
```

7.2.4 性能提示

应用程序应该确保用尽可能大的图元尺寸调用 glDrawElements 和 glDrawElementsInstanced。如果我们绘制 GL_TRIANGLES，这很容易做到，但是，如果有三角形条带或者扇形的网格，则可以用图元重启（参见前一节中对这个功能的讨论）将这些网格连接在一起，而不用对每个三角形条带网格单独调用 glDrawElements*。

如果无法使用图元重启机制将网格连接在一起（为了维护与旧版本 OpenGL ES 的兼容性），可以添加造成退化三角形的元素索引，代价是使用更多的索引，并且需要注意这里讨论的一些事项。退化三角形是两个或者更多顶点相同的三角形。GPU 可以非常简单地检测和拒绝退化三角形，所以这是很好的性能改进，我们可以将一个很大的图元放入由 GPU 渲染的队列。

为了连接不同网格而添加的元素索引（或者退化三角形）数量取决于每个网格是三角扇形还是三角形条带以及每个条带中定义的索引数量。三角形条带网格的索引数量很重要，因为我们必须保留从跨越连接起来的不同网格的条带的一个三角形到下一个三角形的弯曲顺序。

连接不同的三角形条带时，我们需要检查两个相互连接的条带的最后一个三角形和第一个三角形的顺序。如图 7-5 所示，描述三角形条带中偶数编号的三角形的顶点顺序与描述同一个条带中奇数编号的三角形的顶点顺序不同。

有两种情况需要处理：

- 第一个三角形条带的奇数编号的三角形连接到第二个三角形条带的第一个（因而是偶数编号的）三角形。
- 第一个三角形条带的偶数编号的三角形连接到第二个三角形条带的第一个（因而是偶数编号的）三角形。

图 7-5 展示了代表上述两种情况的不同三角形条带，其中的条带必须连接，使我们可以用一次 glDrawElements* 调用绘制两者。

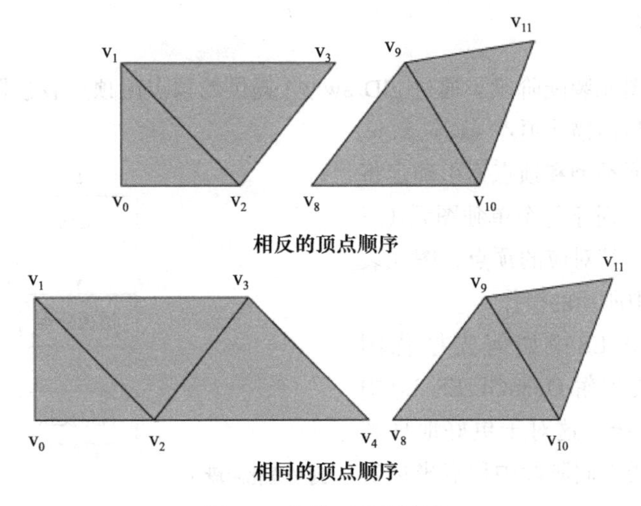

图 7-5　连接三角形条带

对于图 7-5 中两个相互连接的三角形条带的最后一个三角形和第一个三角形顶点顺序相反的情况，每个三角形条带的元素索引分别是（0，1，2，3）和（8，9，10，11）。如果我们用一次 glDrawElements* 调用绘制两个条带，组合的元素索引列表将为（0，1，2，3，**3**，**8**，8，9，10，11）。这个新的元素索引绘制如下三角形：（0，1，2），（2，1，3），**（2，3，3）**，**（3，3，8）**，**（3，8，8）**，**（8，8，9）**，（8，9，10），（10，9，11）。粗体字表示的三角形是退化三角形，粗体字的元素索引代表添加到组合元素索引列表的新索引。

对于图 7-5 中两个相互连接的三角形条带的最后一个三角形和第一个三角形顶点顺序相同的情况，每个三角形条带的元素索引分别是（0，1，2，3，4）和（8，9，10，11）。如果我们用一次 glDrawElements* 调用绘制两个条带，组合的元素索引列表将为（0，1，2，3，**4**，**4**，**8**，8，9，10，11）。这个新的元素索引绘制如下三角形：（0，1，2），（2，1，3），（2，3，4），**（4，3，4）**，**（4，4，4）**，**（4，4，8）**，**（4，8，8）**，**（8，8，9）**，（8，9，10），（10，9，11）。粗体字表示的三角形是退化三角形，粗体字的元素索引代表添加到组合元素索引列表的新索引。

注意，需要的附加元素索引数量和生成的退化三角形数量取决于第一个条带的顶点数量。必须保留下一个连接条带的弯曲顺序。

在确定如何安排图元元素索引时考虑变换后顶点缓存的大小也是值得研究的技术。大部分 GPU 采用一个变换后顶点缓存。在顶点着色器执行顶点（由元素索引给出）之前，进行一次检查，以确定顶点是否已经存在于变换后缓存。如果顶点存在于变换后缓存，则顶点着色器不执行顶点；如果顶点不在缓存中，则顶点着色器需要执行顶点。使用变换后缓存的大小来确定元素索引的创建方式应该有助于提升总体性能，因为这将减少顶点着色器执行重用顶点的次数。

7.3 图元装配

图 7-6 展示了图元装配阶段。通过 glDraw*** 提供的顶点由顶点着色器执行，顶点着色器变换的每个顶点包括描述顶点 (x, y, z, w) 值的顶点位置。图元类型和顶点索引确定将被渲染的单独图元。对于每个单独图元（三角形、直线和点）及其对应的顶点，图元装配阶段执行图 7-6 中所示的操作。

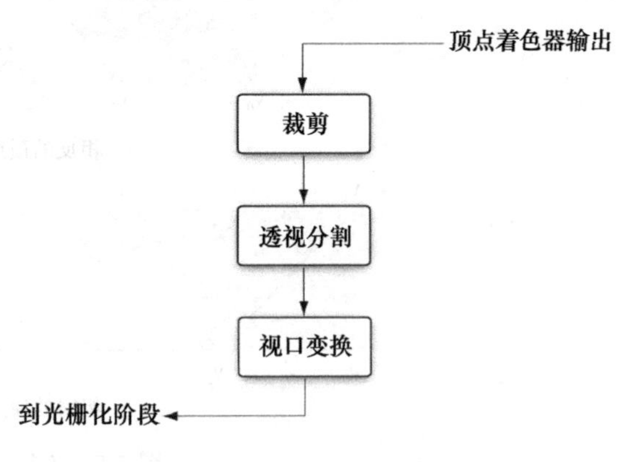

图 7-6 OpenGL ES 图元装配阶段

在讨论 OpenGL ES 中如何光栅化图元之前，我们需要理解 OpenGL ES 3.0 中使用的各种坐标系统。这对于更好地理解 OpenGL ES 3.0 管线不同阶段中顶点坐标发生的变化是必需的。

7.3.1 坐标系统

图 7-7 展示了顶点通过顶点着色器和图元装配阶段时的坐标系统。顶点以物体或者本地坐标空间输入到 OpenGL ES，这是最可能用来建模和存储一个对象的坐标空间。在顶点着色器执行之后，顶点位置被认为是在裁剪坐标空间内。顶点位置从本地坐标系统（也就是物体坐标）到裁剪坐标的变换通过加载执行这一转换的对应矩阵来完成，这些矩阵保存在定点着色器中定义的对应统一变量中。第 8 章说明如何将顶点位置从对象变换到裁剪坐标，以及如何在顶点着色器中加载对应的矩阵以执行这一变换。

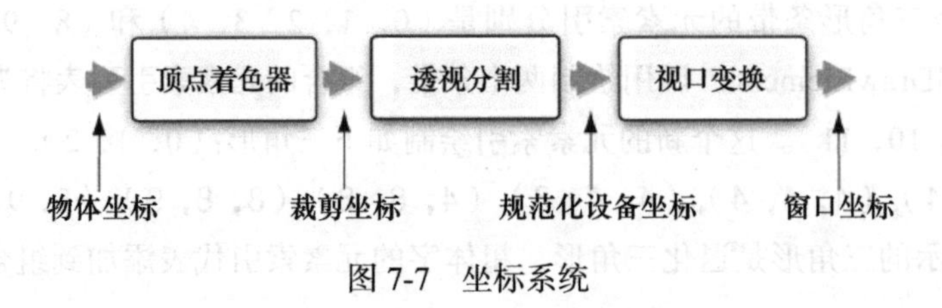

图 7-7 坐标系统

裁剪

为了避免在可视景体之外处理图元，图元被裁剪到裁剪空间。执行顶点着色器之后的顶点位置处于裁剪坐标空间内。裁剪坐标是由 (x_c, y_c, z_c, w_c) 指定的同类坐标。在裁剪空间 (x_c, y_c, z_c, w_c) 中定义的顶点坐标根据视景体（又称裁剪体）裁剪。

裁剪体（如图 7-8 所示）由 6 个裁剪平面定义，这些平面称作近、远、左、右、上、下裁剪平面。在裁剪坐标中，裁剪体如下：

$$-w_c <= x_c <= w_c$$

$$-w_c<=y_c<=w_c$$
$$-w_c<=z_c<=w_c$$

前面的 6 项检查根据需要裁剪的图元，有助于确定平面的列表。

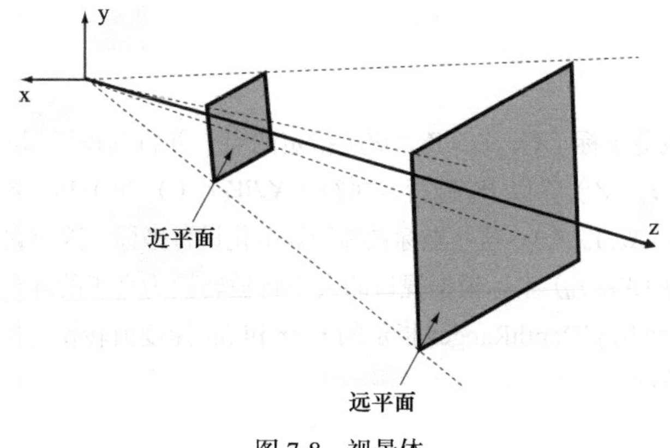

图 7-8　视景体

裁剪阶段将把每个图元裁剪为图 7-8 所示的裁剪体。我们在这里所说的“图元”，是指用 GL_TRIANGLES 绘制的单独三角形列表中的每一个三角形，或者一个三角形条带或者扇形中的一个三角形，或者用 GL_LINES 绘制的单独直线列表中的一条直线，或者一个直线条带或者闭合折线中的一条直线，或者点精灵列表中的一个特定点。对于每种图元类型，执行如下操作：

- 裁剪三角形——如果三角形完全在视景体内部，则不执行任何裁剪。如果三角形完全在视景体之外，则该三角形被放弃。如果三角形部分在视景体内，则根据相应的平面裁剪三角形。裁剪操作将生成新的顶点，这些顶点被裁剪到安排为三角扇形的平面。
- 裁剪直线——如果直线完全在视景体内部，则不执行任何裁剪。如果直线完全在视景体之外，则该直线被放弃。如果直线部分在视景体内，则直线被裁剪并生成相应的新顶点。
- 裁剪点精灵——如果点位置在近或者远裁剪平面之外，或者如果表示点精灵的正方形在裁剪体之外，裁剪阶段将抛弃点精灵。否则，它将不做变化地通过该阶段，点精灵将在其从裁剪体内部移到外部时剪裁，反之亦然。

在图元根据六个裁剪平面进行裁剪时，顶点坐标经历透视分割，从而成为规范化的设备坐标。规范化的设备坐标范围为 –1.0 到 1.0。

注意　裁剪操作（特别是直线或者三角形的裁剪）在硬件中执行的代价可能很高。图元必须根据视景体的 6 个裁剪平面裁剪（如图 7-8 所示）。部分在近平面和远平面之外的图元经历裁剪操作。但是，部分在 x 和 y 平面之外的图元不一定需要裁剪。通过渲染到一个大于 glViewport 指定的视口尺寸的视口，x 和 y 平面中的裁剪变成剪裁（Scissor）

操作。GPU 可以高效地实施剪裁。这个更大的视口区域被称作“保护带”区域。尽管 OpenGL ES 不允许应用程序指定保护带区域，但是大部分（不是所有）OpenGL ES 实现还是采用保护带。

7.3.2 透视分割

透视分割取得裁剪坐标（X_c，Y_c，Z_c，W_c）指定的点，并将其投影到屏幕或者视口上。这个投影通过将（X_c，Y_c，Z_c）除以 W_c 进行。执行（X_c/W_c）、（Y_c/W_c）和（Z_c/W_c）之后，我们得到规范化的设备坐标（X_d,Y_d,Z_d）。这些坐标被称为规范化设备坐标，因为它们落在［-1.0…1.0］区间。这些规范化的（X_d，Y_d）坐标根据视口的大小将被转换为真正的屏幕（或者窗口）坐标。规范化的（Z_d）坐标将用 glDepthRangef 指定的 near 和 far 深度值转换为屏幕的 Z 值。这些转换在视口变换阶段进行。

7.3.3 视口变换

视口是一个二维矩形窗口区域，是所有 OpenGL ES 渲染操作最终显示的地方。视口变换可用如下 API 调用设置：

```
void glViewport(GLint x, GLint y, GLsizei w, GLsizei h)
```

x，*y*　指定视口左下角的窗口坐标，以像素数表示

w，*h*　指定视口的宽度和高度（以像素数表示）；这些值必须大于 0

从规范化设备坐标（x_d，y_d，z_d）到窗口坐标（x_w，y_w，z_w）的转换用如下变换给出：

$$\begin{bmatrix} x_w \\ y_w \\ z_w \end{bmatrix} = \begin{bmatrix} (w/2)x_d & +o_x \\ (h/2)y_d & +o_y \\ ((f-n)/2)z_d & +(n+f)/2 \end{bmatrix}$$

在这个变换中，$o_x=x+w/2$，$o_y=y+h/2$，n 和 f 代表所需的深度范围。

深度范围值 n 和 f 可以用如下 API 调用设置：

```
void glDepthRangef(GLclampf n, GLclampf f)
```

n，*f*　指定所需的深度范围。n 和 f 的默认值分别为 0.0 和 1.0。这两个值限于（0.0，1.0）区间内

glDepthRangef 和 glViewport 指定的值用于将顶点位置从规范化设备坐标转换为窗口（屏幕）坐标。

初始（或者默认）视口状态被设置为 *w=width*，*h=height*，分别为 OpenGL ES 渲染应用程序创建的窗口的宽度和高度。这个窗口由 eglCreateWindowSurface 中指定的 EGLNativeWindowType *win* 参数给出。

7.4 光栅化

图 7-9 展示了光栅化管线。在顶点变换和图元裁剪之后，光栅化管线取得单独图元（如三角形、线段或者点精灵），并为该图元生成对应的片段。每个片段由屏幕空间中的整数位置（x，y）标识。片段代表了屏幕空间中（x，y）指定的像素位置和由片段着色器处理而生成片段颜色的附加片段数据。这些操作将在第 9 章和第 10 章中详细说明。

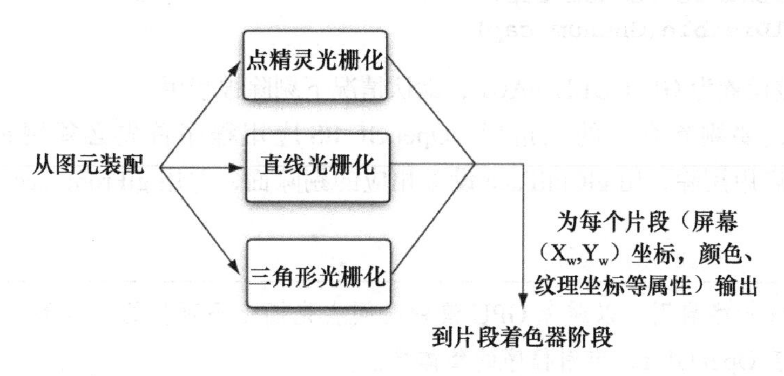

图 7-9 OpenGL ES 光栅化阶段

在本节中，我们讨论应用程序可以用于控制三角形、条带和扇形光栅化的各种选项。

7.4.1 剔除

在三角形被光栅化之前，我们需要确定它们是正面（也就是面向观看者）或者背面（也就是背向观看者）。剔除（Culling）操作抛弃背向观看者的三角形。要确定三角形是正面还是背面，首先需要知道它的方向。

三角形的方向指定从第一个顶点开始，经过第二个和第三个顶点，最后回到第一个顶点的弯曲方向或者路径顺序。图 7-10 展示了弯曲顺序为顺时针和逆时针的两个三角形示例。

三角形的方向通过以窗口坐标表示的有符号三角形的面积来计算。我们现在需要将计算出来的三角形面积符号翻译为顺时针（CW）或者逆时针（CCW）方向。这种从三角形面积的符号到顺时针或者逆时针方向的映射由应用程序用如下 API 调用指定：

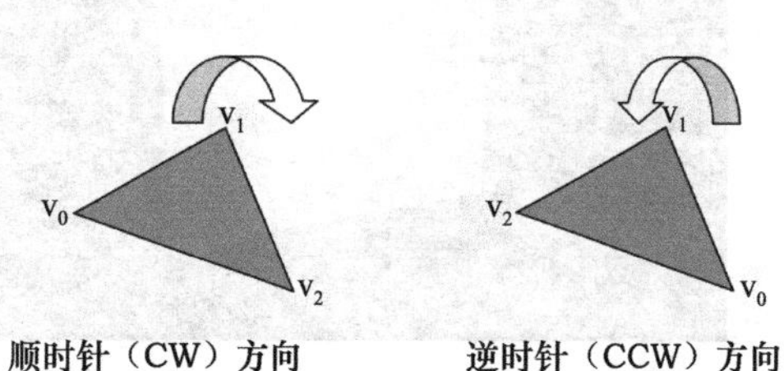

图 7-10 顺时针和逆时针的三角形

```
void    glFrontFace(GLenum dir)
```

dir 指定正面三角形的方向。有效值为 GL_CW 或者 GL_CCW，默认值为 GL_CCW

我们已经讨论了计算三角形方向的方法。要确定需要剔除的三角形，需要知道三角形将被剔除的面。这通过应用程序使用如下 API 调用指定：

```
void    glCullFace(GLenum mode)
```

mode 指定要被剔除的三角形的面。有效值为 GL_FRONT、GL_BACK 和 GL_FRONT_AND_BACK。默认值为 GL_BACK

最后一个要点是，需要知道剔除操作是否应该执行。如果 GL_CULL_FACE 状态启用，剔除操作将被执行。GL_CULL_FACE 状态可以由应用程序用如下 API 调用启用或者禁用：

```
void    glEnable(GLenum cap)
void    glDisable(GLenum cap)
```

其中 *cap* 被设置为 GL_CULL_FACE，默认情况下剔除被禁用

概括起来，要剔除合适的三角形，OpenGL ES 应用程序首先必须用 glEnable（GL_CULL_FACE）启用剔除，用 glCullFace 设置相应的剔除面，并用 glFrontFace 设置正面三角形的方向。

注意 剔除应该始终启用，以避免 GPU 浪费时间去光栅化不可见的三角形。启用剔除应该能够改善 OpenGL ES 应用程序的整体性能。

7.4.2 多边形偏移

考虑绘制两个相互重叠的多边形的情况。你很有可能注意到伪像，如图 7-11 所示。这些伪像被称为深度冲突伪像，是因为三角形光栅化的精度有限而发生的，这种精度限制可能影响逐片段生成的深度值的精度，造成伪像。三角形光栅化使用的参数和生成的逐片段深度值的有限精度将越来越好，但是这个问题永远无法完全解决。

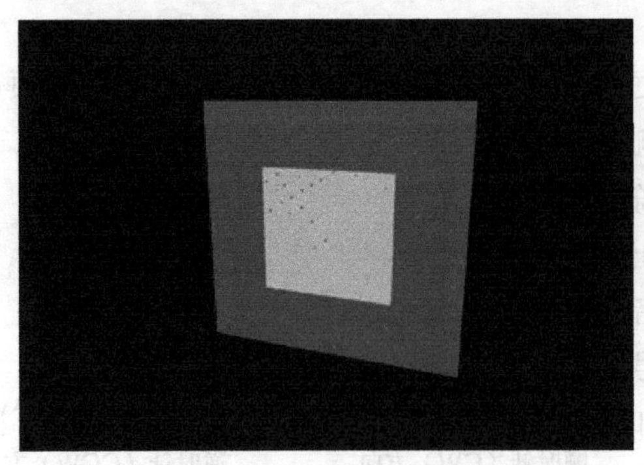
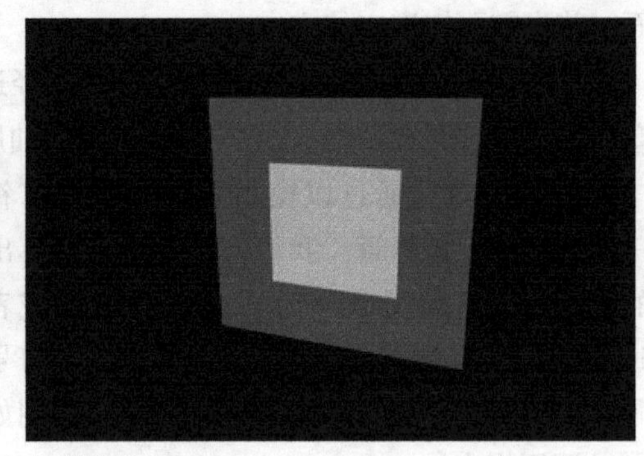

图 7-11 多边形偏移

图 7-11 展示了两个共面多边形。不使用多边形偏移绘制这两个共面多边形的代码如下：

```
glClear ( GL_COLOR_BUFFER_BIT | GL_DEPTH_BUFFER_BIT );

// load vertex shader
// set the appropriate transformation matrices
```

```
// set the vertex attribute state

// draw the SMALLER quad
glDrawArrays ( GL_TRIANGLE_FAN, 0, 4 );

// set the depth func to <= as polygons are coplanar
glDepthFunc ( GL_LEQUAL );

// set the vertex attribute state

// draw the LARGER quad
glDrawArrays ( GL_TRIANGLE_FAN, 0, 4 );
```

为了避免图 7-11 中看到的伪像，我们需要在执行深度测试和深度值写入深度缓冲区之前，在计算出来的深度值上添加一个偏移量。如果深度测试通过，原始的深度值——而不是原始深度值 + 偏移——将被保存到深度缓冲区中。

多边形偏移用如下 API 调用设置：

void **glPolygonOffset**(GLfloat *factor*, GLfloat *units*)

深度偏移的计算如下：

深度偏移 =m* 因数 +r* 单位数

在上述公式中，m 是三角形的最大深度斜率，计算方法如下：

$$m = \sqrt{(\partial z/\partial x^2 + \partial z/\partial y^2)}$$

m 也可以这样计算：$m=\max\{|\partial z/\partial x|, |\partial z/\partial y|\}$

斜率项 $\partial z/\partial x$ 和 $\partial z/\partial y$ 在三角形光栅化阶段期间由 OpenGL ES 实现计算。

r 是一个 OpenGL ES 实现定义的常量，代表深度值中可以保证产生差异的最小值。

多边形偏移可以分别用 glEnable（GL_POLYGON_OFFSET_FILL）和 glDisable（GL_POLYGON_OFFSET_FILL）启用或者禁用。

启用多边形偏移时，渲染图 7-11 中三角形的代码如下：

```
const float polygonOffsetFactor = -1.0f;
const float polygonOffsetUnits  = -2.0f;

glClear ( GL_COLOR_BUFFER_BIT | GL_DEPTH_BUFFER_BIT );

// load vertex shader
// set the appropriate transformation matrices
// set the vertex attribute state

// draw the SMALLER quad
glDrawArrays ( GL_TRIANGLE_FAN, 0, 4 );

// set the depth func to <= as polygons are coplanar
glDepthFunc ( GL_LEQUAL );

glEnable ( GL_POLYGON_OFFSET_FILL );
```

```
glPolygonOffset ( polygonOffsetFactor, polygonOffsetUnits );

// set the vertex attribute state

// draw the LARGER quad
glDrawArrays ( GL_TRIANGLE_FAN, 0, 4 );
```

7.5 遮挡查询

遮挡查询用查询对象来跟踪通过深度测试的任何片段或者样本。这种方法可用于不同的技术，例如镜头炫光特效的可见性测试以及避免在包围体被遮挡的不可见对象上进行几何形状处理的优化。

遮挡查询可以分别在 GL_ANY_SAMPLES_PASSED 或 GL_ANY_SAMPLES_PASSED_CONSERVATIVE 目标上用 glBeginQuery 和 glEndQuery 开始和结束。

```
void    glBeginQuery(GLenum target, GLuint id)
void    glEndQuery(GLenum target)
```

target　指定查询对象的目标类型；有效值是

GL_ANY_SAMPLES_PASSED
GL_ANY_SAMPLES_PASSED_CONSERVATIVE
GL_TRANSFORM_FEEDBACK_PRIMITIVES_WRITTEN

id　指定查询对象的名称（仅 glBeginQuery）

使用 GL_ANY_SAMPLES_PASSED 目标将返回表示是否有样本通过深度测试的精确布尔状态。GL_ANY_SAMPLES_PASSED_CONSERVATIVE 目标将提供更好的性能，但是答案的精确度较低。使用 GL_ANY_SAMPLES_PASSED_CONSERVATIVE，有些实现将在没有样本通过深度测试时返回 GL_TRUE。

id 用 glGenQueries 创建，用 glDeleteQueries 删除。

```
void    glGenQueries(GLsizei n, GLuint *ids)
```

n　指定生成的查询名称对象的数量

ids　指定一个数组，以存储查询名称对象的列表

```
void    glDeleteQueries(GLsizei n, const GLuint *ids)
```

n　指定要删除的查询名称对象的数量

ids　指定一个需要删除的查询名称对象的列表数组

在用 glBeginQuery 和 glEndQuery 指定查询对象边界之后，可以使用 glGetQueryObjectuiv 检索查询对象的结果。

```
void    glGetQueryObjectuiv(GLuint id, GLenum pname,
                            GLuint *params)
```

target　指定查询对象名称

pname　指定需要检索的查询对象参数，可以为 GL_QUERY_RESULT 或 GL_QUERY_RESULT_AVAILABLE

params　指定存储返回参数值的对应类型的数组

注意　为了获得更好的性能，你应该等待几帧再执行 glGetQueryObjectuiv 调用，以等待 GPU 中的结果可用。

下面的例子说明如何设置一个遮挡查询对象和查询结果：

```
glBeginQuery ( GL_ANY_SAMPLES_PASSED, queryObject );
// draw primitives here
…
glEndQuery ( GL_ANY_SAMPLES_PASSED );

…
// after several frames have elapsed, query the number of
// samples that passed the depth test
glGetQueryObjectuiv( queryObject, GL_QUERY_RESULT,
                     &numSamples );
```

7.6　小结

在本章中我们学习了 OpenGL ES 支持的图元类型，并且了解了如何用常规的非实例化和实例化绘图调用高效地绘制它们。本章还讨论了在顶点上执行坐标变换的方法。除此之外，还学习了关于光栅化阶段的知识，在这个阶段中，图元被转换为代表屏幕上绘制的像素的片段。现在，你已经学习了如何用顶点数据绘制图元，下一章我们将描述如何编写顶点着色器，以处理图元中的顶点。

Chapter 8 第8章

顶点着色器

本章描述 OpenGL ES 3.0 可编程顶点管线。图 8-1 展示了整个 OpenGL ES 3.0 可编程管线，有阴影的方框表示 OpenGL ES 3.0 中的可编程阶段。在本章中，我们讨论顶点着色器阶段。顶点着色器可用于传统的基于顶点操作，例如通过矩阵变换位置、计算照明方程式以生成逐顶点的颜色以及生成或者变换纹理坐标。

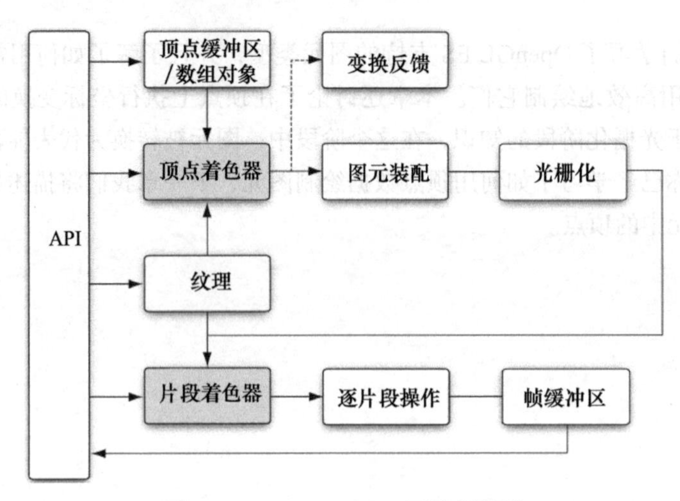

图 8-1　OpenGL ES 3.0 可编程管线

前面几章（确切地说是第 5 章和第 6 章）讨论了如何指定顶点属性和统一变量输入，而且很好地描述了 OpenGL ES 3.0 着色语言。第 7 章讨论了顶点着色器的输出（称为顶点着色器输出变量）如何用于光栅化阶段，以生成逐片段的值，之后这些值输入片段着色器。在本章中，我们首先概述顶点着色器，包括其输入和输出。然后，我们讨论几个例子，说明如何编写顶点着色器。这些例子描述了常见的用例，例如用模型视图和投影矩阵变换顶点位置、生成逐顶点漫射和反射颜色的顶点照明、纹理坐标生成、顶点蒙皮和位移贴图。我们希望这些例子能够帮助你对编写顶点着色器有较深的理解。最后，我们描述一个实现 OpenGL ES 1.1 固定功能顶点管线的顶点着色器。

8.1　顶点着色器概述

顶点着色器提供顶点操作的通用可编程方法。图 8-2 展示了顶点着色器的输入和输出，顶点着色器的输入包括：

- 属性——用顶点数组提供的逐顶点数据。
- 统一变量和统一变量缓冲区——顶点着色器使用的不变数据。
- 采样器——代表顶点着色器使用的纹理的特殊统一变量类型。
- 着色器程序——顶点着色器程序源代码或者描述在操作顶点的可执行文件。

顶点着色器的输出称作顶点着色器输出变量。在图元光栅化阶段，为每个生成的片段计算这些变量，并作为片断着色器的输入传入。

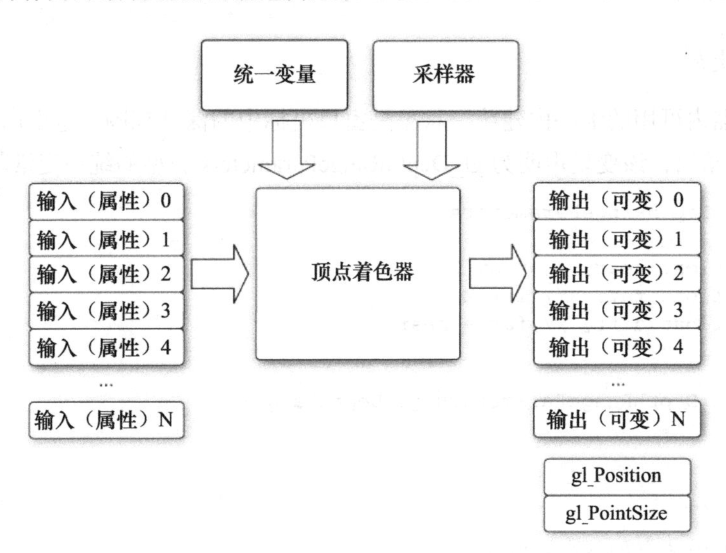

图 8-2　OpenGL ES 3.0 顶点着色器

8.1.1　顶点着色器内建变量

顶点着色器的内建变量可以分为特殊变量（顶点着色器的输入输出）、统一状态（如深度范围）以及规定最大值（如属性数量、顶点着色器输出变量数量和统一变量数量）的常量。

内建特殊变量

OpenGL ES 3.0 有内建的特殊变量，它们可以作为顶点着色器的输入或者在之后成为片段着色器输入的顶点着色器输出，或者片段着色器的输出。顶点着色器可用的内建特殊变量如下：

- gl_VertexID 是一个输入变量，用于保存顶点的整数索引。这个整数型变量用 highp 精度限定符声明。
- gl_InstanceID 是一个输入变量，用于保存实例化绘图调用中图元的实例编号。对于常规的绘图调用，该值为 0。gl_InstanceID 是一个整数型变量，用 highp 精度限定符声明。
- gl_Position 用于输出顶点位置的裁剪坐标。该值在裁剪和视口阶段用于执行相应的图元裁剪以及从裁剪坐标到屏幕坐标的顶点位置转换。如果顶点着色器未写入 gl_Position。则 gl_Position 的值为未定义。gl_Position 是一个浮点变量，用 highp 精度限定符声明。
- gl_PointSize 用于写入以像素表示的点精灵尺寸，在渲染点精灵时使用。顶点着色器输出的 gl_PointSize 值被限定在 OpenGL ES 3.0 实现支持的非平滑点大小范围之内。gl_PointSize 是一个浮点变量，用 highp 精度限定符声明。
- gl_FrontFacing 是一个特殊变量，但不是由顶点着色器直接写入的，而是根据顶点着色器生成的位置值和渲染的图元类型生成的。它是一个布尔变量。

内建统一状态

顶点着色器内可用的唯一内建统一状态是窗口坐标中的深度范围。这由内建统一变量名 gl_DepthRange 给出，该变量声明为 gl_DepthRangeParameters 类型的统一变量。

```
struct gl_DepthRangeParameters
{
   highp float near; // near Z
   highp float far;  // far Z
   highp float diff; // far - near
}

uniform gl_DepthRangeParameters gl_DepthRange;
```

内建常量

顶点着色器内还有如下内建常量：

```
const mediump int gl_MaxVertexAttribs              = 16;
const mediump int gl_MaxVertexUniformVectors       = 256;
const mediump int gl_MaxVertexOutputVectors        = 16;
const mediump int gl_MaxVertexTextureImageUnits    = 16;
const mediump int gl_MaxCombinedTextureImageUnits = 32;
```

内建常量描述如下最大项：

- gl_MaxVertexAttribs 是可以指定的顶点属性的最大数量，所有 ES 3.0 实现都支持的最小值为 16。
- gl_MaxVertexUniformVectors 是顶点着色器中可以使用的 vec4 统一变量项目的最大数量。所有 ES 3.0 实现都支持的最小值为 256。开发人员可以使用的 vec4 统一变量项目数量在不同实现和不同顶点着色器中可能不同。例如，有些实现可能将顶点着色器中使用的用户指定字面值计入统一变量限制中。在其他情况下，根据顶点着色器是否使用内建的超越函数，可能需要包含特定于实现的统一变量（或者常量）。目前没有应用程序可以用于找出在特定顶点着色器中可使用的统一变量项目数量的机制。顶点着色器编译失败时，编译日志可能提供关于使用的统一变量项目数量的相关信息。但是，编译日志返回的信息是特定于实现的。我们在本章中将提供一些指南，帮助你最大化顶点着色器中的可用顶点统一变量项目。
- gl_MaxVertexOutputVectors 是输出向量的最大数量——也就是顶点着色器可以输出的 vec4 项目数量。所有 ES 3.0 实现都支持的最小值是 16 个 vec4 项目。
- gl_MaxVertexTextureImageUnits 是顶点着色器中可用的纹理单元的最大数量。最小值为 16。
- gl_MaxCombinedTextureImageUnits 是顶点和片段着色器中可用纹理单元最大数量的总和。最小值为 32。

为每个内建常量指定的值是所有 OpenGL ES 3.0 实现必须支持的最小值。各种实现可能支持超过上面所述的最小值的常量值。实际支持的值可以用如下代码查询：

```
GLint maxVertexAttribs, maxVertexUniforms, maxVaryings;
GLint maxVertexTextureUnits, maxCombinedTextureUnits;
glGetIntegerv ( GL_MAX_VERTEX_ATTRIBS, &maxVertexAttribs );
glGetIntegerv ( GL_MAX_VERTEX_UNIFORM_VECTORS,
                &maxVertexUniforms );
glGetIntegerv ( GL_MAX_VARYING_VECTORS,
                &maxVaryings );
glGetIntegerv ( GL_MAX_VERTEX_TEXTURE_IMAGE_UNITS,
                &maxVertexTextureUnits );
glGetIntegerv ( GL_MAX_COMBINED_TEXTURE_IMAGE_UNITS,
                &maxCombinedTextureUnits );
```

8.1.2 精度限定符

本节对精度限定符做简短的复习，这些限定符在第 5 章中已经详加介绍。精度限定符可用于指定任何基于浮点数或者整数的变量的精度。指定精度的关键字是 lowp、mediump 和 highp。下面是使用精度限定符声明的一些例子：

```
highp vec4      position;
out lowp vec4   color;
mediump float   specularExp;
highp int       oneConstant;
```

除了精度限定符，还可以使用默认精度。也就是说，如果变量声明时没有使用精度限定符，它将采用该类型的默认精度。默认精度限定符采用如下语法，在顶点或者片段着色器的开始处指定：

```
precision highp float;
precision mediump int;
```

为float指定的精度将用作所有基于浮点数变量的默认精度。同样，为int指定的精度将用作所有基于整数变量的默认精度。在顶点着色器中，如果没有指定默认精度，则int和float的默认精度都为highp。

对于通常在顶点着色器中进行的操作，最可能需要的精度限定符是highp。例如，用矩阵变换位置、变换法线和纹理坐标或者生成纹理坐标的操作都需要在highp精度下进行。颜色计算和照明方程式最可能在mediump精度下进行。同样，这一决策取决于执行的颜色计算类型以及执行的操作所需要的范围和精度。我们相信，highp最有可能作为顶点着色器中大部分操作的默认精度，因此，我们在后面的例子中以highp作为默认精度限定符。

8.1.3 顶点着色器中的统一变量限制数量

gl_MaxVertexUniformVectors描述了可以用于顶点着色器的统一变量的最大数量。任何兼容的OpenGL ES 3.0实现必须支持的gl_MaxVertexUniformVectors最小值为256个vec4项目。统一变量存储用于存储如下变量：

- 用统一变量限定符声明的变量
- 常数变量
- 字面值
- 特定于实现的常量

顶点着色器中使用的统一变量和用const限定符声明的变量、字面值和特定于实现的常量必须按照第5章中描述的打包规则与gl_MaxVertexUniformVectors相匹配。如果不匹配，顶点着色器就无法编译。开发人员可以应用打包规则，确定存储统一变量、常数变量和字面值所需的统一变量存储总数。然而，确定特定于实现的常量数量是不可能的，因为这个值不仅在不同实现中不同，而且取决于顶点着色器使用的内建着色语言函数。通常，特定于实现的常量在使用内建超越函数时是必需的。

至于字面值，OpenGL ES 3.0着色语言规范规定不做任何常量传播。结果是，同一个字面值的多个实例将被多次计算。可以理解的是，在顶点着色器中使用字面值（如0.0或者1.0）更容易，但是我们建议尽可能避免采用这种技术，应该声明相应的常数变量代替字面值。这种方法避免将同一个字面值计算多次，在那种情况下，如果顶点统一变量存储需求超过了实现所能支持的存储量，可能导致顶点着色器无法编译。

考虑如下的例子，它展示了变换每个顶点的两个纹理坐标的顶点着色器的代码片段：

```
#version 300 es
#define NUM_TEXTURES  2
```

```
uniform mat4 tex_matrix[NUM_TEXTURES];          // texture
                                                // matrices
uniform bool enable_tex[NUM_TEXTURES];          // texture
                                                // enables
uniform bool enable_tex_matrix[NUM_TEXTURES];   // texture matrix
                                                // enables

in vec4 a_texcoord0; // available if enable_tex[0] is true
in vec4 a_texcoordl; // available if enable_tex[1] is true

out vec4 v_texcoord[NUM_TEXTURES];

void main()
{
   v_texcoord[0] = vec4 ( 0.0, 0.0, 0.0, 1.0 );
   // is texture 0 enabled
   if ( enable_tex[0] )
   {
      // is texture matrix 0 enabled
      if ( enable_tex_matrix[0] )
         v_texcoord[0] = tex_matrix[0] * a_texcoord0;
      else
         v_texcoord[0] = a_texcoord0;
   }

   v_texcoord[1] = vec4 ( 0.0, 0.0, 0.0, 1.0 );
   // is texture 1 enabled
   if ( enable_tex[1] )
   {
      // is texture matrix 1 enabled
      if ( enable_tex_matrix[1] )
         v_texcoord[1] = tex_matrix[1] * a_texcoordl;
      else
         v_texcoord[1] = a_texcoordl;
   }

   // set gl_Position to make this into a valid vertex shader
}
```

这段代码可能导致对字面值 0、1、0.0 和 1.0 的每次引用都被计入统一变量存储。为了保证这些字面值只计数一次，上述顶点着色器代码片段应该写为：

```
#version 300 es
#define NUM_TEXTURES  2

const int c_zero = 0;
const int c_one  = 1;

uniform mat4 tex_matrix[NUM_TEXTURES];         // texture
                                               // matrices
uniform bool enable_tex[NUM_TEXTURES];         // texture
                                               // enables
```

```
uniform bool enable_tex_matrix[NUM_TEXTURES]; // texture matrix
      // enables

in vec4 a_texcoord0; // available if enable_tex[0] is      true
in vec4 a_texcoord1; // available if enable_tex[1] is      true

out vec4 v_texcoord[NUM_TEXTURES];

void main()
{
   v_texcoord[c_zero] = vec4 ( float(c_zero), float(c_zero),
                             float(c_zero), float(c_one) );
   // is texture 0 enabled
   if ( enable_tex[c_zero] )
   {
      // is texture matrix 0 enabled
      if ( enable_tex_matrix[c_zero] )
         v_texcoord[c_zero] = tex_matrix[c_zero] * a_texcoord0;
      else
         v_texcoord[c_zero] = a_texcoord0;
   }

   v_texcoord[c_one] = vec4(float(c_zero), float(c_zero),
          float(c_zero), float(c_one));
   // is texture 1 enabled
   if ( enable_tex[c_one] )
   {
      // is texture matrix 1 enabled
      if ( enable_tex_matrix[c_one] )
         v_texcoord[c_one] = tex_matrix[c_one] * a_texcoord1;
      else
         v_texcoord[c_one] = a_texcoord1;
   }
   // set gl_Position to make this into a valid vertex shader
}
```

本节应该有助于更好地理解 OpenGL ES 3.0 着色语言的限制，以及体会如何编写可以在大多数 OpenGL ES 3.0 实现上编译和运行的顶点着色器。

8.2 顶点着色器示例

现在，我们提供几个示例，演示如何在顶点着色器中实现如下功能：

- 用一个矩阵变换顶点位置
- 进行照明计算，生成逐顶点漫射和反射颜色
- 纹理坐标生成
- 顶点蒙皮
- 用纹理查找值代替顶点位置

这些功能代表着 OpenGL ES 3.0 应用程序在顶点着色器中执行的典型用例。

8.2.1 矩阵变换

例 8-1 描述了一个用 OpenGL ES 着色语言编写的简单顶点着色器。这个顶点着色器获取一个位置和其相关的颜色数据作为输入或者属性，用一个 4×4 矩阵变换位置，并输出变换后的位置和颜色。

例 8-1 使用矩阵变换位置的顶点着色器

```
#version 300 es

// uniforms used by the vertex shader
uniform mat4 u_mvpMatrix; // matrix to convert position from
                          // model space to clip space

// attribute inputs to the vertex shader
layout(location = 0) in vec4 a_position; // input position value
layout(location = 1) in vec4 a_color;    // input color

// vertex shader output, input to the fragment shader
out vec4 v_color;

void main()
{
   v_color = a_color;
   gl_Position = u_mvpMatrix * a_position;
}
```

然后，设置和光栅化阶段使用变换后的顶点位置和图元类型将图元光栅化为片段。对每个片段，计算插值后的 v_color，并作为输入传递给片段着色器。

例 8-1 以统一变量 u_mvpMatrix 的形式引入了模型 – 视图 – 投影（MVP）矩阵的概念。正如 7.3.1 节中所描述的，顶点着色器的位置输入保存为物体坐标，而输出位置保存为裁剪坐标。MVP 矩阵是 3D 图形中进行这种变换的 3 个非常重要的变换矩阵的乘积：模型矩阵、视图矩阵和投影矩阵。

组成 MVP 矩阵的每个单独矩阵执行的变换如下：

- 模型矩阵——将物体坐标变换为世界坐标。
- 视图矩阵——将世界坐标变换为眼睛坐标。
- 投影矩阵——将眼睛坐标变换为裁剪坐标。

模型 – 视图矩阵

在传统的固定功能 OpenGL 中，模型和视图矩阵合并为一个矩阵，称作模型 – 视图矩阵。这个 4×4 矩阵将顶点位置从物体坐标变换为眼睛坐标，组合了从物体到世界坐标和世界坐标到眼睛坐标的变换。在固定功能 OpenGL 中，模型 – 视图矩阵可以用 glRotatef、glTra-nslatef 和 glScalef 等函数创建。因为这些函数在 OpenGL ES 2.0 或者 3.0 中不存在，所以模型 – 视图矩阵的创建由应用程序处理。

为了简化这一过程，我们加入样板代码框架 esTransform.c，该框架包含与固定功能 OpenGL 例程等价、用于构建模型 – 视图矩阵的函数。这些变换函数（esRotate、esTranslate、 esScale、esMatrixLoadIdentity 和 esMatrixMultiply）在附录 C 中详细介绍。在例 8-1 中，模型－视图矩阵的计算过程如下：

```
ESMatrix modelview;

// Generate a model-view matrix to rotate/translate the cube
esMatrixLoadIdentity ( &modelview );

// Translate away from the viewer
esTranslate ( &modelview, 0.0, 0.0, -2.0 );

// Rotate the cube
esRotate ( &modelview, userData->angle, 1.0, 0.0, 1.0 );
```

首先，用 esMatrixLoadIdentity 在 modelview 矩阵中加载一个单位矩阵。然后，单位矩阵结合一个平移，使物体远离观看者。最后，对 modelview 矩阵进行一次旋转，使物体围绕向量（1.0，0.0，1.0）以根据时间更新的角度连续旋转物体。

投影矩阵

投影矩阵取眼睛坐标（应用模型－视图矩阵计算）并产生 7.3.1 节“裁剪”小节中介绍的裁剪坐标。在固定功能 OpenGL 中，这种变换用 glFrustum 或者 OpenGL 工具函数 gluPerspective 指定。在 OpenGL ES Framework API 中，我们已经提供了两个等价的函数：esFrustum 和 esPerspective。这些函数指定第 7 章中详细介绍的裁剪体。esFrustum 函数通过指定裁剪体的坐标描述裁剪体。esPerspective 函数是一个用视景体的视野和长宽比来计算 esFrustum 参数的方便函数。例 8-1 的投影矩阵计算如下：

```
ESMatrix projection;

// Compute the window aspect ratio
aspect = (GLfloat) esContext->width /
         (GLfloat) esContext->height;

// Generate a perspective matrix with a 60-degree FOV
// and near and far clip planes at 1.0 and 20.0
esMatrixLoadIdentity ( &projection);
esPerspective ( &projection, 60.0f, aspect, 1.0f, 20.0f );
```

最后，计算 MVP 矩阵——模型－视图矩阵和投影矩阵的乘积：

```
// Compute the final MVP by multiplying the
// model-view and projection matrices together
esMatrixMultiply ( &userData->mvpMatrix, &modelview,
                   &projection );
```

MVP 矩阵用 glUniformMatrix4fv 加载到统一变量中，供着色器使用：

```
// Get the uniform locations
userData->mvpLoc =
   glGetUniformLocation ( userData->programObject,
                          "u_mvpMatrix" );
…
```

```
// Load the MVP matrix
glUniformMatrix4fv( userData->mvpLoc, 1, GL_FALSE,
                    (GLfloat*) &userData->mvpMatrix.m[0][0] );
```

8.2.2 顶点着色器中的照明

在本节中，我们观察计算直射光、点光源和聚光灯的照明方程式示例。本节中描述的顶点着色器使用 OpenGL ES 1.1 照明方程式模型计算直射光或者聚光灯（或点光源）的照明方程式。在这里描述的照明示例中，假定观看者在无限远处。

直射光是距离场景中被照明物体无限远的光源，太阳光就是直射光的一个例子。由于光源在无限远处，因此发出的光线是平行的。照明方向向量是一个常量，不需要逐顶点计算。图 8-3 描述了计算直射光照明方程式所需要的项。P_{eye} 是观看者的位置，P_{light} 是光源的位置（$P_{light}.w=0$），N 是法线，H 是半平面向量。因为 $P_{light}.w=0$，照明方向向量将为 $P_{light} \cdot xyz$。半平面向量 H 可以用 $\|VP_{light}+VP_{eye}\|$ 计算。因为光源和观看者都在无限远处，所以半平面向量 $H=\|P_{light}.xyz+（0，0，1）\|$。

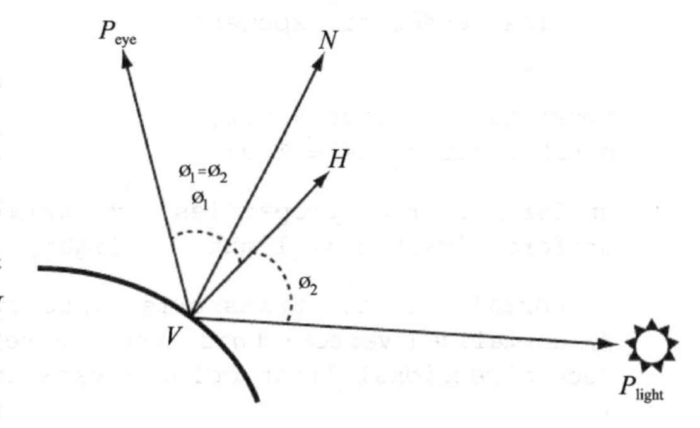

图 8-3　直射光照明方程式计算中的几何因素

例 8-2 提供了计算直射光照明方程式的顶点着色器代码。直射光的属性由一个 directional_light struct 描述，包括如下元素：

- Direction——眼睛空间内的规范化照明方向。
- Halfplane——规范化的半平面向量 H。对于直射光可以预先计算，因为它不会变化。
- ambient_color——环境光颜色。
- diffuse_color——漫射光颜色。
- specular_color——反射光颜色。

计算顶点漫射和反射颜色的材料属性由 material_properties struct 描述，包含如下元素：

- ambient_color——材料的环境颜色。
- diffuse_color——材料的漫射颜色。
- specular_color——材料的反射颜色。
- specular_exponent——描述材料光亮度的反光指数，用于控制反射高光的亮度。

例 8-2　直射光

```
#version 300 es

struct  directional_light
```

```
{
   vec3  direction;           // normalized light direction in eye
                              // space
   vec3  halfplane;           // normalized half-plane vector
   vec4  ambient_color;
   vec4  diffuse_color;
   vec4  specular_color;
};
struct material_properties
{
   vec4  ambient_color;
   vec4  diffuse_color;
   vec4  specular_color;
   float specular_exponent;
};

const float c_zero = 0.0;
const float c_one = 1.0;

uniform material_properties   material;
uniform directional_light     light;

// normal has been transformed into eye space and is a
// normalized vector; this function returns the computed color
vec4 directional_light_color ( vec3 normal )
{
   vec4  computed_color = vec4 ( c_zero, c_zero, c_zero,
                                 c_zero );
   float ndotl; // dot product of normal & light direction
   float ndoth; // dot product of normal & half-plane vector
   ndotl = max ( c_zero, dot ( normal, light.direction ) );
   ndoth = max ( c_zero, dot ( normal, light.halfplane ) );

   computed_color += ( light.ambient_color
                     * material.ambient_color );
   computed_color += ( ndotl * light.diffuse_color
                     * material.diffuse_color );
   if ( ndoth > c_zero )
   {
      computed_color += ( pow ( ndoth,
                          material.specular_exponent )*
                          material.specular_color *
                          light.specular_color );
   }

   return computed_color;
}

// add a main function to make this into a valid vertex shader
```

例 8-2 中描述的直射光顶点着色器代码将逐顶点漫射和反射颜色组合为单个颜色（由 computed_color 给出）。另一个选项是计算逐顶点漫射和反射颜色，并将它们作为单独的输出变量传递给片段着色器。

注意　在例 8-2 中，我们将材料的颜色（环境、漫射和反射）乘以光的颜色。如果只为一个光源计算照明方程式，这样做是没有问题的。但是，如果我们必须计算多个光源的照明方程式，就应该为每个光源计算环境、漫射和反射值，然后通过将材料的环境、漫射和反射颜色乘以对应的计算项并加总，以生成每个顶点的颜色。

点光源是从空间中某个位置向所有方向发出光线的光源，由位置向量 (x, y, z, w) 给出，其中 $w \neq 0$。点光源在各个方向上的亮度均匀，但是根据光源到物体的位置，亮度逐渐下降（衰减）。这种衰减可以用如下公式计算：

距离衰减 $=1/(K_0+K_1\cdot\|VP_{light}\|+K_2\|VP_{light}\|^2)$

式中的 K_0、K_1 和 K_2 分别是恒定、线性和二次衰减因子。

聚光灯是兼具位置和方向的光源，模拟从一个位置（P_{light}）以一定方向（由 $spot_{direction}$ 给出）发出的光锥。图 8-4 描述了计算聚光灯照明方程式所需要的项。

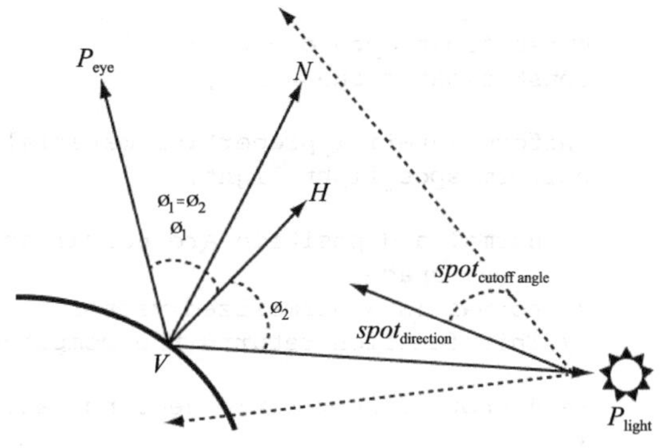

图 8-4　聚光灯照明方程式计算中的几何因素

光线的强度由根据与光锥中心所成的角度得出的点截止因子衰减。与光锥中轴所成的角度用 VP_{light} 和 $spot_{direction}$ 的点乘算出。点截止因子在 $spot_{direction}$ 给出的方向上为 1.0，并根据 $spot_{cutoff\ angle}$ 给出的角度（以弧度表示）按指数关系衰减为 0。

例 8-3 描述了计算聚光灯（和点光源）照明方程式的顶点着色器代码。聚光灯的属性由一个 spot_light struct 描述，包含如下元素：

- direction——在眼睛空间内的照明方向。
- ambient_color——环境光颜色。
- diffuse_color——漫射光颜色。
- specular_color——反射光颜色。
- attenuation_factors——距离衰减因子 K_0、K_1 和 K_2。
- compute_distance_attenuation——布尔项，确定距离衰减是否必须计算。
- spot_direction——规范化的点方向向量。
- spot_exponent——用于计算点截止因子的聚光灯指数。
- spot_cutoff_angle——聚光灯截止角度，以度数表示。

例 8-3　聚光灯

```
#version 300 es

struct spot_light
```

```
{
   vec4  position;                   // light position in eye space
   vec4  ambient_color;
   vec4  diffuse_color;
   vec4  specular_color;
   vec3  spot_direction;             // normalized spot direction
   vec3  attenuation_factors;        // attenuation factors K0, K1, K2
   bool  compute_distance_attenuation;
   float spot_exponent;              // spotlight exponent term
   float spot_cutoff_angle;          // spot cutoff angle in degrees
};
struct material_properties
{
   vec4  ambient_color;
   vec4  diffuse_color;
   vec4  specular_color;
   float specular_exponent;
};

const float c_zero = 0.0;
const float c_one = 1.0;

uniform material_properties material;
uniform spot_light light;

// normal and position are normal and position values in
//   eye space.
// normal is a normalized vector.
// This function returns the computed color.

vec4 spot_light_color ( vec3 normal, vec4 position )
{
   vec4  computed_color = vec4 ( c_zero, c_zero, c_zero,
                                 c_zero );
   vec3  lightdir;
   vec3  halfplane;
   float ndotl, ndoth;
   float att_factor;

   att_factor = c_one;

   // we assume "w" values for light position and
   // vertex position are the same
   lightdir = light.position.xyz - position.xyz;

   // compute distance attenuation
   if ( light.compute_distance_attenuation )
   {
      vec3    att_dist;
      att_dist.x = c_one;
      att_dist.z = dot ( lightdir, lightdir );
      att_dist.y = sqrt ( att_dist.z );
      att_factor = c_one / dot ( att_dist,
```

```
                           light.attenuation_factors );
   }

   // normalize the light direction vector
   lightdir = normalize ( lightdir );

   // compute spot cutoff factor
   if ( light.spot_cutoff_angle < 180.0 )
   {
      float spot_factor = dot ( -lightdir,
                           light.spot_direction );
      if ( spot_factor >= cos ( radians (
                           light.spot_cutoff_angle ) ) )
         spot_factor = pow ( spot_factor, light.spot_exponent );
      else
         spot_factor = c_zero;

      // compute combined distance and spot attenuation factor
      att_factor *= spot_factor;
   }

   if ( att_factor > c_zero )
   {
      // process lighting equation --> compute the light color
      computed_color += ( light.ambient_color *
                        material.ambient_color );
      ndotl = max ( c_zero, dot(normal, lightdir ) );
      computed_color += ( ndotl * light.diffuse_color *
                        material.diffuse_color );
      halfplane = normalize ( lightdir + vec3 ( c_zero, c_zero,
                           c_one ) );
      ndoth = dot ( normal, halfplane );
      if ( ndoth > c_zero )
      {
         computed_color += ( pow ( ndoth,
                           material.specular_exponent )*
                           material.specular_color *
                           light.specular_color );
      }

      // multiply color with computed attenuation
      computed_color *= att_factor;
   }

   return computed_color;
}
// add a main function to make this into a valid vertex shader
```

8.3 生成纹理坐标

我们来看两个在顶点着色器中生成纹理坐标的例子。这两个例子在渲染场景中的反光物体时使用：通过生成一个反射向量，然后用这个向量计算一个纹理坐标，这个坐标在一个经纬图（也称为球面图）或者立方体图（代表捕捉反射环境的 6 个视图或者面，假定观察点在反光物体的中心）中索引。固定功能 OpenGL 规范分别将纹理坐标生成模型描述为 GL_SPHERE_MAP 和 GL_REFLECTION_MAP。GL_SPHERE_MAP 模型生成一个使用反射向量的纹理坐标，以计算可以在 2D 纹理贴图中查找的 2D 纹理坐标。GL_REFLECTION_MAP 模型生成的纹理坐标是一个反射向量，这个向量可以用于在立方体图中查找的 3D 纹理坐标。例 8-4 和例 8-5 展示了生成纹理坐标的顶点着色器代码，这些坐标将供对应的片段着色器使用，以计算反光物体的反射图像。

例 8-4　球面图纹理坐标生成

```
// position is the normalized position coordinate in eye space.
// normal is the normalized normal coordinate in eye space.
// This function returns a vec2 texture coordinate.
vec2 sphere_map ( vec3 position, vec3 normal )
{
   reflection = reflect ( position, normal );
   m = 2.0 * sqrt ( reflection.x * reflection.x +
                    reflection.y * reflection.y +
              (  reflection.z + 1.0 ) * ( reflection.z + 1.0 ) );
   return vec2(( reflection.x / m + 0.5 ),
               ( reflection.y / m + 0.5 ) );
}
```

例 8-5　立方体图纹理坐标生成

```
// position is the normalized position coordinate in eye space.
// normal is the normalized normal coordinate in eye space.
// This function returns the reflection vector as a vec3 texture
// coordinate.
vec3 cube_map ( vec3 position, vec3 normal )
{
   return reflect ( position, normal );
}
```

然后，反射向量将在片段着色器中使用，作为对应的立方体图中的纹理坐标。

8.4　顶点蒙皮

顶点蒙皮是一种常用的技术，它平滑多边形之间的连接点，这通过向每个顶点应用具有相应权重的附加变换矩阵来实现。用于顶点蒙皮的多个矩阵保存在一个矩阵调色板里，每个顶点的矩阵索引引用矩阵调色板中用于该顶点蒙皮的对应矩阵。顶点蒙皮常用于 3D 游戏中的角色模型，确保它们（尽可能）平滑和逼真地出现而无需使用附加的几何形状。用于一个顶点蒙皮的矩阵数通常为 2 ~ 4 个。

顶点蒙皮通过如下公式计算：

$$P' = \Sigma w_i \times M_i \times P$$

$$N' = \Sigma w_i \times M_i^{-1T} \times N$$

$$\Sigma w_i = 1, i = 1 \text{ to } n$$

其中

n 是用于变换顶点的矩阵数量

P 是顶点位置

P' 是变换（蒙皮）后的位置

N 是顶点的法线

N' 是变换（蒙皮）后的法线

M_i 是与每个顶点第 i 个矩阵相关的矩阵，计算公式如下：

M_i = matrix_palette [matrix_index[i]]

每个顶点指定 n 个 matrix_index 值

$M_i^{-1}T$ 是矩阵 M_i 的逆转置

W_i 是与矩阵相关的权重

我们讨论如何用一个包含 32 个矩阵、每个顶点最多 4 个矩阵的矩阵调色板生成蒙皮顶点。包含 32 个矩阵的矩阵调色板相当常见。矩阵调色板中的矩阵通常是 4×3 的列优先矩阵（每个矩阵有 4 个 vec3 项目）。如果矩阵以列优先顺序存储，则存储一行需要 128 个统一变量项目，每个项目有 3 个元素。所有 OpenGL ES 3.0 实现都支持的 gl_MaxVertexUniformVectors 的最小值是 256 个 vec4 项目。因此，这 256 个 vec4 统一变量项目只能存储 4 行。浮点值行只能存储声明为 float 类型的统一变量（按照统一变量打包规则）。因此，已经没有空间存储 vec2、vec3 或者 vec4 统一变量。在矩阵调色板中，以行优先顺序为每个矩阵使用 3 个 vec4 项目能够更好地存储矩阵。如果这样做，就将使用统一变量存储中的 96 个 vec4 项目，剩下的 160 个 vec4 项目可以用于存储其他统一变量。注意，我们没有足够的统一变量存储来保存计算蒙皮法线所需的逆转置矩阵。不过，这通常不是问题；在大部分情况下，所用的矩阵都是标准正交矩阵，因此可以用于变换顶点位置和法线。

例 8-6 展示了计算蒙皮法线和位置的顶点着色器代码。我们假定矩阵调色板包含 32 个矩阵，这些矩阵以行优先顺序存储。我们还假定这些矩阵为标准正交矩阵（同一个矩阵可以用于变换位置和法线），每个顶点变换最多使用 4 个矩阵。

例 8-6　顶点蒙皮着色器，不检查矩阵权重是否为 0

```
#version 300 es

#define NUM_MATRICES 32 // 32 matrices in matrix palette

const int c_zero  = 0;
const int c_one   = 1;
const int c_two   = 2;
```

```
const int c_three = 3;

// store 32 4 x 3 matrices as an array of floats representing
// each matrix in row-major order (i.e., 3 vec4s)
uniform vec4 matrix_palette[NUM_MATRICES * 3];

// vertex position and normal attributes
in vec4 a_position;
in vec3 a_normal;

// matrix weights - 4 entries / vertex
in vec4 a_matrixweights;
// matrix palette indices
in vec4 a_matrixindices;
void skin_position ( in vec4 position, float m_wt, int m_indx,
                     out vec4 skinned_position )
{
   vec4 tmp;
   tmp.x = dot ( position, matrix_palette[m_indx] );
   tmp.y = dot ( position, matrix_palette[m_indx + c_one] );
   tmp.z = dot ( position, matrix_palette[m_indx + c_two] );
   tmp.w = position.w;

   skinned_position += m_wt * tmp;
}
void skin_normal ( in vec3 normal, float m_wt, int m_indx,
                   inout vec3 skinned_normal )
{
   vec3 tmp;

   tmp.x = dot ( normal, matrix_palette[m_indx].xyz );
   tmp.y = dot ( normal, matrix_palette[m_indx + c_one].xyz );
   tmp.z = dot ( normal, matrix_palette[m_indx + c_two].xyz );

   skinned_normal += m_wt * tmp;
}

void do_skinning ( in vec4 position, in vec3 normal,
                   out vec4 skinned_position,
                   out vec3 skinned_normal )
{
   skinned_position = vec4 ( float ( c_zero ) );
   skinned_normal = vec3 ( float ( c_zero ) );

   // transform position and normal to eye space using matrix
   // palette with four matrices used to transform a vertex

   float m_wt = a_matrixweights[0];
   int m_indx = int ( a_matrixindices[0] ) * c_three;
   skin_position ( position, m_wt, m_indx, skinned_position );
   skin_normal ( normal, m_wt, m_indx, skinned_normal );

   m_wt = a_matrixweights[1] ;
   m_indx = int ( a_matrixindices[1] ) * c_three;
   skin_position ( position, m_wt, m_indx, skinned_position );
   skin_normal ( normal, m_wt, m_indx, skinned_normal );
```

```
   m_wt = a_matrixweights[2];
   m_indx = int ( a_matrixindices[2] ) * c_three;
   skin_position ( position, m_wt, m_indx, skinned_position );
   skin_normal ( normal, m_wt, m_indx, skinned_normal );
   m_wt = a_matrixweights[3];
   m_indx = int ( a_matrixindices[3] ) * c_three;
   skin_position ( position, m_wt, m_indx, skinned_position );
   skin_normal ( normal, m_wt, m_indx, skinned_normal );
}
// add a main function to make this into a valid vertex shader
```

在例8-6中，顶点蒙皮着色器通过用4个矩阵和相关的矩阵权重变换顶点生成一个蒙皮顶点。这些矩阵权重为0的情况可能出现并且相当常见。在例8-6中，顶点用4个矩阵变换，不考虑它们的权重。但是，在调用skin_position和skin_normal之前，用条件表达式检查矩阵权重是否为0可能更好。在例8-7中，顶点蒙皮着色器在应用矩阵变换之前检查矩阵权重是否为0。

例8-7　顶点蒙皮着色器，检查矩阵权重是否为0

```
void do_skinning ( in vec4 position, in vec3 normal,
                   out vec4 skinned_position,
                   out vec3 skinned_normal )
{
   skinned_position = vec4 ( float ( c_zero ) );
   skinned_normal = vec3 ( float( c_zero ) );

   // transform position and normal to eye space using matrix
   // palette with four matrices used to transform a vertex

   int m_indx = 0;
   float m_wt = a_matrixweights[0];
   if ( m_wt > 0.0 )
   {
      m_indx = int ( a_matrixindices[0] ) * c_three;
      skin_position( position, m_wt, m_indx, skinned_position );
      skin_normal ( normal, m_wt, m_indx, skinned_normal );
   }

   m_wt = a_matrixweights[1] ;
   if ( m_wt > 0.0 )

   {
      m_indx = int ( a_matrixindices[1] ) * c_three;
      skin_position( position, m_wt, m_indx, skinned_position );
      skin_normal ( normal, m_wt, m_indx, skinned_normal );
   }

   m_wt = a_matrixweights[2] ;
   if ( m_wt > 0.0 )
   {
      m_indx = int ( a_matrixindices[2] ) * c_three;
      skin_position( position, m_wt, m_indx, skinned_position );
      skin_normal ( normal, m_wt, m_indx, skinned_normal );
   }
```

```
      m_wt = a_matrixweights[3];
      if ( m_wt > 0.0 )
      {
         m_indx = int ( a_matrixindices[3] ) * c_three;
         skin_position( position, m_wt, m_indx, skinned_position );
         skin_normal ( normal, m_wt, m_indx, skinned_normal );
      }
   }
```

乍一看，我们可能做出这样的论断：例8-7中的顶点蒙皮着色器提供比例8-6中的顶点蒙皮着色器更好的性能。事实并不一定如此；实际上，在不同的GPU上会得到不同的答案。出现这种差别的原因是在条件表达式if（m_wt>0.0）中，m_wt是一个动态值，对于由GPU并行执行的顶点来说可能不同。现在，我们遇到了并行执行的顶点中有不同m_wt值的分歧流控，这可能导致执行变成串行方式。如果GPU无法高效地执行分歧流控，则例8-7中的顶点着色器可能不如例8-6中的版本高效。因此，应用程序应该在GPU上测试着色器，将其作为应用程序初始化阶段的一部分，进而测试分歧流控的性能，以确定使用哪一个着色器。

8.5 变换反馈

变换反馈模式允许将顶点着色器的输出捕捉到缓冲区对象中。然后，输出缓冲区可以作为后续绘图调用中顶点数据的来源。这种方法对于在GPU上执行动画而无需任何CPU干预的许多种技术很有用，例如粒子动画或者渲染到顶点缓冲区的物理学模拟。

要指定变换反馈模式期间捕捉的一组顶点属性，可以使用如下命令：

```
void glTransformFeedbackVaryings(GLuint program,
                                 GLsizei count,
                                 const char** varyings,
                                 GLenum bufferMode)
```

program 指定程序对象的句柄。

count 指定用于变换反馈的顶点输出变量的数量。

varyings 指定一个由Count个以0为结束符的字符串组成的数组，这些字符串指定用于变换反馈的顶点输出变量的名称。

bufferMode 指定变换反馈启用时用于捕捉顶点输出变量的模式。有效值是GL_INTERLEAVED_ATTRIBS——将顶点输出变量捕捉到单一缓冲区，以及GL_SEPARATE_ATTRIBS——将每个顶点输出变量捕捉到自己的缓冲区中。

调用glTransformFeedbackVaryings后，必须用glLinkProgram链接程序对象。例如，要指定两个顶点属性捕捉到一个变换反馈缓冲区，代码如下：

```
const char* varyings[] = { "v_position", "v_color" };
glTransformFeedbackVarying ( programObject, 2, varyings,
                             GL_INTERLEAVED_ATTRIBS );
glLinkProgram ( programObject );
```

然后，需要用带 GL_TRANSFORM_FEEDBACK_BUFFER 参数的 glBindBuffer 绑定一个或者多个缓冲区对象作为变换反馈缓冲区。该缓冲区用带 GL_TRANSFORM_FEEDBACK_BUFFER 参数的 glBufferData 分配，用 glBindBufferBase 或 glBindBufferRange 绑定到索引绑定点。这些缓冲区 API 在第 6 章中做了详细说明。

绑定变换反馈缓冲区之后，我们可以用如下 API 调用进入和退出变换反馈模式：

```
void    glBeginTransformFeedback(GLenum primitiveMode)
void    glEndTransformFeedback()
```

primitiveMode　指定将被捕捉到绑定变换反馈的缓冲区对象中的图元输出类型。变换反馈限于非索引的 GL_POINTS、GL_LINES 和 GL_TRIANGLES。

在 glBeginTransformFeedback 和 glEndTransformFeedback 之间发生的绘图调用的顶点输出将被捕捉到变换反馈缓冲区。表 8-1 指出了对应于变换反馈图元模式的允许绘图模式。

表 8-1　变换反馈图元模式和允许的绘图模式

图元模式	允许的绘图模式
GL_POINTS	GL_POINTS
GL_LINES	GL_LINES,GL_LINE_LOOP,GL_LINE_STRIP
GL_TRIANGLES	GL_TRIANGLES,GL_TRIANGLE_STRIP,GL_TRIANGLE_FAN

我们可以在设置带 GL_TRANSFORM_FEEDBACK_PRIMITIVES_WRITTEN 参数的 glBeginQuery 和 glEndQuery 之后，用 glGetQueryObjectuiv 检索成功写入变换反馈缓冲区对象的图元数量。例如，要在渲染一组点并查询写入点的数量时开始和结束变换反馈模式，代码如下：

```
glBeginTransformFeedback ( GL_POINTS );
   glBeginQuery ( GL_TRANSFORM_FEEDBACK_PRIMITIVES_WRITTEN,
                  queryObject );
      glDrawArrays ( GL_POINTS, 0, 10 );
   glEndQuery ( GL_TRANSFORM_FEEDBACK_PRIMITIVES_WRITTEN );
glEndTransformFeedback ( );

// query the number of primitives written
glGetQueryObjectuiv( queryObject, GL_QUERY_RESULT,
                     &numPoints );
```

我们可以在变换反馈模式中捕捉的同时用带 GL_RASTERIZER_DISCARD 参数的 glEnable 和 glDisable 启用和禁用光栅化。启用 GL_RASTERIZER_DISCARD 时，将不会运行任何片段着色器。

注意，我们将在第 14 章的“使用变换反馈的粒子系统”示例中描述一个使用变换反馈的完整例子。

8.6　顶点纹理

OpenGL ES 3.0 支持顶点着色器中的纹理查找操作。这在实现位移贴图等技术时很有用，你可以根据顶点着色器中的纹理查找值，沿顶点法线移动顶点位置。位移贴图技术的典型应用之一是渲染地形或者水面。

在顶点着色器中执行纹理查找有一些值得注意的限制：

- 细节层次不是隐含计算的。
- 不接受 texture 查找函数中的偏差参数。
- 基本纹理用于 Mip 贴图纹理。

OpenGL ES 实现支持的纹理图像单元的最大数量可以用带 GL_MAX_VERTEX_TEXTURE_UNITS 参数的 glGetIntegerv 查询。OpenGL ES 3.0 实现可以支持的最小值是 16。

例 8-8 是一个执行位移贴图的顶点着色器样板。在不同纹理单元上加载纹理的过程将在第 9 章中详细介绍。

例 8-8　位移贴图顶点着色器

```
#version 300 es

// uniforms used by the vertex shader
uniform mat4 u_mvpMatrix; // matrix to convert P from
                          // model space to clip space

uniform sampler2D displacementMap;

// attribute inputs to the vertex shader
layout(location = 0) in vec4 a_position; // input position value
layout(location = 1) in vec3 a_normal;   // input normal value
layout(location = 2) in vec2 a_texcoord; // input texcoord value
layout(location = 3) in vec4 a_color;    // input color

// vertex shader output, input to the fragment shader
out vec4 v_color;

void main ( )
{
   v_color = a_color;
   float displacement = texture ( displacementMap,
                                  a_texcoord ).a;

   vec4 displaced_position = a_position +
                          vec4 ( a_normal * displacement, 0.0 );
   gl_Position = u_mvpMatrix * displaced_position;
}
```

我们希望目前为止所讨论的例子已经帮助你很好地理解了顶点着色器，包括如何编写它们、如何将它们用于各种特效数组。

8.7　将 OpenGL ES 1.1 顶点管线作为 ES 3.0 顶点着色器

现在，我们讨论一个实现不含顶点蒙皮功能的 OpenGL ES 1.1 固定功能顶点管线的顶点着色器。这也可以作为一个有趣的练习，了解多大的顶点着色器能在所有 OpenGL ES 3.0 实现上运行。

这个顶点着色器实现 OpenGL ES 1.1 顶点管线的如下固定功能：

- 在必要时将法线和位置变换到眼睛空间（对于照明通常是必需的），还执行法线的比例调整或者规范化。
- 为多达 8 个直射光源、点光源或者聚光灯计算 OpenGL ES 1.1 顶点照明方程式，每个顶点有双面照明和彩色材料。
- 换纹理坐标，每个顶点最多两个纹理坐标。
- 计算传递给片段着色器的雾化因子。片段着色器使用雾化因子在雾化颜色和顶点颜色之间插值。
- 计算逐顶点用户裁剪平面因子。只支持一个用户裁剪平面。
- 将位置变换到裁剪空间。

例 8-9 是实现前面描述的 OpenGL ES 1.1 固定功能顶点管线的顶点着色器。

例 8-9　OpenGL ES 1.1 固定功能顶点管线

```
#version 300 es
//******************************************************************
//
// OpenGL ES 3.0 vertex shader that implements the following
// OpenGL ES 1.1 fixed-function pipeline
//
// - compute lighting equation for up to eight
//   directional/point/spotlights
// - transform position to clip coordinates
// - texture coordinate transforms for up to two texture
//   coordinates
// - compute fog factor
// - compute user clip plane dot product (stored as
//   v_ucp_factor)
//
//******************************************************************
#define NUM_TEXTURES          2
#define GLI_FOG_MODE_LINEAR   0
#define GLI_FOG_MODE_EXP      1
#define GLI_FOG_MODE_EXP2     2

struct light
{
   vec4  position; // light position for a point/spotlight or
                   // normalized dir. for a directional light
   vec4  ambient_color;
   vec4  diffuse_color;
   vec4  specular_color;
   vec3  spot_direction;
   vec3  attenuation_factors;
   float spot_exponent;
```

```
    float spot_cutoff_angle;
    bool  compute_distance_attenuation;
};
struct material
{
   vec4  ambient_color;
   vec4  diffuse_color;
   vec4  specular_color;
   vec4  emissive_color;
   float specular_exponent;
};

const float      c_zero = 0.0;
const float      c_one = 1.0;
const int        indx_zero = 0;
const int        indx_one = 1;

uniform mat4     mvp_matrix;  // combined model-view +
                              // projection matrix

uniform mat4     modelview_matrix;  // model-view matrix
uniform mat3     inv_transpose_modelview_matrix; // inverse
                                    // model-view matrix used
                                    // to transform normal
uniform mat4     tex_matrix[NUM_TEXTURES]; // texture matrices
uniform bool     enable_tex[NUM_TEXTURES]; // texture enables
uniform bool     enable_tex_matrix[NUM_TEXTURES]; // texture
                                              // matrix enables

uniform material  material_state;
uniform vec4      ambient_scene_color;
uniform light     light_state[8];
uniform bool      light_enable_state[8]; // booleans to indicate
                                         // which of eight
                                         // lights are enabled
uniform int       num_lights; // number of lights
                              // enabled = sum of
                              // light_enable_state bools
                              // set to TRUE

uniform bool      enable_lighting;       // is lighting enabled
uniform bool      light_model_two_sided; // is two-sided
                                         // lighting enabled
uniform bool      enable_color_material; // is color material
                                         // enabled
uniform bool      enable_fog;            // is fog enabled
uniform float     fog_density;
uniform float     fog_start, fog_end;
uniform int       fog_mode;  // fog mode: linear, exp, or exp2
uniform bool      xform_eye_p; // xform_eye_p is set if we need
                               // Peye for user clip plane,
                               // lighting, or fog
uniform bool      rescale_normal;   // is rescale normal enabled
uniform bool      normalize normal; // is normalize normal
```

```
                              // enabled
uniform float     rescale_normal_factor; // rescale normal
                                    // factor if
                            // glEnable(GL_RESCALE_NORMAL)

uniform vec4      ucp_eqn;  // user clip plane equation;
                        // one user clip plane specified

uniform bool      enable_ucp;  // is user clip plane enabled

//******************************************************
// vertex attributes: not all of them may be passed in
//******************************************************
in vec4    a_position;  // this attribute is always specified
in vec4    a_texcoord0; // available if enable_tex[0] is true
in vec4    a_texcoord1; // available if enable_tex[1] is true
in vec4    a_color;     // available if !enable_lighting or
                // (enable_lighting && enable_color_material)
in vec3    a_normal;    // available if xform_normal is set
                        // (required for lighting)

//*************************************************
// output variables of the vertex shader
//*************************************************
out vec4          v_texcoord[NUM_TEXTURES];
out vec4          v_front_color;
out vec4          v_back_color;
out float         v_fog_factor;
out float         v_ucp_factor;

//*************************************************
// temporary variables used by the vertex shader
//*************************************************
vec4                     p_eye;
vec3                     n;
vec4                     mat_ambient_color;
vec4                     mat_diffuse_color;
vec4 lighting_equation ( int i )
{
   vec4  computed_color = vec4( c_zero, c_zero, c_zero,
                                c_zero );
   vec3   h_vec;
   float  ndotl, ndoth;
   float  att_factor;
   vec3   VPpli;

   att_factor = c_one;
   if ( light_state[i].position.w != c_zero )
   {
      float  spot_factor;
      vec3  att_dist;

      // this is a point or spotlight
      // we assume "w" values for PPli and V are the same
      VPpli = light_state[i].position.xyz - p_eye.xyz;
```

```
    if ( light_state[i].compute_distance_attenuation )
    {
       // compute distance attenuation
       att_dist.x = c_one;
       att_dist.z = dot ( VPpli, VPpli );
       att_dist.y = sqrt ( att_dist.z ) ;
       att_factor = c_one / dot ( att_dist,
          light_state[i] .attenuation_factors );
    }
    VPpli = normalize ( VPpli );

    if ( light_state[i].spot_cutoff_angle < 180.0 )
    {
       // compute spot factor
       spot_factor = dot ( -VPpli,
                     light_state[i].spot_direction );
       if( spot_factor >= cos ( radians (
                 light_state[i].spot_cutoff_angle ) ) )
          spot_factor = pow ( spot_factor,
                        light_state[i].spot_exponent );
       else
          spot_factor = c_zero;

       att_factor *= spot_factor;
    }
 }
 else
 {
    // directional light
    VPpli = light_state[i].position.xyz;
 }

 if( att_factor > c_zero )
 {
    // process lighting equation --> compute the light color
    computed_color += ( light_state[i].ambient_color *
                        mat_ambient_color );
    ndotl = max( c_zero, dot( n, VPpli ) );
    computed_color += ( ndotl * light_state[i].diffuse_color *
                       mat_diffuse_color );
     h_vec = normalize( VPpli + vec3(c_zero, c_zero, c_one ) );
     ndoth = dot ( n, h_vec );
     if ( ndoth > c_zero )
     {
        computed_color += ( pow ( ndoth,
                          material_state.specular_exponent ) *
                          material_state.specular_color *
                          light_state[i].specular_color );
     }
     computed_color *= att_factor; // multiply color with
                                   // computed attenuation
                                   // factor
                                   // * computed spot factor
 }
```

```
   return computed_color;
}

float compute_fog( )
{
   float  f;

   // use eye Z as approximation
   if ( fog_mode == GLI_FOG_MODE_LINEAR )
   {
      f = ( fog_end - p_eye.z ) / ( fog_end - fog_start );
   }
   else if ( fog_mode == GLI_FOG_MODE_EXP )
   {
      f = exp( - ( p_eye.z * fog_density ) );
   }
   else
   {
      f = ( p_eye.z * fog_density );
      f = exp( -( f * f ) );
   }

   f = clamp ( f, c_zero, c_one) ;
   return f;
}

vec4 do_lighting( )
{
   vec4   vtx_color;
   int    i, j ;

   vtx_color = material_state.emissive_color +
               ( mat_ambient_color * ambient_scene_color );
   j = int( c_zero );
   for ( i=int( c_zero ); i<8; i++ )
   {
      if ( j >= num_lights )
         break;

      if ( light_enable_state[i] )
      {
         j++;
         vtx_color += lighting_equation(i);
      }
   }

   vtx_color.a = mat_diffuse_color.a;

   return vtx_color;
}

void main( void )
{
   int  i, j;
```

```
    // do we need to transform P
    if ( xform_eye_p )
       p_eye = modelview_matrix * a_position;

    if ( enable_lighting )
    {
       n = inv_transpose_modelview_matrix * a_normal;
       if ( rescale_normal )
          n = rescale_normal_factor * n;
    if ( normalize_normal )
       n = normalize(n);

    mat_ambient_color = enable_color_material ? a_color
                                : material_state.ambient_color;
    mat_diffuse_color = enable_color_material ? a_color
                                : material_state.diffuse_color;
    v_front_color = do_lighting( );
    v_back_color = v_front_color;

    // do two-sided lighting
    if ( light_model_two_sided )
    {
       n = -n;
       v_back_color = do_lighting( );
    }
 }
 else
 {
    // set the default output color to be the per-vertex /
    // per-primitive color
    v_front_color = a_color;
    v_back_color = a_color;
 }

 // do texture transforms
 v_texcoord[indx_zero] = vec4( c_zero, c_zero, c_zero,
                               c_one );
 if ( enable_tex[indx_zero] )
 {
    if ( enable_tex_matrix[indx_zero] )
       v_texcoord[indx_zero] = tex_matrix[indx_zero] *
                                a_texcoord0;
    else
       v_texcoord[indx_zero] = a_texcoord0;
 }

 v_texcoord[indx_one] = vec4( c_zero, c_zero, c_zero, c_one );
 if ( enable_tex[indx_one] )
 {
    if ( enable_tex_matrix[indx_one] )
       v_texcoord[indx_one] = tex_matrix[indx_one] *
                              a_texcoord1;
    else
       v_texcoord[indx_one] = a_texcoord1;
 }
```

```
    v_ucp_factor = enable_ucp ? dot ( p_eye, ucp_eqn ) : c_zero;
    v_fog_factor = enable_fog ? compute_fog( ) : c_one;

    gl_Position = mvp_matrix * a_position;
}
```

8.8　小结

在本章中，我们通过一些顶点着色器示例，高度概括了顶点着色器融入管线和在定点着色器中执行变换、照明、蒙皮和位移贴图的方法。此外，你还学习了如何使用变换反馈模式将顶点输出捕捉到缓冲区对象，以及如何用顶点着色器实现固定功能管线。接下来，我们将讨论片段着色器，介绍 OpenGL ES 3.0 的纹理功能。

Chapter 9 第9章

纹　理

我们已经详细介绍了顶点着色器，你应该已经熟悉了顶点变换和准备渲染图元的所有细节。管线的下一步是片段着色器，这是大部分 OpenGL ES 3.0 视觉魔法发生的地方。片段着色器的核心方面是对表面应用纹理。本章介绍创建、加载和应用纹理的所有细节：

- 纹理基础知识
- 加载纹理和 mip 贴图
- 纹理过滤和包装
- 纹理细节级别、混合和深度对比
- 纹理格式
- 在片段着色器中使用纹理
- 纹理子图像规范
- 从帧缓冲区复制纹理数据
- 压缩纹理
- 采样器对象
- 不可变纹理
- 像素解包缓冲区对象

9.1　纹理基础

3D 图形渲染中最基本的操作之一是对一个表面应用纹理。纹理可以表现只从网格的几何形状中无法得到的附加细节。OpenGL ES 3.0 中的纹理有多种形式：2D 纹理、2D 纹理数组、

3D纹理和立方图纹理。

纹理通常使用纹理坐标应用到一个表面，纹理坐标可以视为纹理数组数据中的索引。下面几个小节介绍OpenGL ES中的不同纹理类型，并说明加载和访问它们的方法。

9.1.1 2D纹理

2D纹理是OpenGL ES中最基本和常用的纹理形式。正如你可能猜到的那样，2D纹理是一个图像数据的二维数组。一个纹理的单独数据元素称作“纹素”（Texel，“texture pixels”（纹理像素）的简写）。OpenGL ES中的纹理图像数据可以用许多不同的基本格式表现。纹理数据可用的基本格式如表9-1所示。

图像中的每个纹素根据基本格式和数据类型指定。后面，我们将详细地描述表现纹素的不同数据类型。现在，需要理解的重点是，2D纹理是一个图像数据的二维数组。用2D纹理渲染时，纹理坐标用作纹理图像中的索引。一般来说，在3D内容创作程序中将制作一个网格，每个顶点都有一个纹理坐标。2D纹理的纹理坐标用一对2D坐标（*s*，*t*）指定，有时也称作（*u*，*v*）坐标。这些坐标代表用于查找一个纹理贴图的规范化坐标，如图9-1所示。

表9-1 纹理基本格式

基本格式	纹素数据描述
GL_RED	（红）
GL_RG	（红，绿）
GL_RGB	（红，绿，蓝）
GL_RGBA	（红，绿，蓝，Alpha）
GL_LUMINANCE	（亮度）
GL_LUMINANCE_ALPHA	（亮度，Alpha）
GL_ALPHA	（Alpha）
GL_DEPTH_COMPONENT	（深度）
GL_DEPTH_STENCIL	（深度，模板）
GL_RED_INTEGER	（整数红）
GL_RG_INTEGER	（整数红，整数绿）
GL_RGB_INTEGER	（整数红，整数绿，整数蓝）
GL_RGBA_INTEGER	（整数红，整数绿，整数蓝，整数Alpha）

纹理图像的左下角由*st*坐标（0.0，0.0）指定，右上角由*st*坐标（1.0，1.0）指定。在[0.0,1.0]区间之外的坐标是允许的，在该区间之外的纹理读取行为由纹理包装模式定义（在有关纹理过滤和包装的小节中描述）。

9.1.2 立方图纹理

除了2D纹理之外，OpenGL ES 3.0还支持立方图纹理。从最基本的特征讲，立方图就是一个由6个单独2D纹理面组成的纹理。立方图的每个面代表立方体六面中的一个。虽然立方图在3D渲染中有多种高级的使用方式，但是最常用的是所谓的环境贴图特效。对这种特效，环境在物体上的倒影通过使用一个表示环境的立方图渲染。通常，生成环境贴图所用的立方图通过在场景中央放置一个摄像机，从6个轴的方向（+X，–X，+Y，–Y，+Z，–Z）捕捉场景图像并将结果保存在立方体的每个面来生成。

立方图纹素的读取通过使用一个3D向量（s，t，r）作为纹理坐标，在立方图中查找。纹理坐标（s，t，r）代表着3D向量的（x，y，z）分量。这个3D向量首先用于选择立方图中需要读取的一个面，然后该坐标投影到2D坐标（s，t），从该面上读取。计算2D坐标（s，t）的实际算法超出了本节的范围，只要知道3D向量用于查找立方图就够了。你可以通过从一个立方体内部的原点绘制一个3D向量来直观地了解这一过程。这个向量与立方体相交的点就是从立方图读取的纹素。图9-2说明了这个概念，其中一个3D向量与立方体的面相交。

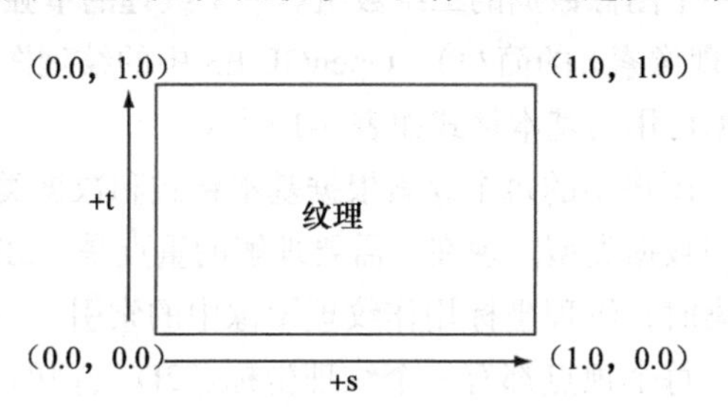

图9-1　2D纹理坐标

立方图各个面的指定方法与2D纹理的相同。每个面必须为正方形（宽度和高度必须相等），每个面的宽度和高度都一样。用于纹理坐标的3D向量与2D纹理的不同，通常不直接逐顶点地保存在网格上。相反，立方图通常使用法向量作为计算立方图纹理坐标的基础来读取。一般来说，法向量和一个来自眼睛的向量一起使用，计算出一个反射向量，然后用这个向量在立方图中查找。这种计算在第14章的环境贴图示例中描述。

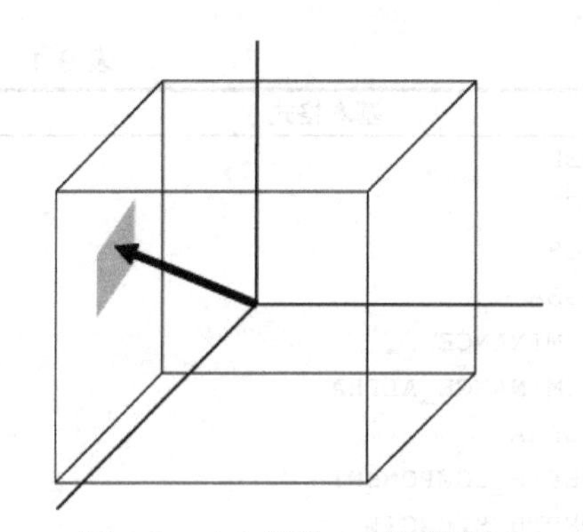
图9-2　立方图的3D纹理坐标

9.1.3　3D纹理

OpenGL ES 3.0中的另一类纹理是3D纹理（或者体纹理）。3D纹理可以看作2D纹理多个切片的一个数组，它用一个3元（s，t，r）坐标访问，这与立方图很相似。对于3D纹理，r坐标选择3D纹理中需要采样的切片，（s，t）坐标用于读取每个切片中的2D贴图。图9-3展示了一个3D纹理，其中每个切片由一个单独的2D纹理组成。3D纹理中的每个mip贴图级别包含上一个级别的纹理中的半数切片（后面将详述）。

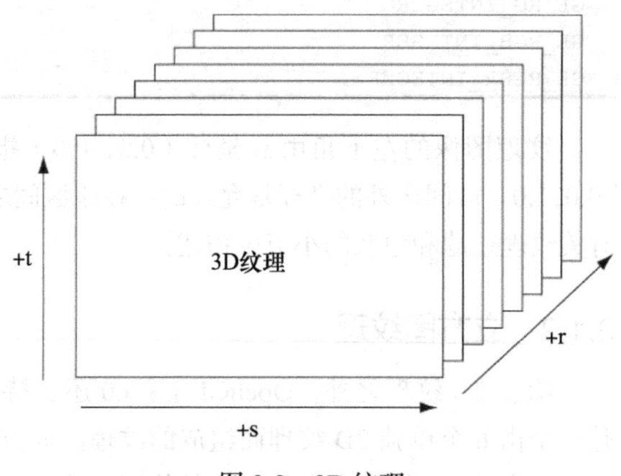

图9-3　3D纹理

9.1.4 2D 纹理数组

OpenGL ES 3.0 中最后一种纹理是 2D 纹理数组。2D 纹理数组与 3D 纹理很相似，但是用途不同。例如，2D 纹理数组常常用于存储 2D 图像的一个动画。数组的每个切片表示纹理动画的一帧。2D 纹理数组和 3D 纹理之间的差别很细微，但是很重要。对于 3D 纹理，过滤发生在切片之间，而从 2D 纹理数组中读取只从一个单独的切片采样。mip 贴图也不一样。2D 纹理数组中的每个 mip 贴图级别包含与以上级别相同的切片数量。每个 2D 切片的 mip 贴图完全独立于其他切片（这与 3D 纹理的情况不同，3D 纹理的每个 mip 贴图级别只有以上级别切片数量的一半）。

为了在 2D 纹理数组中定位，需使用与 3D 纹理一样的纹理坐标（s，t，r），r 坐标选择 2D 纹理数组中要使用的切片，（s，t）坐标用于选择切片，选择的方法与 2D 纹理完全一样。

9.1.5 纹理对象和纹理的加载

纹理应用的第一步是创建一个纹理对象。纹理对象是一个容器对象，保存渲染所需的纹理数据，例如图像数据、过滤模式和包装模式。在 OpenGL ES 中，纹理对象用一个无符号整数表示，该整数是纹理对象的一个句柄。用于生成纹理对象的函数是 glGenTextures。

```
void    glGenTextures(GLsizei n,    GLuint *textures)
```

n 指定要生成的纹理对象数量

textures 一个保存 n 个纹理对象 ID 的无符号整数数组

在创建的时候，glGenTextures 生成的纹理对象是一个空的容器，用于加载纹理数据和参数。纹理对象在应用程序不再需要它们的时候也必须删除。这一步骤通常在应用程序关闭或者游戏级别改变时完成，可以使用 glDeleteTextures 实现。

```
void    glDeleteTextures(GLsizei n,    GLuint *textures)
```

n 指定要删除的纹理对象数量

textures 一个保存要删除的 n 个纹理对象 ID 的无符号整数数组

一旦用 glGenTextures 生成了纹理对象 ID，应用程序就必须绑定纹理对象进行操作。绑定纹理对象之后，后续的操作（如 glTexImage2D 和 glTexParameter）将影响绑定的纹理对象。用于绑定纹理对象的函数是 glBindTexture。

```
void    glBindTexture(GLenum target, GLuint texture)
```

target 将纹理对象绑定到 GL_TEXTURE_2D、GL_TEXTURE_3D、GL_TEXTURE_2D_ARRAY 或者 GL_TEXTURE_CUBE_MAP 目标

texture 要绑定的纹理对象句柄

一旦纹理绑定到一个特定的纹理目标，纹理对象在删除之前就一直绑定到它的目标。生

成纹理对象并绑定它之后，使用纹理的下一个步骤是真正地加载图像数据。用于加载2D和立方图纹理的基本函数是glTexImage2D。此外，在OpenGL ES 3.0中可以使用多种替代方法指定2D纹理，包括不可变纹理（glTexStorage2D）和glTexSubImage2D的结合。我们首先从最基本的方法开始——使用glTexImage2D——并在本章后面描述不可变纹理。为了得到最佳的性能，建议使用不可变纹理。

```
void   glTexImage2D(GLenum target,    GLint level,
                    GLenum internalFormat,    GLsizei width,
                    GLsizei height,   GLint border,
                    GLenum format,    GLenum type,
                    const void* pixels)
```

level 指定要加载的mip级别。第一个级别为0，后续的mip贴图级别递增

internalFormat 纹理存储的内部格式；可以是未确定大小的基本内部格式，或者是确定大小的内部格式。有效的internalFormat、format和type组合在表9-4至表9-10中提供

未确定大小的内部格式可以为

GL_RGBA, GL_RGB, GL_LUMINANCE_ALPHA
GL_LUMINANCE, GL_ALPHA

确定大小的内部格式有

GL_R8, GL_R8_SNORM, GL_R16F, GL_R32F
GL_R8UI, GL_R16UI, GL_R32UI, GL_R32I
GL_RG8, GL_RG8_SNORM, GL_RG16F, GL_RG32F
GL_RG8UI, GL_RG8I, GL_RG16UI, GL_RG32UI
GL_RG32I, GL_RGB8, GL_SRGB8, GL_RGB565
GL_RGB8_SNORM, GL_R11F_G11F_B10F
GL_RGB9_E5, GL_RGB16F, GL_RGB32F
GL_RGB8UI, GL_RGB16UI, GL_RGB16I, GL_RGB32UI
GL_RGB32I, GL_RGBA8, GL_SRGB8_ALPHA8
GL_RGBA8_SNORM, GL_RGB5_A1, GL_RGBA4
GL_RGB10_A2, GL_RGBA16F, GL_RGBA32F
GL_RGBA8UI, GL_RGBA8I, GL_RGB10_A2UI
GL_RGBA16UI, GL_RGBA16I, GL_RGBA32I
GL_RGBA32UI, GL_DEPTH_COMPONENT16
GL_DEPTH_COMPONENT24, GL_DEPTH_COMPONENT32F
GL_DEPTH24_STENCIL8, GL_DEPTH24F_STENCIL8

width 图像的像素宽度

height 图像的像素高度

border 这个参数中在OpenGL ES中被忽略，保留它是为了与桌面的OpenGL接口兼容；应该为0

format 输入的纹理数据格式；可以为

GL_RED
GL_RED_INTEGER
GL_RG
GL_RG_INTEGER
GL_RGB
GL_RGB_INTEGER
GL_RGBA
GL_RGBA_INTEGER
GL_DEPTH_COMPONENT
GL_DEPTH_STENCIL
GL_LUMINANCE_ALPHA
GL_ALPHA

type 输入像素数据的类型；可以是

GL_UNSIGNED_BYTE
GL_BYTE
GL_UNSIGNED_SHORT
GL_SHORT
GL_UNSIGNED_INT
GL_INT
GL_HALF_FLOAT
GL_FLOAT
GL_UNSIGNED_SHORT_5_6_5
GL_UNSIGNED_SHORT_4_4_4_4
GL_UNSIGNED_SHORT_5_5_5_1
GL_UNSIGNED_INT_2_10_10_10_REV
GL_UNSIGNED_INT_10F_11F_11F_REV
GL_UNSIGNED_INT_5_9_9_9_REV
GL_UNSIGNED_INT_24_8
GL_FLOAT_32_UNSIGNED_INT_24_8_REV
GL_UNSIGNED_SHORT_5_6_5

pixels 包含图像的实际像素数据。数据必须包含（width*height × 高度）个像素，每个像素根据格式和类型规范有相应的字节数。像素行必须对齐到用glPixelStorei（接下来将给出定义）设置的GL_UNPACK_ALIGNMENT

例9-1来自Simple_Texture2D示例，演示了生成纹理对象、绑定该对象然后加载由无符号字节表示的RGB图像数据组成的2×2 2D纹理。

例9-1 生成纹理对象、绑定并加载图像数据

```
// Texture object handle
GLuint textureId;

// 2 x 2 Image, 3 bytes per pixel (R, G, B)
GLubyte pixels[4 * 3] =

{
```

```
   255,   0,   0,   // Red
     0, 255,   0,   // Green
     0,   0, 255,   // Blue
   255, 255,   0    // Yellow
};

// Use tightly packed data
glPixelStorei(GL_UNPACK_ALIGNMENT, 1);

// Generate a texture object
glGenTextures(1, &textureId);

// Bind the texture object
glBindTexture(GL_TEXTURE_2D, textureId);

// Load the texture
glTexImage2D(GL_TEXTURE_2D, 0, GL_RGB, 2, 2, 0, GL_RGB,
             GL_UNSIGNED_BYTE, pixels);

// Set the filtering mode
glTexParameteri(GL_TEXTURE_2D, GL_TEXTURE_MIN_FILTER,
                GL_NEAREST);
glTexParameteri(GL_TEXTURE_2D, GL_TEXTURE_MAG_FILTER,
                GL_NEAREST);
```

在代码的第一部分，pixels 数组用简单的 2×2 纹理数据初始化。这些数据由无符号字节 RGB 三元组组成，范围为 [0,255]。当着色器中从一个 8 位无符号字节纹理分量读取数据时，该值从 [0, 255] 区间被映射到浮点区间 [0.0, 1.0]。一般来说，应用程序不会以这种简单的方式创建纹理数据，而从一个图像文件中加载数据。这个例子是为了演示 API 的使用方法。

在调用 glTexImage2D 之前，应用程序调用 glPixelStorei 设置解包对齐。通过 glTexImage2D 上传纹理数据时，像素行被认定为对齐到 GL_UNPACK_ALIGNMENT 设置的值。默认情况下，该值为 4，意味着像素行被认定为从 4 字节的边界开始。

这个应用程序将解包对齐设置为 1，意味着每个像素行从字节边界开始（换言之，数据被紧密打包）。glPixelStorei 的完整定义将在下面给出。

```
void glPixelStorei(GLenum pname, GLint param)
```

pname 指定设置的像素存储类型。下面的选项影响调用 glTexImage2D、glTexImage3D、glTexSubImage2D 和 glTexSubImage3D 时数据从内存中解包的方式：

GL_UNPACK_ROW_LENGTH, GL_UNPACK_IMAGE_HEIGHT,
GL_UNPACK_SKIP_PIXELS, GL_UNPACK_SKIP_ROWS,
GL_UNPACK_SKIP_IMAGES, GL_UNPACK_ALIGNMENT

下面的选项影响调用 glReadPixels 时数据打包到内存中的方式：

GL_PACK_ROW_LENGTH, GL_PACK_IMAGE_HEIGHT,
GL_PACK_SKIP_PIXELS, GL_PACK_SKIP_ROWS,
GL_PACK_SKIP_IMAGES, GL_PACK_ALIGNMENT

所有选项在表 9-2 中说明

param　指定包装或者解包选项的整数值

glPixelStorei 的 GL_PACK_xxxxx 参数对纹理图像上传没有任何影响。打包选项由 glReadPixels 使用，第 11 章将介绍这个函数。glPixelStorei 设置的打包和解包选项是全局状态，不由纹理对象存储，也不与之关联。在实践中，很少使用 GL_UNPACK_ALIGNMENT 之外的选项指定纹理。为了完整性起见，表 9-2 提供了像素存储选项的完整列表。

回到例 9-1 中的程序，在定义图像数据之后，用 glGenTextures 生成一个纹理对象，然后用 glBindTexture 将该对象绑定到 GL_TEXTURE_2D 目标。最后，用 glTexImage2D 将图像数据加载到纹理对象，格式设置为 GL_RGB，表示图像数据由（R,G，B）三元组组成。类型设置为 GL_UNSIGNED_BYTE，表示数据的每个通道存储在一个 8 位无符号字节中。加载纹理数据还有一些其他选项，包括表 9-1 中描述的不同格式。本章后面的 9.1.12 小节将描述所有纹理格式。

表 9-2　像素存储选项

像素存储选项	初始值	描　述
GL_UNPACK_ALIGNMENT GL_PACK_ALIGNMENT	4	指定图像中各行的对齐方式。默认情况下，图像始于 4 字节边界。将该值设置为 1 意味着图像紧密打包，各行对齐到字节边界
GL_UNPACK_ROW_LENGTH GL_PACK_ROW_LENGTH	0	如果该值非 0，则表示每个图像行中的像素数量。如果该值为 0，则行的长度为图像的宽度（也就是紧密打包）
GL_UNPACK_IMAGE_HEIGHT GL_PACK_IMAGE_HEIGHT	0	如果该值非 0，则表示作为 3D 纹理一部分的图像的每个列中像素的数量。这个选项可以用于在 3D 纹理的每个切片之间填充列。如果该值为 0，则图像中的列数等于高度（也就是紧密打包）
GL_UNPACK_SKIP_PIXELS GL_PACK_SKIP_PIXELS	0	如果该值非 0，则表示行开始处跳过的像素数量
GL_UNPACK_SKIP_ROWS GL_PACK_SKIP_ROWS	0	如果该值非 0，则表示图像开始时跳过的行数
GL_UNPACK_SKIP_IMAGES GL_PACK_SKIP_IMAGES	0	如果该值非 0，则表示 3 D 纹理中跳过的图像数

代码的最后一部分使用 glTexParameteri 将缩小和放大过滤模式设置为 GL_NEAREST。这段代码是必需的，因为我们还没有为纹理加载完整的 mip 贴图链；因此，必须选择非 mip 贴图缩小过滤器。用于缩小和放大模式的其他选项是 GL_LINEAR，提供双线性非 mip 贴图过滤。默认的纹理过滤和 mip 贴图将在下一小节中介绍。

9.1.6　纹理过滤和 mip 贴图

到目前为止，我们对 2D 纹理的介绍仅限于单个 2D 图像。尽管这使得我们能够解释纹理的概念，但是 OpenGL ES 中纹理的指定和使用还有一些其他的方法。这种复杂性与使用单个纹理贴图时发生的视觉伪像和性能问题有关。正如我们到目前为止所描述的那样，纹理坐标用于生成一个 2D 索引，以从纹理贴图中读取。当缩小和放大过滤器设置为 GL_NEAREST 时，就会发生这样的情况：一个纹素将在提供的纹理坐标位置上读取。这称作点采样或者最近采样。

但是，最近采样可能产生严重的视觉伪像，这是因为三角形在屏幕空间中变得较小，在不同像素间的插值中，纹理坐标有很大的跳跃。结果是，从一个大的纹理贴图中取得少量样本，造成锯齿伪像，而且可能造成巨大的性能损失。OpenGL ES 中解决这类伪像的方案被称作 mip 贴图（mipmapping）。mip 贴图的思路是构建一个图像链——mip 贴图链。mip 贴图链始于原来指定的图像，后续的每个图像在每个维度上是前一个图像的一半，一直持续到最后达到链底部的 1 × 1 纹理。mip 贴图级别可以编程生成，一个 mip 级别中的每个像素通常根据上一级别中相同位置的 4 个像素的平均值计算（盒式过滤）。

在 Chapter_9/MipMap2D 样板程序中，我们提供了一个例子演示如何通过使用盒式过滤技术生成 mip 贴图链。生成 mip 贴图链的代码由 GenMipMap2D 函数提供。这个函数以一个 RGB8 图像作为输入，在前面的图像上执行盒式过滤，生成下一个 mip 贴图级别。有关盒式过滤的细节参见示例中的源代码。如例 9-2 所示，mip 贴图链用 glTexImage2D 加载。

加载 mip 贴图链之后，便可以设置过滤模式，以使用 mip 贴图。结果是我们实现了屏幕像素和纹理像素间的更好比率，从而减少了锯齿伪像。图像的锯齿也减少了，这是因为 mip 贴图链中的每个图像连续进行过滤，使得高频元素随着贴图链的下移而越来越少。

例 9-2　加载一个 2D mip 贴图链

```
// Load mipmap level 0
glTexImage2D(GL_TEXTURE_2D, 0, GL_RGB, width, height,
             0, GL_RGB, GL_UNSIGNED_BYTE, pixels);

level = 1;
prevImage = &pixels[0];

while(width > 1 && height > 1)
{
   int newWidth,
       newHeight;

   // Generate the next mipmap level
   GenMipMap2D(prevImage, &newImage, width, height, &newWidth,
               &newHeight);

   // Load the mipmap level
   glTexImage2D(GL_TEXTURE_2D, level, GL_RGB,
                newWidth, newHeight, 0, GL_RGB,
                GL_UNSIGNED_BYTE, newImage);

   // Free the previous image
   free(prevImage);
```

```
    // Set the previous image for the next iteration
    prevImage = newImage;
    level++;

    // Half the width and height
    width = newWidth;
    height = newHeight;
}

free(newlmage);
```

纹理渲染时发生两种过滤：缩小和放大。缩小发生在屏幕上投影的多边形小于纹理尺寸的时候。放大发生在屏幕上投影的多边形大于纹理尺寸的时候。过滤器类型的确定由硬件自动处理，但是 API 提供了对每种情况下使用的过滤类型的控制。对于放大，mip 贴图不起作用，因为我们总是从最大的可用级别进行采样。对于缩小，可以使用不同的采样模式。所用模式的选择基于你需要实现的显示质量水平以及为了纹理过滤愿意损失多少性能。

过滤模式（和许多其他纹理选项）用 glTexParameter [i|f][v] 指定。接下来描述纹理过滤模式，其余选项在后面的几个小节中介绍。

```
void    glTexParameteri(GLenum target,   GLenum pname,
                        GLint param)
void    glTexParameteriv(GLenum target,   GLenum pname,
                         const GLint *params)
void    glTexParameterf(GLenum target,   GLenum pname,
                        GLfloat param)
void    glTexParameterfv(GLenum target,   GLenum pname,
                         const GLfloat *params)
```

target 纹理目标可以为 GL_TEXTURE_2D、GL_TEXTURE_3D、GL_TEXTURE_2D_ARRAY 或 GL_TEXTURE_CUBE_MAP

pname 设置参数，可以为如下之一：

```
GL_TEXTURE_BASE_LEVEL
GL_TEXTURE_COMPARE_FUNC
GL_TEXTURE_COMPARE_MODE
GL_TEXTURE_MIN_FILTER
GL_TEXTURE_MAG_FILTER
GL_TEXTURE_MIN_LOD
GL_TEXTURE_MAX_LOD
GL_TEXTURE_MAX_LEVEL
GL_TEXTURE_SWIZZLE_R
GL_TEXTURE_SWIZZLE_G
GL_TEXTURE_SWIZZLE_B
GL_TEXTURE_SWIZZLE_A
GL_TEXTURE_WRAP_S
GL_TEXTURE_WRAP_T
GL_TEXTURE_WRAP_R
```

params 纹理参数设置值（或者“v”入口点的设置值数组）：

如果*pname*是GL_TEXTURE_MAG_FILTER，则*param*可能为GL_NEAREST或GL_LINEAR

如果*pname*是GL_TEXTURE_MIN_FILTER，则*param*可能为GL_NEAREST、GL_LINEAR、GL_NEAREST_MIPMAP_NEAREST、GL_NEAREST_MIPMAP_LINEAR、GL_LINEAR_MIPMAP_NEAREST或GL_LINEAR_MIPMAP_LINEAR

如果*pname*是GL_TEXTURE_WRAP_S、GL_TEXTURE_WRAP_R或GL_TEXTURE_WRAP_T，则*param*可能为GL_REPEAT、GL_CLAMP_TO_EDGE或GL_MIRRORED_REPEAT

如果*pname*是GL_TEXTURE_COMPARE_FUNC，则*param*可能为GL_LEQUAL、GL_EQUAL、GL_LESS、GL_GREATER、GL_EQUAL、GL_NOTEQUAL、GL_ALWAYS或GL_NEVER

如果*pname*是GL_TEXTURE_COMPARE_MODE，则*param*可能为GL_COMPARE_REF_TO_TEXTURE或GL_NONE

如果*pname*是GL_TEXTURE_SWIZZLE_R、GL_TEXTURE_SWIZZLE_G、GL_TEXTURE_SWIZZLE_B或GL_TEXTURE_SWIZZLE_A，则*param*可能为GL_RED、GL_GREEN、GL_BLUE、GL_ALPHA、GL_ZERO或GL_ONE

放大过滤器可能是GL_NEAREST或GL_LINEAR。在GL_NEAREST放大过滤中，将从最靠近纹理坐标的纹理中取得单点样本。在GL_LINEAR放大过滤中，将从纹理坐标附近的纹理中取得一个双线性样本（4个样本的平均值）。

缩小过滤器可以设置为如下值中的任意一个：

- GL_NEAREST——从最靠近纹理坐标的纹理中获得一个单点样本。
- GL_LINEAR——从最靠近纹理坐标的纹理中获得一个双线性样本。
- GL_NEAREST_MIPMAP_NEAREST——从所选的最近的mip级别中取得单点样本。
- GL_NEAREST_MIPMAP_LINEAR——从两个最近的mip级别中获得样本，并在这些样本之间插值。
- GL_LINEAR_MIPMAP_NEAREST——从所选的最近mip级别中获得双线性样本。
- GL_LINEAR_MIPMAP_LINEAR——从两个最近的mip级别中获得双线性样本，然后在它们之间插值。最后这一种模式通常被称作三线性过滤，产生所有模式中最佳的质量。

注意 在纹理缩小模式中，只有GL_NEAREST和GL_LINEAR不需要为纹理指定完整的mip贴图链。其他所有模式都要求纹理存在完整的mip贴图链。

图 9-4 中的 MipMap2D 示例展示了用 GL_NEAREST 和 GL_LINEAR_MIPMAP_LINEAR 过滤绘制的多边形之间的差别。

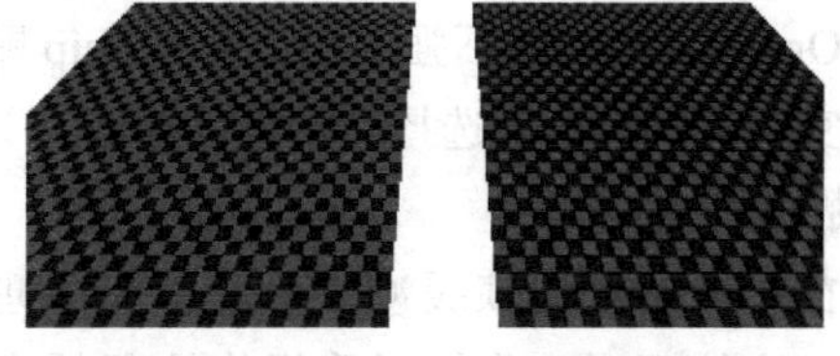

图 9-4 MipMap2D：最近过滤和三线性过滤的对比

值得一提的是，你选择的纹理过滤模式对性能有一定的影响。如果发生缩小且担心性能，那么使用 mip 贴图过滤模式通常是大部分硬件上的最佳选择。如果没有 mip 贴图，则纹理缓存利用率可能非常低，因为读取发生在贴图的少数位置。然而，你选择的过滤模式越高，在硬件中的性能代价就越大。例如，在大部分硬件上，进行双线性过滤的代价低于三线性过滤。你应该选择一种可以提供所要的质量但是不会对性能有过分负面影响的模式。在某些硬件上，你可能轻松地获得高质量的过滤，特别是在纹理过滤带来的开销不是你的瓶颈时。这需要在应用程序和计划运行应用程序的硬件上进行调整。

无缝立方图过滤

关于过滤，OpenGL ES 3.0 中有一个新变化，与立方图的过滤有关。在 OpenGL ES 2.0 中，当线性过滤核心落到立方图边缘时，过滤将只发生在立方图的一个面上。这将在立方图各面之间的边上造成伪像。在 OpenGL ES 3.0 中，立方图过滤现在是无缝的——如果过滤核心跨越立方图不只一个面，核心将会从其覆盖的每个面中获得样本。无缝过滤在立方图各面的边缘形成了更平滑的过滤。在 OpenGL ES 3.0 中，你不需要做任何操作就可以启用无缝立方图过滤，所有线性过滤核心将自动使用它。

9.1.7 自动 mip 贴图生成

在前一节的 MipMap2D 示例中，应用程序创建 mip 贴图链中第 0 级的一个图像，然后对每个图像执行盒式过滤并连续将宽度和高度减半，从而生成 mip 贴图链的其他部分。这是生成 mip 贴图的一种途径，但是 OpenGL ES 3.0 还提供了用 glGenerateMipmap 自动生成 mip 贴图的机制。

```
void    glGenerateMipmap(GLenum target)
```

target 为之生成 mip 贴图的纹理目标；可以是 GL_TEXTURE_2D、GL_TEXTURE_3D、GL_TEXTURE_2D_ARRAY 或 GL_TEXTURE_CUBE_MAP

在绑定的纹理对象上调用 glGenerateMipmap 时，这个函数将从 0 级图像的内容生成整个 mip 贴图链。对于 2D 纹理，0 级纹理内容将持续地被过滤并用于每个后续级别。对于立方图，立方体的每一面都由各面的 0 级生成。当然，要将这个函数用于立方图，你必须为立方体的每个面指定 0 级，每个面的内部格式、宽度和高度必须匹配。对于 2D 纹理数组，数组的每个切片将进行与2D纹理一样的过滤。最后，对于3D纹理，将通过过滤各个切片生成全体的mip贴图。

OpenGL ES 3.0不强制用于生成mip贴图的特定过滤算法（但是规范中推荐盒式过滤，各种实现可以自由地选择它们使用的算法）。如果你需要特定的过滤方法，就必须自己生成mip贴图。

在你开始使用帧缓冲区对象渲染纹理时，自动化mip贴图生成变得特别重要。当渲染到一个纹理时，我们不希望将纹理的内容读回CPU来生成mip贴图，相反，可以使用glGenerateMipmap和图形硬件，然后在不需要将数据读回CPU的情况下生成mip贴图。在第12章中更详细地介绍帧缓冲区对象时，这一点将变得很明显。

9.1.8 纹理坐标包装

纹理包装模式用于指定纹理坐标超出［0.0，1.0］范围时所发生的行为，用glTexParameter［i|f］［v］设置。这些模式可以为*s*、*t*、*r*坐标单独设置。GL_TEXTURE_WRAP_S模式定义*s*坐标超出［0.0，1.0］范围时发生的行为，GL_TEXTURE_WRAP_T设置*t*坐标的行为，GL_TEXTURE_WRAP_R设置*r*坐标的行为（*r*坐标包装仅用于3D纹理和2D纹理数组）。在OpenGL ES中有三个包装模式可供选择，如表9-3所示。

表9-3 纹理包装模式

纹理包装模式	描述
GL_REPEAT	重复纹理
GL_CLAMP_TO_EDGE	限定读取纹理的边缘
GL_MIRRORED_REPEAT	重复纹理和镜像

注意，纹理包装模式也影响过滤行为。例如，当纹理坐标在纹理的边缘时，线性过滤核心可能跨越纹理的边缘。在这种情况下，包装模式将决定对于核心在纹理边缘之外的部分要读取哪些纹素。在你不希望出现任何形式的重复时，应该使用GL_CLAMP_TO_EDGE。

在Chapter_9/TextureWrap中有一个示例，用3种不同的纹理包装模式绘制一个正方形。这个正方形应用于棋盘图像，用［-1.0，2.0］范围内的纹理坐标渲染，结果如图9-5所示。

图9-5 GL_REPEAT、GL_CLAMP_TO_EDGE和GL_MIRRORED_REPEAT模式

这三个正方形由如下的纹理包装模式设置代码进行渲染：

```
// Draw left quad with repeat wrap mode
glTexParameteri(GL_TEXTURE_2D, GL_TEXTURE_WRAP_S, GL_REPEAT);
glTexParameteri(GL_TEXTURE_2D, GL_TEXTURE_WRAP_T, GL_REPEAT);
glUniform1f(userData->offsetLoc, -0.7f);
glDrawElements(GL_TRIANGLES, 6, GL_UNSIGNED_SHORT, indices);

// Draw middle quad with clamp to edge wrap mode
glTexParameteri(GL_TEXTURE_2D, GL_TEXTURE_WRAP_S,
                GL_CLAMP_TO_EDGE);
glTexParameteri(GL_TEXTURE_2D, GL_TEXTURE_WRAP_T,
                GL_CLAMP_TO_EDGE);
glUniform1f(userData->offsetLoc, 0.0f);
glDrawElements(GL_TRIANGLES, 6, GL_UNSIGNED_SHORT, indices);

// Draw right quad with mirrored repeat
glTexParameteri(GL_TEXTURE_2D, GL_TEXTURE_WRAP_S,
                GL_MIRRORED_REPEAT);
glTexParameteri(GL_TEXTURE_2D, GL_TEXTURE_WRAP_T,
                GL_MIRRORED_REPEAT);
glUniform1f(userData->offsetLoc, 0.7f);
glDrawElements GL_TRIANGLES, 6, GL_UNSIGNED_SHORT, indices);
```

在图9-5中，最左边的正方形用GL_REPEAT模式渲染。在这种模式下，纹理只是在[0,1]区间之外重复，造成倾斜的图案。中间的正方形用GL_CLAMP_TO_EDGE模式渲染。正如你所看到的，当纹理坐标超出[0, 1]的范围时，纹理坐标限定于来自纹理边缘的样本。右侧的正方形用GL_MIRRORED_REPEAT渲染，在纹理坐标超出[0, 1]的范围时，图像被镜像并重复。

9.1.9 纹理调配

纹理调配（Swizzle）控制输入的R、RG、RGB或RGBA纹理中的颜色分量在着色器中读取时如何映射到分量。例如，应用程序可能希望一个GL_RED纹理映射为（0，0，0，R）或者（R，R，R，1）而不是默认的（R，0，0，1）。每个R、G、B、A值映射到的纹理分量都可以用glTexParameter[i|f][v]设置的纹理调配进行单独控制。需要控制的分量用GL_TEXTURE_SWIZZLE_R、GL_TEXTURE_SWIZZLE_G、GL_TEXTURE_SWIZZLE_B或GL_TEXTURE_SWIZZLE_A设置。作为该分量纹理值来源的可能是分别从R、G、B、A分量读取的GL_RED、GL_GREEN、GL_BLUE或GL_ALPHA。此外，应用程序可以分别用GL_ZERO或GL_ONE将该值设置为常数0或者1。

9.1.10 纹理细节级别

在某些应用中，在所有纹理mip贴图级别可用之前就能够开始显示场景是很实用的。例如，通过数据连接下载纹理图像的GPS应用可以从最低级别的mip贴图开始，在更高级别

可用时再显示它们。在 OpenGL ES 3.0 中，这可以通过使用 glTexParameter [i|f] [v] 的多个参数来实现。GL_TEXTURE_BASE_LEVEL 设置用于纹理的最大 mip 贴图级别。默认情况下，该值为 0，但是如果 mip 贴图级别还不可用，则它可以设置为更高的值。同样，GL_TEXTURE_MAX_LEVEL 设置使用的最小 mip 贴图级别。默认情况下，它的值为 1000（超过了任何纹理可能具备的最大级别），但是可以将其设置为较小的值，以控制用于纹理的最小 mip 级别。

为了选择要用于渲染的 mip 贴图级别，OpenGL ES 自动计算一个细节级别（LOD）值。这个浮点值确定从哪一个 mip 贴图级别过滤（在三线性过滤中，控制每个 mip 贴图使用的多少）。应用程序还可以用 GL_TEXTURE_MIN_LOD 和 GL_TEXTURE_MAX_LOD 控制最小和最大的 LOD 值。可以从基本和最大 mip 贴图级别单独控制 LOD 限制的一个原因是在新的 mip 贴图级别可用时提供平滑过渡。仅仅设置纹理的基本和最大级别可能在新 mip 贴图级别可用时造成间歇伪像，而插入 LOD 可以使这一过渡看起来更平滑。

9.1.11 深度纹理对比（百分比渐进过滤）

我们要讨论的最后两个纹理参数是 GL_TEXTURE_COMPARE_FUNC 和 GL_TEXTURE_COMPARE_MODE。引入这些纹理参数是为了提供百分比渐进过滤（PCF）功能。在执行被称作阴影贴图的阴影技术时，片段着色器需要比较一个片段的当前深度值和深度纹理中的深度值，以确定片段在阴影之内还是之外。为了实现平滑的阴影边缘效果，对深度纹理进行双线性过滤是很有用的。但是，在过滤深度值时，我们希望过滤在采样深度值并与当前深度（或者参考值）比较之后发生。如果过滤在比较之前发生，我们将平均计算深度纹理中的值，这不能提供正确的结果。PCF 提供了正确的过滤，将采样的每个深度值与参考深度比较，然后将这些比较的结果（0 或者 1）一起进行平均。

GL_TEXTURE_COMPARE_MODE 默认为 GL_NONE，但是当它被设置为 GL_COMPARE_REF_TO_TEXTURE 时，(s, t, r) 纹理坐标中的 r 坐标将与深度纹理的值进行比较。然后，比较的结果将成为阴影纹理读取的结果（可能是 0 或者 1，如果启用纹理过滤，则为这些值的平均）。比较函数用 GL_TEXTURE_COMPARE_FUNC 设置，可以设置为 GL_LEQUAL、GL_GEQUAL、GL_LESS、GL_GREATER、GL_EQUAL、GL_NOTEQUAL、GL_ALWAYS 或者 GL_NEVER。关于阴影贴图的更多细节在第 14 章中介绍。

9.1.12 纹理格式

OpenGL ES 3.0 为纹理提供了广泛的数据格式。实际上，格式的数量比 OpenGL ES 2.0 有了很大的增加。本节详细介绍 OpenGL ES 3.0 中的纹理格式。

正如前一小节所介绍的，2D 纹理可以以确定大小或者确定大小的内部格式用 glTexImage2D 上传。如果纹理用未确定大小的格式指定，则 OpenGL ES 实现可以自由选择纹理数据存储的内部表现形式。如果纹理用确定大小的格式指定，则 OpenGL ES 实现将选择至少与指定的位数相同的格式。

表 9-4 列出了用未确定大小的内部格式指定纹理的有效组合。

表 9-4 glTexImage2D 的有效的未确定大小内部格式组合

内部格式	格　式	类　型	输入数据
GL_RGB	GL_RGB	GL_UNSIGNED_BYTE	8/8/8 RGB 24- 位
GL_RGB	GL_RGB	GL_UNSIGNED_SHORT_5_6_5	5/6/5 RGB 16- 位
GL_RGBA	GL_RGBA	GL_UNSIGNED_BYTE	8/8/8/8 RGBA 32- 位
GL_RGBA	GL_RGBA	GL_UNSIGNED_SHORT_4_4_4_4	4/4/4/4 RGBA 16- 位
GL_RGBA	GL_RGBA	GL_UNSIGNED_SHORT_5_5_5_1	5/5/5/1 RGBA 16- 位
GL_LUMINANCE_ALPHA	GL_LUMINANCE_ALPHA	GL_UNSIGNED_BYTE	8/8 LA 16- 位
GL_LUMINANCE	GL_LUMINANCE	GL_UNSIGNED_BYTE	8L 8- 位
GL_ALPHA	GL_ALPHA	GL_UNSIGNED_BYTE	8A 8- 位

如果应用程序希望更多地控制数据的内部存储方式，那么它可以使用确定大小的内部格式。glTexImage2D 的确定大小内部格式的有效组合在表 9-5 到表 9-10 中列出。在最后两列中，“R”意味着可以渲染，“F”意味着可以过滤。OpenGL ES 3.0 只强制某些格式可用于渲染或者可用于过滤。而且，有些格式可以通过在输入数据中包含超过内部格式的位数来指定。在这种情况下，OpenGL ES 3.0 实现可以选择转换为较少的位数，或者使用具有更多位数的格式。

为了解释 OpenGL ES 3.0 的各种纹理格式，我们将它们组织为如下类别：规范化的纹理格式、浮点纹理、整数纹理、共享指数纹理、sRGB 纹理和深度纹理。

规范化纹理格式

表 9-5 列出了一组可以用于指定规范化纹理格式的内部格式组合。我们所说的“规范化”指的是从片段着色器中读取纹理时，结果将处于 [0.0，1.0] 范围内（或者在 *_SNORM 格式中的 [-1.0，1.0] 范围）。例如，用 GL_UNSIGNED_BYTE 数据指定的 GL_R8 图像将取得每个 8 位的无符号字节值（范围为 [0，255]），并在片段着色器读取时映射到 [0.0，1.0]。用 GL_BYTE 数据指定的 GL_R8_SNORM 图像将取得每个 8 位的有符号字节值（范围为 [-128，127]）并在读取时映射到 [-1.0，1.0]。

规范化格式的每个纹素可以用 1 ~ 4 个分量指定（R、RG、RGB 或者 RGBA）。OpenGL ES 3.0 还引入了 GL_RGB10_A2，允许纹理图像数据的规范对于每个（R，G，B）值上有 10 位，对于每个 alpha 值有 2 位。

表 9-5 glTexImage2D 的规范化确定大小内部格式组合

内部格式	格式	类型	输入数据	R[1]	F[2]
GL_R8	GL_RED	GL_UNSIGNED_BYTE	8- 位红色	X	X
GL_R8_SNORM	GL_RED	GL_BYTE	8- 位红色（有符号）		X
GL_RG8	GL_RG	GL_UNSIGNED_BYTE	8/8 RG	X	X
GL_RG8_SNORM	GL_RG	GL_BYTE	8/8 RG（有符号）		X
GL_RGB8	GL_RGB	GL_UNSIGNED_BYTE	8/8/8 RGB	X	X
GL_RGB8_SNORM	GL_RGB	GL_BYTE	8/8/8 RGB（有符号）		X
GL_RGB565	GL_RGB	GL_UNSIGNED_BYTE	8/8/8 RGB	X	X
GL_RGB565	GL_RGB	GL_UNSIGNED_SHORT_565	5/6/5 RGB	X	X
GL_RGBA8	GL_RGBA	GL_UNSIGNED_BYTE	8/8/8/8 RGBA	X	X
GL_RGBA8_SNORM	GL_RGBA	GL_BYTE	8/8/8/8 RGBA(有符号)		X
GL_RGB5_A1	GL_RGBA	GL_UNSIGNED_BYTE	8/8/8/8 RGBA	X	X
GL_RGB5_A1	GL_RGBA	GL_UNSIGNED_SHORT_5_5_5_1	5/5/5/1 RGBA	X	X
GL_RGB5_A1	GL_RGBA	GL_UNSIGNED_SHORT_2_10_10_10_REV	10/1010/2 RGBA	X	X
GL_RGBA4	GL_RGBA	GL_UNSIGNED_BYTE	8/8/8/8 RGBA	X	X
GL_RGBA4	GL_RGBA	GL_UNSIGNED_SHORT_4_4_4_4	4/4/4/4 RGBA	X	X
GL_RGB10_A2	GL_RGBA	GL_UNSIGNED_INT_2_10_10_10_REV	10/10/10/2 RGBA	X	X

注：1. R= 格式可渲染

2. F= 格式可过滤

浮点纹理格式

OpenGL ES 3.0 也引入浮点纹理格式。大部分浮点格式由 16 位半浮点数据（在附录 A 中详细介绍）或者 32 位浮点数据支持。与规范化纹理格式（R、RG、RGB、RGBA）一样，浮点纹理格式可能有 1 ~ 4 个分量。OpenGL ES 3.0 不强制浮点格式用作渲染目标，只强制 16 位半浮点数据可以过滤。

除了 16 位和 32 位浮点数据之外，OpenGL ES 3.0 引入了 11/11/10 GL_R11F_G11F_B10F 浮点格式。引入这种格式的动机是提供更高精度的三通道纹理，同时仍然保持每个纹素的存储量为 32 位。这种格式的使用可能达到比 16/16/16 GL_RGB16F 或 32/32/32 GL_RGB32F 更高的性能。这种格式对红色和绿色通道有 11 位，对蓝色通道有 10 位。对于 11 位的红色和绿色值，其中的 6 位为尾数，5 位为指数；10 位蓝色值有 5 位尾数和 5 位指数。11/11/10 格式只能用于代表正值，因为任何分量都没有符号位。11 位和 10 位格式所能表示的最大值为 6.5×10^4，最小值为 6.1×10^{-5}。11 位格式有 2.5 位小数点精度，10 位格式有 2.32 位小数点精度。

表 9-6 glTexImage2D 的有效确定大小浮点内部格式组合

内部格式	格式	类型	输入数据	R	F
GL_R16F	GL_RED	GL_HALF_FLOAT	16- 位红色（半浮点）		X
GL_R16F	GL_RED	GL_FLOAT	32- 位红色（浮点）		X
GL_R32F	GL_RED	GL_FLOAT	32- 位红色（浮点）		
GL_RG16F	GL_RG	GL_HALF_FLOAT	16/16 RG（半浮点）		X
GL_RG16F	GL_RG	GL_FLOAT	32/32 RG（浮点）		X
GL_RG32F	GL_RG	GL_FLOAT	32/32 RG（浮点）		
GL_RGB16F	GL_RGB	GL_HALF_FLOAT	16/16/16 RGB（半浮点）		X
GL_RGB16F	GL_RG	GL_FLOAT	16/16 RGB（浮点）		X
GL_RGB32F	GL_RG	GL_FLOAT	32/32/32 RGB（浮点）		
GL_R11F_G11F_B10F	GL_RGB	GL_UNSIGNED_INT_10F_11F_11F_REV	10/11/11（浮点）		X
GL_R11F_G11F_B10F	GL_RGB	GL_HALF_FLOAT	16/16/16 RGB（半浮点）		X
GL_R11F_G11F_B10F	GL_RGB	GL_FLOAT	32/32/32 RGB（半浮点）		X
GL_RGBA16F	GL_RGBA	GL_HALF_FLOAT	16/16/16/16 RGBA（半浮点）		X
GL_RGBA16F	GL_RGBA	GL_FLOAT	32/32/32/32 RGBA(浮点)		X
GL_RGBA32F	GL_RGBA	GL_FLOAT	32/32/32/32 RGBA(浮点)		

整数纹理格式

整数纹理格式允许纹理规范在片段着色器中以整数形式读取。也就是说，与片段着色器中读取时数据从整数表示转换为规范化浮点值的规范化纹理格式相反，整数纹理中的值在片段着色器读取时仍然为整数。

整数纹理格式不可过滤，但是 R、RG 和 RGBA 变种可以用作帧缓冲区对象中渲染的颜色附着（color attachment）。使用整数纹理作为颜色附着的时候，忽略 Alpha 混合状态（整数渲染目标不可能进行混合）。用于从整数纹理读取并输出到整数渲染目标的片段着色器应该使用对应该格式的有符号或者无符号整数类型。

表 9-7 glTexImage2D 的有效确定大小内部整数纹理格式组合

内部格式	格式	类型	输入数据	R	F
GL_R8UI	GL_RED_INTEGER	GL_UNSIGNED_BYTE	8- 位红色（无符号整数）	X	
GL_R8I	GL_RED_INTEGER	GL_BYTE	8- 位红色（有符号整数）	X	
GL_R16UI	GL_RED_INTEGER	GL_UNSIGNED_SHORT	16- 位红色（无符号整数）	X	
GL_R16I	GL_RED_INTEGER	GL_SHORT	16- 位红色（有符号整数）	X	
GL_R32UI	GL_RED_INTEGER	GL_UNSIGNED_INT	32- 位红色（无符号整数）	X	
GL_R32I	GL_RED_INTEGER	GL_INT	32- 位红色（无符号整数）	X	

（续）

内部格式	格式	类型	输入数据	R	F
GL_RG8UI	GL_RG_INTEGER	GL_UNSIGNED_BYTE	8/8 RG（无符号整数）	X	
GL_RG8I	GL_RG_INTEGER	GL_BYTE	8/8 RG（有符号整数）	X	
GL_RG16UI	GL_RG_INTEGER	GL_UNSIGNED_SHORT	16/16 RG（无符号整数）	X	
GL_RG16I	GL_RG_INTEGER	GL_SHORT	16/16 RG（有符号整数）	X	
GL_RG32UI	GL_RG_INTEGER	GL_UNSIGNED_INT	32/32 RG（无符号整数）	X	
GL_RG32I	GL_RG_INTEGER	GL_INT	32/32 RG（有符号整数）	X	
GL_RGBAUI	GL_RGBA_INTEGER	GL_UNSIGNED_BYTE	8/8/8/8 RGBA（无符号整数）	X	
GL_RGBAI	GL_RGBA_INTEGER	GL_BYTE	8/8/8/8 RGBA（有符号整数）	X	
GL_RGB8UI	GL_RGB_INTEGER	GL_UNSIGNED_BYTE	8/8/8 RGB(无符号整数)		
GL_RGB8I	GL_RGB_INTEGER	GL_BYTE	8/8/8 RGB(有符号整数)		
GL_RGB16UI	GL_RGB_INTEGER	GL_UNSIGNED_SHORT	16/16/16 RGB（无符号整数）		
GL_RGB16I	GL_RGB_INTEGER	GL_SHORT	16/16/16 RGB（有符号整数）		
GL_RGB32UI	GL_RGB_INTEGER	GL_UNSIGNED_INT	32/32/32 RGB（无符号整数）		
GL_RGB32I	GL_RGB_INTEGER	GL_INT	32/32/32 RG（有 符 号整数）		
GL_RG32I	GL_RG_INTEGER	GL_INT	32/32 RG（有符号整数）	X	
GL_RGB10_A2_UI	GL_RGBA_INTEGER	GL_UNSIGNED_INT_2_10_10_10_REV	10/10/10/2 RGBA（无符号整数）	X	
GL_RGBA16UI	GL_RGBA_INTEGER	GL_UNSIGNED_SHORT	16/16/16/16 RGBA（无符号整数）	X	
GL_RGBA16I	GL_RGBA_INTEGER	GL_SHORT	16/16/16/16 RGBA（有符号整数）	X	
GL_RGBA32UI	GL_RGBA_INTEGER	GL_UNSIGNED_INT	32/32/32/32 R/G/B/A（无符号整数）	X	
GL_RGBA32I	GL_RGBA_INTEGER	GL_INT	32/32/32/32R/G/B/A（有符号整数）	X	

共享指数纹理格式

共享指数纹理为不需要浮点纹理使用的那么多深度位数的大范围RGB纹理提供了一种存储方式。共享指数纹理通常用于高动态范围（HDR）图像，这种图像不需要半浮点或者全浮点数据。OpenGL ES 3.0中的共享指数纹理格式是GL_RGB9_E5。在这种格式中，3个RGB分量共享一个5位的指数。5位的指数隐含地由数值15调整。RGB的每个9位的数值存储无符号位的尾数（因此必然为正）。

在读取时，3 个 RGB 值从纹理中使用如下公式得出：

$$R_{out}=R_{in}*2^{(EXP-15)}$$

$$G_{out}=G_{in}*2^{(EXP-15)}$$

$$B_{out}=B_{in}*2^{(EXP-15)}$$

如果输入纹理用 16 位半浮点或者 32 位浮点指定，则 OpenGL ES 实现将自动转换为共享指数格式。这种转换首先通过确定最大颜色值进行：

$$MAX_c=\max(R, G, B)$$

然后，用如下公式计算共享指数：

$$EXP=\max(-16, \text{floor}(\log_2(MAX_c)))+16$$

最后，RGB 的 9 位尾数值计算如下：

$$R_s=\text{floor}(R/(2^{EXP-15+9}))+0.5)$$

$$G_s=\text{floor}(G/(2^{EXP-15+9}))+0.5)$$

$$B_s=\text{floor}(B/(2^{EXP-15+9}))+0.5)$$

应用程序可以使用这些转换公式从输入数据中得出 5 位 EXP 和 9 位 RGB 值，或者简单地将 16 位半浮点数据或者 32 位浮点数据传递给 OpenGL ES，让它进行转换。

表 9-8 glTexImage2D 的有效共享指数确定大小内部格式组合

内部格式	格 式	类 型	输入数据	R	F
GL_RGB9_E5	GL_RGB	GL_UNSIGNED_INT_5_9_9_9_REV	9/9/9/ RGB 带有 5 位共享指数		X
GL_RGB9_E5	GL_RGB	GL_HALF_FLOAT	16/16/16 RGB（半浮点）		X
GL_RGB9_E5	GL_RGB	GL_FLOAT	32/32/32 RGB（半浮点）		X

sRGB 纹理格式

OpenGL ES 3.0 中引入的另一个纹理格式是 sRGB 纹理。sRGB 是一个非线性颜色空间，大约遵循一个幂函数。大部分图像实际上都存储为 sRGB 颜色空间，这种非线性解释了人类能够在不同的亮度级别上更好地区分颜色这一事实。

如果用于纹理的图像是以 sRGB 颜色空间创作的，但是没有使用 sRGB 纹理读取，那么所有发生在着色器中的照明计算都会在非线性颜色空间中进行。也就是说，标准创作软件包创建的纹理保存为 sRGB，从着色器中读取时仍然保持为 sRGB。于是照明计算发生在非线性 sRGB 空间中。许多应用程序都犯了这个错误，这是不正确的，会造成明显不同（不准确）的输出图像。

为了正确地处理 sRGB 图像，应用程序应该使用一个 sRGB 纹理格式，这种格式在着色器中读取时将从 sRGB 转换为线性颜色空间。然后，着色器中的所有计算都将在线性颜色空间中完成。最后，通过渲染到一个 sRGB 渲染目标，图像将会自动地转换回 sRGB。可以使用着色器命令 pow（value，2.2）进行近似的 sRGB →线性转换，然后用（value，1/2.2）进行近似的线性→ sRGB 转换。然而，尽可能使用 sRGB 纹理是最好的做法，因为这样减少了着色器指令数量，并且提供更准确的 sRGB 转换。

表 9-9 glTexImage2D 的有效确定大小内部格式组合

内部格式	格　式	类　型	输入数据	R	F
GL_SRGB8	GL_RGB	GL_UNSIGNED_BYTE	8/8/8 SRGB		X
GL_SRGB8_ALPHA8	GL_RGBA	GL_UNSIGNED_BYTE	8/8/8/8 RGBA	X	X

深度纹理格式

OpenGL ES 3.0 中的最后一种纹理格式类型是深度纹理。深度纹理允许应用程序从帧缓冲区对象的深度附着中读取深度值（和可选的模板值）。这在各种高级渲染算法中很有用，包括阴影贴图。表 9-10 列出了 OpenGL ES 3.0 中有效的深度纹理格式。

表 9-10 glTexImage2D 的有效确定大小内部格式组合

内部格式	格　式	类　型
GL_DEPTH_COMPONENT16	GL_DEPTH_COMPONENT	GL_UNSIGNED_SHORT
GL_DEPTH_COMPONENT16	GL_DEPTH_COMPONENT	GL_UNSIGNED_INT
GL_DEPTH_COMPONENT24	GL_DEPTH_COMPONENT	GL_UNSIGNED_INT
GL_DEPTH_COMPONENT32F	GL_DEPTH_COMPONENT	GL_FLOAT
GL_DEPTH24_STENCIL8	GL_DEPTH_STENCIL	GL_UNSIGNED_INT_24_8
GL_DEPTH32F_STENCIL8	GL_DEPTH_STENCIL	GL_FLOAT_32_UNSIGNED_INT_24_8_REV

9.1.13 在着色器中使用纹理

现在，我们已经介绍了纹理设置的基础知识，下面来研究一些着色器样板代码。例 9-3 中的一对顶点 - 片段着色器来自 Simple_Texture2D 样板，演示了在着色器中完成 2D 纹理的基本过程。

例 9-3 执行 2D 纹理的顶点和片段着色器

```
// Vertex shader
#version 300 es
layout(location = 0) in vec4 a_position;
layout(location = 1) in vec2 a_texCoord;
out vec2 v_texCoord;
void main()
{
   gl_Position = a_position;
   v_texCoord = a_texCoord;
}

// Fragment shader
```

```
#version 300 es
precision mediump float;
in vec2 v_texCoord;
layout(location = 0) out vec4 outColor;
uniform sampler2D s_texture;
void main()
{
   outColor = texture( s_texture, v_texCoord );
}
```

顶点着色器以一个二分量纹理坐标作为顶点输入，并将其作为输出传递给片段着色器。片段着色器消费该纹理坐标，并将其用于纹理读取。片段着色器声明一个类型为 sampler2D 的统一变量 s_texture。采样器是用于从纹理贴图中读取的特殊统一变量。采样器统一变量将加载一个指定纹理绑定的纹理单元的数值；例如，用数值 0 指定采样器表示从单元 GL_TEXTURE0 读取，指定数值 1 表示从 GL_TEXTURE1 读取，依此类推。在 OpenGL ES 3.0 API 中，纹理用 glActiveTexture 函数绑定到纹理单元。

```
void    glActiveTexture(GLenum texture)
```

texture 需要激活的纹理单元：GL_TEXTURE0，GL_TEXTURE1…GL_TEXTURE31

glActiveTexture 函数设置当前纹理单元，以便后续的 glBindTexture 调用将纹理绑定到当前活动单元。在 OpenGL ES 实现上可用于片段着色器的纹理单元数量可以用带 GL_MAX_TEXTURE_IMAGE_UNITS 参数的 glGetintegerv 查询。可用于顶点着色器的纹理单元数量使用带 GL_MAX_VERTEX_TEXTURE_IMAGE_UNITS 参数的 glGetintegerv 查询。

下面的示例代码来自 Simple_Texture2D 示例，说明了采样器和纹理如何绑定到纹理单元。

```
// Get the sampler locations
userData->samplerLoc = glGetUniformLocation(
                           userData->programObject
                           "s_texture");

// ...
// Bind the texture
glActiveTexture(GL_TEXTURE0);
glBindTexture(GL_TEXTURE_2D, userData->textureId);

// Set the sampler texture unit to 0
glUniform1i(userData->samplerLoc, 0);
```

此时，我们已经加载了纹理，纹理绑定到纹理单元 0，采样器设置为使用纹理单元 0。回到 Simple_Texture2D 示例中的片段着色器，可以看到着色器代码之后使用内建函数 texture 从纹理贴图中读取。texture 内建函数形式如下：

```
vec4   texture(sampler2D sampler,   vec2 coord[,
               float bias])
```

sampler 绑定到纹理单元的采样器，指定纹理为读取来源

coord 用于从纹理贴图中读取的 2D 纹理坐标

bias　　可选参数，提供用于纹理读取的 mip 贴图偏置。这允许着色器明确地偏置用于 mip 贴图选择的 LOD 计算值

texture 函数返回一个代表从纹理贴图中读取颜色的 vec4。纹理数据映射到这个颜色通道的方式取决于纹理的基本格式。表 9-11 展示了纹理格式映射到 vec4 颜色的方式。纹理调配（在本章前面的 9.1.9 小节中说明过）确定这些分量中的值如何映射到着色器中的分量。

表 9-11　纹理格式与颜色的映射

基本格式	纹素数据描述
GL_RED	(R,0.0,0.0,1.0)
GL_RG	(R,G,0.0,1.0)
GL_RGB	(R,G,B,1.0)
GL_RGBA	(R,G,B,A)
GL_LUMINANCE	(L,L,L,1.0)
GL_LUMINANCE_ALPHA	(L,L,L,A)
GL_ALPHA	(0.0,0.0,0.0,A)

在 Simple_Texture2D 示例中，纹理以 GL_RGB 形式加载，纹理调配保持默认值，所以纹理读取的结果是值为（R，G，B，1.0）的 vec4。

9.1.14 使用立方图纹理的示例

立方图纹理的使用非常类似于 2D 纹理。Simple_TextureCubemap 示例演示了用简单的立方图绘制一个球形。立方图包含了 6 个 1 × 1 的面，每面的颜色不同。例 9-4 中的代码用于加载立方图纹理。

例 9-4　加载立方图纹理

```
GLuint CreateSimpleTextureCubemap()
{
   GLuint textureId;
   // Six 1 x 1 RGB faces
   GLubyte cubePixels[6][3] =
   {
      // Face 0 - Red
      255, 0, 0,
      // Face 1 - Green,
      0, 255, 0,
      // Face 2 - Blue
      0, 0, 255,
      // Face 3 - Yellow
      255, 255, 0,
      // Face 4 - Purple
      255, 0, 255,
      // Face 5 - White
      255, 255, 255
   };
```

```
   // Generate a texture object
   glGenTextures(1, &textureId);

   // Bind the texture object
   glBindTexture(GL_TEXTURE_CUBE_MAP, textureId);

   // Load the cube face - Positive X
   glTexImage2D(GL_TEXTURE_CUBE_MAP_POSITIVE_X, 0, GL_RGB, 1, 1,
                0, GL_RGB, GL_UNSIGNED_BYTE, &cubePixels[0]);

   // Load the cube face - Negative X
   glTexImage2D(GL_TEXTURE_CUBE_MAP_NEGATIVE_X, 0, GL_RGB, 1, 1,
              0, GL_RGB, GL_UNSIGNED_BYTE, &cubePixels[1]);

   // Load the cube face - Positive Y
   glTexImage2D(GL_TEXTURE_CUBE_MAP_POSITIVE_Y, 0, GL_RGB, 1, 1,
                0, GL_RGB, GL_UNSIGNED_BYTE, &cubePixels[2]);

   // Load the cube face - Negative Y
   glTexImage2D(GL_TEXTURE_CUBE_MAP_NEGATIVE_Y, 0, GL_RGB, 1, 1,
                0, GL_RGB, GL_UNSIGNED_BYTE, &cubePixels[3]);

   // Load the cube face - Positive Z
   glTexImage2D(GL_TEXTURE_CUBE_MAP_POSITIVE_Z, 0, GL_RGB, 1, 1,
                0, GL_RGB, GL_UNSIGNED_BYTE, &cubePixels[4]);

   // Load the cube face - Negative Z
   glTexImage2D(GL_TEXTURE_CUBE_MAP_NEGATIVE_Z, 0, GL_RGB, 1, 1,
                0, GL_RGB, GL_UNSIGNED_BYTE, &cubePixels[5]);

   // Set the filtering mode
   glTexParameteri(GL_TEXTURE_CUBE_MAP, GL_TEXTURE_MIN_FILTER,
                   GL_NEAREST);
   glTexParameteri(GL_TEXTURE_CUBE_MAP, GL_TEXTURE_MAG_FILTER,
                   GL_NEAREST);
   return   textureId;
}
```

上述代码通过对立方图的各面调用glTexImage2D加载每个面的1×1 RGB像素数据。例9-5提供了用立方图渲染球形的着色器代码。

例9-5 立方图纹理的顶点和片段着色器对

```
// Vertex shader
#version 300 es
layout(location = 0) in vec4 a_position;
layout(location = 1) in vec3 a_normal;
out vec3 v_normal;
void main()
{
   gl_Position = a_position;
   v_normal = a_normal;
}

// Fragment shader
#version 300 es
```

```
precision mediump float;
in vec3 v_normal;
layout(location = 0) out vec4 outColor;
uniform samplerCube s_texture;
void main()
{
   outColor = texture( s_texture, v_normal );
}
```

顶点着色器取得一个位置和法线作为顶点输入。法线保存在球面的每个顶点上，用作纹理坐标，并传递给片段着色器。然后，片段着色器使用内建函数 texture，以法线作为纹理坐标从立方图中读取。立方图所用的 texture 内建函数采用如下形式：

```
vec4    texture(samplerCube sampler, vec3 coord[,
                float bias])
```

sampler 采样器绑定到一个纹理单元，指定纹理为读取来源

coord 用于从立方图读取的 3D 纹理坐标

bias 可选参数，提供用于纹理读取的 mip 贴图偏置。这允许着色器明确地偏置用于 mip 贴图选择的 LOD 计算值

读取立方图的函数与 2D 纹理非常类似。仅有的区别是，纹理坐标有 3 个分量而不是 2 个分量，采样器类型必须为 samplerCube。用于绑定立方图纹理和加载采样器的方法与 Simple_Texture2D 示例中一样。

9.1.15 加载 3D 纹理和 2D 纹理数组

正如本章前面所讨论的，除了 2D 纹理和立方图，OpenGL ES 3.0 还包含了 3D 纹理和 2D 纹理数组。加载 3D 纹理和 2D 纹理数组的函数是 glTexImage3D，它与 glTexImage2D 很类似。

```
void    glTexImage3D(GLenum target,   GLint level,
                     GLenum internalFormat,
                     GLsizei width, GLsizei height,
                     GLsizei depth, GLint border,
                     GLenum format, GLenum type,
                     const void* pixels)
```

target 指定纹理目标；应该为 GL_TEXTURE_3D 或 GL_TEXTURE_2D_ARRAY

level 指定加载的 mip 级别。0 表示基本级别，更大的数值表示各个后续的 mip 贴图级别

internalFormat 纹理存储的内部格式；可以是未确定大小的基本内部格式或者确定大小的内部格式。完整的有效 internalFormat、format 和 type 组合在表 9-4 到 9-10 中提供

width 以像素数表示的图像宽度

height 以像素数表示的图像高度

depth 3D 纹理的切片数量

border 这个参数在 OpenGL ES 中被忽略，它是为了与桌面 OpenGL 接口兼容而保持的，应该为 0

format 输入纹理数据的格式；可能是

GL_RED
GL_RED_INTEGER
GL_RG
GL_RG_INTEGER
GL_RGB
GL_RGB_INTEGER
GL_RGBA
GL_RGBA_INTEGER
GL_DEPTH_COMPONENT
GL_DEPTH_STENCIL
GL_LUMINANCE_ALPHA
GL_ALPHA

type 输入像素数据的类型；可以是

GL_UNSIGNED_BYTE
GL_BYTE
GL_UNSIGNED_SHORT
GL_SHORT
GL_UNSIGNED_INT
GL_INT
GL_HALF_FLOAT
GL_FLOAT

pixels 包含图像的实际像素数据。这些数据必须包含（width * height * depth）个像素，每个像素根据格式和类型规格有相应数量的字节。图像数据应该按照 2D 纹理切片的顺序存储

一旦用 glTexImage3D 加载了 3D 纹理或者 2D 纹理数组，就可以用 texture 内建函数在着色器中读取该纹理。

```
vec4    texture(sampler3D sampler, vec3 coord[,
                float bias])
vec4    texture(sampler2DArray sampler, vec3 coord[,
                float bias])
```

sampler 绑定到纹理单元的采样器，指定纹理读取来源

coord 用于从纹理贴图中读取的 3D 纹理坐标

bias 可选参数，提供用于纹理读取的 mip 贴图偏置。这允许着色器明确地偏置用于 mip 贴图选择的 LOD 计算值

注意，*r* 坐标是一个浮点值。对于 3D 纹理，根据过滤模式设置，纹理读取可能跨越体的两个切片。

9.2 压缩纹理

迄今为止，我们所处理的纹理加载的都是未压缩的纹理图像数据。OpenGL ES 3.0 还支持压缩纹理图像数据的加载。纹理压缩有几个理由。首先（也是最明显的），压缩纹理可以减少纹理在设备上的内存占用。其次（不那么明显），压缩纹理节约了着色器中读取纹理时消耗的内存带宽。最后，压缩纹理减少必须存储的图像数据，从而减少了应用程序的下载大小。

在 OpenGL ES 2.0 中，核心规范不定义任何压缩的纹理图像格式。也就是说，OpenGL ES 2.0 核心简单地定义一个机制，可以加载压缩的纹理图像数据，但是没有定义任何压缩格式。因此，包括 Qualcomm、ARM、Imagination Technologies 和 NVIDIA 在内的许多供应商提供了特定于硬件的纹理压缩扩展。这样，OpenGL ES 2.0 应用程序开发者必须在不同平台和硬件上支持不同的纹理压缩格式。

OpenGL ES 3.0 引入所有供应商必须支持的标准纹理压缩格式，从而改善了这种状况。爱立信纹理压缩（Ericsson Texture Compression，ETC2 和 EAC）以无版税标准的形式提供给 Khronos，它被作为 OpenGL ES 3.0 的标准纹理压缩格式。EAC 有一些压缩 1 通道和 2 通道数据的变种，ETC2 也有压缩 3 通道和 4 通道数据的变种。用于加载 2D 纹理和立方图压缩图像数据的函数是 glCompressedTexImage2D，用于 2D 纹理数组的对应函数是 glCompressedTexImage3D。注意，ETC2/EAC 不支持 3D 纹理（只支持 2D 纹理和 2D 纹理数组），但是 glCompressedTexImage3D 可以用于加载供应商专用的 3D 纹理压缩格式。

```
void    glCompressedTexImage2D(GLenum target,  GLint level,
                               GLenum internalFormat,
                               GLsizei width,
                               GLsizei height,
                               GLint border,
                               GLsizei imageSize,
                               const void *data)

void    glCompressedTexImage3D(GLenum target, GLint level,
                               GLenum internalFormat,
                               GLsizei width,
                               GLsizei height,
                               GLsizei depth,
                               GLint border,
                               GLsizei imageSize,
                               const void *data)
```

target　　指定纹理目标：应该为 GL_TEXTURE_2D 或者 GL_TEXTURE_CUBE_MAP_*（对于 glCompressedTexImage2D），GL_TEXTURE_3D

	或者 GL_TEXTURE_2D_ARRAY（对于 glCompressedTexImage3D）
level	指定要加载的 mip 级别。数值 0 表示基本级别，更大的数值表示各个后续的 mip 贴图级别
internalFormat	纹理存储的内部格式。OpenGL ES 3.0 中的标准压缩纹理格式在表 9-12 中描述
width	以像素数表示的图像宽度
height	以像素数表示的图像高度
depth	（仅 glCompressedTexImage3D）以像素数表示的图像深度（或者 2D 纹理数组的切片数量）
border	这个参数在 OpenGL ES 中被忽略，保留它是为了与桌面的 OpenGL 接口兼容；应该为 0
imageSize	以字节数表示的图像大小
data	包含图像的实际压缩像素数据；必须能够容纳 imageSize 个字节

OpenGL ES 3.0 支持的标准 ETC 压缩纹理格式在表 9-12 中列出。所有 ETC 格式将压缩的图像数据存储在 4×4 的块中。表 9-12 列出了每种 ETC 格式中每个像素的位数。单个 ETC 图像的大小可以由每像素位数（bpp）比率算出：

sizeInBytes=max（width，4）*max（height，4）*bpp/8

表 9-12 标准纹理压缩格式

内部格式	大小（每像素位数）	描　述
GL_COMPRESSED_R11_EAC	4	单通道无符号压缩 GL_RED 格式
GL_COMPRESSED_SIGNED_R11_EAC	4	单通道有符号压缩 GL_RED 格式
GL_COMPRESSED_RG11_EAC	8	双通道无符号压缩 GL_RG 格式
GL_COMPRESSED_SIGNED_RG11_EAC	8	双通道有符号压缩 GL_RG 格式
GL_COMPRESSED_RGB8_ETC2	4	三通道无符号压缩 GL_RGB 格式
GL_COMPRESSED_SRGB8_ETC2	4	sRGB 颜色空间中的三通道无符号压缩 GL_RGB 格式
GL_COMPRESSED_RGB8_PUNCHTHROUGH_ALPHA1_ETC2	4	四通道无符号压缩 GL_RGBA 格式，1 位 alpha
GL_COMPRESSED_SRGB8_PUNCHTHROUGH_ALPHA1_ETC2	4	sRGB 颜色空间中四通道无符号压缩 GL_RGBA 格式，1 位 alpha
GL_COMPRESSED_RGBA8_ETC2_EAC	8	四通道无符号压缩 GL_RGBA 格式
GL_COMPRESSED_SRGBA8_ETC2_EAC	8	sRGB 颜色空间中四通道无符号压缩 GL_RGBA 格式

一旦加载压缩纹理，它就可以和无压缩纹理一样用于纹理处理。ETC2/EAC 格式的细节超出了本书的范围，大部分开发人员从不编写自己的压缩程序。生成 ETC 图像的免费工具包

括来自 Khronos 的开源程序库 libKTX（http://khronos.org/opengles/sdk/tools/KTX/)、rg_etc 项目（https://code.google.com/p/rg-etc1/)、ARM Mali 纹理压缩工具、Qualcomm TexCompress（包含在 Adreno SDK 中）以及 Imagination Technologies PVRTexTool。我们鼓励读者评估可用的工具，选择最适合于所用开发环境 / 平台的那些工具。

注意，所有 OpenGL ES 3.0 实现都支持表 9-12 中列出的格式。此外，有些实现可能支持表 9-12 中未列出的供应商专用压缩格式。如果你试图在不支持它们的 OpenGL ES 3.0 实现上使用纹理压缩格式，将会产生一个 GL_INVALID_ENUM 错误。检查 OpenGL ES 3.0 实现导出你使用的任何供应商专用纹理压缩格式的扩展字符串很重要。如果该实现没有导出这样的扩展字符串，你只能退而使用无压缩的纹理格式。

除了检查扩展字符串之外，还可以用另外一种方法确定实现所支持的纹理压缩格式。也就是说，可以用 glGetIntegerv 查询 GL_NUM_COMPRESSED_TEXTURE_FORMATS 来确定所支持的压缩图像格式数量。然后，可以用 glGetIntegerv 查询 GL_COMPRESSED_TEXTURE_FORMATS，该调用返回一个 GLenum 值的数组。数组中的每个 GLenum 值将是实现支持的一种压缩纹理格式。

9.3 纹理子图像规范

用 glTexImage2D 上传纹理图像之后，可以更新图像的各个部分。如果你只希望更新图像的一个子区域，这种能力就很实用。加载 2D 纹理图像一部分的函数是 glTexSubImage2D。

```
void glTexSubImage2D(GLenum target,   GLint level,
                     GLint xoffset,   GLint yoffset,
                     GLsizei width,   GLsizei height,
                     GLenum format,   GLenum type,
                     const void* pixels)
```

target 指定纹理目标，可以是 GL_TEXTURE_2D 或者立方图面目标之一（GL_TEXTURE_CUBE_MAP_POSITIVE_X、GL_TEXTURE_CUBE_MAP_NEGATIVE_X 等）

level 指定更新的 mip 级别

xoffset 开始更新的纹素 *x* 索引

yoffset 开始更新的纹素 *y* 索引

width 更新的图像子区域宽度

height 更新的图像子区域高度

format 输入纹理数据格式；可以为

GL_RED, GL_RED_INTEGER, GL_RG, GL_RG_INTEGER,
GL_GL_RGB, GL_RGB_INTEGER, GL_RGBA,
GL_RGBA_INTEGER, GL_DEPTH_COMPONENT,
GL_DEPTH_STENCIL, GL_LUMINANCE_ALPHA,
GL_LUMINANCE, or GL_ALPHA

type 输入像素数据的类型；可以为

GL_UNSIGNED_BYTE, GL_BYTE, GL_UNSIGNED_SHORT,
GL_SHORT, GL_UNSIGNED_INT, GL_INT, GL_HALF_FLOAT,
GL_FLOAT, GL_UNSIGNED_SHORT_5_6_5,
GL_UNSIGNED_SHORT_4_4_4_4, GL_UNSIGNED_SHORT_5_5_5_1,
GL_UNSIGNED_INT_2_10_10_10_REV,
GL_UNSIGNED_INT_10F_11F_11F_REV,
GL_UNSIGNED_INT_5_9_9_9_REV,
GL_UNSIGNED_INT_24_8, or
GL_FLOAT_32_UNSIGNED_INT_24_8_REV

pixels 包含图像子区域的实际像素数据

这个函数将更新（*xoffset*，*yoffset*）到（*xoffset*+*width*–1，*yoffset*+*height*–1）范围内的纹素。注意，要使用这个函数，纹理必须已经完全指定。子图像的范围必须在之前指定的纹理图像界限之内。pixels数组中的数据必须按照glPixelStorei的GL_UNPACK_ALIGNMENT指定的方式对齐。

还有一个函数用于更新压缩的2D纹理图像的子区域——即glCompressedTexSubImage2D。这个函数的定义或多或少与glTexImage2D相同。

```
void    glCompressedTexSubImage2D(GLenum target,
                                  GLint level, GLint xoffset,
                                  GLint yoffset, GLsizei width,
                                  GLsizei height,
                                  GLenum format,
                                  GLenum imageSize,
                                  const void* pixels)
```

target 指定纹理目标，可以是GL_TEXTURE_2D或者立方图面目标之一（GL_TEXTURE_CUBE_MAP_POSITIVE_X、GL_TEXTURE_CUBE_MAP_NEGATIVE_X等）

level 指定更新的mip级别

xoffset 开始更新的纹素*x*索引

yoffset 开始更新的纹素*y*索引

width 更新的图像子区域宽度

height 更新的图像子区域高度

format 所用的压缩纹理格式；必须与图像原来指定的格式相同

pixels 包含图像子区域的实际像素数据

此外，与2D纹理一样，可以用glTexSubImage3D更新现有3D纹理和2D纹理数组的子区域。

```
void      glTexSubImage3D(GLenum target,   GLint level,
                          GLint xoffset,  GLint yoffset,
                          GLint zoffset,  GLsizei width,
                          GLsizei height,  GLsizei depth,
                          GLenum format,   GLenum type,
                          const void* pixels)
```

target 指定纹理目标，可能是 GL_TEXTURE_3D 或 GL_TEXTURE_2D_ARRAY

level 指定更新的 mip 级别

xoffset 开始更新的纹素 *x* 索引

yoffset 开始更新的纹素 *y* 索引

zoffset 开始更新的纹素 *z* 索引

width 更新的图像子区域宽度

height 更新的图像子区域高度

depth 更新的图像子区域深度

format 输入纹理数据的格式；可以为

GL_RED, GL_RED_INTEGER, GL_RG, GL_RG_INTEGER, GL_GL_RGB, GL_RGB_INTEGER, GL_RGBA, GL_RGBA_INTEGER, GL_DEPTH_COMPONENT, GL_DEPTH_STENCIL, GL_LUMINANCE_ALPHA, GL_LUMINANCE, or GL_ALPHA

type 输入像素数据的类型，可以为

GL_UNSIGNED_BYTE, GL_BYTE, GL_UNSIGNED_SHORT, GL_SHORT, GL_UNSIGNED_INT, GL_INT, GL_HALF_FLOAT, GL_FLOAT, GL_UNSIGNED_SHORT_5_6_5, GL_UNSIGNED_SHORT_4_4_4_4, GL_UNSIGNED_SHORT_5_5_5_1, GL_UNSIGNED_INT_2_10_10_10_REV, GL_UNSIGNED_INT_10F_11F_11F_REV, GL_UNSIGNED_INT_5_9_9_9_REV, GL_UNSIGNED_INT_24_8, or GL_FLOAT_32_UNSIGNED_INT_24_8_REV

pixels 包含图像子区域的实际像素数据

glTexSubImage3D 的表现与 glTexSubImage2D 类似，唯一的不同是子区域包含一个 *zoffset* 和 *depth*，用于指定深度切片中要更新的子区域。对于压缩的 2D 纹理数组，也可以用 glCompressedTexSubImage3D 更新纹理的一个子区域。对于 3D 纹理，这个函数只能用于供应商专用的 3D 压缩纹理格式，因为 ETC2/EAC 只支持 2D 纹理和 2D 纹理数组。

```
void    glCompressedTexSubImage3D(GLenum target,
                                  GLint level,
                                  GLint xoffset,
                                  GLint yoffset,
                                  GLint zoffset,
                                  GLsizei width,
                                  GLsizei height,
                                  GLsizei depth,
                                  GLenum format,
                                  GLenum imageSize,
                                  const void* data)
```

target 指定纹理目标，可能是 GL_TEXTURE_2D 或 GL_TEXTURE_2D_ARRAY
level 指定更新的 mip 级别
xoffset 开始更新的纹素 *x* 索引
yoffset 开始更新的纹素 *y* 索引
zoffset 开始更新的纹素 *z* 索引
width 更新的图像子区域宽度
height 更新的图像子区域高度
depth 更新的图像子区域深度
format 使用的压缩纹理格式；必须与原来指定的图像格式相同
pixels 包含图像子区域的实际像素数据

9.4 从颜色缓冲区复制纹理数据

OpenGL ES 3.0 中支持的另一个纹理功能是从颜色缓冲区复制数据到一个纹理。如果你希望使用渲染的结果作为纹理中的图像，这一功能就很实用。帧缓冲区对象（第 12 章）提供了渲染 - 纹理转换的快速方法，这种方法比复制图像数据更快。但是，如果性能不是关注点，那么从颜色缓冲区复制图像数据就是一种实用的功能。

作为复制图像数据来源的颜色缓冲区可以用 glReadBuffer 函数设置。如果应用程序渲染到一个双缓冲区 EGL 可显示表面，则 glReadBuffer 必须设置为 GL_BACK（后台缓冲区——默认状态）。回忆一下，OpenGL ES 3.0 只支持双缓冲区 EGL 可显示表面。因此，所有在显示器上绘图的 OpenGL ES 3.0 应用程序都有一个既用于前台缓冲区又用于后台缓冲区的颜色缓冲区。这个缓冲区当前是前台还是后台缓冲区，由对 eglSwapBuffers（参见第 3 章）的最近一次调用决定。当从可显示 EGL 表面的颜色缓冲区中复制图像数据时，总是会复制后台缓冲区的内容。如果渲染到一个 EGL pbuffer，则复制将发生在 pbuffer 表面。最后，如果渲染到一个帧缓冲区对象，则所复制的帧缓冲区对象的颜色附着通过调用带 GL_COLOR_ATTACHMENTi 参数的 glReadBuffer 函数设置。

```
void    glReadBuffer(GLenum mode)
```

mode 指定读取的颜色缓冲区。这将为未来的 glReadPixels、glCopyTexImage2D、glCopyTexSubImage2D 和 glCopyTexSubImage3D 调用设置源颜色缓冲区。该值可能为 GL_BACK、GL_COLOR_ATTACHMENTi 或 GL_NONE

从颜色缓冲区复制数据到纹理的函数是 glCopyTexImage2D、glCopyTexSubImage2D 和 glCopyTexSubImage3D。

```
void    glCopyTexImage2D(GLenum target,   GLint level,
                         GLenum internalFormat, GLint x,
                         GLint y, GLsizei width,
                         GLsizei height,   Glint border   )
```

target 指定纹理目标，可能为 GL_TEXTURE_2D 或者立方图面目标之一（GL_TEXTURE_CUBE_MAP_POSITIVE_X、GL_TEXTURE_CUBE_MAP_NEGATIVE_X 等）

level 指定加载的 mip 级别

internalFormat 图像的内部格式；可能为

GL_ALPHA, GL_LUMINANCE, GL_LUMINANCE_ALPHA,
GL_RGB, GL_RGBA, GL_R8, GL_RG8, GL_RGB565,
GL_RGB8, GL_RGBA4, GL_RGB5_A1, GL_RGBA8,
GL_RGB10_A2, GL_SRGB8, GL_SRGB8_ALPHA8,
GL_R8I, GL_R8UI, GL_R16I, GL_R16UI, GL_R32I,
GL_R32UI, GL_RG8I, GL_RG8UI, GL_RG16I,
GL_RG16UI, GL_RG32I, GL_RG32UI, GL_RGBA8I,
GL_RGBA8UI, GL_RGB10_A2UI, GL_RGBA16I,
GL_RGBA16UI, GL_RGBA32I, or GL_RGBA32UI

x 读取的帧缓冲区矩形左下角的 *x* 窗口坐标

y 读取的帧缓冲区矩形左下角的 *y* 窗口坐标

width 读取区域的宽度，以像素数表示

height 读取区域的高度，以像素数表示

border OpenGL ES 3.0 不支持边框，所以这个参数必须为 0。

调用上述函数导致纹理图像从区域（*x*，*y*）到（*x*+*width*–1，*y*+*height*–1）的颜色缓冲区内的像素加载。纹理图像的宽度和高度等于颜色缓冲区中复制区域的大小。你应该用这些信息填充纹理的全部内容。

此外，可以用 glCopyTexSubImage2D 更新已经指定的图像的子区域。

```
void    glCopyTexSubImage2D(GLenum target,
                            GLint level,     GLint xoffset,
                            GLint yoffset, GLint x, GLint y,
                            GLsizei width,   GLsizei height)
```

target 指定纹理目标，可能为 GL_TEXTURE_2D 或者立方图面目标之一（GL_TEXTURE_CUBE_MAP_POSITIVE_X、GL_TEXTURE_CUBE_MAP_NEGATIVE_X 等）

level 指定更新的 mip 级别

xoffset 开始更新的纹素 *x* 索引

yoffset 开始更新的纹素 *y* 索引

x 读取的帧缓冲区矩形左下角的 *x* 窗口坐标

y 读取的帧缓冲区矩形左下角的 *y* 窗口坐标

width 读取区域的宽度，以像素数表示

height 读取区域的高度，以像素数表示

上述函数将用颜色缓冲区中从（*x*，*y*）到（*x*+*width*–1，*y*+*height*–1）区域的像素更新图像中从（*xoffset*，*yoffset*）到（*xoffset*+*width*–1，*yoffset*+*height*–1）的子区域。

最后，也可以用 glCopyTexSubImage3D 将颜色缓冲区的内容复制到之前指定的 3D 纹理或者 2D 纹理数组的一个切片（或者切片的子区域）中。

```
void glCopyTexSubImage3D(GLenum target,   GLint level,
                         GLint xoffset, GLint yoffset,
                         GLint zoffset,   GLint x, GLint y,
                         GLsizei width,   GLsizei height)
```

target 指定纹理目标，可能为 GL_TEXTURE_3D 或 GL_TEXTURE_2D_ARRAY

level 指定加载的 mip 级别

xoffset 开始更新的纹素 *x* 索引

yoffset 开始更新的纹素 *y* 索引

zoffset 开始更新的纹素 *z* 索引

x 读取的帧缓冲区矩形左下角的 *x* 窗口坐标

y 读取的帧缓冲区矩形左下角的 *y* 窗口坐标

width 读取区域的宽度，以像素数表示

height 读取区域的高度，以像素数表示

对于 glCopyTexImage2D、glCopyTexSubImage2D 和 glCopyTexSubImage3D 要记住一点，即纹理图像格式的分量不能多于颜色缓冲区。换句话说，复制颜色缓冲区的数据时，可以转换为分量较少的格式，但是不能转换为分量较多的格式。表 9-13 显示了进行纹理复制时有效的格式转换。例如，可以将 RGBA 图像复制到任何可能的格式，但是不能将 RGB 复制到 RGBA 图像，因为颜色缓冲区中不存在 Alpha 分量。

表 9-13 glCopyTex*Image* 所用的有效格式转换

	纹理格式（目标）						
颜色格式（源）	A	L	LA	R	RG	RGB	RGBA
R	N	Y	N	Y	N	N	N
RG	N	Y	N	Y	Y	N	N
RGB	N	Y	N	Y	Y	Y	N
RGBA	Y	Y	Y	Y	Y	Y	Y

9.5 采样器对象

本章前面介绍了用 glTexParameter [i|f] [v] 设置纹理参数（如过滤模式、纹理坐标包装模式和 LOD 设置）的方法。使用 glTexParameter [i|f] [v] 的问题是它可能造成大量不必要的 API 开销。应用程序经常在大量纹理上使用相同的设置。在这种情况下，用 glTexParameter [i|f][v] 为每个纹理对象设置设置采样器状态可能造成大量额外开销。为了

缓解这一问题，OpenGL ES 3.0 引入了采样器对象，将采样器状态与纹理状态分离。简言之，所有可用 glTexParameter［i|f］［v］进行的设置都可以对采样器对象进行，可以在一次函数调用中与纹理单元绑定使用。采样器对象可以用于许多纹理，从而降低 API 开销。

用于生成采样器对象的函数是 glGenSamplers。

```
void    glGenSamplers(GLsizei n,   GLuint *samplers)
```

n 指定生成的采样器对象数量

samplers 一个无符号整数数组，将容纳 *n* 个采样器对象 ID

采样器对象在应用程序不再需要它们时也需要删除，这可以用 glDeleteSamplers 完成。

```
void    glDeleteSamplers(GLsizei n,  const GLuint *samplers)
```

n 指定要删除的采样器对象

samplers 一个无符号整数数组，容纳要删除的 *n* 个采样器对象 ID

用 glGenSamplers 生成采样器对象 ID 之后，应用程序必须绑定采样器对象以使用其状态。采样器对象绑定到纹理单元，这种绑定取代了用 glTexParameter［i|f］［v］进行的所有纹理对象状态设置。用于绑定采样器对象的函数是 glBindSampler。

```
void    glBindSampler(GLenum unit, GLuint sampler)
```

unit 指定采样器对象绑定到的纹理单元

sampler 所要绑定的采样器对象的句柄

如果传递给 glBindSampler 的 sampler 为 0（默认采样器），则使用为纹理对象设置的状态。采样器对象状态可以用 glSamplerParameter［f|i］［v］设置。可以用 glSamplerParameter［f|i］［v］设置的参数与用 glTexParameter［i|f］［v］设置的相同，唯一的区别是状态被设置到采样器对象，而非纹理对象。

```
void   glSamplerParameteri(GLuint sampler, GLenum pname,
                           GLint param)
void   glSamplerParameteriv(GLuint sampler, GLenum pname,
                            const GLint *params)
void   glSamplerParameterf(GLuint sampler, GLenum pname,
                           GLfloat param)
void   glSamplerParameterfv(GLuint sampler, GLenum pname,
                            const GLfloat *params)
```

sampler 要设置的采样器对象

pname 要设置的参数；可以是如下之一：

```
GL_TEXTURE_BASE_LEVEL
GL_TEXTURE_COMPARE_FUNC
GL_TEXTURE_COMPARE_MODE
GL_TEXTURE_MIN_FILTER
GL_TEXTURE_MAG_FILTER
```

GL_TEXTURE_MIN_LOD
GL_TEXTURE_MAX_LOD
GL_TEXTURE_MAX_LEVEL
GL_TEXTURE_SWIZZLE_R
GL_TEXTURE_SWIZZLE_G
GL_TEXTURE_SWIZZLE_B
GL_TEXTURE_SWIZZLE_A
GL_TEXTURE_WRAP_S
GL_TEXTURE_WRAP_T
GL_TEXTURE_WRAP_R

params 设置的纹理参数值（对于“v”入口点，是参数值的数组）

如果*pname*是GL_TEXTURE_MAG_FILTER，则*param*可能为GL_NEAREST或GL_LINEAR

如果*pname*是GL_TEXTURE_MIN_FILTER，则*param*可能为GL_NEAREST，GL_LINEAR，GL_NEAREST_MIPMAP_NEAREST，GL_NEAREST_MIPMAP_LINEAR，GL_LINEAR_MIPMAP_NEAREST或GL_LINEAR_MIPMAP_LINEAR

如果*pname*是GL_TEXTURE_WRAP_S、GL_TEXTURE_WRAP_R或GL_TEXTURE_WRAP_T，则*param*可能为GL_REPEAT、GL_CLAMP_TO_EDGE或GL_MIRRORED_REPEAT

如果*pname*是GL_TEXTURE_COMPARE_FUNC，则*param*可能为GL_LEQUAL，GL_GEQUAL，GL_LESS，GL_GREATER，GL_EQUAL，GL_NOTEQUAL，GL_ALWAYS或GL_NEVER

如果*pname*是GL_TEXTURE_COMPARE_MODE，则*param*可能为GL_COMPARE_REF_TO_TEXTURE或GL_NONE

如果*pname*是GL_TEXTURE_SWIZZLE_R, GL_TEXTURE_SWIZZLE_G, GL_TEXTURE_SWIZZLE_B或GL_TEXTURE_SWIZZLE_A，则*param*可能为GL_RED, GL_GREEN, GL_BLUE, GL_ALPHA, GL_ZERO或GL_ONE

9.6 不可变纹理

OpenGL ES 3.0中引入的另一种有助于改进应用程序性能的功能是不可变纹理。正如本章前面所介绍的，应用程序使用glTexImage2D和glTexImage3D等函数独立地指定纹理的每个mip贴图级别。这对OpenGL ES驱动程序造成的问题是驱动程序在绘图之前无法确定纹理是否已经完全指定。也就是说，它必须检查每个mip贴图级别或者子图像的格式是否相符、每个级别的大小是否正确以及是否有足够的内存。这种绘图时检查可能代价很高，而使用不可变纹理可以避免这种情形。

不可变纹理的思路很简单：应用程序在加载数据之前指定纹理的格式和大小。这样做之后，纹理格式变成不可改变的，OpenGL ES 驱动程序可以预先进行所有一致性和内存检查。一旦纹理不可变，它的格式和大小就不会再变化。但是，应用程序仍然可以通过使用 glTexSubImage2D、glTexSubImage3D、glGenerateMipMap 或者渲染到纹理加载图像数据。

为了创建不可变纹理，应用程序将使用 glBindTexture 绑定纹理，然后用 glTexStorage2D 或 glTexStorage3D 分配不可变存储。

```
void    glTexStorage2D(GLenum target, GLsizei levels,
                       GLenum internalFormat, GLsizei width,
                       GLsizei height)
void    glTexStorage3D(GLenum target, GLsizei levels,
                       GLenum internalFormat, GLsizei width,
                       GLsizei height, GLsizei depth)
```

target	指定纹理目标，对于 glTexStorage2D 可能是 GL_TEXTURE_2D 或者立方图面目标之一（GL_TEXTURE_CUBE_MAP_POSITIVE_X,GL_TEXTURE_CUBE_MAP_NEGATIVE_X 等），对于 glTexStorage3D 可能是 GL_TEXTURE_3D 或 GL_TEXTURE_2D_ARRAY
levels	指定 mip 贴图级别数量
internalFormat	确定大小的纹理存储内部格式；有效的 internalFormat 值的完整列表与本章 9.1.5 小节中提供的 glTexImage2D 的有效确定大小的 internalFormat 值相同
width	基本图像宽度，以像素数表示
height	基本图像高度，以像素数表示
depth	（仅 glTexStorage3D）基本图像深度，以像素数表示

一旦创建了不可变纹理，在纹理对象上调用 glTexImage*、glCompressedTexImage*、glCopyTexImage* 或 glTexStorage* 就会无效。这样做将生成 GL_INVALID_OPERATION 错误。要用图像数据填充不可变纹理，应用程序需使用 glTexSubImage2D、glTexSubImage3D、glGenerateMipMap 或者渲染到纹理图像（通过将其作为帧缓冲区对象附着使用来实现）。

使用 glTexStorage* 时，OpenGL ES 内部通过将 GL_TEXTURE_IMMUTABLE_FORMAT 设置为 GL_TRUE，将 GL_TEXTURE_IMMUTABLE_LEVELS 设置为传递给 glTexStorage* 的数字，将纹理对象标记为不可变。应用程序可以使用 glGetTexParameter［i|f］［v］查询这些值，但是它无法直接设置这些值。必须使用 glTexStorage* 函数设置不可变纹理参数。

9.7 像素解包缓冲区对象

在第 6 章中，我们介绍了缓冲区对象，集中讨论了顶点缓冲区对象（VBO）和复制缓冲区对象。你应该记得，缓冲区对象可以在服务器端（或者 GPU）内存中存储数据，而不是在客户端（或者主机）内存。使用缓冲区对象的好处是减少了从 CPU 到 GPU 的数据传送，因而能够改进性能（并降低内存占用率）。OpenGL ES 3.0 还引入了像素解包缓冲区对象，这种对象与 GL_PIXEL_UNPACK_BUFFER 目标绑定指定。在像素解包缓冲区对象上操作的函数已在第 6 章中描述。像素解包缓冲区对象允许纹理数据规格保存在服务器端内存。结果是，像素解包操作 glTexImage*、glTexSubImage*、glCompressedTexImage* 和 glCompressedTexSubImage* 可以直接来自缓冲区对象。如果像素解包缓冲区对象在这类调用期间绑定，则数据指针是像素解包缓冲区中的一个偏移量，而不是指向客户端内存的指针，这与使用 glVertexAttribPointer 的 VBO 很相似。

像素解包缓冲区对象可以用于将纹理数据流传输到 GPU。应用程序可以分配一个像素解包缓冲区，然后为更新映射缓冲区区域。当进行加载数据到 OpenGL 的调用（例如 glTexSubImage*）时，这些函数可能立即返回，因为数据已经存在于 GPU（或者可以在稍后复制，但是立即复制不需要像客户端数据那样进行）。我们建议在纹理上传操作的性能 / 内存占用对应用程序很重要的情况下使用像素解包缓冲区对象。

9.8 小结

本章介绍了 OpenGL ES 3.0 中使用纹理的方法。我们介绍了不同类型的纹理：2D、3D、立方图和 2D 纹理数组。对于每个纹理类型，我们说明了加载完整纹理数据、子图像，或者从帧缓冲区复制数据的方法。我们详细介绍了 OpenGL ES 3.0 中的各种可用的纹理格式，包括规范化的纹理格式、浮点纹理、整数纹理、共享指数纹理、sRGB 纹理和深度纹理，介绍了纹理对象可以设置的纹理参数，包括过滤模式、包装模式、深度纹理比较和细节级别设置。我们探讨了用更高效的采样器对象设置纹理参数的方法。最后，我们说明了如何创建有助于降低纹理使用的绘图时开销的不可变纹理，还通过几个示例程序说明了片段着色器中读取纹理的方法。掌握了这些信息，你就能够使用 OpenGL ES 3.0 开发许多高级的渲染特效。接下来，我们将介绍片段着色器的更多细节，帮助你进一步理解如何使用纹理，实现各种渲染技术。

Chapter 10 第 10 章

片段着色器

第 9 章介绍了在片段着色器中创建和应用纹理的基础知识。在本章中，我们提供了片段着色器的更多细节，并描述了它的一些用途。特别是，我们聚焦于如何用片段着色器实现固定功能技术。本章介绍的主题包括：

- 固定功能片段着色器
- 可编程片段着色器概述
- 多重纹理
- 雾化
- Alpha 测试
- 用户裁剪平面

在图 10-1 中，已经包含了可编程管线的顶点着色器、图元装配和光栅化阶段。我们已经

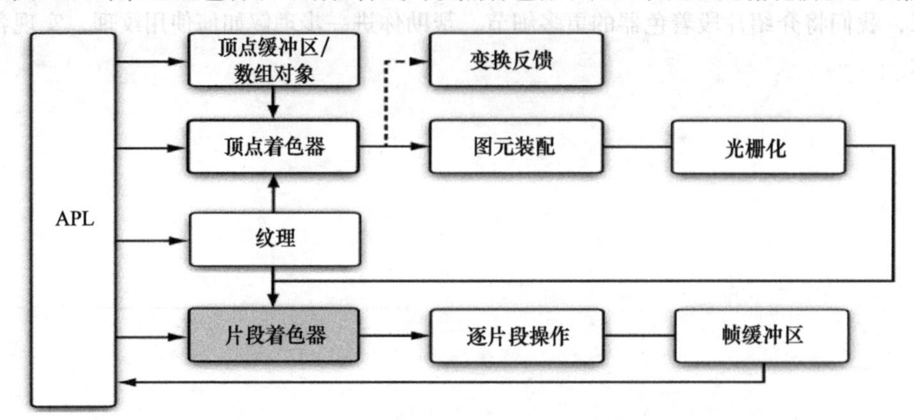

图 10-1 OpenGL ES 3.0 可编程管线

讨论了在片段着色器中使用纹理。现在，我们将重点放在管线的片段着色器部分，介绍片段着色器编写方面的其余细节。

10.1　固定功能片段着色器

对可编程片段管线还不熟悉但是已经使用过 OpenGL ES 1.x（或者桌面 OpenGL 早期版本）的读者可能熟悉固定功能片段管线。在研究片段着色器的细节之前，我们认为值得简单地回顾一下老式的固定功能片段管线，这将帮助你理解老式的固定功能管线映射到片段着色器的方式。在转到更先进的片段编程技术之前，这是很好的起点。

在 OpenGL ES 1.1（以及固定功能桌面 OpenGL）中，可以使用一组有限的方程式，确定如何组合片段着色器的不同输入。在固定功能管线中，实际上可以使用 3 种输入：插值顶点颜色、纹理颜色和常量颜色。顶点颜色通常保存一个预先计算的颜色或者顶点照明计算的结果。纹理颜色来自于使用图元纹理坐标绑定的纹理中读取的值，而常量颜色可以对每个纹理单元设置。

用于组合这些输入的这一组方程式相当有限。例如，在 OpenGL ES 1.1 中，可用的方程式在表 10-1 中列出。方程式的输入 A、B、C 可能来自于顶点颜色、纹理颜色或者常量颜色。

表 10-1　OpenGL ES 1.1 RGB 组合函数

RGB 组合函数	方程式
REPLACE	A
MODULATE	$A \times B$
ADD	$A+B$
ADD_SIGNED	$A+B-0.5$
INTERPOLATE	$A \times C+B \times (1-C)$
SUBTRACT	$A-B$
DOT3_RGB (and DOT3_RGBA)	$4 \times ((A.r-0.5) \times (B.r-0.5)+(A.g-0.5) \times (B.g-0.5)+(A.b-0.5) \times (B.b \times 0.5))$

即使利用这组有限的方程式，实际上也可以实现大量有趣的特效，但是，这比起可编程还有很大的距离，因为片段管线只能以非常固定的一组方式配置。

为什么要回顾这段历史呢？因为它能帮助我们理解如何用着色器实现传统的固定功能技术。例如，假定我们已经用一个基本纹理贴图配置了固定功能管线，希望用顶点颜色调制（乘）该帖图。在固定功能 OpenGL ES（或者 OpenGL）中，我们将启用一个纹理单元，选择 MODULATE 的组合方程式，并且将方程式的输入设置为顶点颜色和纹理颜色。下面提供 OpenGL ES 1.1 实现以上功能的代码，作为参考：

```
glTexEnvi(GL_TEXTURE_ENV,  GL_TEXTURE_ENV_MODE, GL_COMBINE);
glTexEnvi(GL_TEXTURE_ENV,  GL_COMBINE_RGB, GL_MODULATE);
glTexEnvi(GL_TEXTURE_ENV,  GL_SOURCE0_RGB, GL_PRIMARY_COLOR);
glTexEnvi(GL_TEXTURE_ENV,  GL_SOURCE1_RGB, GL_TEXTURE);
glTexEnvi(GL_TEXTURE_ENV,  GL_COMBINE_ALPHA, GL_MODULATE);
glTexEnvi(GL_TEXTURE_ENV,  GL_SOURCE0_ALPHA, GL_PRIMARY_COLOR);
glTexEnvi(GL_TEXTURE_ENV,  GL_SOURCE1_ALPHA, GL_TEXTURE);
```

这段代码配置固定功能管线，以执行主颜色（顶点颜色）和纹理颜色之间的调制（A×B）。如果它对于你没有意义，不用担心，因为这些代码在 OpenGL ES 3.0 中已经不存在了。我们只是试图说明这些功能如何映射到片段着色器。在片段着色器中，同样的调制计算可以用如下代码实现：

```
#version 300 es
precision mediump float;
uniform sampler2D s_tex0;
in vec2 v_texCoord;
in vec4 v_primaryColor;
layout(location = 0) out vec4 outColor;
void main()
{
    outColor = texture(s_tex0, v_texCoord) * v_primaryColor;
}
```

片段着色器执行的操作与固定功能设置执行的操作完全相同。纹理值从一个采样器（绑定到纹理单元 0）读取，并用一个 2D 纹理坐标查找该值。然后，纹理读取的结果和从顶点着色器传递的输入值 v_primaryColor 相乘。在这个例子中，顶点着色器已经将颜色传递给片段着色器。

可以编写一个片段着色器，执行任何固定功能纹理组合设置的等价计算。当然，也可以编写着色器，执行比固定功能复杂得多的不同计算。但是，本节的重点是澄清从固定功能到可编程着色器的过渡。现在，我们开始了解片段着色器的一些细节。

10.2 片段着色器概述

片段着色器为片段操作提供了通用功能的可编程方法。片段着色器的输入由如下部分组成：

- 输入（或者可变值）——顶点着色器生成的插值数据。顶点着色器输出跨图元进行插值，并作为输入传递给片段着色器。
- 统一变量——片段着色器使用的状态，这些常量值在每个片段上不会变化。
- 采样器——用于访问着色器中的纹理图像。
- 代码——片段着色器源代码或者二进制代码，描述在片段上执行的操作。

片段着色器的输出是一个或者多个片段颜色，传递到管线的逐片段操作部分（输出颜色的数量取决于使用多少个颜色附着）。片段着色器的输入和输出如图 10-2 所示。

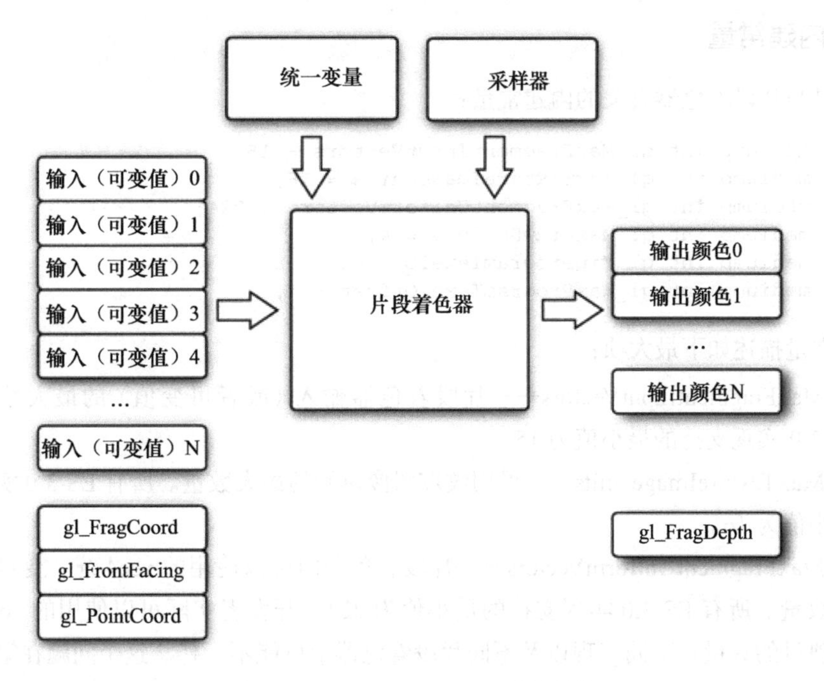

图 10-2　OpenGL ES 3.0 片段着色器

10.2.1　内建特殊变量

OpenGL ES 3.0 有内建特殊变量，这些变量由片段着色器输出或者作为片段着色器的输入。片段着色器中可用的内建特殊变量如下所示：

- gl_FragCoord——片段着色器中的一个只读变量。这个变量保存片段的窗口相对坐标（$x,y,z,1/w$）。在一些算法中，知道当前片段的窗口坐标是很有用的。例如，可以使用窗口坐标作为某个随机噪声贴图纹理读取的偏移量，噪声贴图的值用于旋转阴影贴图的过滤核心。这种技术用于减少阴影贴图的锯齿失真。
- gl_FrontFacing——片段着色器中的一个只读变量。这个布尔变量在片段是正面图元的一部分时为 true，否则为 false。
- gl_PointCoord——一个只读变量，可以在渲染点精灵时使用。它保存点精灵的纹理坐标，这个坐标在点光栅化期间自动生成，处于 [0，1] 区间内。第 14 章中有一个使用该变量渲染点精灵的示例。
- gl_FragDepth——一个只写输出变量，在片段着色器中写入时，覆盖片段的固定功能深度值。这一个功能应该谨慎使用（只在必要时），因为它可能禁用许多 GPU 的深度优化。例如，许多 GPU 有所谓的“Early-Z”功能，在执行片段着色器之前进行深度测试。使用 Early-Z 的好处是不能通过深度测试的片段永远不会被着色（从而保护了性能）。但是，使用 gl_FragDepth 时，必须禁用该功能，因为 GPU 在执行片段着色器之前不知道深度值。

10.2.2 内建常量

下面是与片段着色器有关的内建常量：

```
const mediump int gl_MaxFragmentInputVectors = 15;
const mediump int gl_MaxTextureImageUnits = 16;
const mediump int gl_MaxFragmentUniformVectors = 224;
const mediump int gl_MaxDrawBuffers = 4;
const mediump int gl_MinProgramTexelOffset = -8;
const mediump int gl_MaxProgramTexelOffset = 7;
```

内建常量描述如下最大项：

- gl_MaxFragmentInputVectors——片段着色器输入（或者可变值）的最大数量。所有 ES 3.0 实现支持的最小值为 15。
- gl_MaxTextureImageUnits——可用纹理图像单元的最大数量。所有 ES 3.0 实现支持的最小值为 16。
- gl_MaxFragmentUniformVectors——片段着色器内可以使用的 vec4 统一变量项目的最大数量。所有 ES 3.0 实现支持的最小值为 224。开发者实际可以使用的 vec4 统一变量项目的数量在不同实现以及不同片段着色器中可能不一样。这个问题在第 8 章中说明过，同样适用于片段着色器。
- gl_MaxDrawBuffers——多重渲染目标（MRT）的最大支持数量。所有 ES 3.0 实现支持的最小值为 4。
- gl_MinProgramTexelOffset/gl_MaxProgramTexelOffset——通过内建 ESSL 函数 texture*Offset() 偏移参数支持的最大和最小偏移量。

每个内建常量所指定的值是所有 OpenGL ES 3.0 实现必须支持的最小值。不同的实现可能支持大于上述最小值的数值。片段着色器内建数值的实际硬件特定值可以从 API 代码中查询。下面的代码说明如何查询 gl_MaxTextureImageUnits 和 gl_MaxFragmentUniformVectors 的值。

```
gl_MaxTextureImageUnits and gl_MaxFragmentUniformVectors:

GLint   maxTextureImageUnits, maxFragmentUniformVectors;

glGetIntegerv(GL_MAX_TEXTURE_IMAGE_UNITS,
              &maxTextureImageUnits);
glGetIntegerv(GL_MAX_FRAGMENT_UNIFORM_VECTORS
              &maxFragmentUniformVectors);
```

10.2.3 精度限定符

精度限定符在第 5 章中做了简单的介绍，在第 8 章中又做了详细的说明，请回顾这些章节，了解精度限定符的全部细节。我们在此提醒你们，片段着色器中没有默认精度。因此，每个片段着色器必须声明一个默认精度（或者对所有变量声明提供精度限定符）。

10.3　用着色器实现固定功能技术

我们已经对片段着色器进行了概述，现在将演示如何用着色器实现几种固定功能技术。OpenGL ES 1.x 和桌面 OpenGL 中的固定功能管线提供 API，可以执行多重纹理、雾化、Alpha 测试和用户裁剪平面。尽管这些技术在 OpenGL ES 3.0 中都没有明确提供，但是都可以用着色器实现。本节研究各种固定功能处理，并提供演示各种技术的片段着色器示例。

10.3.1　多重纹理

我们从多重纹理入手，这是片段着色器中非常常见的操作，用于组合多个纹理贴图。例如，QuakeIII 等多种游戏里曾经使用一种技术，将来自光照计算的照明效果存储在一个纹理贴图中。然后，这个帖图在片段着色器中与基本纹理贴图合并，以表现静态照明。多重纹理还有许多其他的示例，我们将在第 14 章中介绍。例如，纹理贴图常常用于存储反射指数和遮罩，以衰减和遮盖反射光的分布。许多游戏还使用法线贴图，这种纹理以比逐顶点法线更高级别的细节存储法线信息，以便在片段着色器中计算照明。

在此提及这些信息是为了强调你已经学习了实现多重纹理技术的所有 API。在第 9 章中，你学习了如何在各种纹理单元上加载纹理以及如何在片段着色器中读取它们。在片段着色器中以不同的方式组合纹理很简单，就是采用着色语言中存在的许多运算符和内建函数。使用这些技术，能够轻松地实现 OpenGL ES 以前版本中的固定功能片段管线所能实现的效果。

Chapter_10/ MultiTexture 示例中提供了使用多重纹理的一个例子，渲染的图像如图 10-3 所示。

图 10-3　多重纹理正方形

这个示例加载一个基本纹理贴图和照明贴图纹理，在片段着色器的一个正方形上组合它们。例 10-1 提供了样板程序中所用的片段着色器。

例 10-1　多重纹理片段着色器

```
#version 300 es
precision mediump float;
in vec2 v_texCoord;
layout(location = 0) out vec4 outColor;
uniform sampler2D s_baseMap;
uniform sampler2D s_lightMap;
void main()
{
   vec4 baseColor;
   vec4 lightColor;

   baseColor = texture( s_baseMap, v_texCoord );
   lightColor = texture( s_lightMap, v_texCoord );
   // Add a 0.25 ambient light to the texture light color
   outColor = baseColor * (lightColor + 0.25);
}
```

这个片段着色器有两个采样器，每个纹理使用一个。设置纹理单元和采样器的相关代码如下。

```
// Bind the base map
glActiveTexture(GL_TEXTURE0);
glBindTexture(GL_TEXTURE_2D, userData->baseMapTexId);
// Set the base map sampler to texture unit 0
glUniform1i(userData->baseMapLoc, 0);
// Bind the light map
glActiveTexture(GL_TEXTURE1);
glBindTexture(GL_TEXTURE_2D, userData->lightMapTexId);
// Set the light map sampler to texture unit 1
glUniform1i(userData->lightMapLoc, 1);
```

可以看到，上述代码将各个纹理对象绑定到纹理单元 0 和 1。为采样器设置数值，将采样器绑定到对应的纹理单元。在这个例子中，使用单一纹理坐标从两个贴图中读取。在典型的照明贴图处理中，基本贴图和照明贴图应该有一组单独的纹理坐标。照明贴图通常混合到单一的大型纹理中，纹理坐标可以使用离线工具生成。

10.3.2　雾化

应用雾化是渲染 3D 场景的一种常用技术。在 OpenGL ES 1.1 中，雾化作为一种固定功能操作。雾化如此普遍应用的原因之一是，它可以用于减小绘图距离，并且消除靠近观看者的几何体的“突现”现象。

雾化的计算有几种可能的方式，使用可编程片段着色器，你就不必局限于任何特定的方程式。下面我们将介绍如何用片段着色器计算线性雾化。要计算任何类型的雾化，需要两个输入：像素到眼睛的距离以及雾化的颜色。要计算线性雾化，还需要雾化所覆盖的最小和最大距离范围。

线性雾化因子方程式

$$F=\frac{MaxDist-EyeDist}{MaxDist-MinDist}$$

计算一个线性雾化因子，用于乘以雾化颜色。这个颜色限制在 [0.0，1.0] 的区间内，然后和片段的总体颜色进行线性插值，以算出最终的颜色。到眼睛的距离最好在顶点着色器中计算，然后用可变变量进行跨图元插值。

在 Chapter_10/PVR_LinearFog 文件夹中提供的 PVRShaman（.POD）工作区示例演示了雾化计算。图 10-4 是该工作区的一个屏幕截图。PVRShaman 是一个着色器集成开发环境（IDE），是 Imagination Technologies PowerVR SDK 的一部分，可以从 http://powervrinsider.com/ 下载。本书后面的几个例子使用 PVRShaman 演示不同的着色技术。

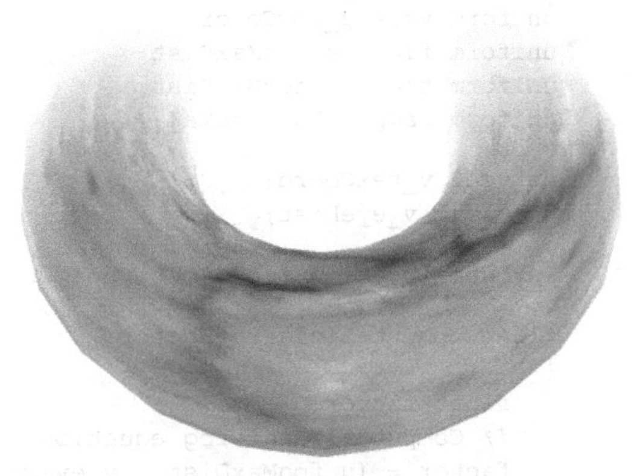

图 10-4 PVRShaman 中圆环上的线性雾化

例 10-2 提供了计算到眼睛的距离的顶点着色器代码。

例 10-2 计算到眼睛距离的顶点着色器

```
#version 300 es
uniform mat4 u_matViewProjection;
uniform mat4 u_matView;
uniform vec4 u_eyePos;

in vec4 a_vertex;
in vec2 a_texCoord0;

out vec2 v_texCoord;
out float v_eyeDist;

void main( void )
{
   // Transform vertex to view space
   vec4 vViewPos = u_matView * a_vertex;
   // Compute the distance to eye
   v_eyeDist = sqrt( (vViewPos.x - u_eyePos.x) *
                     (vViewPos.x - u_eyePos.x) +
                     (vViewPos.y - u_eyePos.y) *
                     (vViewPos.y - u_eyePos.y) +
                     (vViewPos.z - u_eyePos.z) *
                     (vViewPos.z - u_eyePos.z) );

   gl_Position = u_matViewProjection * a_vertex;
   v_texCoord = a_texCoord0.xy;
}
```

这个顶点着色器中重要的部分是顶点着色器输出变量 v_eyeDist 的计算。首先，输入顶点用视图矩阵变换到可视空间中，并保存在 vViewPos。然后，计算从这一点到 u_eyePos 统一变量的距离。这一计算给出从观看者到变换后的顶点之间的眼睛空间距离。我们可以在片段着色器中用这个数值计算雾化因子，如例 10-3 所示。

例 10-3　渲染线性雾化的片段着色器

```
#version 300 es
precision mediump float;

uniform vec4 u_fogColor;
uniform float u_fogMaxDist;
uniform float u_fogMinDist;
uniform sampler2D baseMap;

in vec2 v_texCoord;
in float v_eyeDist;

layout( location = 0 ) out vec4 outColor;

float computeLinearFogFactor()
{
   float factor;
   // Compute linear fog equation
   factor = (u_fogMaxDist - v_eyeDist) /
            (u_fogMaxDist - u_fogMinDist );

   // Clamp in the [0, 1] range
   factor = clamp( factor, 0.0, 1.0 );
   return factor;
}

void main( void )
{
   float fogFactor = computeLinearFogFactor();
   vec4 baseColor = texture( baseMap, v_texCoord );

   // Compute final color as a lerp with fog factor
   outColor = baseColor * fogFactor +
              u_fogColor * (1.0 - fogFactor);
}
```

在片段着色器中，computeLinearFogFactor() 函数执行线性雾化方程式的计算。最小和最大雾化距离保存在统一变量中，在顶点着色器中计算的插值眼睛距离用于计算雾化因子。然后，雾化因子用于执行基本纹理颜色和雾化颜色之间的线性插值（例 10-3 中缩写作“lerp”）。结果是我们得到了线性雾化效果，可以很轻松地通过改变统一变量值调整距离和颜色。

注意可编程片段着色器的灵活性，很容易采用其他方法计算雾化。例如，可以通过改变雾化方程式轻松地计算指数雾化。也可以根据到地面的距离计算雾化，代替基于到眼睛距离的雾化计算。利用对这里提供的雾化计算进行的小改良可以很容易地实现一些可能的雾化效果。

10.3.3　Alpha 测试（使用 Discard）

3D 应用程序中使用的常见特效之一是绘制某些片段中完全透明的图元，这对于渲染链状栅栏等物体很有用。用几何形状表现栅栏要求大量的图元，然而，在纹理中存储一个遮罩值指定哪些纹素应该是透明的是使用几何形状的另一种方法。例如，你可以将链状栅栏保存在一个 RGBA 纹理中，其中 RGB 值表示栅栏的颜色，A 值表示纹理是否透明的遮罩值。这样你会很容易地用一个或者两个三角形并且在片段着色器中遮蔽像素来渲染一个栅栏。

在传统的固定功能渲染中，这种特效用 Alpha 测试实现。Alpha 测试允许你指定一个比较测试，如果片段的 Alpha 值和参考值的比较失败，该片段将被删除。也就是说，如果一个片段无法通过 Alph 测试，该片段便不会被渲染。在 OpenGL ES 3.0 中没有固定功能 Alpha 测试，但是在片段着色器中可以使用 discard 关键字实现相同的效果。

Chapter_10/PVR_AlphaTest 中的 PVRShaman 示例给出了在片段着色器中进行 Alpha 测试的一个非常简单的例子，如图 10-5 所示。

图 10-5　用 Discard 进行 Alpha 测试

例 10-4 给出了这个例子的片段着色器代码。

例 10-4　用 Discard 进行 Alpha 测试的片段着色器

```
#version 300 es
precision mediump float;

uniform sampler2D baseMap;

in vec2 v_texCoord;
layout( location = 0 ) out vec4 outColor;
void main( void )
{
   vec4 baseColor = texture( baseMap, v_texCoord );
   // Discard all fragments with alpha value less than 0.25
   if( baseColor.a < 0.25 )
   {
      discard;
   }
   else
   {
      outColor = baseColor;
   }
}
```

在这个片段着色器中，纹理是一个四通道的 RGBA 纹理。Alpha 通道用于 Alpha 测试。Alpha 颜色与 0.25 比较；如果小于该值，就用 discard“杀死”片段。

否则，用纹理颜色绘制片段。这种技术可以用于通过简单地改变对比或者 Alpha 参考值来实现 Alpha 测试。

10.3.4 用户裁剪平面

正如第 7 章中所述，所有图元根据组成视锥的 6 个平面进行裁剪。但是，有时候用户可能想要根据一个或者多个额外的用户裁剪平面进行裁剪。根据用户裁剪平面进行裁剪有一些原因，例如，渲染反射时，需要根据反射平面翻转几何形状，然后将其渲染到屏幕外纹理中。在渲染到纹理时，需要根据反射平面裁剪几何形状，这就需要用户裁剪平面。

在 OpenGL ES 1.1 中，用户裁剪平面可以通过平面方程式提供给 API，裁剪将自动处理。在 OpenGL ES 3.0 中，仍然可以实现相同的效果，但是现在必须自行在着色器中处理。实现用户裁剪平面的关键是使用前一小节介绍过的 discard 关键字。

在说明如何实现用户裁剪平面之前，我们先来回顾一下基本的数学知识。平面可以由如下方程式指定：

$$Ax+By+Cz+D=0$$

向量（A,B,C）代表平面的法线，D 值是平面沿着该向量到原点的距离。为了计算出一个点是否应该根据平面进行裁剪，需用如下方程式算出点 P 到一个平面的距离：

$$\text{Dist}=(A\times P\cdot x)+(B\times P\cdot y)+(C\times P\cdot z)+D$$

如果距离小于 0，我们知道该点在平面之下，应该裁剪。如果距离大于或者等于 0，则它不应该被裁剪。注意，平面方程式和 P 点必须处于相同的坐标空间。Chapter_10/PVR_ClipPlane 工作区中提供了一个 PVRShaman 示例，如图 10-6 所示。在这个例子中渲染了一个茶壶，并根据用户裁剪平面进行裁剪。

图 10-6 用户裁剪平面示例

如前所述，着色器需要做的第一件事是计算到平面的距离，这可以在顶点着色器（并传递到一个可变变量中）或者片段着色器中完成。从性能的角度上讲，在顶点着色器中进行计算比在每个片段中计算距离更经济。例 10-5 中列出的顶点着色器说明了到平面距离的计算。

例 10-5 用户裁剪平面顶点着色器

```
#version 300 es
uniform vec4 u_clipPlane;
uniform mat4 u_matViewProjection;
in vec4 a_vertex;

out float v_clipDist;

void main( void )
{
```

```
   // Compute the distance between the vertex and
   // the clip plane
   v_clipDist = dot( a_vertex.xyz, u_clipPlane.xyz ) +
                u_clipPlane.w;
   gl_Position = u_matViewProjection * a_vertex;
}
```

统一变量 u_clipPlane 保存裁剪平面的平面方程式，并用 glUniform4f 传递给着色器。v_clipDist 可变变量存储计算后的裁剪距离。这个值传递到片段着色器中，片段着色器使用插值后的距离确定片段是否应该裁剪，如例 10-6 所示。

例 10-6　用户裁剪平面片段着色器

```
#version 300 es
precision mediump float;
in float v_clipDist;
layout( location = 0 ) out vec4 outColor;
void main( void )
{
   // Reject fragments behind the clip plane
   if( v_clipDist < 0.0 )
      discard;
   outColor = vec4( 0.5, 0.5, 1.0, 0.0 );
}
```

正如你所看见的，如果 v_clipDist 可变变量为负，就意味着片段在裁剪平面之下，必须被抛弃。否则，如常处理片段。这个简单的例子只是为了演示实现用户裁剪平面所需的计算。很容易通过计算多个裁剪距离并进行多次抛弃测试来实现多个用户裁剪平面。

10.4　小结

本章介绍了使用片段着色器的多种渲染技术，我们聚焦于实现 OpenGL ES 1.1 固定功能部分技术的片段着色器。我们特别介绍了实现多重纹理、线性雾化、Alpha 测试和用户裁剪平面的方法。使用可编程片段着色器时，几乎可以实现无限的着色技术。本章为你提供了开发某些片段着色器的基础，你可以在此基础上创建更为复杂的特效。

现在，我们已经为介绍一些高级的渲染技术做好了准备，在此之前要介绍的下一个主题是片段着色器之后发生的操作——即逐片段操作和帧缓冲区对象。下两章介绍这些主题。

Chapter 11 第 11 章

片段操作

本章讨论在 OpenGL ES 3.0 片段管线中执行片段着色器之后，可能应用到整个帧缓冲区或者单独片段的操作。你应该记得，片段着色器的输出是片段的颜色和深度值。下面的操作在片段着色器执行之后发生，可能影响像素的可见性和最终颜色：

- 剪裁区域测试
- 模板缓冲区测试
- 深度缓冲区测试
- 多重采样
- 混合
- 抖动

片段在前往帧缓冲区途中经历的测试和操作如图 11-1 所示。

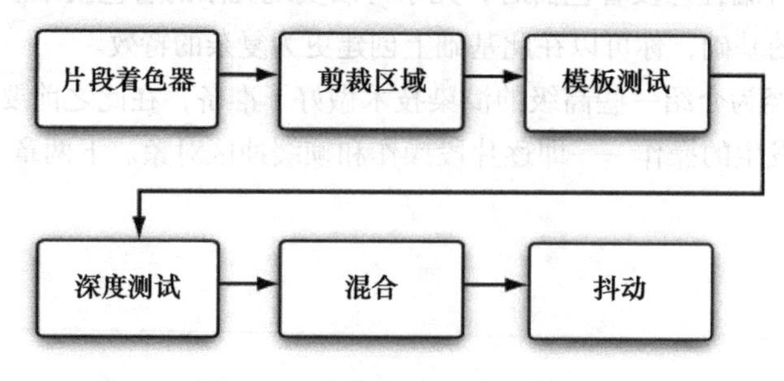

图 11-1　着色器后的片段管线

你可能已经注意到，这里没有称作“多重采样”的阶段。多重采样是一种抗锯齿技术，它在子片段级别上复制操作。我们将在本章后面更深入地描述多重采样对片段处理的影响。

本章最后讨论从帧缓冲区读取像素和向其写入像素的方法。

11.1 缓冲区

OpenGL ES 支持 3 种缓冲区，每种缓冲区都保存帧缓冲区中每个像素的不同数据：

- 颜色缓冲区（由前台和后台颜色缓冲区组成）
- 深度缓冲区
- 模板缓冲区

缓冲区的大小常被称作“缓冲区深度”（不要与深度缓冲区混淆），由可用于存储单个像素信息的位数来计量。例如，颜色缓冲区有 3 个分量，用于存储红、绿和蓝色分量以及可选的 Alpha 分量存储。颜色缓冲区的深度是所有颜色分量位数的总和。深度和模板缓冲区与此相反，这些缓冲区中用单一值表示像素的位深度。例如，深度缓冲区可能每个像素有 16 位。缓冲区的总大小是所有分量的位深度的总和。常见的帧缓冲深度包含 16 位的 RGB 缓冲区，红色和蓝色各 5 位，绿色为 6 位（人类的视觉系统对绿色比对红色或者蓝色更敏感），对于 RGBA 缓冲区，32 位被平均分配。

此外，颜色缓冲区可能是双重缓冲，也就是包含两个缓冲区：一个在输出设备（如监控器或者 LCD 显示器）上显示，称作“前台”缓冲区；另一个缓冲区对观看者隐藏，但是用于构造将要显示的下一个图像，称作“后台”缓冲区。在双缓冲应用程序中，通过在后台缓冲区中绘制然后切换前后台缓冲区显示新图像来实现动画。缓冲区的切换通常与显示设备的刷新周期同步，这样将产生连续、流畅动画的假象。第 3 章中已经讨论过双缓冲。

虽然每个 EGL 配置都有一个颜色缓冲区，深度和模板缓冲区是可选的。不过，每个 EGL 实现必须提供至少一个包含所有 3 个缓冲区的配置，深度缓冲区至少有 16 位的深度，模板缓冲区位深至少为 8 位。

11.1.1 请求更多缓冲区

要在颜色缓冲区之外加入深度或者模板缓冲区，需要在指定 EGL 配置属性时请求它们。正如第 3 章中所讨论的，向 EGL 传递一组属性 - 数值对，指定应用程序需要的渲染表面类型。要在颜色缓冲区之外加入深度缓冲区，应该在属性列表中指定 EGL_DEPTH_SIZE 和需要的位深。同样，可以添加 EGL_STENCIL_SIZE 和所需的位数来获得一个模板缓冲区。

我们的 esUtil 程序库简化了这些操作，你只需要说明除了颜色缓冲区之外的其他缓冲区，程序库就会为你完成其余工作（请求最大尺寸的缓冲区）。使用我们的库时，可以在 esCreateWindow 调用中添加 ES_WINDOW_DEPTH 和 ES_WINDOW_STENCIL（通过按位或操作）。例如：

```
esCreateWindow ( &esContext,    "Application Name",
                 window_width,   window_height,
                 ES_WINDOW_RGB | ES_WINDOW_DEPTH |
                 ES_WINDOW_STENCIL );
```

11.1.2 清除缓冲区

OpenGL ES 是一个交互式渲染系统，它假定在每个帧的开始，你要将缓冲区的所有内容初始化为默认值。缓冲区可以通过调用 glClear 函数清除，该函数用一个位掩码表示应该清除为其指定值的各种缓冲区。

```
void    glClear(GLbitfield mask)
```

mask 指定要清除的缓冲区，由如下表示各种 OpenGL ES 缓冲区的位掩码联合组成：GL_COLOR_BUFFER_BIT、GL_DEPTH_BUFFER_BIT、GL_STENCIL_BUFFER_BIT

你没有要清除每个缓冲区，也没有必要同时清除它们，但是对每个帧仅调用 glClear 一次并同时清除所有需要的缓冲区，可以得到最好的性能。

当你请求清除缓冲区时，每个缓冲区都有一个默认值。对于每个缓冲区，可以用如下函数指定需要的清除值：

```
void    glClearColor(GLfloat red,  GLfloat green,
                     GLfloat blue, GLfloat alpha)
```

red,green,blue,alpha 当传递给 glClear 的位掩码中包含 GL_COLOR_BUFFER_BIT 时，指定颜色缓冲区中所有像素的颜色值（处于 [0，1] 区间）

```
void    glClearDepthf(GLfloat depth)
```

depth 当传递给 glClear 的位掩码中包含 GL_DEPTH_BUFFER_BIT 时，指定深度缓冲区中所有像素的深度值（处于 [0，1] 区间）

```
void    glClearStencil(GLint s)
```

s 当传递给 glClear 的位掩码中包含 GL_STENCIL_BUFFER_BIT 时，指定模板缓冲区中所有像素的模板值（处于 $[0,2^n-1]$ 区间，其中 *n* 是模板缓冲区中可用的位数）。

如果在一个帧缓冲区对象中有多个绘图缓冲区（见 11.7 节），可以用如下调用清除特定的绘图缓冲区：

```
void    glClearBufferiv(GLenum buffer, GLint drawBuffer,
                        const GLint *value)
void    glClearBufferuiv(GLenum buffer, GLint drawBuffer,
                         const GLuint *value)
void    glClearBufferfv(GLenum buffer, GLint drawBuffer,
                        const GLfloat *value)
```

buffer 指定要清除的缓冲区类型，可能是GL_COLOR、GL_FRONT、GL_BACK、GL_FRONT_AND_BACK、GL_LEFT、GL_RIGHT、GL_DEPTH（仅glClearBufferfv）或GL_STENCIL（仅glClearBufferiv）

drawBuffer 指定要清除的绘图缓冲区名称。对于深度或者模板缓冲区，必须为0。对颜色缓冲区必须小于GL_MAX_DRAW_BUFFERS

value 指定用于清除缓冲区的一个四元素向量（对于颜色缓冲区）和一个数值（对于深度或者模板缓冲区）的指针

为了减少函数调用的数量，可以用glClearBufferfi同时清除深度和模板缓冲区。

```
void   glClearBufferfi(GLenum buffer, GLint drawBuffer,
                       GLfloat depth, GLint stencil)
```

buffer 指定要清除的缓冲区类型；必须是GL_DEPTH_STENCIL

drawBuffer 指定要清除的绘图缓冲区名称；必须为0

depth 指定清除深度缓冲区所用的值

stencil 指定清除模板缓冲区所用的值

11.1.3 用掩码控制帧缓冲区的写入

你也可以通过指定一个缓冲区写入掩码来控制哪些缓冲区或者分量（颜色缓冲区的情况下）可以写入。在像素值被写入缓冲区之前，使用缓冲区掩码验证该缓冲区是否可写入。

对于颜色缓冲区，glColorMask例程指定像素被写入时颜色缓冲区中的哪些分量会被更新。如果特定分量的掩码被设置为GL_FALSE，则该分量在写入时不会被更新。默认情况下，所有颜色分量都可以写入。

```
void   glColorMask(GLboolean red,  GLboolean green,
                   GLboolean blue, GLboolean alpha)
```

red,green,alpha 指定颜色缓冲区的特定颜色分量在渲染的时候是否可以修改

同样，深度缓冲区的写入通过以指定深度缓冲区是否可写入的GL_TRUE或GL_FALSE为参数的调用glDepthMask进行控制。

在渲染透明物体的时候，深度缓冲区的写入常常被禁用。开始时，启用深度缓冲区的写入（设置为GL_TRUE），渲染场景中的所有不透明物体。这能够确保所有不透明物体有正确的深度，而深度缓冲区包含场景的对应深度信息。然后，在渲染透明物体之前，应该调用glDepthMask(GL_FALSE)来禁用深度缓冲区的写入。在深度缓冲区的写入被禁用时，数值仍然可以从中读出，并用于深度对比。这使得被不透明物体遮盖的透明物体可以正确地缓冲深度，但是不会修改深度缓冲区，从而使不透明的物体被透明物体遮盖。

```
void   glDepthMask(GLboolean depth)
```

depth 指定深度缓冲区是否可以修改

最后，可以调用 glStencilMask 来禁用模板缓冲区的写入。与 glColorMask 或 glDepthMask 不同，你可以提供一个掩码来指定模板缓冲区的哪些位可以写入。

```
void    glStencilMask(GLuint mask)
```

mask 指定一个说明模板缓冲区中的像素哪些位可以修改的位掩码（在 $[0,2^n-1]$ 区间，其中 n 是模板缓冲区位数）

glStencilMaskSeparate 例程可以根据图元的面顶点顺序（有时候称作“面部特征”）设置模板掩码，这允许对正面和背面的图元使用不同的模板掩码。glStencilMaskSeparate(GL_FRONT_AND_BACK,mask) 与调用 glStencilMask 完全相同，为正面和背面的多边形面设置相同的掩码。

```
void    glStencilMaskSeparate(GLenum face, GLuint mask)
```

face 指定根据渲染图元的面顶点顺序应用的模板掩码。有效值为 GL_FRONT、GL_BACK 和 GL_FRONT_AND_BACK

mask 指定一个位掩码（在 $[0,2^n]$ 区间，其中 n 是模板缓冲区位数），表示模板缓冲区中像素的哪些位由面指定

11.2 片段测试和操作

下面几个小节描述可以应用到 OpenGL ES 片段的各种测试。默认情况下，所有片段测试和操作都被禁用，片段在写入帧缓冲区时按照接收它们的顺序变成像素。通过启用不同的片段，可以应用操作性测试，以选择哪些片段成为像素并影响最终的图像。

每个片段测试都可以通过调用 glEnable 单独启用，该函数所带的标志参数如表 11-1 所示。

表 11-1 片段测试启用标志

glEnable 标志	描 述
GL_DEPTH_TEST	控制片段的深度测试
GL_STENCIL_TEST	控制片段的模板测试
GL_BLEND	控制片段与颜色缓冲区中存储的颜色的混合
GL_DITHER	在写入颜色缓冲区前控制片段颜色的抖动
GL_SAMPLE_COVERAGE	控制样本范围值的计算
GL_SAMPLE_ALPHA_TO_COVERAGE	控制样本范围值计算中样本 Alpha 的使用

11.2.1 使用剪裁测试

剪裁测试通过指定一个矩形区域（进一步限制帧缓冲区中可以写入的像素）提供了额外的裁剪层次。使用剪裁矩形是两步的过程。首先，需用 glScissor 函数指定矩形区域：

```
void    glScissor(GLint x, GLint y, GLsizei width,
                  GLsizei height)
```

x,y 以视口坐标指定剪裁矩形左下角

width 指定剪裁矩形宽度（以像素数表示）

height 指定剪裁矩形高度（以像素数表示）

指定剪裁矩形之后，需通过调用 glEnable(GL_SCISSOR_TEST) 启用它，以实施更多的裁剪。所有渲染（包括视口清除）都限于剪裁矩形之内。

一般来说，剪裁矩形是视口中的一个子区域，但是这两个区域不一定真正交叉。当两个区域不交叉时，剪裁操作将在视口区域外渲染的像素上进行。注意，视口的变换发生在片段着色器阶段之前，而剪裁测试发生在片段着色器阶段之后。

11.2.2 模板缓冲区测试

应用到片段的下一个操作是模板测试。模板缓冲区是一个逐像素掩码，保存可用于确定某个像素是否应该被更新的值。模板测试由应用程序启用或者禁用。

模板缓冲区的使用可以看作两步的操作。第一步是用逐像素掩码初始化模板缓冲区，这可以通过渲染几何形状并指定模板缓冲区的更新方式来完成。第二步通常是使用这些值控制后续在颜色缓冲区中的渲染。在两种情况下，都指定参数在模板测试中的使用方式。

模板测试实际上是一个位测试，就像在 C 程序中使用掩码确定某一位是否置位一样。控制模板测试的运算符和值的模板函数由 glStencilFunc 或 glStencilFuncSeparate 函数控制。

```
void    glStencilFunc(GLenum func, GLint ref, GLuint mask)
void    glStencilFuncSeparate(GLenum face, GLenum func,
                              GLint ref,   GLuint mask)
```

face 指定与所提供的模板函数相关的面。有效值为 GL_FRONT、GL_BACK 和 GL_FRONT_AND_BACK（仅 glStencilFuncSeparate）

func 指定模板测试的比较函数。有效值为 GL_EQUAL、GL_NOTEQUAL、GL_LESS、GL_GREATER、GL_LEQUAL、GL_GEQUAL、GL_ALWAYS 和 GL_NEVER

ref 指定模板测试的比较值

mask 指定在与参考值比较之前与模板缓冲区中各位进行按位与运算的掩码

为了更精细地控制模板测试，可以使用一个掩码参数来选择模板值中的哪些位应该参加测试。在选择这些位之后，它们的值用提供的运算符与参考值比较。例如，要指定模板缓冲区最低三位等于 2 的模板测试，应该调用

```
glStencilFunc ( GL_EQUAL, 2, 0x7 );
```

并启用模板测试。注意，在二进制格式中，0x7 的最后三位为 111。

配置了模板测试之后，通常还需要让 OpenGL ES 3.0 知道模板测试通过时对模板缓冲区

中的值进行什么操作。实际上，修改模板缓冲区中的值不仅依赖模板测试，还要加入深度测试的结果（下一小节中讨论）。结合模板和深度测试，一个片段可能有 3 种结果：

1. 片段无法通过模板测试。如果是这样，则不对该片段进行任何进一步的测试（也就是深度测试）。

2. 片段通过模板测试，但是无法通过深度测试。

3. 片段既通过模板测试，又通过深度测试。

这些可能的结果都可以用于影响该像素位置的模板缓冲区中的值。glStencilOp 和 glStencilOpSeparate 函数控制每个测试结果对深度缓冲区进行的操作，模板值上的可能操作如表 11-2 所示。

表 11-2 模板操作

模板函数	描述
GL_ZERO	将模板值设置为 0
GL_REPLACE	用 glStencilFunc 或 glStencilFuncSeparate 中指定的参考值代替当前模板值
GL_INCR, GL_DECR	递增或者递减模板值；模板值被限定在 0 或 2^n，其中 n 为模板缓冲区位数
GL_INCR_WRAP, GL_DECR_WRAP	递增或者递减模板值，但是如果模板值上溢或者下溢，则"卷绕"该值（最大值递增产生新的模板值 0，0 值递减产生最大模板值）
GL_KEEP	保持当前模板值，实际上没有修改该像素的值
GL_INVERT	模板缓冲区中值的按位非

```
void   glStencilOp(GLenum sfail, GLenum zfail,
                   GLenum zpass)
void   glStencilOpSeparate(GLenum face,  GLenum sfail,
                           GLenum zfail, GLenum zpass)
```

face 指定与提供的模板函数相关的面。有效值为 GL_FRONT、GL_BACK 和 GL_FRONT_AND_BACK（仅 glStencilOpSeparate）

sfail 指定片段不能通过模板测试时应用到模板位的操作。有效值为 GL_KEEP、GL_ZERO、GL_REPLACE、GL_INCR、GL_DECR、GL_INCR_WRAP、GL_DECR_WRAP 和 GL_INVERT

zfail 指定片段通过模板测试但是没有通过深度测试时应用的操作

zpass 指定片段在模板和深度测试中都通过时应用的操作

下面的例子说明了用 glStencilFunc 和 glStencilOp 控制视口各个部分渲染的方法：

```
GLfloat vVertices[] =

     {
        -0.75f,  0.25f, 0.50f, // Quad #0
        -0.25f,  0.25f, 0.50f,
```

```
        -0.25f,  0.75f, 0.50f,
        -0.75f,  0.75f, 0.50f,
      0.25f,  0.25f, 0.90f, // Quad #1
      0.75f,  0.25f, 0.90f,
      0.75f,  0.75f, 0.90f,
      0.25f,  0.75f, 0.90f,
     -0.75f, -0.75f, 0.50f, // Quad #2
     -0.25f, -0.75f, 0.50f,
     -0.25f, -0.25f, 0.50f,
     -0.75f, -0.25f, 0.50f,
      0.25f, -0.75f, 0.50f, // Quad #3
      0.75f, -0.75f, 0.50f,
      0.75f, -0.25f, 0.50f,
      0.25f, -0.25f, 0.50f,
     -1.00f, -1.00f, 0.00f, // Big Quad
      1.00f, -1.00f, 0.00f,
      1.00f,  1.00f, 0.00f,
     -1.00f,  1.00f, 0.00f
  };

GLubyte indices[][6] =
{
    {  0,  1,  2,  0,  2,  3 }, // Quad #0
    {  4,  5,  6,  4,  6,  7 }, // Quad #1
    {  8,  9, 10,  8, 10, 11 }, // Quad #2
    { 12, 13, 14, 12, 14, 15 }, // Quad #3
    { 16, 17, 18, 16, 18, 19 }  // Big Quad
};

#define NumTests 4
   GLfloat colors[NumTests][4] =
   {
      { 1.0f, 0.0f, 0.0f, 1.0f },
      { 0.0f, 1.0f, 0.0f, 1.0f },
      { 0.0f, 0.0f, 1.0f, 1.0f },
      { 1.0f, 1.0f, 0.0f, 0.0f }
   };

   GLint numStencilBits;
   GLuint stencilValues[NumTests] =
   {
      0x7, // Result of test 0
      0x0, // Result of test 1
      0x2, // Result of test 2
      0xff // Result of test 3. We need to fill this
           // value in a run-time
   };

   // Set the viewport
   glViewport ( 0, 0, esContext->width, esContext->height );
// Clear the color, depth, and stencil buffers. At this
// point, the stencil buffer will be 0x1 for all pixels.
glClear ( GL_COLOR_BUFFER_BIT | GL_DEPTH_BUFFER_BIT |
          GL_STENCIL_BUFFER_BIT );
```

```
// Use the program object
glUseProgram ( userData->programObject );

// Load the vertex position
glVertexAttribPointer ( userData->positionLoc, 3, GL_FLOAT,
                        GL_FALSE, 0, vVertices );

glEnableVertexAttribArray ( userData->positionLoc );

// Test 0:
//
// Initialize upper-left region. In this case, the stencil-
// buffer values will be replaced because the stencil test
// for the rendered pixels will fail the stencil test,
// which is
//
//        ref mask stencil mask
//      ( 0x7 & 0x3 ) < ( 0x1 & 0x7 )
//
// The value in the stencil buffer for these pixels will
// be 0x7.
//
glStencilFunc ( GL_LESS, 0x7, 0x3 );
glStencilOp ( GL_REPLACE, GL_DECR, GL_DECR );
glDrawElements ( GL_TRIANGLES, 6, GL_UNSIGNED_BYTE,
                 indices[0] );

// Test 1:
//
// Initialize the upper-right region. Here, we'll decrement
// the stencil-buffer values where the stencil test passes
// but the depth test fails. The stencil test is
//
//       ref mask stencil mask
//     ( 0x3 & 0x3 ) > ( 0x1 & 0x3 )
//
//    but where the geometry fails the depth test. The
//    stencil values for these pixels will be 0x0.
//
glStencilFunc ( GL_GREATER, 0x3, 0x3 );
glStencilOp ( GL_KEEP, GL_DECR, GL_KEEP );
glDrawElements ( GL_TRIANGLES, 6, GL_UNSIGNED_BYTE,
                 indices[1] );
// Test 2:
//
// Initialize the lower-left region. Here we'll increment
// (with saturation) the stencil value where both the
// stencil and depth tests pass. The stencil test for
// these pixels will be
//
//        ref mask       stencil mask
//     (  0x1 & 0x3 ) == ( 0x1 & 0x3 )
//
// The stencil values for these pixels will be 0x2.
```

```
//
glStencilFunc ( GL_EQUAL, 0x1, 0x3 );
glStencilOp ( GL_KEEP, GL_INCR, GL_INCR );
glDrawElements ( GL_TRIANGLES, 6, GL_UNSIGNED_BYTE,
                 indices[2] );

// Test 3:
//
// Finally, initialize the lower-right region. We'll invert
// the stencil value where the stencil tests fails. The
// stencil test for these pixels will be
//
//        ref mask          stencil mask
//      ( 0x2 & 0x1 ) == ( 0x1 & 0x1 )
//
// The stencil value here will be set to ~((2^s-1) & 0x1),
// (with the 0x1 being from the stencil clear value),
// where 's' is the number of bits in the stencil buffer.
//
glStencilFunc ( GL_EQUAL, 0x2, 0x1 );
glStencilOp ( GL_INVERT, GL_KEEP, GL_KEEP );
glDrawElements ( GL_TRIANGLES, 6, GL_UNSIGNED_BYTE,indices[3]);

// As we don't know at compile-time how many stencil bits are
// present, we'll query, and update, the correct value in the
// stencilValues arrays for the fourth tests. We'll use this
// value later in rendering.
glGetIntegerv ( GL_STENCIL_BITS, &numStencilBits );

stencilValues[3] = ~( ( (1 << numStencilBits) - 1 ) & 0x1 ) &
                   0xff;

// Use the stencil buffer for controlling where rendering
// will occur. We disable writing to the stencil buffer so we
// can test against them without modifying the values we
// generated.
glStencilMask ( 0x0 );
for ( i = 0; i < NumTests; ++i )
{
   glStencilFunc ( GL_EQUAL, stencilValues[i], 0xff );
   glUniform4fv ( userData->colorLoc, 1, colors[i] );
   glDrawElements ( GL_TRIANGLES, 6, GL_UNSIGNED_BYTE,
                    indices[4] );
}
```

深度缓冲测试

深度缓冲区通常用于隐藏表面的消除。传统上，它保存渲染表面上每个像素与视点最近物体的距离值，对于每个新的输入片段，将其与视点的距离和存储值比较。默认情况下，如果输入片段的深度值小于深度缓冲区中保存的值（意味着它离观看者更近），则输入片段的深度值代替保存在深度缓冲区中的值，然后其颜色值代替颜色缓冲区中的颜色值。这是深度缓冲的标准方法——如果这就是你想做的，那么只需要在创建窗口时请求一个深度缓冲区，然后调用带 GL_DEPTH_TEST 的 glEnable 启用深度测试。如果深度缓冲区与颜色缓冲区关联，则深度测试总是会通过。

当然，这是使用深度缓冲区的唯一手段。你可以通过调用 glDepthFunc 修改深度比较运算符。

```
void    glDepthFunc(GLenum func)
```

func 指定深度值比较函数，可能是 GL_LESS、GL_GREATER、GL_LEQUAL、GL_GEQUAL、GL_EQUAL、GL_NOTEQUAL、GL_ALWAYS 或 GL_NEVER 中的一个

11.3 混合

本节讨论像素颜色混合（Blending）。一旦片段通过了所有启用的片段测试，它的颜色将与片段像素位置中已经存在的颜色组合。在两个颜色组合之前，它们与一个比例因子相乘，然后用指定的混合运算符组合。混合方程式如下：

$$C_{final}=f_{source}C_{source}\,op\,f_{destination}C_{destination}$$

其中，f_{source} 和 C_{source} 分别是输入片段的比例因子和颜色。同样，$f_{destination}$ 和 $C_{destination}$ 是像素的比例因子和颜色，op 是组合折算值的数学运算符。

比例因子通过调用 glBlendFunc 或者 glBlendFuncSeparate 指定。

```
void    glBlendFunc(GLenum sfactor, GLenum dfactor)
```

sfactor 指定输入片段的混合系数

dfactor 指定目标像素的混合系数

```
void    glBlendFuncSeparate(GLenum srcRGB,   GLenum dstRGB,
                            GLenum srcAlpha, GLenum dstAlpha)
```

srcRGB 指定输入片段红、绿和蓝色分量的混合系数

dstRGB 指定目标像素红、绿和蓝颜色分量的混合系数

srcAlpha 指定输入片段 Alpha 值的混合系数

dstAlpha 指定目标像素 Alpha 值的混合系数

混合系数的可能取值如表 11-3 所示。

表 11-3　混合函数

混合系数枚举值	RGB 混合因子	Alpha 混合因子
GL_ZERO	(0,0,0)	0
GL_ONE	(1,1,1)	1
GL_SRC_COLOR	(R_s,G_s,B_s)	A_s
GL_ONE_MINUS_SRC_COLOR	$(1-R_s,1-G_s,1-B_s)$	1–As

（续）

混合系数枚举值	RGB 混合因子	Alpha 混合因子
GL_SRC_ALPHA	(A_s,A_s,A_s)	A_s
GL_ONE_MINUS_SRC_ALPHA	$(1-A_s,1-A_s,1-A_s)$	$1-A_s$
GL_DST_COLOR	(R_d,G_d,B_d)	A_d
GL_ONE_MINUS_DST_COLOR	$(1-R_d,1-G_d,1-B_d)$	$1-A_d$
GL_DST_ALPHA	(A_d,A_d,A_d)	A_d
GL_ONE_MINUS_DST_ALPHA	$(1-A_d,1-A_d,1A_d)$	$1-A_d$
GL_CONSTANT_COLOR	(R_c,G_c,B_c)	A_c
GL_ONE_MINUS_CONSTANT_COLOR	$(1-R_c,1-G_c,1-B_c)$	$1-A_c$
GL_CONSTANT_ALPHA	(A_c,A_c,A_c)	A_c
GL_ONE_MINUS_CONSTANT_ALPHA	$(1-A_c,1-A_c,1-A_c)$	$1-A_c$
GL_SRC_ALPHA_SATURATE	$min(A_s,1-A_d)$	1

在表 11-3 中，(R_s,G_s,B_s,A_s) 是与输入片段颜色相关的颜色分量，(R_d,G_d,B_d,A_d) 是与颜色缓冲区中已经存在的像素颜色相关的分量，(R_a,G_c,B_c,A_c) 代表调用 glBlendColor 设置的常量颜色。在 GL_SRC_ALHPA_SATURATE 的情况下，计算出来的最小值只适用于源颜色。

```
void    glBlendColor(GLfloat red,  GLfloat green,
                     GLfloat blue, GLfloat alpha)
```

red,green,blue,alpha 指定常量混合颜色的分量值

输入片段和像素颜色乘以各自的比例因子后，它们用由 glBlendEquation 或 glBlendEquationSeparate 指定的运算符组合。默认情况下，混合后的颜色用 GL_FUNC_ADD 运算符累加。GL_FUNC_SUBTRACT 运算符从输入片段值中减去帧缓冲区中的换算值。同样，GL_FUNC_REVERSE_SUBTRACT 运算符颠倒混合方程式，从当前像素值中减去输入片段颜色。

```
void    glBlendEquation(GLenum mode)
```

mode 指定混合运算符。有效值是 GL_FUNC_ADD、GL_FUNC_SUBTRACT、GL_FUNC_REVERSE_SUBTRACT、GL_MIN 或 GL_MAX

```
void    glBlendEquationSeparate(GLenum modeRGB,
                                GLenum modeAlpha)
```

modeRGB 为红、绿和蓝颜色分量指定混合运算符

modeAlpha 指定 Alpha 分量混合运算符

11.4 抖动

在由于帧缓冲区中每个分量的位数导致的帧缓冲区中可用颜色数量有限的系统上，我们可以用抖动（Dithering）模拟更大的色深。抖动算法以某种方式安排颜色，使图像看上去似

乎比实际上的可用颜色更多。OpenGL ES 3.0 没有规定抖动阶段使用的算法；具体的技术很大程度上依赖于实现。

应用程序对抖动的唯一控制是它是否应用到最终的像素上。这一决策完全通过带 GL_DITHER 的 glEnable 或者 glDisable 控制，它指定了管线中抖动的使用。在初始状态下，启用抖动。

11.5 多重采样抗锯齿

抗锯齿（Anti-aliasing）是通过尝试减少不同像素渲染中产生的视觉伪像来改进生成图像质量的一种重要技术。OpenGL ES 3.0 渲染的几何形状图元在一个网格上进行光栅化，它们的边缘可能在这一过程中变形。绘制跨越显示器的对角线时，你几乎肯定会发现阶梯效应。

可以使用各种技术减少这种锯齿失真，OpenGL ES 3.0 支持一种称作多重采样（Multisampling）的方法。多重采样将每个像素分成一组样本，每个样本在光栅化期间被当作“迷你像素”对待。也就是说，在渲染几何形状图元时，就像在帧缓冲区渲染比真正的显示表面上多得多的像素一样。每个样本都有其自己的颜色、深度和模板值，这些值在图像做好显示准备之前一直存在。在组成最后的图像时，样本被解析为最终的像素颜色。这一过程的特殊之处在于，除了使用每个样本的颜色信息之外，OpenGL ES 3.0 在光栅化期间还拥有关于特定像素有几个样本的更多信息。像素的每个样本在样本范围掩码中分配一位。使用这个范围掩码，我们可以控制最后像素的分解方式。为一个 OpenGL ES 3.0 应用程序创建的每个渲染表面将采用多重采样的配置方式，即使每个像素只有一个可用的样本。与超采样不同，对每个像素（而非每个样本）执行片段着色器。

多重采样有多个选项，可以开启和关闭（分别用 glEnable 和 glDisable）以控制样本范围值的使用。

首先，可以通过启用 GL_SAMPLE_ALPHA_TO_COVERAGE 来指定样本的 Alpha 值应该用于确定范围值。在这种模式下，如果几何形状图元包含一个样本，则输入片段的 Alpha 值用于确定一个额外的样本范围掩码，与使用片段样本计算的范围掩码进行按位与计算。新计算出来的范围值代替直接从样本范围计算中生成的原始值。这些样本计算是特定于实现的。

此外，可以指定 GL_SAMPLE_COVERAGE 或 GL_SAMPLE_COVERAGE_INVERT，这些操作分别使用片段（可能被前面的操作修改）范围值或者范围值各位的非，并计算该值与用 glSampleCoverage 函数指定的某个值的按位与。glSampleCoverage 指定的值用于生成一个特定于实现的范围掩码，并包含一个反转标志 invert，该标志求取生成的掩码各位的非。使用这个反转标志，可以创建两个不使用完全不同样本集的透明掩码。

```
void    glSampleCoverage(GLfloat value, GLboolean invert)
```

value　　指定一个 [0, 1] 区间内的值，它将被转换为一个样本掩码；结果掩码中置为 1 的位数比例对应于该值

invert　　确定掩码值之后，指定掩码中的所有位将被反转

质心采样

使用多重采样渲染时，片段数据从最靠近像素中心的样本中选取。这可能造成靠近三角形边缘的渲染伪像，因为像素中心有时候可能落在三角形之外。在这种情况下，片段数据可能被外插到三角形外部的一个点上。质心采样确保片段数据从落在三角形内部的样本中选取，从而解决了这个问题。

可以声明带有centroid限定符的顶点着色器输出变量（以及片段着色器输入变量），以启用质心采样，如：

```
smooth centroid out vec3 v_color;
```

注意，使用质心采样可能导致靠近三角形边缘的像素较不精确。

11.6 在帧缓冲区读取和写入像素

如果你想为后代留下渲染过的图像，可以从颜色缓冲区中读回像素值，但是不能从深度或者模板缓冲区中读取。当调用glReadPixels时，颜色缓冲区中的像素将从一个前面分配的数组中返回你的应用程序。

```
void   glReadPixels(GLint x,        GLint y, GLsizei width,
                    GLsizei height, GLenum format,
                    GLenum type,    GLvoid *pixels)
```

x,y　指定从颜色缓冲区中要读取的像素矩形左下角的视口坐标

width,
height　指定从颜色缓冲区中读取的像素矩形的尺寸

format　指定想要返回的像素格式。有3种可用格式：GL_RGBA、GL_RGBA_INTEGER以及查询GL_IMPLEMENTATION_COLOR_READ_FORMAT返回的值（特定于实现的像素格式）

type　指定返回的像素数据类型。有5种可用类型：GL_UNSIGNED_BYTE、GL_UNSIGNED_INT、GL_INT、GL_FLOAT以及查询GL_IMPLEMENTATION_COLOR_READ_TYPE返回的值（特定于实现的像素格式）

pixels　一个连续的字节数组，在glReadPixels返回之后包含从颜色缓冲区读取的值

除了固定格式（GL_RGBA和GL_RGBA_INTEGER）和类型（GL_UNSIGNED_BYTE、GL_UNSIGNED_INT、GL_INT和GL_FLOAT）外，还要注意，依赖于实现的值应该会返回对所用实现最好的格式和类型组合。特定于实现的值可以如下查询：

```
GLint   readType, readFormat;
GLubyte *pixels;

glGetIntegerv ( GL_IMPLEMENTATION_COLOR_READ_TYPE, &readType );
```

```
glGetIntegerv ( GL_IMPLEMENTATION_COLOR_READ_FORMAT,
                &readFormat );

unsigned int bytesPerPixel = 0;

switch ( readType )
{
   case GL_UNSIGNED_BYTE:
   case GL_BYTE:
      switch ( readFormat )
      {
         case GL_RGBA:
            bytesPerPixel = 4;
            break;

         case GL_RGB:
         case GL_RGB_INTEGER:
            bytesPerPixel = 3;
            break;

         case GL_RG:
         case GL_RG_INTEGER:
         case GL_LUMINANCE_ALPHA:
            bytesPerPixel = 2;
            break;

         case GL_RED:
         case GL_RED_INTEGER:
         case GL_ALPHA:
         case GL_LUMINANCE:
         case GL_LUMINANCE_ALPHA:
            bytesPerPixel = 1;
            break;

         default:
            // Undetected format/error
            break;
      }
      break;

   case GL_FLOAT:
   case GL_UNSIGNED_INT:
   case GL_INT:
      switch ( readFormat )
      {
         case GL_RGBA:
         case GL_RGBA_INTEGER:
            bytesPerPixel = 16;
            break;

         case GL_RGB:
         case GL_RGB_INTEGER:
            bytesPerPixel = 12;
            break;

         case GL_RG:
```

```
            case GL_RG_INTEGER:
               bytesPerPixel = 8;
               break;

            case GL_RED:
            case GL_RED_INTEGER:
            case GL_DEPTH_COMPONENT:
               bytesPerPixel = 4;
               break;

            default:
               // Undetected format/error
               break;
      }
      break;

   case GL_HALF_FLOAT:
   case GL_UNSIGNED_SHORT:
   case GL_SHORT:
      switch ( readFormat )
      {
            case GL_RGBA:
            case GL_RGBA_INTEGER:
               bytesPerPixel = 8;
               break;

            case GL_RGB:
            case GL_RGB_INTEGER:
               bytesPerPixel = 6;
               break;

            case GL_RG:
            case GL_RG_INTEGER:
               bytesPerPixel = 4;
               break;

            case GL_RED:
            case GL_RED_INTEGER:
               bytesPerPixel = 2;
               break;

            default:
               // Undetected format/error
               break;
      }
      break;

   case GL_FLOAT_32_UNSIGNED_INT_24_8_REV: // GL_DEPTH_STENCIL
      bytesPerPixel = 8;
      break;

   // GL_RGBA, GL_RGBA_INTEGER format
   case GL_UNSIGNED_INT_2_10_10_10_REV:
   case GL_UNSIGNED_INT_10F_11F_11F_REV: // GL_RGB format
   case GL_UNSIGNED_INT_5_9_9_9_REV:     // GL_RGB format
   case GL_UNSIGNED_INT_24_8:            // GL_DEPTH_STENCIL format
```

```
      bytesPerPixel = 4;
      break;

   case GL_UNSIGNED_SHORT_4_4_4_4:  // GL_RGBA format
   case GL_UNSIGNED_SHORT_5_5_5_1:  // GL_RGBA format
   case GL_UNSIGNED_SHORT_5_6_5:    // GL_RGB format
      bytesPerPixel = 2;
      break;

      default:
         // Undetected type/error
   }
   pixels = ( GLubyte* ) malloc( width * height * bytesPerPixel );

   glReadPixels ( 0, 0, windowWidth, windowHeight, readFormat,
                  readType, pixels );
```

你可以从当前绑定的任何帧缓冲区中读取像素，不管它是由窗口系统还是从帧缓冲区对象分配的。由于每个缓冲区都有不同的布局，因此可能需要查询每个想读取的缓冲区的类型和格式。

OpenGL ES 3.0 提供一个高效的机制来将一个矩形像素块读入帧缓冲区，这将在第 12 章中说明。

像素打包缓冲区对象

当用 glBindBuffer 将一个非零的缓冲区对象绑定到 GL_PIXEL_PACK_BUFFER 时，glReadPixels 命令将立即返回，并且启动 DMA 传输，从帧缓冲区读取像素，并将数据写入像素缓冲区对象（PBO）。

为了保持 CPU 忙碌，你可以在 glReadPixels 调用之后计划一些 CPU 处理，使 CPU 计算和 DMA 传输重叠。根据应用程序的不同，数据可能立即可用；在这种情况下，可以使用多个 PBO 解决方案，在 CPU 等待从一个 PBO 传输的数据时，可以处理之前从另一个 PBO 传输的数据。

11.7 多重渲染目标

多重渲染目标（MRT）允许应用程序一次渲染到多个颜色缓冲区。利用多重渲染目标，片段着色器输出多个颜色（可以用于保存 RGBA 颜色、法线、深度或者纹理坐标），每个颜色用于一个连接的颜色缓冲区。MRT 用于多种高级渲染算法中，例如延迟着色和快速环境遮蔽估算（SSAO）。

在延迟着色中，照明计算对每个像素只执行一次。这通过将几何形状和照明的计算分为两遍单独的渲染来实现。第一遍渲染几何形状，将多个属性（例如位置、法线、材质颜色或者纹理坐标）输出到多个缓冲区（用 MRT）。第二遍渲染照明，通过从第一遍创建的每个缓冲区中采样属性进行照明计算。因为在第一遍中已经执行了深度测试，所以对每个像素只进行一次照明计算。

下面的步骤说明了设置 MRT 的方法：

1. 用 glGenFramebuffers 和 glBindFramebuffer 命令（在第 12 章中详细介绍）初始化帧缓冲区对象（FBO），如下所示：

```
glGenFramebuffers ( 1, &fbo );
glBindFramebuffer ( GL_FRAMEBUFFER, fbo );
```

2. 用 glGenTextures 和 glBindTexture 命令（在第 9 章中详细介绍）初始化纹理，如下所示：

```
glBindTexture ( GL_TEXTURE_2D, textureId );

glTexImage2D ( GL_TEXTURE_2D, 0, GL_RGBA,
               textureWidth, textureHeight,
               0, GL_RGBA, GL_UNSIGNED_BYTE, NULL );

// Set the filtering mode
glTexParameteri ( GL_TEXTURE_2D, GL_TEXTURE_MIN_FILTER,
                  GL_NEAREST );
glTexParameteri ( GL_TEXTURE_2D, GL_TEXTURE_MAG_FILTER,
                  GL_NEAREST );
```

3. 用 glFramebufferTexture2D 或 glFramebufferTextureLayer 命令（在第 12 章中详细介绍）将相关的纹理绑定到 FBO，如下所示：

```
glFramebufferTexture2D ( GL_DRAW_FRAMEBUFFER,
                         GL_COLOR_ATTACHMENT0,
                         GL_TEXTURE_2D,
                         textureId, 0 );
```

4. 用如下的 glDrawBuffers 命令为渲染指定颜色附着：

void **glDrawBuffers**(GLsizei *n*, const GLenum* *bufs*)

n 指定 *bufs* 中的缓冲区数量

bufs 指向一个符号常量数组，这些常量指定了片段颜色或者数据值将要写入的缓冲区

例如，可以设置一个带有 4 个颜色输出（附着）的 FBO，如下所示：

```
const GLenum attachments[4] = { GL_COLOR_ATTACHMENT0,
                                GL_COLOR_ATTACHMENT1,
                                GL_COLOR_ATTACHMENT2,
                                GL_COLOR_ATTACHMENT3 };
glDrawBuffers ( 4, attachments );
```

可以调用以符号常量 GL_MAX_COLOR_ATTACHMENTS 为参数的 glGetIntegerv 查询颜色附着的最大数量。所有 OpenGL 3.0 实现都支持的颜色附着的最小数量为 4。

5. 在片段着色器中声明和使用多个着色器输出。例如，如下的声明将把片断着色器输出 fragData0 ~ fragData3 分别复制到绘图缓冲区 0 ~ 3：

```
layout(location = 0) out vec4 fragData0;
layout(location = 1) out vec4 fragData1;
layout(location = 2) out vec4 fragData2;
layout(location = 3) out vec4 fragData3;
```

将上述几步结合起来，例 11-1（Chapter_11/MRTs 示例的一部分）说明如何为一个帧缓冲区对象设置 4 个绘图缓冲区。

例 11-1　设置多重渲染目标

```
int InitFBO ( ESContext *esContext)
{
   UserData *userData = esContext->userData;
   int i;
   GLint defaultFramebuffer = 0;
   const GLenum attachments[4] =
   {
      GL_COLOR_ATTACHMENT0,
      GL_COLOR_ATTACHMENT1,
      GL_COLOR_ATTACHMENT2,
      GL_COLOR_ATTACHMENT3
   };

   glGetIntegerv ( GL_FRAMEBUFFER_BINDING, &defaultFramebuffer );
   // Set up fbo
   glGenFramebuffers ( 1, &userData->fbo );
   glBindFramebuffer ( GL_FRAMEBUFFER, userData->fbo );

   // Set up four output buffers and attach to fbo
   userData->textureHeight = userData->textureWidth = 400;
   glGenTextures ( 4, &userData->colorTexId[0] );
   for (i = 0; i < 4; ++i)
   {
      glBindTexture ( GL_TEXTURE_2D, userData->colorTexId[i] );

      glTexImage2D ( GL_TEXTURE_2D, 0, GL_RGBA,
                     userData->textureWidth,
                     userData->textureHeight,
                     0, GL_RGBA, GL_UNSIGNED_BYTE, NULL );
      // Set the filtering mode
      glTexParameteri ( GL_TEXTURE_2D, GL_TEXTURE_MIN_FILTER,
                        GL_NEAREST );
      glTexParameteri ( GL_TEXTURE_2D, GL_TEXTURE_MAG_FILTER,
                        GL_NEAREST );

      glFramebufferTexture2D ( GL_DRAW_FRAMEBUFFER,
                               attachments[i],
                               GL_TEXTURE_2D,
                               userData->colorTexId[i], 0 );
   }

   glDrawBuffers ( 4, attachments );

   if ( GL_FRAMEBUFFER_COMPLETE !=
```

```
        glCheckFramebufferStatus ( GL_FRAMEBUFFER ) )
   {
      return FALSE;
   }

   // Restore the original framebuffer
   glBindFramebuffer ( GL_FRAMEBUFFER, defaultFramebuffer );

   return TRUE;
}
```

例 11-2（是 Chapter_11/MRTs 示例的一部分）说明如何在片段着色器中为每个片段输出 4 种颜色。

例 11-2　使用多重渲染目标的片段着色器

```
#version 300 es
precision mediump float;
layout(location = 0) out vec4 fragData0;
layout(location = 1) out vec4 fragData1;
layout(location = 2) out vec4 fragData2;
layout(location = 3) out vec4 fragData3;
void main()
{
   // first buffer will contain red color
   fragData0 = vec4 ( 1, 0, 0, 1 );

   // second buffer will contain green color
   fragData1 = vec4 ( 0, 1, 0, 1 );

   // third buffer will contain blue color
   fragData2 = vec4 ( 0, 0, 1, 1 );

   // fourth buffer will contain gray color
   fragData3 = vec4 ( 0.5, 0.5, 0.5, 1 );
}
```

11.8　小结

在本章中，我们学习了有关片段着色器之后发生的测试和操作的内容（剪裁矩形测试、模板缓冲区测试、深度缓冲区测试、多重采样、混合和抖动）。这是 OpenGL ES 3.0 管线中的最后阶段。在下一章中，我们将学习用帧缓冲区对象渲染到纹理或者屏幕外表面的一种高效方法。

Chapter 12 第 12 章

帧缓冲区对象

在本章中，我们将描述帧缓冲区对象的概念、应用程序创建它们的方法以及应用程序使用它们渲染到屏幕外缓冲区或者纹理的方法。我们首先讨论需要帧缓冲区对象的原因，然后介绍帧缓冲区对象以及它们为 OpenGL ES 增加的新对象类型，并解释它们与第 3 章中描述的 EGL 表面之间的不同。接着讨论如何创建帧缓冲区对象；研究如何为帧缓冲区对象指定颜色、深度和模板附着；然后，提供演示帧缓冲区对象渲染的示例。最后（但并非不重要），我们讨论有助于在使用帧缓冲区对象时确保良好性能的性能提示和技巧。

12.1 为什么使用帧缓冲区对象

在应用程序调用任何 OpenGL ES 命令之前，需要首先创建一个渲染上下文和绘图表面，并使之成为现行上下文和表面。渲染上下文和绘图表面通常由原生窗口系统通过 EGL 等 API 提供。第 3 章描述了创建 EGL 上下文和表面以及将它们连接到渲染线程的方法。渲染上下文包含正确操作所需的对应状态。由原生窗口系统提供的绘图表面可以是一个在屏幕上显示的表面（称为窗口系统提供的帧缓冲区），也可以是屏幕外表面（称作 pbuffer）。创建 EGL 绘图表面的调用让你以像素数的形式指定表面的宽度和高度、表面是否使用颜色、深度和模板缓冲区以及这些缓冲区的位深。

默认情况下，OpenGL ES 使用窗口系统提供的帧缓冲区作为绘图表面。如果应用程序只在屏幕上的表面绘图，则窗口系统提供的帧缓冲区通常很高效。但是，许多应用程序需要渲染到纹理，为此，使用窗口系统提供的帧缓冲区作为绘图表面通常不是理想的选择。渲染到纹理方法的实用例子有阴影贴图、动态反射和环境贴图、多道景深技术、运动模糊效果和处理后特效等。

应用程序可以使用以下两种技术之一渲染到纹理：

- 通过绘制到窗口系统提供的帧缓冲区，然后将帧缓冲区的对应区域复制到纹理来实现渲染到纹理。这可以用 glCopyTexImage2D 和 glCopyTexSubImage2D API 实现。顾名思义，这些 API 执行从帧缓冲区到纹理缓冲区的复制，这一复制操作往往对性能有不利影响。此外，这种方法只有在纹理的尺寸小于或者等于帧缓冲区尺寸的时候才有效。
- 通过使用连接到纹理的 pbuffer 来实现渲染到纹理。我们知道，窗口系统提供的表面必须连接到一个渲染上下文。这在某些对每个 pbuffer 和窗口表面需要不同上下文的实现中可能效率低下。此外，在窗口系统提供的可绘制表面之间切换有时候需要 OpenGL ES 实现清除所有切换之前渲染的图像。这可能在渲染管线中造成代价很高的"气泡效应"（CPU 闲置）。在这种系统上，我们建议避免使用 pbuffer 渲染到纹理，因为与上下文和窗口系统提供的可绘制表面之间的切换相关的开销很大。

上述两种方法对于渲染到纹理或者　其他屏幕外表面来说都不理想。作为替代，我们需要允许应用程序直接渲染到纹理的 API，或者在 OpenGL ES API 中具备创建屏幕外表面的能力，并将它作为渲染目标。帧缓冲区对象和渲染缓冲区对象允许应用程序完成这些操作，不需要额外创建渲染上下文。结果是，我们在使用窗口系统提供的可绘制表面时，不再需要担心上下文和可绘制表面切换的开销。因此，帧缓冲区对象提供了渲染到纹理或者屏幕外表面的更好、更有效的方法。

帧缓冲区对象 API 支持如下操作：

- 仅使用 OpenGL ES 命令创建帧缓冲区对象
- 在单一 EGL 上下文中创建和使用多个帧缓冲区对象——也就是说，不需要每个帧缓冲区都有一个渲染上下文
- 创建屏幕外颜色、深度或者模板渲染缓冲区和纹理，并将它们连接到帧缓冲区对象
- 在多个帧缓冲区之间共享颜色、深度或者模板缓冲区
- 将纹理直接连接到帧缓冲区作为颜色或者深度，从而避免了进行复制操作的必要
- 在帧缓冲区之间复制并使帧缓冲区内容失效

12.2　帧缓冲区和渲染缓冲区对象

在本节中，我们描述渲染缓冲区和帧缓冲区对象的概念，解释它们与窗口系统提供的可绘制对象的差别，并考虑使用渲染缓冲区代替纹理的时机。

渲染缓冲区对象是一个由应用程序分配的 2D 图像缓冲区。渲染缓冲区可以用于分配和存储颜色、深度或者模板值，可以用作帧缓冲区对象中的颜色、深度或者模板附着。渲染缓冲区类似于屏幕外的窗口系统提供的可绘制表面——如 pbuffer。但是，渲染缓冲区不能直接

用作 GL 纹理。

帧缓冲区对象（FBO）是一组颜色、深度和模板纹理或者渲染目标。各种 2D 图像可以连接到帧缓冲区对象中的颜色附着点。这些附着点包括一个渲染缓冲区对象，它保存颜色值、2D 纹理或者立方图面的 mip 级别、2D 数组纹理的层次甚至 3D 纹理中一个 2D 切片的 mip 级别。同样，包含深度值的各种 2D 图像可以连接到 FBO 的深度附着点。这些附着点包括渲染缓冲区、2D 纹理的 mip 级别或者保存深度值的一个立方图面。可以连接到 FBO 模板附着点的唯一 2D 图像是保存模板值的渲染缓冲区对象。

图 12-1 展示了帧缓冲区对象、渲染缓冲区对象和纹理之间的关系。注意，一个帧缓冲区对象中只能有一个颜色、深度和模板附着。

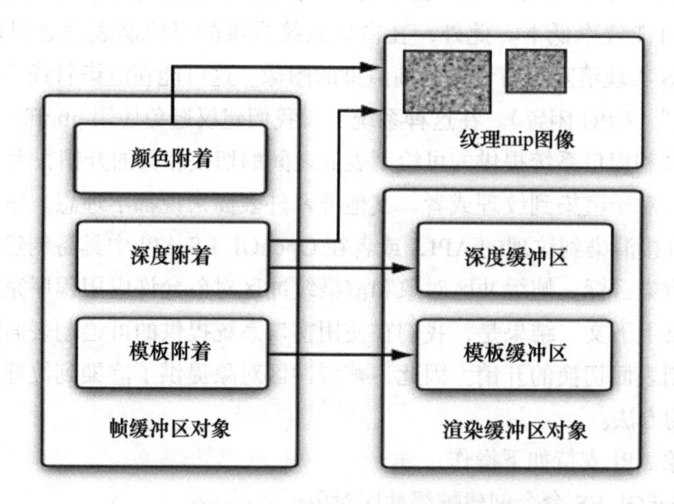

图 12-1　帧缓冲区对象、渲染缓冲区对象和纹理

12.2.1　选择渲染缓冲区与纹理作为帧缓冲区附着的对比

对于渲染到纹理的用例，你应该将一个纹理对象连接到帧缓冲区对象。这方面的例子包括渲染到一个用作颜色纹理的颜色缓冲区以及渲染到用作阴影的深度纹理的深度缓冲区。

使用渲染缓冲区代替纹理有以下几种原因：

- 渲染缓冲区支持多重采样。
- 如果图像没有被当作纹理使用，则使用渲染缓冲区可能带来性能上的好处。出现这种好处是因为 OpenGL ES 实现可能以更为高效的格式存储渲染缓冲区，比起纹理来说更适合于渲染。但是，如果预先知道图像不被用作纹理，那么 OpenGL ES 实现所能做的也仅仅如此。

12.2.2　帧缓冲区对象与 EGL 表面的对比

FBO 和窗口系统提供的可绘制表面之间的区别如下：

- 像素归属测试确定帧缓冲区中（x_w，y_w）位置的像素目前是否归 OpenGL ES 所有，这个测试允许窗口系统控制帧缓冲区中的哪些像素属于 OpenGL ES 上下文——例如，当 OpenGL ES 渲染的窗口被遮盖时。对于应用程序创建的帧缓冲区对象，像素归属测试始终成功，因为帧缓冲区对象拥有所有像素。
- 窗口系统可能只支持双缓冲表面。相反，帧缓冲区对象只支持单缓冲附着。
- 使用帧缓冲区对象可以实现帧缓冲区之间模板和深度缓冲区的共享，而窗口系统提供的帧缓冲区通常不能实现这一功能。在窗口系统提供的可绘制表面中，模板和深度缓冲区及其对应的状态通常是隐含分配的，因此，无法在可绘制表面之间共享。对于应用程序创建的帧缓冲区对象，模板和深度缓冲区可以独立创建，然后在必要时通过将这些缓冲区连接到多个帧缓冲区对象中的对应连接点，实现与帧缓冲区对象的关联。

12.3　创建帧缓冲区和渲染缓冲区对象

创建帧缓冲区和渲染缓冲区对象类似于在 OpenGL ES 3.0 中创建纹理或者顶点缓冲区对象。

glGenRenderbuffers API 调用用于分配渲染缓冲区对象名称。这个 API 下面将作说明。

```
void   glGenRenderbuffers(GLsizei n,   GLuint *renderbuffers)
```

n　　返回的渲染缓冲区对象名称的数量

renderbuffers　　指向一个有 *n* 个元素的数组的指针，分配的渲染缓冲区对象名称将在该数组中返回

glGenRenderbuffers 分配 *n* 个渲染缓冲区对象名称，并在 renderbuffers 中返回。由 glGenRenderbuffers 返回的渲染缓冲区对象名称是不为 0 的无符号整数。这些名称被标记为“在用”但是没有任何关联的状态。数值 0 由 OpenGL ES 保留，不能用于指代一个渲染缓冲区对象。试图修改或者查询帧缓冲区对象 0 的缓冲区对象状态的应用程序将产生一个对应的错误。

glGenRenderbuffers APL 调用用于分配帧缓冲区对象名称，下面描述这个 APL。

```
void   glGenFramebuffers(GLsizei n,   GLuint *ids)
```

n　　返回的帧缓冲区对象名称的数量

ids　　指向一个包含 *n* 个元素的数组的指针，分配的帧缓冲区对象在该数组中返回

glGenFramebuffers 分配 *n* 个帧缓冲区对象名称，并在 ids 中返回它们。由 glGenFramebuffers 返回的帧缓冲区对象名称是不为 0 的无符号整数。这些名称被标记为“在用”但是没有任何关联的状态。数值 0 由 OpenGL ES 保留，不能用于指代一个窗口系统提供的帧缓冲区。试图修改或者查询帧缓冲区对象 0 的缓冲区对象状态的应用程序将产生一个对应的错误。

12.4 使用帧缓冲区对象

在本节中，我们描述如何指定帧缓冲区图像的数据存储、格式和尺寸。要为特定的渲染缓冲区对象指定这些信息，需要使该对象成为当前帧缓冲区对象。glBindRenderbuffer 命令用于设置当前帧缓冲区对象。

```
void    glBindRenderbuffer(GLenum target, GLuint renderbuffer)
```

target 必须设置为 GL_RENDERBUFFER
renderbuffer 渲染缓冲区对象名称

注意，glGenRenderbuffers 不一定要在用 glBindRenderbuffer 绑定之前分配渲染缓冲区对象名称。虽然调用 glGenRenderbuffers 是一个好的做法，但许多应用程序还是为其缓冲区指定编译时常量。应用程序可以将未使用的渲染缓冲区名称指定到 glBindRenderbuffer。但是，我们建议 OpenGL ES 应用程序调用 glGenRenderbuffers，并使用 glGenRenderbuffers 返回的渲染缓冲区对象名称，而不是指定自己的缓冲区对象名称。

在第一次通过调用 glBindRenderbuffer 绑定渲染缓冲区对象名称时，渲染缓冲区对象被分配相应的默认状态。如果分配成功，分配的对象将成为新绑定的渲染缓冲区对象。下面是与渲染缓冲区对象相关的状态和默认值：

- 以像素数表示的宽度和高度——默认值为 0。
- 内部格式——描述了渲染缓冲区中存储的像素格式，必须是颜色、深度或者模板可渲染格式。
- 颜色位深——这只有在内部格式是颜色可渲染格式时有效。默认值为 0。
- 深度位深——这只有在内部格式是深度可渲染格式时有效。默认值为 0。
- 模板位深——这只有在内部格式是模板可渲染格式时有效。默认值为 0。

glBindRenderbuffer 也可以用于绑定到现有的渲染缓冲区对象（也就是之前已经分配使用因而有关联有效状态的缓冲区对象）。绑定命令对于新绑定的渲染缓冲区对象的状态不做任何改变。

一旦绑定渲染缓冲区对象，就可以指定保存在渲染缓冲区中的图像大小和格式。glRenderbufferStorage 命令可用于这个目的。

除了不提供图像数据，glRenderbufferStorage 看起来与 glTexImage2D 很相似。你也可以使用 glRenderbufferStorageMultisample 命令创建一个多重采样渲染缓冲区。glRenderbufferStorage 等价于样本数设置为 0 的 glRenderStorageMultisample。渲染缓冲区的宽度和高度以像素数指定，其值必须小于 OpenGL ES 实现所支持的最大渲染缓冲区尺寸。所有 OpenGL ES 实现都支持的最小尺寸为 1，实际支持的最大尺寸可以用如下代码查询：

```
GLint maxRenderbufferSize = 0;
glGetIntegerv(GL_MAX_RENDERBUFFER_SIZE, &maxRenderbufferSize);
```

```
void    glRenderbufferStorage(GLenum target,
                              GLenum internalformat,
                              GLsizei width, GLsizei height)
void    glRenderbufferStorageMultisample(GLenum target,
                              GLsizei samples,
                              GLenum internalformat,
                              GLsizei width, GLsizei height)
```

target　必须设置为 GL_RENDERBUFFER

samples　用于渲染缓冲区对象存储的样本数。必须小于 GL_MAX_SAMPLES（仅 glRenderbufferStorageMultisample）

internalformat　必须为可用于颜色缓冲区、深度缓冲区或者模板缓冲区的格式。支持的格式在表 12-1 和表 12-2 中列出

width　以像素数表示的渲染缓冲区宽度；必须小于或者等于 GL_MAX_RENDERBUFFER_SIZE

heigh　以像素数表示的渲染缓冲区高度；必须小于或者等于 GL_MAX_RENDERBUFFER_SIZE

internalformat 参数指定应用程序用于存储渲染缓冲区对象内像素的格式。表 12-1 列出了存储颜色可渲染缓冲区的渲染缓冲区格式，表 12-2 列出存储深度可渲染或者模板可渲染缓冲区的格式。

渲染缓冲区对象可以连接到帧缓冲区对象的颜色、深度或者模板附着，而不需要指定渲染缓冲区存储格式和大小。渲染缓冲区的存储格式和大小可以在渲染缓冲区对象连接到帧缓冲区对象前后指定。但是，这些信息必须在帧缓冲区对象和渲染缓冲区附着用于渲染之前指定。

12.4.1　多重采样渲染缓冲区

多重采样渲染缓冲区使应用程序可以用多重采样抗锯齿技术渲染到屏幕外帧缓冲区。多重采样渲染缓冲区不能直接绑定到纹理，但是它们可以用新推出的帧缓冲区位块传送（本章后面将作介绍）解析为单采样纹理。

正如前一节所描述的，要创建多重采样渲染缓冲区，可以使用 glRenderbufferStorageMultisample API。

12.4.2　渲染缓冲区格式

表 12-1 列出了存储颜色可渲染缓冲区的渲染缓冲区格式，表 12-2 列出了存储深度可渲染或者模板可渲染缓冲区的渲染缓冲区格式。

表 12-1　用于颜色可渲染缓冲区的渲染缓冲区格式

内部格式	红色位数	绿色位数	蓝色位数	Alpha 值位数
GL_R8	8	—	—	—
GL_R8UI	ui8	—	—	—

（续）

内部格式	红色位数	绿色位数	蓝色位数	Alpha 值位数
GL_R8I	i8	—	—	—
GL_R16UI	ui16	—	—	—
GL_R16I	i16	—	—	—
GL_R32UI	ui32	—	—	—
GL_R32I	i32	—	—	—
GL_RG8	8	8	—	—
GL_RG8UI	ui8	ui8	—	—
GL_RG8I	i8	i8	—	—
GL_RG16UI	ui16	ui16	—	—
GL_RG16I	i16	i16	—	—
GL_RG32UI	ui32	ui32	—	—
GL_RG32I	i32	i32	—	—
GL_RGB8	8	8	8	—
GL_RGB565	5	6	5	—
GL_RGBA8	8	8	8	8
GL_SRGB8_ALPHA8	8	8	8	8
GL_RGB5_A1	5	5	5	1
GL_RGBA4	4	4	4	4
GL_RGB10_A2	10	10	10	2
GL_RGBA8UI	ui8	ui8	ui8	ui8
GL_RGBA8I	i8	i8	i8	i8
GL_RGB10_A2UI	ui10	ui10	ui10	ui2
GL_RGBA16UI	ui16	ui16	ui16	ui16
GL_RGBA16I	i16	i16	i16	i16
GL_RGBA32UI	ui32	ui32	ui32	ui32
GL_RGBA32I	i32	i32	i32	i32

注：i 表示整数，ui 表示无符号整数类型。

表 12-2 深度可渲染和模板可渲染缓冲区的渲染缓冲区格式

内部格式	深度位数	模板位数
GL_DEPTH_COMPONENT16	16	—
GL_DEPTH_COMPONENT24	24	—
GL_DEPTH_COMPONENT32F	f32	—
GL_DEPTH24_STENCIL8	24	8
GL_DEPTH32F_STENCIL8	f32	8
GL_STENCIL_INDEX8	—	8

注：f 表示浮点类型。

12.5　使用帧缓冲区对象

我们将说明如何使用帧缓冲区对象渲染到一个屏幕外缓冲区（也就是渲染缓冲区）或者渲染到一个纹理。在使用帧缓冲区对象并指定其附着之前，需要使其成为当前帧缓冲区对象。glBindFramebuffer 命令用于设置当前帧缓冲区对象。

```
void   glBindFramebuffer(GLenum target,   GLuint framebuffer)
```

target　　必须设置为 GL_READ_FRAMEBUFFER、GL_DRAW_FRAMEBUFFER 或 GL_FRAMEBUFFER

framebuffer　　帧缓冲区对象名称

注意，对于在用 glBindFramebuffer 绑定帧缓冲区对象之前指定其名称来说，glGenFramebuffers 并不是必需的。应用程序可以将未用的帧缓冲区对象名称指定给 glBindFramebuffer。但是，我们建议 OpenGL ES 应用程序调用 glGenFramebuffers，并使用 glGenFramebuffers 返回的帧缓冲区对象名称，而不是指定自己的缓冲区对象名称。

在某些 OpenGL ES 3.0 实现上，当调用 glBindFramebuffer 首次绑定帧缓冲区对象名称时，为帧缓冲区对象分配对应的默认状态。如果分配成功，分配的对象将作为渲染上下文的当前帧缓冲区对象进行绑定。

与帧缓冲区对象相关的状态如下：

- 颜色附着点——颜色缓冲区的附着点
- 深度附着点——深度缓冲区的附着点
- 模板附着点——模板缓冲区的附着点
- 帧缓冲区完整性状态——帧缓冲区是否处于完整状态，是否可以用于渲染

对于每个附着点，指定如下信息：

- 对象类型——指定与附着点相关的对象的类型。如果连接一个渲染缓冲区对象，则类型可以是 GL_RENDERBUFFER；如果连接一个纹理对象，那么类型可以是 GL_TEXTURE。默认值为 GL_NONE。
- 对象名称——指定连接的对象的名称，可以是渲染缓冲区对象名称或者纹理对象名称。默认值为 0。
- 纹理级别——如果连接一个纹理对象，则指定了与附着点相关的纹理的 mip 级别。默认值为 0。
- 纹理立方图面——如果连接一个纹理对象，且纹理为立方图，则指定了 6 个立方图面中哪一个用于该附着点。默认值为 GL_TEXTURE_CUBE_MAP_POSITIVE_X。
- 纹理层次——指定 3D 纹理中用于该附着点的 2D 切片。默认值为 0

glBindFramebuffer 也可以用于绑定到现有的帧缓冲区对象（也就是之前已经分配并使用因而有相关的有效状态的对象）。新绑定的帧缓冲区对象的状态没有任何变化。

一旦绑定了帧缓冲区对象，当前绑定的帧缓冲区对象的颜色、深度和模板附着就可以设

置为一个渲染缓冲区对象或者一个纹理。如图 12-1 所示，颜色附着可以设置为存储颜色值的渲染缓冲区、2D 纹理的一个 mip 级别或者一个立方图面、2D 数组纹理的一个层次或者 3D 纹理中一个 2D 切片的 mip 级别。深度附着可以设置为存储深度值或者经过打包的深度和模板值的渲染缓冲区、2D 深度纹理的一个 mip 级别或者深度立方图面。模板附着必须设置为存储模板值或者打包的深度和模板值的渲染缓冲区。

12.5.1 连接渲染缓冲区作为帧缓冲区附着

glFramebufferRenderbuffer 命令用于将一个渲染缓冲区对象连接到帧缓冲区附着点。

```
void   glFramebufferRenderbuffer(GLenum target,
                                 GLenum attachment,
                                 GLenum renderbuffertarget,
                                 GLuint renderbuffer)
```

target 必须设置为 GL_READ_FRAMEBUFFER、GL_DRAW_FRAMEBUFFER 或 GL_FRAMEBUFFER

attachment 必须为如下枚举值之一：
GL_COLOR_ATTACHMENTi
GL_DEPTH_ATTACHMENT
GL_STENCIL_ATTACHMENT
GL_DEPTH_STENCIL_ATTACHMENT

renderbuffertarget 必须设置为 GL_RENDERBUFFER

renderbuffer 应该用作附着的渲染缓冲区对象；renderbuffer 必须为 0 或者现有渲染缓冲区对象的名称

如果调用 glFramebufferRenderbuffer 时 renderbuffer 不为 0，这个渲染缓冲区对象将被用作 attachment 参数值指定的新颜色、深度或者模板附着点。

附着点的状态将被修改为：

- 对象类型 =GL_RENDERBUFFER
- 对象名称 =renderbuffer
- 纹理级别和纹理层次 =0
- 纹理立方图面 =GL_NONE

新连接的渲染缓冲区对象状态或者缓冲区内容不做任何修改。

如果 glFramebufferRenderbuffer 调用中 renderbuffer 等于 0，则 attachment 指定的颜色、深度或者模板缓冲区将被断开并重置为 0。

12.5.2 连接一个 2D 纹理作为帧缓冲区附着

glFramebufferTexture2D 命令用于将一个 2D 纹理的某个 mip 级别或者立方图面连接到帧

缓冲区附着点。它可以用来将纹理作为颜色、缓冲区或者模板附着点连接。

```
void    glFramebufferTexture2D(GLenum   target,
                               GLenum   attachment,
                               GLenum   textarget,
                               GLuint   texture,
                               Glint    level)
```

target　　必须设置为 GL_READ_FRAMEBUFFER、GL_DRAW_FRAMEBUFFER 或 GL_FRAMEBUFFER

attachment　必须为如下枚举值之一：

```
GL_COLOR_ATTACHMENTi
GL_DEPTH_ATTACHMENT
GL_STENCIL_ATTACHMENT
GL_DEPTH_STENCIL_ATTACHMENT
```

textarget　指定纹理目标；这是 glTexImage2D 中的 target 参数指定的值

texture　　指定纹理对象

level　　指定纹理图像的 mip 级别

如果 glFramebufferTexture2D 调用中 texture 不为 0，则颜色、深度或者模板附着将被设置为 texture。如果 glFramebufferTexture2D 发生错误，帧缓冲区的状态将不做修改。

附着点状态将被修改为

- 对象类型 =GL_TEXTURE
- 对象名称 =texture
- 纹理级别 =level
- 纹理立方图面在纹理附着为立方图时有效，是如下值之一：

```
GL_TEXTURE_CUBE_MAP_POSITIVE_X
GL_TEXTURE_CUBE_MAP_POSITIVE_Y
GL_TEXTURE_CUBE_MAP_POSITIVE_Z
GL_TEXTURE_CUBE_MAP_NEGATIVE_X
GL_TEXTURE_CUBE_MAP_NEGATIVE_Y
GL_TEXTURE_CUBE_MAP_NEGATIVE_Z
```

- 纹理层次 =0

glFramebufferTexture2D 不修改新连接的纹理对象状态或者图像内容。注意，纹理对象的状态和图像可以在连接到帧缓冲区对象之后修改。

如果 glFramebufferTexture2D 调用中 texture 等于 0，则颜色、深度或者模板附着将被断开并重置为 0。

12.5.3 连接3D纹理的一个图像作为帧缓冲区附着

glFramebufferTextureLayer命令用于将3D纹理的一个2D切片或者某个mip级别或者2D数组纹理的一个级别连接到帧缓冲区附着点。3D纹理的工作原理详见第9章。

```
void    glFramebufferTextureLayer(GLenum    target,
                                  GLenum    attachment,
                                  GLuint    texture,
                                  GLint     level,
                                  GLint     layer)
```

target 必须设置为GL_READ_FRAMEBUFFER，GL_DRAW_FRAMEBUFFER或GL_FRAMEBUFFER

attachment 必须为如下枚举值之一：

```
GL_COLOR_ATTACHMENTi
GL_DEPTH_ATTACHMENT
GL_STENCIL_ATTACHMENT
GL_DEPTH_STENCIL_ATTACHMENT
```

texture 指定纹理对象

level 指定纹理图像的mip级别

layer 指定纹理图像层次。如果texture是GL_TEXTURE_3D，则level必须大于或者等于0并且小于或者等于GL_MAX_3D_TEXTURE_SIZE值以2为底的对数。如果texture是GL_TEXTURE_2D_ARRAY，则level必须大于或者等于0且不大于GL_MAX_TEXTURE_SIZE值以2为底的对数

glFramebufferTextureLayer不修改新连接的纹理对象状态或者其图像的内容。注意，纹理对象的状态和图像可以在连接到帧缓冲区对象之后修改。

附着点的状态将被修改为

- 对象类型=GL_TEXTURE
- 对象名称=texture
- 纹理级别=level
- 纹理立方图面=GL_NONE
- 纹理层次=0

如果glFramebufferTextureLayer调用中texture等于0，则附着将被断开并重置为0。

这里出现了一个有趣的问题：如果我们渲染到纹理，与此同时在片段着色器中使用这个纹理对象作为纹理，会发生什么情况？OpenGL ES实现在这种情况下会不会生成一个错误？在某些情况下，OpenGL ES实现有可能确定纹理对象是否用作纹理输入和我们当前绘图所用的帧缓冲区附着，这时glDrawArrays和glDrawElements可能生成错误。但是，为了确保glDrawArrays和glDrawElements尽快执行，这些检查不会执行。这种情况下不定义渲染结

果，而不是生成错误。确保不发生这种情况是应用程序的责任。

12.5.4 检查帧缓冲区完整性

帧缓冲区对象必须定义为完整的才能够用作渲染目标。如果当前绑定的帧缓冲区对象不完整，绘制图元或者读取像素的 OpenGL ES 命令将会失败，并产生表示帧缓冲区不完整原因的对应错误。

帧缓冲区对象被视为完整的规则如下：

- 确保颜色、深度和模板附着有效。如果颜色附着为 0（也就是没有附着），或者它是一个颜色可渲染的渲染缓冲区对象或者是具备表 12-1 列出格式的一个纹理对象，则颜色附着有效。如果深度附着为 0，或者是一个深度可渲染的渲染缓冲区对象或者是具备表 12-2 中列出格式且具有深度缓冲区位的一个深度纹理，则深度附着有效。如果模板附着为 0，或者是一个具备表 12-2 中列出格式且具有模板缓冲区位的模板可渲染的渲染缓冲区对象，则模板附着有效。帧缓冲区至少有一个有效的附着，如果没有任何附着，帧缓冲区就是不完整的，因为没有可以绘制或者读取的区域。
- 与帧缓冲区对象相关的有效附着必须有相同的宽度和高度。
- 如果存在深度和模板附着，则它们必须是相同的图像。
- 所有渲染缓冲区附着的 GL_RENDERBUFFER_SAMPLES 值都相同。如果附着是渲染缓冲区和纹理的组合，则 GL_RENDERBUFFER_SAMPLES 的值为 0。

glCheckFramebufferStatus 命令可用于验证帧缓冲区对象是否完整。

```
GLenum   glCheckFramebufferStatus(GLenum   target)
```

target 必须设置为 GL_READ_FRAMEBUFFER、GL_DRAW_FRAMEBUFFER 或 GL_FRAMEBUFFER

如果 target 不等于 GL_FRAMEBUFFER，则 glCheckFramebufferStatus 返回 0。如果 target 等于 GL_FRAMEBUFFER，则返回如下枚举值之一：

- GL_FRAMEBUFFER_COMPLETE——帧缓冲区完整。
- GL_FRAMEBUFFER_UNDEFINED——如果 target 是默认的帧缓冲区但是它不存在。
- GL_FRAMEBUFFER_INCOMPLETE_ATTACHMENT——帧缓冲区附着点不完整。这可能是因为需要的附着为 0，或者不是有效纹理或渲染缓冲区对象。
- GL_FRAMEBUFFER_INCOMPLETE_MISSING_ATTACHMENT——帧缓冲区中没有有效的附着。
- GL_FRAMEBUFFER_UNSUPPORTED——帧缓冲区中的附着使用的内部格式组合造成不可渲染的目标。
- GL_FRAMEBUFFER_INCOMPLETE_MULTISAMPLE——所有渲染缓冲区附着的 GL_RENDERBUFFER_SAMPLES 不都相同，或者 GL_RENDERBUFFER_SAMPLES 在附着是渲染缓冲区和纹理的组合时不为 0。

如果当前绑定的帧缓冲区对象不完整，则试图使用该对象读取和写入像素将会失败。接着，绘制图元的调用（如 glDrawArrays 和 glDrawElements）和读取帧缓冲区的命令（如 glReadPixels、glCopyTeximage2D、glCopyTexSubImage2D 和 glCopyTexSubImage3D）将生成一个 GL_INVALID_FRAMEBUFFER_OPERATION 错误。

12.6 帧缓冲区位块传送

帧缓冲区位块传送（Blit）可以高效地将一个矩形区域的像素值从一个帧缓冲区（读帧缓冲区）复制到另一个帧缓冲区（绘图帧缓冲区）。帧缓冲区位块传送的关键应用之一是将一个多重采样渲染缓冲区解析为一个纹理（用一个帧缓冲区对象，纹理绑定为它的颜色附着）。

可以用如下命令执行上述操作：

```
void    glBlitFramebuffer(GLint srcX0, GLint srcY0,
                          GLint srcX1, GLint srcY1,
                          GLint dstX0, GLint dstY0,
                          GLint dstX1, GLint dstY1,
                          GLbitfield mask, GLenum filter)
```

srcX0,srcY0,srcX1,srcY1 指定读缓冲区内的来源矩形的边界

dstX0,dstY0,dstX1,dstY1 指定写缓冲区内的目标矩形的边界

mask 指定表示哪些缓冲区被复制的标志的按位或；组成如下：

GL_COLOR_BUFFER_BIT
GL_DEPTH_BUFFER_BIT
GL_STENCIL_BUFFER_BIT
GL_DEPTH_STENCIL_ATTACHMENT

filter 指定图像被拉伸时应用的插值；必须为 GL_NEAREST 或 GL_LINEAR

例 12-1（Chapter_11/MRTs 示例的一部分）说明如何使用帧缓冲区位块传送从帧缓冲区对象复制 4 个颜色缓冲区到默认帧缓冲区窗口的 4 个象限。

例 12-1 用帧缓冲区位块传送复制像素

```
void BlitTextures ( ESContext *esContext )
{
   UserData *userData = esContext->userData;

   // set the default framebuffer for writing
   glBindFramebuffer ( GL_DRAW_FRAMEBUFFER,
                       defaultFramebuffer );

   // set the fbo with four color attachments for reading
   glBindFramebuffer ( GL_READ_FRAMEBUFFER, userData->fbo );
```

```
    // Copy the output red buffer to lower-left quadrant
    glReadBuffer ( GL_COLOR_ATTACHMENT0 );
    glBlitFramebuffer ( 0, 0,
                        esContext->width, esContext->height,
                        0, 0,
                        esContext->width/2, esContext->height/2,
                        GL_COLOR_BUFFER_BIT, GL_LINEAR );

    // Copy the output green buffer to lower-right quadrant
    glReadBuffer ( GL_COLOR_ATTACHMENT1 );
    glBlitFramebuffer ( 0, 0,
                        esContext->width, esContext->height,
                        esContext->width/2, 0,
                        esContext->width, esContext->height/2,
                        GL_COLOR_BUFFER_BIT, GL_LINEAR );

    // Copy the output blue buffer to upper-left quadrant
    glReadBuffer ( GL_COLOR_ATTACHMENT2 );
    glBlitFramebuffer ( 0, 0,
                        esContext->width, esContext->height,
                        0, esContext->height/2,
                        esContext->width/2, esContext->height,
                        GL_COLOR_BUFFER_BIT, GL_LINEAR );

    // Copy the output gray buffer to upper-right quadrant
    glReadBuffer ( GL_COLOR_ATTACHMENT3 );
    glBlitFramebuffer ( 0, 0,
                        esContext->width, esContext->height,
                        esContext->width/2, esContext->height/2,
                        esContext->width, esContext->height,
                        GL_COLOR_BUFFER_BIT, GL_LINEAR );
}
```

12.7　帧缓冲区失效

帧缓冲区失效为应用程序提供了一个通知驱动程序不再需要帧缓冲区内容的机制。这使得驱动程序可以采取多种优化步骤：（1）跳过在块状渲染（TBR）架构中为了进一步渲染到帧缓冲区而做的不必要的图块内容恢复，（2）跳过多 GPU 系统中 GPU 之间不必要的数据复制，（3）跳过某些实现中为了改进性能而对特定缓存的刷新。这种功能对于许多应用程序中实现峰值性能很重要，特别是那些执行大量屏幕外渲染的应用。

让我们来研究一下 TBR GPU 的设计，以理解帧缓冲区失效对这些 GPU 的重要性。TBR GPU 常常部署在移动设备上，以最小化 GPU 和系统内存之间的数据传输量，从而减少最大的电力消耗者之一——内存带宽。这通过添加能够保存少量像素数据的芯片内建快速存储器来实现。然后，帧缓冲区被分为许多个图块。对于每个图块，图元被渲染到芯片内建的存储器中，然后结果在完成时被复制到系统内存。因为每个像素的最少量数据（最终像素结果）被复制到系统内存，所以这种方法节约了 GPU 和系统内存之间的内存带宽。

有了帧缓冲区失效机制，GPU 就可以删除不再需要的帧缓冲区内容，以减少每个帧保留的内容数量。此外，如果图块数据不再有效，GPU 还可以消除从芯片内建存储器到系统内存不必要的数据传输，因为 GPU 和系统内存之间内存带宽需求明显降低，所以电力消耗随之下降，性能则得到改善。

glInvalidateFramebuffer 和 glInvalidateSubFramebuffer 命令用于使整个帧缓冲区或者帧缓冲区的像素子区域失效。

```
void    glInvalidateFramebuffer(GLenum target,
                                GLsizei numAttachments,
                                const GLenum *attachments)

void    glInvalidateSubFramebuffer(GLenum target,
                                GLsizei numAttachments,
                                const GLenum *attachments,
                                GLint x, GLint y,
                                GLsizei width, GLsizei height)
```

target	必须设置为 GL_READ_FRAMEBUFFER、GL_DRAW_FRAMEBUFFER 或 GL_FRAMEBUFFER
numAttachments	attachments 列表中的附着数量
attachments	指向包含 numAttachments 个附着的数组的指针
x,y	指定要失效的像素矩形的左下角原点（左下角为 0，0）（仅 glInvalidateSubFramebuffer）。
width	指定要失效的像素矩形宽度（仅 glInvalidateSubFramebuffer）
height	指定要失效的像素矩形高度（仅 glInvalidateSubFramebuffer）

12.8 删除帧缓冲区和渲染缓冲区对象

在应用程序结束渲染缓冲区对象的使用之后，可以删除它们。删除渲染缓冲区和帧缓冲区对象与删除纹理对象非常相似。

渲染缓冲区对象用 glDeleteRenderbuffers API 删除。

```
void    glDeleteRenderbuffers(GLsizei n,
                              GLuint *renderbuffers)
```

n	要删除的渲染缓冲区对象名称的数量
renderbuffers	指向包含 *n* 个要删除的渲染缓冲区对象名称的数组的指针。

glDeleteRenderbuffers 删除 renderbuffers 中指定的渲染缓冲区对象。一旦删除了渲染缓冲区对象，就没有任何状态与之关联，对象被标记为未用，以后可以被重用，作为新的渲染缓冲区对象。删除当前绑定的渲染缓冲区对象时，该对象被删除，当前渲染缓冲区绑定被重置为 0。如果 renderbuffers 中指定的渲染缓冲区对象名称无效或者为 0，则它们被忽略（不会

生成任何错误）。而且，如果渲染缓冲区连接到当前绑定的帧缓冲区对象，则它首先要与帧缓冲区断开，然后才能被删除。

帧缓冲区对象用 glDeleteFramebuffers API 删除。

```
void    glDeleteFramebuffers(GLsizei n,
                             GLuint *framebuffers)
```

n　　　　要删除的帧缓冲区对象名称的数量

framebuffers　指向包含 *n* 个要删除的帧缓冲区对象名称的数组的指针

glDeleteFramebuffers 删除 framebuffers 中指定的帧缓冲区对象。一旦删除了帧缓冲区对象，该对象就不会有任何与之关联的状态，并被标记为未使用，以后可以作为新的帧缓冲区对象重用。删除当前绑定的帧缓冲区对象时，该对象被删除且当前帧缓冲区绑定重置为 0。如果 framebuffers 中指定的帧缓冲区对象名称无效或者为 0，则它们被忽略，不会生成任何错误。

12.9　删除用作帧缓冲区附着的渲染缓冲区对象

如果被删除的渲染缓冲区对象作为帧缓冲区对象的一个附着，会发生什么情况？如果要删除的帧缓冲区对象作为当前绑定的帧缓冲区对象中的一个附着，则 glDeleteRenderbuffers 将附着重置为 0。如果要删除的渲染缓冲区对象是当前没有绑定的帧缓冲区对象的一个附着，则 glDeleteRenderbuffers 不会将这些附着重置为 0。将这些被删除的渲染缓冲区对象与对应的帧缓冲区对象断开是应用程序的责任。

读取像素和帧缓冲区对象

glReadPixels 命令从颜色缓冲区读取像素，并在一个用户分配的缓冲区中返回它们。读取的颜色缓冲区是窗口系统提供的帧缓冲区分配的颜色缓冲区，或者是当前绑定的帧缓冲区对象的颜色附着。当用 glBindBuffer 将一个非零的缓冲区对象绑定到 GL_PIXEL_PACK_BUFFER 时，glReadPixels 命令可以立即返回，并调用 DMA 传输从帧缓冲区中读取像素，然后将数据写入像素缓冲区对象。

glReadPixels 支持多种 format 和 type 参数组合：format 可以是 GL_RGBA、GL_RGBA_INTEGER 或者由查询 GL_IMPLEMENTATION_COLOR_READ_FORMAT 返回的特定于实现的值；type 可以是 GL_UNSIGNED_BYTE、GL_UNSIGNED_INT、GL_INT、GL_FLOAT 或者由查询 GL_IMPLEMENTATION_COLOR_READ_TYPE 返回的特定于实现的值。返回的特定于实现的格式和类型取决于当前连接的颜色缓冲区的格式和类型。如果当前绑定的帧缓冲区改变，则这些值也可能改变。当前绑定的帧缓冲区对象改变时都必须查询这些值，以确定传递给 glReadPixels 的正确的特定于实现的格式和类型值。

12.10 示例

图 12-2 渲染到颜色纹理

现在，我们来看一些演示帧缓冲区对象用法的例子。例 12-2 演示用帧缓冲区对象渲染到纹理的方法。在这个例子中，我们用一个帧缓冲区对象绘制纹理。然后，使用这个纹理在窗口系统提供的帧缓冲区（也就是屏幕）上绘制一个正方形。图 12-2 展示了生成的图像。

例 12-2 渲染到纹理

```
GLuint framebuffer;
GLuint depthRenderbuffer;
GLuint texture;
GLint texWidth = 256, texHeight = 256;
GLint maxRenderbufferSize;

glGetIntegerv ( GL_MAX_RENDERBUFFER_SIZE, &maxRenderbufferSize);

// check if GL_MAX_RENDERBUFFER_SIZE is >= texWidth and texHeight

if ( ( maxRenderbufferSize <= texWidth ) ||
     ( maxRenderbufferSize <= texHeight ) )
{
   // cannot use framebuffer objects, as we need to create
   // a depth buffer as a renderbuffer object
   // return with appropriate error
}

// generate the framebuffer, renderbuffer, and texture object names
glGenFramebuffers ( 1, &framebuffer );
glGenRenderbuffers ( 1, &depthRenderbuffer );
glGenTextures ( 1, &texture );

// bind texture and load the texture mip level 0
// texels are RGB565
// no texels need to be specified as we are going to draw into
// the texture
glBindTexture ( GL_TEXTURE_2D, texture );
glTexImage2D ( GL_TEXTURE_2D, 0, GL_RGB, texWidth, texHeight, 0,
               GL_RGB, GL_UNSIGNED_SHORT_5_6_5, NULL );

glTexParameteri ( GL_TEXTURE_2D,  GL_TEXTURE_WRAP_S,
                                  GL_CLAMP_TO_EDGE );
glTexParameteri ( GL_TEXTURE_2D,  GL_TEXTURE_WRAP_T,
                                  GL_CLAMP_TO_EDGE );
glTexParameteri ( GL_TEXTURE_2D,  GL_TEXTURE_MAG_FILTER,
                                  GL_LINEAR );
glTexParameteri ( GL_TEXTURE_2D,  GL_TEXTURE_MIN_FILTER,
                                  GL_LINEAR);
```

```
// bind renderbuffer and create a 16-bit depth buffer
// width and height of renderbuffer = width and height of
// the texture
glBindRenderbuffer ( GL_RENDERBUFFER, depthRenderbuffer );
glRenderbufferStorage ( GL_RENDERBUFFER, GL_DEPTH_COMPONENT16,
                        texWidth, texHeight );

// bind the framebuffer
glBindFramebuffer ( GL_FRAMEBUFFER, framebuffer );

// specify texture as color attachment
glFramebufferTexture2D ( GL_FRAMEBUFFER, GL_COLOR_ATTACHMENT0,
                         GL_TEXTURE_2D, texture, 0 );

// specify depth_renderbuffer as depth attachment
glFramebufferRenderbuffer ( GL_FRAMEBUFFER, GL_DEPTH_ATTACHMENT,
                            GL_RENDERBUFFER, depthRenderbuffer);

// check for framebuffer complete
status = glCheckFramebufferStatus ( GL_FRAMEBUFFER );
if ( status == GL_FRAMEBUFFER_COMPLETE )
{
   // render to texture using FBO
   // clear color and depth buffer
   glClearColor ( 0.0f, 0.0f, 0.0f, 1.0f );
   glClear ( GL_COLOR_BUFFER_BIT | GL_DEPTH_BUFFER_BIT );

   // Load uniforms for vertex and fragment shaders
   // used to render to FBO. The vertex shader is the
   // ES 1.1 vertex shader described in Example 8-8 in
   // Chapter 8. The fragment shader outputs the color
   // computed by the vertex shader as fragment color and
   // is described in Example 1-2 in Chapter 1.
   set_fbo_texture_shader_and_uniforms( );

   // drawing commands to the framebuffer object draw_teapot();

   // render to window system-provided framebuffer
   glBindFramebuffer ( GL_FRAMEBUFFER, 0 );
   // Use texture to draw to window system-provided framebuffer.
   // We draw a quad that is the size of the viewport.
   //
   // The vertex shader outputs the vertex position and texture
   // coordinates passed as inputs.
   //
   // The fragment shader uses the texture coordinate to sample
   // the texture and uses this as the per-fragment color value.
   set_screen_shader_and_uniforms ( );
   draw_screen_quad ( );
}

// clean up
glDeleteRenderbuffers ( 1, &depthRenderbuffer );
```

```
glDeleteFramebuffers ( 1, &framebuffer);
glDeleteTextures ( 1, &texture );
```

在例12-2中，我们用对应的glGen***命令创建framebuffer、texture和depthRenderbuffer对象。framebuffer对象使用一个颜色附着（纹理对象texture）和一个深度附着（渲染缓冲区对象depthRenderbuffer）。

在创建这些对象之前，我们查询最大渲染缓冲区尺寸（GL_MAX_RENDERBUFFER_SIZE），以验证OpenGL ES实现支持的最大渲染缓冲区是否小于或者等于用作颜色附着的纹理的高度和宽度。这一步确保我们可以成功创建深度渲染缓冲区，并将其用作framebuffer中的深度附着。

在创建对象之后，我们调用glBindTexture(texture)使纹理成为当前绑定纹理对象，然后用glTexImage2D指定纹理mip级别。注意，pixels参数为NULL：我们将渲染到整个纹理区域，所以没有理由指定任何输入数据（这些数据将被覆盖）。

depthRenderbuffer对象用glBindRenderbuffer绑定，并调用glRenderbufferStorage为16位深度缓冲区分配存储。

framebuffer对象用glBindFramebuffer绑定。texture作为颜色附着连接到framebuffer，depthRenderbuffer作为深度附着连接到framebuffer。

接下来，我们检查帧缓冲区状态，看看开始在framebuffer中绘图前它是否完整。一旦帧缓冲区渲染完成，我们就调用glBindFramebuffer(GL_FRAMEBUFFER,0)将当前绑定的帧缓冲区重置为窗口系统提供的帧缓冲区。现在我们可以使用在framebuffer中作为渲染目标的texture绘制到窗口系统提供的帧缓冲区。

在例12-2中，framebuffer的深度缓冲区附着是一个渲染缓冲区对象。在例12-3中，我们考虑使用深度纹理作为framebuffer的深度缓冲区附着。应用程序可以从光源渲染到用作帧缓冲区附着的深度纹理。然后，渲染的深度纹理可以用作阴影贴图来计算每个片段在阴影中的比例。图12-3展示了生成的图像。

例12-3 渲染到深度纹理

```
#define COLOR_TEXTURE   0
#define DEPTH_TEXTURE   1

GLuint framebuffer;
GLuint textures[2];
GLint  texWidth = 256, texHeight = 256;

// generate the framebuffer and texture object names
glGenFramebuffers ( 1, &framebuffer );
glGenTextures ( 2, textures );

// bind color texture and load the texture mip level 0
// texels are RGB565
// no texels need to specified as we are going to draw into
// the texture
```

```
glBindTexture ( GL_TEXTURE_2D, textures[COLOR_TEXTURE] );
glTexImage2D ( GL_TEXTURE_2D, 0, GL_RGB, texWidth, texHeight, 0,
               GL_RGB, GL_UNSIGNED_SHORT_5_6_5, NULL );

glTexParameteri ( GL_TEXTURE_2D, GL_TEXTURE_WRAP_S,
                  GL_CLAMP_TO_EDGE );
glTexParameteri ( GL_TEXTURE_2D, GL_TEXTURE_WRAP_T,
                  GL_CLAMP_TO_EDGE );
glTexParameteri ( GL_TEXTURE_2D, GL_TEXTURE_MAG_FILTER,
                  GL_LINEAR );
glTexParameteri ( GL_TEXTURE_2D, GL_TEXTURE_MIN_FILTER,
                  GL_LINEAR );

// bind depth texture and load the texture mip level 0
// no texels need to specified as we are going to draw into
// the texture
glBindTexture ( GL_TEXTURE_2D, textures[DEPTH_TEXTURE] );
glTexImage2D ( GL_TEXTURE_2D, 0, GL_DEPTH_COMPONENT, texWidth,
               texHeight, 0, GL_DEPTH_COMPONENT,
               GL_UNSIGNED_SHORT, NULL );

glTexParameteri ( GL_TEXTURE_2D, GL_TEXTURE_WRAP_S,
                  GL_CLAMP_TO_EDGE );
glTexParameteri ( GL_TEXTURE_2D, GL_TEXTURE_WRAP_T,
                  GL_CLAMP_TO_EDGE );
glTexParameteri ( GL_TEXTURE_2D, GL_TEXTURE_MAG_FILTER,
                  GL_NEAREST );
glTexParameteri ( GL_TEXTURE_2D, GL_TEXTURE_MIN_FILTER,
                  GL_NEAREST );

// bind the framebuffer
glBindFramebuffer ( GL_FRAMEBUFFER, framebuffer );

// specify texture as color attachment
glFramebufferTexture2D ( GL_FRAMEBUFFER, GL_COLOR_ATTACHMENT0,
                         GL_TEXTURE_2D, textures[COLOR_TEXTURE],
                         0 );

// specify texture as depth attachment
glFramebufferTexture2D ( GL_FRAMEBUFFER, GL_DEPTH_ATTACHMENT,
                         GL_TEXTURE_2D, textures[DEPTH_TEXTURE],
                         0 );

// check for framebuffer complete
status = glCheckFramebufferStatus ( GL_FRAMEBUFFER );
if ( status == GL_FRAMEBUFFER_COMPLETE )
{
   // render to color and depth textures using FBO
   // clear color and depth buffers
   glClearColor ( 0.0f, 0.0f, 0.0f, 1.0f );
   glClear ( GL_COLOR_BUFFER_BIT | GL_DEPTH_BUFFER_BIT );

   // Load uniforms for vertex and fragment shaders
   // used to render to FBO. The vertex shader is the
   // ES 1.1 vertex shader described in Example 8-8 in
```

```
    // Chapter 8. The fragment shader outputs the color
    // computed by vertex shader as fragment color and
    // is described in Example 1-2 in Chapter 1.
    set_fbo_texture_shader_and_uniforms( );

    // drawing commands to the framebuffer object
    draw_teapot( );

    // render to window system-provided framebuffer
    glBindFramebuffer ( GL_FRAMEBUFFER, 0 );

    // Use depth texture to draw to window system framebuffer.
    // We draw a quad that is the size of the viewport.
    //
    // The vertex shader outputs the vertex position and texture
    // coordinates passed as inputs.
    //
    // The fragment shader uses the texture coordinate to sample
    // the texture and uses this as the per-fragment color value.
    set_screen_shader_and_uniforms( );
    draw_screen_quad( );
}

// clean up
glDeleteFramebuffers ( 1, &framebuffer );
glDeleteTextures ( 2, textures );
```

图 12-3　渲染到深度纹理

注意　屏幕外渲染缓冲区的宽度和高度不一定是 2 的幂次。

12.11　性能提示和技巧

下面，我们讨论开发人员在使用帧缓冲区对象时应该认真考虑的性能提示：

- 避免频繁地在渲染到窗口系统提供的帧缓冲区和渲染到帧缓冲区对象之间切换。这对于手持 OpenGL ES 3.0 实现是一个问题，因为许多这类实现使用块状渲染架构。在块状渲染架构中，使用专用的内部存储器存储帧缓冲区图块（区域）的颜色、深度和模板值。这些内部存储器在电源利用上更为高效，而且与外部内存相比具有更低的内存延迟和更大的带宽。在渲染到图块完成之后，图块被写到设备（系统）内存。每当从一个渲染目标切换到另一个，就需要渲染、保存和恢复对应的纹理和渲染缓冲区附着，这可能带来很大的代价。最佳的方法是首先渲染到场景中合适的帧缓冲区，然后渲染到窗口系统提供的帧缓冲区，最后执行 eglSwapBuffers 命令切换显示缓冲区。
- 不要逐帧创建和删除帧缓冲区和渲染缓冲区对象（或者任何其他大型数据对象）。
- 尝试避免修改用作渲染目标的帧缓冲区对象附着的纹理（使用 glTexImage2D、glTexSubImage2D、glCopyTeximage2D 等）。
- 如果整个纹理图像将被渲染，则将 glTexImage2D 和 glTexImage3D 中的 pixel 参数设置为 NULL，因为原始数据不会被使用。如果你希望图像包含任何预先定义的像素值，那么在绘制到纹理之前使用 glInvalidateFramebuffer 清除纹理图像。
- 尽可能共享帧缓冲区对象使用的用作附着的深度和模板渲染缓冲区，以保证内存占用需求最小，我们承认这一建议的用途有限，因为这些缓冲区的宽度和高度必须相同。在未来版本的 OpenGL ES 中，帧缓冲区对象的各种附着的宽度和高度必须相等的限制可能会放松，使得共享更容易。

12.12　小结

在本章中，我们学习了用于渲染到屏幕外表面的帧缓冲区对象的使用方法。帧缓冲区对象有多种用途，最为常用的是渲染到纹理。我们学习了如何为帧缓冲区对象指定颜色、深度和模板附着，以及如何在帧缓冲区中复制像素和使其失效，然后看到了演示渲染到帧缓冲区对象的一些例子。理解帧缓冲区对象是实现许多高级特效的关键，例如反射、阴影贴图和后处理。接下来，我们将学习有关同步对象和栅栏的知识，这是同步应用程序和 GPU 执行的机制。

Chapter 13 第 13 章

同步对象和栅栏

OpenGL ES 3.0 为应用程序提供了等待一组 OpenGL 操作在 GPU 上执行结束的机制。你可以同步多个图形上下文和线程中的 GL 操作，这对于许多高级图形应用来说很重要。例如，你可能希望等待变换反馈的结果，然后在应用程序中使用这些结果。

在本章中，我们将讨论刷新命令、结束命令、同步对象和栅栏，包括它们的重要性以及使用它们同步图形管线中操作的方法。最后，我们以使用同步对象和栅栏的一个示例作为结束。

13.1 刷新和结束

OpenGL ES 3.0 API 继承了 OpenGL 的客户 – 服务器模型。应用程序（或客户）发出命令，这些命令由 OpenGL ES 实现（或者服务器）处理。在 OpenGL 中，客户和服务器可以存在于网络上的不同机器，OpenGL ES 也允许客户和服务器处于不同机器，但是因为 OpenGL ES 针对的是手持和嵌入平台，所以客户和服务器通常在同一个设备上。

在客户 – 服务器模型中，客户发出的命令不一定立刻发送到服务器。如果客户和服务器在一个网络上操作，那么在网络上发送单独命令将非常低效。相反，命令可以缓存在客户端，在稍后的某个时刻发送到服务器。为了支持这种方法，需要一种机制让客户知道服务器何时完成前面提交的命令的执行。考虑另一个例子：多个 OpenGL ES 上下文（各自为不同线程的当前上下文）共享对象。为了正确地在这些上下文之间同步，很重要的一点是来自上下文 A 的命令在来自上下文 B 的命令之前发往服务器，这取决于上下文 A 修改的 OpenGL ES 状态。glFlush 命令用于刷新当前 OpenGL ES 上下文中未决的命令，并将它们发往服务器。注意，glFlush 只将命令发往服务器，而不等待它们完成。如果客户要求这些命令完成，应该使用 glFinish 命令。除非绝对必要，否则我们不建议使用 glFinish，因为 glFinish 在上下文中所有排队的命令由服务器完全处理之前不会返回，调用 glFinish 通过强制客户和服务器同步它们的操作可能对性能产生不利的影响。

13.2　为什么使用同步对象

OpenGL ES 3.0 引入了一个称作栅栏（Fence）的新特性，为应用程序提供了通知 GPU 在一组 OpenGL ES 操作执行完成之前先等待、然后再将更多执行命令送入队列的手段。你可以在 GL 命令流中插入栅栏命令，然后将其与需要等待的同步对象关联。

如果我们将同步对象的使用与 glFinish 命令作比较，则同步对象更高效，因为你可以等待 GL 命令流的部分完成。相比之下，调用 glFinish 命令可能降低应用程序性能，因为该命令会清空图形管线。

13.3　创建和删除同步对象

为了在 GL 命令流中插入栅栏命令并创建同步对象，可以调用如下函数：

```
GLsync    glFenceSync(GLenum condition, GLbitfield flags)
```

condition　指定向同步对象发送信号必须符合的条件；必须为 GL_SYNC_GPU_COMMANDS_COMPLETE

flags　指定控制同步对象行为的标志按位组合；当前必须为 0

在同步对象首次创建时，其状态为未收到信号（Unsignaled）。在栅栏命令满足指定条件时，其状态变为已收到信号（Signaled）。因为同步对象不能重用，所以必须为每次同步操作创建一个同步对象。

要删除同步对象，可以调用如下函数：

```
GLvoid    glDeleteSync(GLsync sync)
```

sync　指定要删除的同步对象

删除操作不会立即发生，因为同步对象只有在没有其他操作等待它时才能删除。因此，可以在等待同步对象（下面将作说明）之后调用 glDeleteSync 命令。

13.4　等待和向同步对象发送信号

可以用如下调用阻塞客户，并等待一个同步对象收到信号：

```
GLenum    glClientWaitSync(GLsync sync, GLbitfield flags,
                           GLuint64 timeout)
```

sync 指定等待其状态的同步对象
flags 指定控制命令刷新行为的位域；可能是 GL_SYNC_FLUSH_COMMANDS_BIT
timeout 指定等待同步对象获得信号的超时时间（纳秒）

如果同步对象已经处于“已收到信号”的状态，glClientWaitSync 命令将立即返回。否则，调用将阻塞，并在最多 *timeout* 纳秒的时间内等待同步对象收到信号。

glClientWaitSync 函数可能返回如下值：

- GL_ALREADY_SIGNALED：同步对象在函数调用时已经处于“已收到信号”状态。
- GL_TIMEOUT_EXPIRED：同步对象在 *timeout* 纳秒之后还没有进入“已收到信号”状态。
- GL_CONDITION_SATISFIED：同步对象在超时之前收到信号。
- GL_WAIT_FAILED：发生错误。

glWaitSync 函数类似于 glClientWaitSync 函数，但是该函数立即返回且阻塞 GPU，直到同步对象收到信号。

```
void   glWaitSync(GLsync sync, GLbitfield flags,
                  GLuint64 timeout)
```

sync 指定等待其状态的同步对象
flags 指定控制命令刷新行为的位域；必须为 0
timeout 指定服务器继续之前等待的超时（纳秒）；必须为 GL_TIMEOUT_IGNORED

13.5 示例

示例 13-1 展示了在变换反馈缓冲区创建之后插入一个栅栏命令（参见 EmitParticles 函数实现）并在绘制（参见 Draw 函数实现）之前阻塞 GPU 等待变换反馈结果的例子。EmitParticles 和 Draw 函数由两个单独的 CPU 线程执行。

这个代码段是第 14 章中将要详细介绍的具备变换反馈功能的粒子系统示例的一部分。

例 13-1 在变换反馈示例中插入栅栏命令并等待其结果

```
void EmitParticles ( ESContext *esContext, float deltaTime )
{
   // Many codes skipped ...

   // Emit particles using transform feedback
   glBeginTransformFeedback ( GL_POINTS );
      glDrawArrays ( GL_POINTS, 0, NUM_PARTICLES );
   glEndTransformFeedback ( );

   // Create a sync object to ensure transform feedback results
   // are completed before the draw that uses them
   userData->emitSync =
      glFenceSync ( GL_SYNC_GPU_COMMANDS_COMPLETE, 0 );
```

```
   // Many codes skipped ...
}

void Draw ( ESContext *esContext )
{
   UserData *userData = ( UserData* ) esContext->userData;

   // Block the GL server until transform feedback results
   // are completed
   glWaitSync ( userData->emitSync, 0, GL_TIMEOUT_IGNORED );
   glDeleteSync ( userData->emitSync );

   // Many codes skipped ...

   glDrawArrays ( GL_POINTS, 0, NUM_PARTICLES );
}
```

13.6 小结

在本章中，我们学习了 OpenGL ES 3.0 中宿主应用和 GPU 执行同步的基础知识。我们讨论了同步对象和栅栏的使用方法。在下一章中，你将看到许多高级渲染示例，它们将本书目前为止学习到的概念联系起来。

Chapter 14 第 14 章

OpenGL ES 3.0 高级编程

在本章中，我们将把本书中学到的许多技术结合起来，讨论 OpenGL ES 3.0 的一些高级用法。利用 OpenGL ES 3.0 的可编程灵活性能够实现大量高级渲染技术。在本章中，我们介绍如下技术：

- 逐片段照明
- 环境贴图
- 使用点精灵的粒子系统
- 使用变换反馈的粒子系统
- 图像后处理
- 投影纹理
- 使用 3D 纹理的噪声
- 过程纹理
- 使用顶点纹理读取的地形渲染
- 使用深度纹理的阴影

14.1 逐片段照明

在第 8 章中，我们介绍了可以在顶点着色器中用来计算逐顶点照明的照明方程式。通常，为了实现更高质量的照明效果，我们试图逐片段求取照明方程式。在本节中，我们提供逐片段计算环境、漫射和反射照明的例子。这个例子是一个 PVRShaman 工作区，可以在

Chapter_14/PVR_PerFragmentLighting 中找到，如图 14-1 所示。本章中的几个例子使用了 PVRShaman，这是一个着色器集成开发环境（IDE），是 Imagination Technologies PowerVR SDK 的一部分（可以从 http://powervrinsider.com/ 下载）。

图 14-1　逐片段照明示例

14.1.1　使用法线贴图的照明

在我们深入 PVRShaman 工作区中使用的着色器细节之前，需要讨论用于该例子的通用方法。进行逐片段照明的最简方法是在片段着色器中使用插值顶点法线，然后将照明计算移到片段着色器中。但是，对于漫射光，这样做真正得到的结果并不比逐顶点照明好多少。法向量可以重新规范化也是一个好处，这能够消除线性插值引起的伪像，但是总体图形质量改善很有限。为了真正利用逐片段计算的优势，我们需要使用法线贴图存储逐纹素法线——这种技术能够提供多得多的细节。

法线贴图是一个存储每个纹素法向量的 2D 纹理。红色通道代表 x 分量，绿色通道代表 y 分量，蓝色通道代表 z 分量。对于以包含 GL_UNSIGNED_BYTE 数据的 GL_RGB8 形式存储的法线贴图，这些值都处于 [0，1] 区间。为了表示一条法线，这些值需要在着色器中按比例放大并偏移，以重新映射到 [−1，1] 区间。下面的片段着色器代码块说明如何从法线贴图中读取：

```
// Fetch the tangent space normal from normal map
vec3 normal = texture(s_bumpMap, v_texcoord).xyz;

// Scale and bias from [0, 1] to [-1, 1] and normalize
normal = normalize(normal * 2.0 - 1.0);
```

可以看到，这一小段着色器代码将从一个纹理贴图中读取颜色值，然后将结果乘以 2 后减去 1。最终的结果是从 [0，1] 区间扩展到 [−1，1] 区间的值。我们实际上可以使用 GL_RGB8_SNORM 等有符号纹理格式来避免着色器代码中这种放大和偏移，但是为了演示的目的，我们将展示存储为无符号格式的法线贴图的使用方法。此外，如果法线贴图中的数据没有进行规范化，则需在片段着色器中规范化结果。如果你的法线贴图包含所有单位向量，那么这一步可以跳过。

逐片段照明所要处理的其他重要问题与纹理中法线的存储空间有关。为了最大限度地减少片段着色器中的计算，我们不希望对从法线贴图中读取的法线进行变换。实现这一目标的方法之一是在法线贴图中存储世界空间法线，也就是说，法线贴图中的每个法向量将代表一个世界空间法向量。然后，照明和方向向量可以在顶点着色器中变换到世界空间中，直接和从法线贴图中读取的值一起使用。但是，存储世界空间中的法线贴图会带来一些严重的问题。最重要的是，必须假定物体是静态的，因为在物体上不能发生任何变换。此外，空间中面向不同方向的同一个表面无法共享法线贴图中的相同纹素，这可能造成贴图非常大。

比使用世界空间法线贴图更好的解决方案是将法线贴图保存在切空间中。切空间的思路是，我们用 3 个坐标轴为每个顶点定义一个空间：法线、次法线和切线。然后，纹理贴图中存储的法线都存储在这个切空间中。当我们想要计算任何照明方程式时，将输入的照明向量变换到该切空间中，这些照明向量就可以直接和法线贴图中的值一起使用。切空间的计算通常是一个预处理，次法线和切线被添加到顶点属性数据中。这一工作由 PVRShaman 自动完成，PVRShaman 为任何具有顶点法线和纹理坐标的模型计算切空间。

14.1.2 照明着色器

一旦我们设置了切空间法线贴图和切空间向量，就可以继续逐片段照明。首先，我们看看例 14-1 中的顶点着色器。

例 14-1 逐片段照明顶点着色器

```
#version 300 es
uniform mat4 u_matViewInverse;
uniform mat4 u_matViewProjection;
uniform vec3 u_lightPosition;
uniform vec3 u_eyePosition;

in vec4 a_vertex;
in vec2 a_texcoord0;
in vec3 a_normal;
in vec3 a_binormal;
in vec3 a_tangent;

out vec2 v_texcoord;
out vec3 v_viewDirection;
out vec3 v_lightDirection;

void main( void )
{
   // Transform eye vector into world space
   vec3 eyePositionWorld =
        (u_matViewInverse * vec4(u_eyePosition, 1.0)).xyz;

   // Compute world-space direction vector
   vec3 viewDirectionWorld = eyePositionWorld - a_vertex.xyz;
   // Transform light position into world space
   vec3 lightPositionWorld =
        (u_matViewInverse * vec4(u_lightPosition, 1.0)).xyz;

   // Compute world-space light direction vector
   vec3 lightDirectionWorld = lightPositionWorld - a_vertex.xyz;

   // Create the tangent matrix
   mat3 tangentMat = mat3( a_tangent,
                           a_binormal,
                           a_normal );
```

```
    // Transform the view and light vectors into tangent space
    v_viewDirection = viewDirectionWorld * tangentMat;
    v_lightDirection = lightDirectionWorld * tangentMat;

    // Transform output position
    gl_Position = u_matViewProjection * a_vertex;
   // Pass through texture coordinate
   v_texcoord = a_texcoord0.xy;
}
```

注意，上述顶点着色器的输入和统一变量由 PVRShaman 在 PerFragmentLighting.pfx 文件中通过设置语义来自动设置。我们的顶点着色器需要两个统一变量矩阵作为输入：u_matViewInverse 和 u_matViewProjection。u_matViewInverse 矩阵包含视图矩阵的逆矩阵。这个矩阵用于将照明向量和眼睛向量（在视图空间里）转换为世界空间。main 中的前 4 条语句执行这一变换，并计算世界空间中的照明向量和视图向量。着色器中的下一个步骤是创建一个切矩阵。顶点的切空间保存在 3 个顶点属性中：a_normal、a_binormal 和 a_tangent。这 3 个向量定义了每个顶点的切空间的 3 个坐标轴。我们根据这些向量构造一个 3×3 矩阵，以形成切矩阵 tangentMat。

下一步是用视图和方向向量乘以 tangentMat 矩阵，将它们变换到切空间。记住，我们的目的是使视图和方向向量与切空间法线贴图中的法线处于同一空间。在顶点着色器中进行这种变换可以避免在片段着色器中进行任何变换。最后，我们计算最终的输出位置，将其放入 gl_Position，并在 v_texcoord 中将纹理坐标传递给片段着色器。

现在，我们将视图空间中的视图和方向向量以及一个纹理坐标作为输出变量传递给片段着色器。下一步是用片段着色器实际地对片段进行照明，如例 14-2 所示。

例 14-2　逐片段照明片段着色器

```
#version 300 es
precision mediump float;

uniform vec4 u_ambient;
uniform vec4 u_specular;
uniform vec4 u_diffuse;
uniform float u_specularPower;
uniform sampler2D s_baseMap;
uniform sampler2D s_bumpMap;

in vec2 v_texcoord;
in vec3 v_viewDirection;
in vec3 v_lightDirection;

layout(location = 0) out vec4 fragColor;
void main( void )
{
  // Fetch base map color
  vec4 baseColor = texture(s_baseMap, v_texcoord);
```

```
   // Fetch the tangent space normal from normal map
   vec3 normal = texture(s_bumpMap, v_texcoord).xyz;

   // Scale and bias from [0, 1] to [-1, 1] and
   // normalize
   normal = normalize(normal * 2.0 - 1.0);

   // Normalize the light direction and view
   // direction
   vec3 lightDirection = normalize(v_lightDirection);
   vec3 viewDirection = normalize(v_viewDirection);

   // Compute N.L
   float nDotL = dot(normal, lightDirection);

   // Compute reflection vector
   vec3 reflection = (2.0 * normal * nDotL) -
      lightDirection;

   // Compute R.V
   float rDotV =
      max(0.0, dot(reflection, viewDirection));
   // Compute ambient term
   vec4 ambient = u_ambient * baseColor;

   // Compute diffuse term
   vec4 diffuse = u_diffuse * nDotL * baseColor;

   // Compute specular term
   vec4 specular = u_specular *
      pow(rDotV, u_specularPower);
   // Output final color
   fragColor = ambient + diffuse + specular;
}
```

片段着色器的第一部分由用于环境、漫射和反射颜色的一系列统一变量声明组成。这些值分别保存在统一变量 u_ambient、u_diffuse 和 u_specular 中。着色器还配置了两个采样器 s_baseMap 和 s_bumpMap，它们分别与基本颜色贴图和法线贴图绑定。

片段着色器的第一部分从基本贴图读取基本颜色，从法线贴图读取法线值。如前所述，从纹理贴图读取的法线向量经过比例调整和偏移，然后规范化，成为分量处于 [-1, 1] 区间的单位向量。接下来，对照明向量和视图向量进行规范化并且保存在 lightDirection 和 viewDirection 中。规范化是必要的，因为片段着色器输入变量的方式是跨图元插值。片段着色器输入变量跨图元进行线性插值，当线性插值在两个向量之间完成时，结果可能在插值期间变成非规范化的。为了补偿这种伪像，这些向量必须在片段着色器中规范化。

14.1.3 照明方程式

我们在片段着色器中已经有了法线、照明向量和方向向量，它们都经过了规范化，并处于同一个空间。这为我们提供了计算照明方程式所需的输入。在这个着色器中执行的照明计算如下：

$$Ambient=k_{Ambient} \times C_{Base}$$

$$Diffuse=k_{Diffuse} \times N \cdot L \times C_{Base}$$

$$Specular=k_{Specular} \times pow(max(R \cdot V,0.0),k_{SpecularPower}$$

用于环境（ambient）、漫射（diffuse）和反射（specular）颜色的 k 常量来自于 u_ambient、u_diffuse 和 u_specular 统一变量。C_{Base} 是从基本纹理贴图中读取的基本（base）颜色。照明向量和法线向量的点乘（$N \cdot L$）计算后保存在着色器的 nDotL 变量中。这个值用于计算漫射照明。最后，反射计算需要 R，这是从如下公式计算出来的反射向量：

$$R=2 \times N \times (N \cdot L)-L$$

注意，反射向量也需要 $N \cdot L$，所以漫射照明中使用的计算可以在反射向量计算中重用。最后，照明项保存在着色器的 ambient、diffuse 和 specular 变量中。这些结果加总后保存在 fragColor 输出变量中，最终变量是一个逐片段照明对象，包含来自法线贴图的法线数据。

逐片段照明可能有许多变种。常见的技术之一是在一个纹理中保存反射指数以及一个反射遮罩值。这使得一个表面上的反射光可以变化。上述例子的主要目的是让你对逐片段照明中通常要完成的计算类型有所了解。切空间的使用以及片段着色器中照明方程式的计算是现在许多游戏的典型做法。当然，也可以增加更多的光线、更多的材质信息和其他信息。

14.2 环境贴图

我们介绍的下一种渲染技术——与前面的技术相关——是用立方图执行环境贴图。我们介绍的例子是 PVRShaman 工作区 Chapter_14/PVR_EnvironmentMapping，结果如图 14-2 所示。

图 14-2 环境贴图示例

环境贴图的概念是在一个物体上渲染环境的反射。在第 9 章中，我们介绍了立方图，它常被用于保存环境贴图。在 PVRShaman 工作区的示例中，在一个立方图中保存了山峰场景的环境。生成这种立方图的方法是在场景中央放置一个相机，用 90 度的视野沿着每个正负主轴方向渲染。对于动态变化的反射，我们可以对每个帧动态地使用帧缓冲区对象渲染这种立方图。对于静态的环境，这一过程可以作为预处理进行，结果保存在一个静态的立方图中。

例 14-3 提供了环境贴图的顶点着色器示例。

例 14-3 环境贴图顶点着色器

```
#version 300 es
uniform mat4 u_matViewInverse;
uniform mat4 u_matViewProjection;
uniform vec3 u_lightPosition;

in vec4 a_vertex;
in vec2 a_texcoord0;
in vec3 a_normal;
in vec3 a_binormal;
in vec3 a_tangent;

out vec2 v_texcoord;
out vec3 v_lightDirection;
out vec3 v_normal;
out vec3 v_binormal;
out vec3 v_tangent;

void main( void )
{
   // Transform light position into world space
   vec3 lightPositionWorld =
     (u_matViewInverse * vec4(u_lightPosition, 1.0)).xyz;

   // Compute world-space light direction vector
   vec3 lightDirectionWorld = lightPositionWorld - a_vertex.xyz;

   // Pass the world-space light vector to the fragment shader
   v_lightDirection = lightDirectionWorld;

   // Transform output position
   gl_Position = u_matViewProjection * a_vertex;

   // Pass through other attributes
   v_texcoord = a_texcoord0.xy;
   v_normal = a_normal;
   v_binormal = a_binormal;
   v_tangent = a_tangent;
}
```

本例中的顶点着色器与前一个逐片段照明示例非常相似。主要的差别是不将照明方向向量变换到切空间，而是将照明向量保持在世界空间中。必须这么做的理由是因为我们最终要使用世界空间反射向量从立方图中读取，因此，我们不将照明向量变换到切空间，而是将来自切空间的法线向量变换到世界空间中。为此，顶点着色器将法线、次法线和切线作为可变变量传递给片段着色器，以便构建切矩阵。

例 14-4 提供了用于环境贴图样本的片段着色器。

例 14-4 环境贴图片段着色器

```
#version 300 es
precision mediump float;
```

```
uniform vec4 u_ambient;
uniform vec4 u_specular;
uniform vec4 u_diffuse;
uniform float u_specularPower;

uniform sampler2D s_baseMap;
uniform sampler2D s_bumpMap;
uniform samplerCube s_envMap;

in vec2 v_texcoord;
in vec3 v_lightDirection;
in vec3 v_normal;
in vec3 v_binormal;
in vec3 v_tangent;

layout(location = 0) out vec4 fragColor;

void main( void )
{
   // Fetch base map color
   vec4 baseColor = texture( s_baseMap, v_texcoord );

   // Fetch the tangent space normal from normal map
   vec3 normal = texture( s_bumpMap, v_texcoord ).xyz;

   // Scale and bias from [0, 1] to [-1, 1]
   normal = normal * 2.0 - 1.0;

   // Construct a matrix to transform from tangent to
   // world space
   mat3 tangentToWorldMat = mat3( v_tangent,
                                  v_binormal,
                                  v_normal );

   // Transform normal to world space and normalize
   normal = normalize( tangentToWorldMat * normal );

   // Normalize the light direction
   vec3 lightDirection = normalize( v_lightDirection );

   // Compute N.L
   float nDotL = dot( normal, lightDirection );

   // Compute reflection vector
   vec3 reflection = ( 2.0 * normal * nDotL ) - lightDirection;

   // Use the reflection vector to fetch from the environment
   // map
   vec4 envColor = texture( s_envMap, reflection );

   // Output final color
   fragColor = 0.25 * baseColor + envColor;
}
```

在片段着色器中，你将会注意到，从法线贴图读取法线向量的方式与逐片段照明的例子中相同。这个例子中的不同之处是，片段着色器将法线向量变换到世界空间，而不是将法线向量保留在切空间。这通过从 v_tangent、v_binormal 和 v_normal 可变向量构造 tangentToWorld 矩阵，然后用这个新矩阵乘以读取的法线向量来实现。反射向量用照明方向向量及法线（都在世界空间内）计算。计算的结果是世界空间中的反射向量，这就是我们需要从作为环境贴图的立方图中读取的信息。这个向量被用于用 texture 函数以 reflection 向量作为纹理坐标读取环境贴图。最终，基本贴图颜色和环境贴图的颜色被写入结果变量 fragColor。为了这个例子的目的，基本颜色被衰减到 0.25 倍，从而使环境贴图清晰可见。

本例演示了环境贴图的基本原理。相同的基本技术可以用于产生大量不同的效果。例如，可以用菲涅耳系数对反射光线进行衰减，更精确地建模指定材质上的光反射。如前所述，另一种常见的技术是动态地将一个场景渲染到立方图中，使得一个物体在场景中移动和场景本身变化时，环境反射光随之变化。使用这里展示的基本技术，你可以扩展该技术，以实现更高级的反射特效。

14.3 使用点精灵的粒子系统

我们介绍的下一个例子是用点精灵渲染粒子爆炸。这个例子演示了如何在顶点着色器中渲染粒子动画以及如何用点精灵渲染粒子。我们介绍的例子是 Chapter_14/ParticleSystem 中的样板程序，结果如图 14-3 所示。

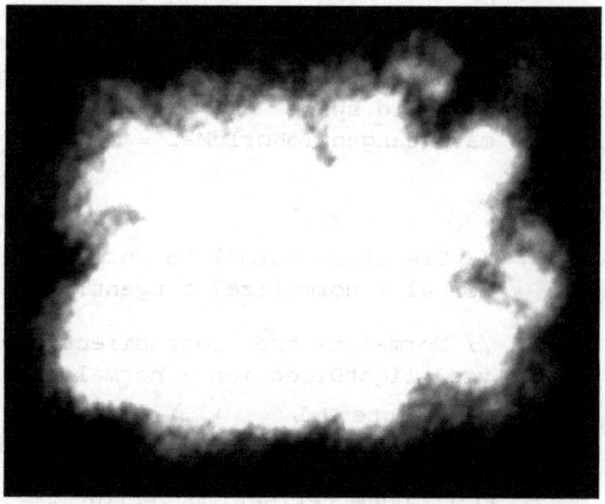

图 14-3 粒子系统示例

14.3.1 粒子系统设置

在深入本例的代码之前，粗略地介绍一下这个样本的使用方法是很有益的。本例的目标之一是说明如何在不用 CPU 修改任何动态顶点数据的情况下渲染粒子爆炸。也就是说，除了统一变量之外，在爆炸实现动画时对顶点数据不做任何修改。为了实现这一目标，着色器需要一些输入。

在初始化的时候，程序根据一个随机数值初始化顶点数组中每个粒子的如下值：

- 寿命——粒子寿命，以秒表示。
- 开始位置——爆炸中粒子的开始位置。
- 结束位置——爆炸中粒子的最终位置（粒子通过开始和结束位置之间的线性插值实现动画）。

此外，每个爆炸都有多个以统一变量形式传递的全局设置：

- 中心位置——爆炸的中心（每个顶点的位置从这个中心偏移）
- 颜色——爆炸的总体颜色。
- 时间——当前时间，以秒数表示。

14.3.2　粒子系统顶点着色器

利用上面的信息，顶点和片段着色器完全负责粒子的移动、消失和渲染。我们首先来看看例 14-5 中的顶点着色器代码。

例 14-5　粒子系统顶点着色器

```
#version 300 es
uniform float u_time;
uniform vec3 u_centerPosition;
layout(location = 0) in float a_lifetime;
layout(location = 1) in vec3 a_startPosition;
layout(location = 2) in vec3 a_endPosition;
out float v_lifetime;
void main()
{
  if ( u_time <= a_lifetime )
  {
    gl_Position.xyz = a_startPosition +
                      (u_time * a_endPosition);
    gl_Position.xyz += u_centerPosition;
    gl_Position.w = 1.0;
  }
  else
  {
     gl_Position = vec4( -1000, -1000, 0, 0 );
  }
  v_lifetime = 1.0 - ( u_time / a_lifetime );
  v_lifetime = clamp ( v_lifetime, 0.0, 1.0 );
  gl_PointSize = ( v_lifetime * v_lifetime ) * 40.0;
}
```

顶点着色器的第一个输入是统一变量 u_time。这个变量被应用程序设置为当前经过时间。当时间超出单次爆炸的时长时，该值被重置为 0.0。下一个输入是统一变量 u_centerPosition，该变量在新的爆炸开始时被设置为爆炸的当前位置。u_time 和 u_centerPosition 的设置代码出现在该示例程序的 C 代码的 Update 函数中，如例 14-6 所示。

例 14-6　粒子系统示例的 Update 函数

```
void Update (ESContext *esContext, float deltaTime)
{
   UserData *userData = esContext->userData;

   userData->time += deltaTime;

   glUseProgram ( userData->programObject );

   if(userData->time >= 1.0f)
   {
      float centerPos[3];
      float color[4] ;

      userData->time = 0.0f;
```

```
        // Pick a new start location and color
        centerPos[0] = ((float)(rand() % 10000)/10000.0f)-0.5f;
        centerPos[1] = ((float)(rand() % 10000)/10000.0f)-0.5f;
        centerPos[2] = ((float)(rand() % 10000)/10000.0f)-0.5f;

        glUniform3fv(userData->centerPositionLoc, 1,
        &centerPos[0]);

        // Random color
        color[0] = ((float)(rand() % 10000) / 20000.0f) + 0.5f;
        color[1] = ((float)(rand() % 10000) / 20000.0f) + 0.5f;
        color[2] = ((float)(rand() % 10000) / 20000.0f) + 0.5f;
        color[3] = 0.5;

        glUniform4fv(userData->colorLoc, 1, &color[0]);
    }
    // Load uniform time variable
    glUniform1f(userData->timeLoc, userData->time);
}
```

你可以看到，Update 函数在 1 秒之后重置时间，然后设置另一次爆炸的新的中心位置和时间。该函数还在每帧中保持 u_time 变量最新。

顶点着色器的顶点输入是粒子的寿命、开始位置和结束位置。这些变量都在程序的 Init 函数中初始化为随机种子值。顶点着色器的主体首先检查粒子的寿命是否已到，如果是，则将 gl_Position 变量设置为（-1000，-1000），这是迫使该点落在屏幕之外的快速方法。因为该点会被裁剪，所以对过期的点精灵的后续处理可以跳过。如果粒子仍然存活，则它的位置被设置为开始和结束位置之间的线性插值。接下来，顶点着色器在可变变量 v_lifetime 中向片段着色器传递粒子的剩余寿命。该寿命将在片段着色器中使用，在粒子寿命到期时使粒子消失。顶点着色器的最后一部分设置 gl_Pointsize 内建函数，根据粒子剩余寿命决定点的大小，这能够实现在粒子接近生命尽头的时候缩小的效果。

14.3.3 粒子系统片段着色器

例 14-7 提供了示例程序的片段着色器代码。

例 14-7　粒子系统片段着色器

```
#version 300 es
precision mediump float;
uniform vec4 u_color;
in float v_lifetime;
layout(location = 0) out vec4 fragColor;
uniform sampler2D s_texture;
void main()
{
  vec4 texColor;
  texColor = texture( s_texture, gl_PointCoord );
  fragColor = vec4( u_color ) * texColor;
  fragColor.a *= v_lifetime;
}
```

片段着色器的第一个输入是 u_color 统一变量，它在每次爆炸开始时由 Update 函数设置。接下来，在片段着色器中声明由顶点着色器设置的 v_lifetime 输入变量。此外，还声明一个采样器来绑定烟雾的 2D 纹理图像。

片段着色器本身相对简单。纹理读取使用 gl_PointCoord 变量作为纹理坐标。这个用于点精灵的特殊变量设置为固定值——点精灵的各个角（这一过程在第 7 章中讨论图元绘制时做了介绍）。如果精灵需要旋转，也可以扩展这个片段着色器以旋转点精灵坐标，这需要更多的片段着色器指令，但是提高了点精灵的灵活性。

纹理颜色由 u_color 变量进行衰减，Alpha 值根据粒子寿命进行衰减。应用程序还用如下混合函数启用 Alpha 混合：

```
glEnable ( GL_BLEND );
glBlendFunc ( GL_SRC_ALPHA, GL_ONE );
```

上述代码的结果是，片段着色器中产生的 Alpha 值与片段的颜色进行调制。然后，该值被加到片段目标中保存的值，结果得到粒子系统的相加混合效果。注意，不同的粒子效果将使用不同的 Alpha 混合模式，以实现所需的效果。

真正绘制粒子的代码如例 14-8 所示。

例 14-8　粒子系统样板程序的 Draw 函数

```
void Draw ( ESContext *esContext )
{
   UserData *userData = esContext->userData;

   // Set the viewport
   glViewport ( 0, 0, esContext->width, esContext->height );

   // Clear the color buffer
   glClear ( GL_COLOR_BUFFER_BIT );

   // Use the program object
   glUseProgram ( userData->programObject );

   // Load the vertex attributes
   glVertexAttribPointer ( ATTRIBUTE_LIFETIME_LOC, 1,
                           GL_FLOAT, GL_FALSE,
                           PARTICLE_SIZE * sizeof(GLfloat),
                           userData->particleData );

   glVertexAttribPointer ( ATTRIBUTE_ENDPOSITION_LOC, 3,
                           GL_FLOAT, GL_FALSE,
                           PARTICLE_SIZE * sizeof(GLfloat),
                           &userData->particleData[1] );

   glVertexAttribPointer ( ATTRIBUTE_STARTPOSITION_LOC, 3,
                           GL_FLOAT, GL_FALSE,
                           PARTICLE_SIZE * sizeof(GLfloat),
                           &userData->particleData[4] );
  glEnableVertexAttribArray ( ATTRIBUTE_LIFETIME_LOC );
  glEnableVertexAttribArray ( ATTRIBUTE_ENDPOSITION_LOC );
```

```
    glEnableVertexAttribArray ( ATTRIBUTE_STARTPOSITION_LOC );

    // Blend particles
    glEnable ( GL_BLEND );
    glBlendFunc ( GL_SRC_ALPHA, GL_ONE );

    // Bind the texture
    glActiveTexture ( GL_TEXTURE0 );
    glBindTexture ( GL_TEXTURE_2D, userData->textureId );

    // Set the sampler texture unit to 0
    glUniform1i ( userData->samplerLoc, 0 );

    glDrawArrays( GL_POINTS, 0, NUM_PARTICLES );
}
```

Draw 函数首先设置视口并清除屏幕。然后，选择所要使用的程序对象并用 glVertexAttribPointer 加载顶点数据。注意，因为顶点数组的值从不改变，所以本例可以使用顶点缓冲区对象而不是客户端顶点数组。一般来说，对于任何不变的顶点数组都建议使用这种方法，因为它降低了所用的顶点带宽。本例中不使用顶点缓冲区对象只是为了让代码更简单一些。在设置顶点数组之后，该函数启用混合函数，绑定烟雾纹理，然后使用 glDrawArrays 绘制粒子。

与三角形不同，点精灵没有任何连通性，所以使用 glDrawElements 实际上对本例中的点精灵渲染没有任何好处。但是，粒子系统往往需要按照深度从后往前排序，以实现正确的 Alpha 混合效果。在这种情况下，可能使用的方法之一是排序元素数组，以修改绘图顺序。这种技术非常高效，因为它每帧需要的总线带宽最小（只需要改变索引数据，它们几乎总是小于顶点数据）。

这个例子已经演示了一些技术，这些技术可以用点精灵渲染粒子系统。粒子的动画完全在 GPU 上用顶点着色器实现。粒子的大小根据粒子的寿命用 gl_PointSize 变量衰减。此外，点精灵用 gl_PointCoord 内建纹理坐标变量以纹理来渲染。这些都是用 OpenGL ES 3.0 实现粒子系统所需的基本要素。

14.4 使用变换反馈的粒子系统

前一个例子演示了在顶点着色器中实现粒子系统动画的一种技术。尽管它包含了粒子动画的高效方法，但是与传统的粒子系统相比，其结果受到了严重的限制。在典型的基于 CPU 的粒子系统中，粒子使用不同的初始参数（如位置、速度和加速度以及随着粒子生命期推进而变化的路径）发射。在前一个例子中，所有粒子同时发出，路径也被限制在开始和结束位置之间的线性插值。

我们可以使用 OpenGL ES 3.0 的变换反馈功能构造更加通用的基于 GPU 的粒子系统。回顾一下，变换反馈允许顶点着色器的输出保存在一个缓冲区对象中。结果是，我们可以在一个顶点着色器中于 GPU 上实现一个粒子发射器，将其输出保存在一个缓冲区对象中，然后在另一个着色器中使用该缓冲区对象绘制粒子。一般来说，变换反馈允许实现渲染到顶点缓冲区（有时被缩写为 R2VB），这意味着许多算法可以从 CPU 移到 GPU。

我们在本节中介绍的示例可以在 Chapter_14/ParticleSystemTransformFeedback 中找到。它演示了使用变换反馈实现的粒子喷泉发射效果，如图 14-4 所示。

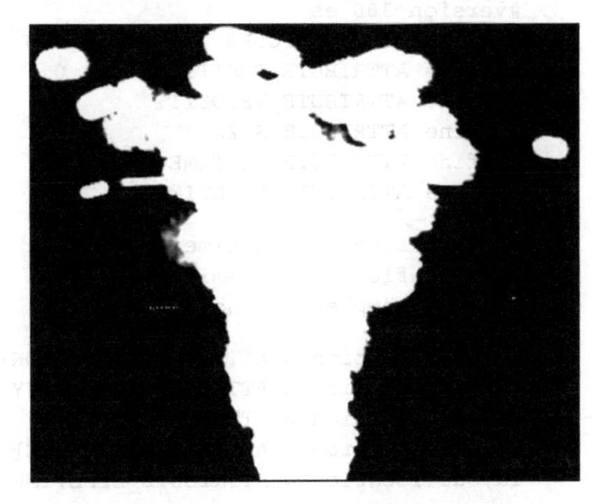

图 14-4　使用变换反馈的粒子系统

14.4.1　粒子系统渲染算法

本节提供基于变换反馈的粒子系统工作原理的粗略概述。在初始化的时候，分配两个缓冲区对象以保存粒子数据。算法在两个缓冲区之间来回切换，每次都切换用于粒子发射的输入或者输出缓冲区。每个粒子包含如下信息：位置、速度、大小、当前时间和寿命。

粒子系统用变换反馈更新，然后按如下步骤渲染：

- 在每一帧中，选择某一个粒子 VBO 作为输入，并绑定为 GL_ARRAY_BUFFER。输出则绑定为 GL_TRANSFORM_FEEDBACK_BUFFER。
- 启用 GL_RASTERIZER_DISCARD，从而不绘制任何片段。
- 粒子发射着色器用点图元执行（每个粒子是一个点）。顶点着色器输出新的粒子到变换反馈缓冲区，并将现有粒子原封不动地复制到变换反馈缓冲区。
- 禁用 GL_RASTERIZER_DISCARD，以便应用程序可以绘制这些粒子。
- 用于变换反馈渲染的缓冲区现在绑定为 GL_ARRAY_BUFFER。另外绑定一个顶点 / 片段着色器以绘制粒子。
- 粒子被渲染到帧缓冲区。
- 在下一帧中，输入 / 输出缓冲区对象被交换，继续相同的过程。

14.4.2　使用变换反馈发射粒子

例 14-9 展示了用于发射粒子的顶点着色器。这个着色器中的所有输出变量被写入一个变换反馈缓冲区对象。每当粒子的寿命到期，着色器便将其作为新活跃粒子发射的潜在候选。如果生成了一个新的粒子，着色器则使用 randomValue 函数（如例 14-9 中的顶点着色器代码所示）生成一个随机值来初始化新粒子的速度和大小。这种随机数生成基于 3D 噪声纹理的使用，并使用 gl_VertexID 内建变量为每个粒子选择独特的纹理坐标。创建和使用 3D 噪声纹理的细节将在本章后面的 14.6 节中介绍。

例 14-9　粒子发射顶点着色器

```
#version 300 es
#define NUM_PARTICLES          200
#define ATTRIBUTE_POSITION     0
#define ATTRIBUTE_VELOCITY     1
#define ATTRIBUTE_SIZE         2
#define ATTRIBUTE_CURTIME      3
#define ATTRIBUTE_LIFETIME     4

uniform float     u_time;
uniform float     u_emissionRate;
uniform sampler3D s_noiseTex;

layout(location = ATTRIBUTE_POSITION) in vec2  a_position;
layout(location = ATTRIBUTE_VELOCITY) in vec2  a_velocity;
layout(location = ATTRIBUTE_SIZE)     in float a_size;
layout(location = ATTRIBUTE_CURTIME)  in float a_curtime;
layout(location = ATTRIBUTE_LIFETIME) in float a_lifetime;

out vec2  v_position;
out vec2  v_velocity;
out float v_size;
out float v_curtime;
out float v_lifetime;

float randomValue( inout float seed )
{
  float vertexId = float( gl_VertexID ) /
                   float( NUM_PARTICLES );
  vec3 texCoord = vec3( u_time, vertexId, seed );
  seed += 0.1;
  return texture( s_noiseTex, texCoord ).r;
}

void main()
{
  float seed = u_time;
  float lifetime = a_curtime - u_time;
  if( lifetime <= 0.0 && randomValue(seed) < u_emissionRate )
  {
    // Generate a new particle seeded with random values for
    // velocity and size
    v_position = vec2( 0.0, -1.0 );
    v_velocity = vec2( randomValue(seed) * 2.0 - 1.00,
                       randomValue(seed) * 0.4 + 2.0 );
    v_size = randomValue(seed) * 20.0 + 60.0;
    v_curtime = u_time;
    v_lifetime = 2.0;
  }
  else
  {
    // This particle has not changed; just copy it to the
    // output
```

```
      v_position = a_position;
      v_velocity = a_velocity;
      v_size = a_size;
      v_curtime = a_curtime;
      v_lifetime = a_lifetime;
    }
  }
```

为了在这个顶点着色器中使用变换反馈，输出变量必须在链接程序对象之前标记为用于变换反馈，这在示例代码的 InitEmitParticles 函数中完成，在该函数中，下列片段说明如何为变换反馈创建程序对象：

```
char* feedbackVaryings[5] =
{
   "v_position",
   "v_velocity",
   "v_size",
   "v_curtime",
   "v_lifetime"
};

// Set the vertex shader outputs as transform
// feedback varyings
glTransformFeedbackVaryings ( userData->emitProgramObject, 5
                              feedbackVaryings,
                              GL_INTERLEAVED_ATTRIBS );

// Link program must occur after calling
// glTransformFeedbackVaryings
glLinkProgram( userData->emitProgramObject );
```

glTransformFeedbackVaryings 调用确保传入的输出变量用于变换反馈。GL_INTERLEAVED_ATTRIBS 参数指定输出变量在输出缓冲区对象中交叉存取。变量的顺序和布局必须与预期的缓冲区对象布局相符。在这个例子中，我们的顶点结构定义如下：

```
typedef struct
{
   float position[2];
   float velocity[2];
   float size;
   float curtime;
   float lifetime;
} Particle;
```

这个结构定义与传递到 glTransformFeedbackVaryings 的可变变量的顺序和类型相符。

用于发射粒子的代码在例 14-10 所示的 EmitParticles 函数中提供。

例 14-10　用变换反馈发射粒子

```
void EmitParticles ( ESContext *esContext, float deltaTime )
{
   UserData userData = (UserData) esContext->userData;
      GLuint srcVBO =
```

```
userData->particleVBOs[ userData->curSrcIndex ];
   GLuint dstVBO =
userData->particleVBOs[(userData->curSrcIndex+1) % 2];

glUseProgram( userData->emitProgramObject );

// glVertexAttribPointer and glEnableVeretxAttribArray
// setup
SetupVertexAttributes(esContext, srcVBO);
// Set transform feedback buffer
glBindBufferBase(GL_TRANSFORM_FEEDBACK_BUFFER, 0, dstVBO);

// Turn off rasterization; we are not drawing
glEnable(GL_RASTERIZER_DISCARD);

// Set uniforms
glUniform1f(userData->emitTimeLoc, userData->time);
glUniform1f(userData->emitEmissionRateLoc, EMISSION_RATE);

// Bind the 3D noise texture
glActiveTexture(GL_TEXTURE0);
glBindTexture(GL_TEXTURE_3D, userData->noiseTextureId);
glUniform1i(userData->emitNoiseSamplerLoc, 0);


// Emit particles using transform feedback
glBeginTransformFeedback(GL_POINTS);
   glDrawArrays(GL_POINTS, 0, NUM_PARTICLES);
glEndTransformFeedback();

// Create a sync object to ensure transform feedback
// results are completed before the draw that uses them
userData->emitSync = glFenceSync(
                        GL_SYNC_GPU_COMMANDS_COMPLETE, 0 );
// Restore state
glDisable(GL_RASTERIZER_DISCARD);
glUseProgram(0);
glBindBufferBase(GL_TRANSFORM_FEEDBACK_BUFFER, 0, 0);
glBindTexture(GL_TEXTURE_3D, 0);

// Ping-pong the buffers
userData->curSrcIndex = ( userData->curSrcIndex + 1 ) % 2;
}
```

目标缓冲区对象用glBindBufferBase绑定到GL_TRANSFORM_FEEDBACK_BUFFER目标。通过启用GL_RASTERIZER_DISCARD禁用光栅化，因为我们实际上不绘制任何片段；相反，我们只想执行顶点着色器并输出到变换反馈缓冲区。最后，在glDrawArrays调用之前，我们调用glBeginTransformFeedback(GL_POINTS)来启用变换反馈渲染。后续用GL_POINTS对glDrawArrays的调用将被记录在变换反馈缓冲区中，直到调用glEndTransformFeedback。为了确保绘图调用使用变换反馈结果之前该结果的完整性，我们创建了一个同步对象并在调用glEndTransformFeedback之后立即插入栅栏命令。在绘图调用执行之前，我们将用 glWaitSync 调用等待同步对象。执行绘图调用并恢复状态之后，我们在缓冲区之间来回切换，使得下一次调用 EmitShaders 时使用前一帧的变换反馈输出作为输入。

14.4.3　渲染粒子

在发出变换反馈缓冲区之后，该缓冲区被绑定为一个顶点缓冲区对象，在其中渲染粒子。用于粒子渲染的顶点着色器（使用点精灵）在例 14-11 中提供。

例 14-11　粒子渲染顶点着色器

```
#version 300 es
#define ATTRIBUTE_POSITION      0
#define ATTRIBUTE_VELOCITY      1
#define ATTRIBUTE_SIZE          2
#define ATTRIBUTE_CURTIME       3
#define ATTRIBUTE_LIFETIME      4
layout(location = ATTRIBUTE_POSITION) in vec2 a_position;
layout(location = ATTRIBUTE_VELOCITY) in vec2 a_velocity;
layout(location = ATTRIBUTE_SIZE) in float a_size;
layout(location = ATTRIBUTE_CURTIME) in float a_curtime;
layout(location = ATTRIBUTE_LIFETIME) in float a_lifetime;

uniform float u_time;
uniform vec2 u_acceleration;

void main()
{
  float deltaTime = u_time - a_curtime;
  if ( deltaTime <= a_lifetime )
  {
    vec2 velocity = a_velocity + deltaTime * u_acceleration;
    vec2 position = a_position + deltaTime * velocity;
    gl_Position = vec4( position, 0.0, 1.0 );
    gl_PointSize = a_size * ( 1.0 - deltaTime / a_lifetime );
  }
  else
  {
    gl_Position = vec4( -1000, -1000, 0, 0 );
    gl_PointSize = 0.0;
  }
}
```

这个顶点着色器使用变换反馈输出作为输入变量。每个粒子的当前年龄根据每个粒子创建时在 a_curtime 属性中保存的时间戳计算。粒子的速度和位置根据这个时间进行更新。此外，粒子的大小在粒子的整个生命期中逐渐减小。

这个例子演示了如何完全在 GPU 上生成和渲染一个粒子系统。虽然粒子发射器和渲染相对简单，但是可以利用这个基本模型以及更多的物理学原理和属性创建更为复杂的粒子系统。这里我们学习到的主要是变换反馈可以在 GPU 上生成新顶点数据而不需要任何 CPU 代码。这种强大的功能可以用于许多需要在GPU上生成顶点数据的算法。

14.5 图像后处理

本章要介绍的下一个例子涉及图像后处理。结合帧缓冲区对象和着色器，可以执行许多图像后处理技术。这里介绍的第一个例子是Chapter_14/PVR_PostProcess中PVRShaman工作区中的简单模糊效果，结果如图14-5所示。

14.5.1 渲染到纹理设置

下面的例子在一个帧缓冲区对象中渲染一个带有纹理的绳结，然后使用颜色附着作为下一遍处理中的纹理。屏幕上用渲染的纹理作为来源绘制一个全屏幕的正方形。在全屏幕正方形上运行一个执行模糊滤镜的片段着色器。一般来说，许多后处理技术可以使用如下模式实现：

1. 将场景渲染到一个屏幕外帧缓冲区对象（FBO）。

2. 将FBO纹理绑定为一个来源，并在屏幕上渲染一个全屏幕正方形。

3. 执行片段着色器，在整个正方形范围内进行过滤。

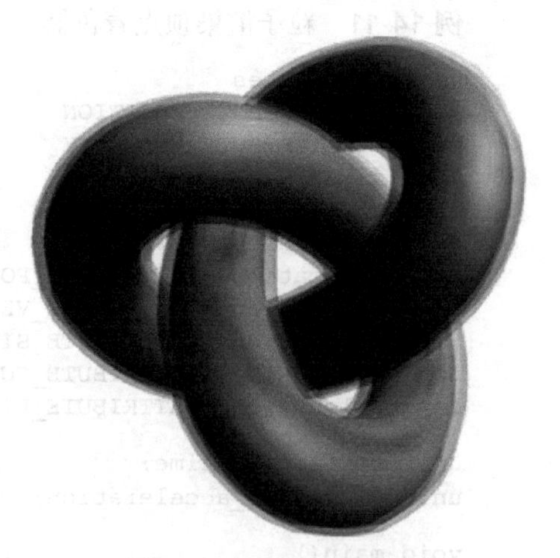

图14-5　图像后处理示例

有些算法需要在一个图像上执行多遍；其他一些算法需要更为复杂的输入。但是，总体的思路是在一个全屏幕正方形上使用执行后处理算法的片段着色器。

14.5.2 模糊片段着色器

在模糊示例中，全屏幕正方形上使用的片段着色器在例14-12中提供。

例14-12　模糊片段着色器

```
#version 300 es
precision mediump float;
uniform sampler2D renderTexture;
uniform float u_blurStep;
in vec2 v_texCoord;
layout(location = 0) out vec4 outColor;
void main(void)
{
   vec4 sample0,
        sample1,
        sample2,
        sample3;
```

```
    float fStep = u_blurStep / 100.0;

    sample0 = texture2D ( renderTexture,
       vec2 ( v_texCoord.x - fStep, v_texCoord.y - fStep ) );
    sample1 = texture2D ( renderTexture,
       vec2 ( v_texCoord.x + fStep, v_texCoord.y + fStep ) );
    sample2 = texture2D ( renderTexture,
       vec2 ( v_texCoord.x + fStep, v_texCoord.y - fStep ) );
    sample3 = texture2D ( renderTexture,
       vec2 ( v_texCoord.x - fStep, v_texCoord.y + fStep) );

    outColor = (sample0 + sample1 + sample2 + sample3) / 4.0;
}
```

这个片段着色器以 fStep 变量的计算开始，这是基于 u_blurstep 统一变量进行的。fStep 变量用于确定从图像中读取样本时纹理坐标的偏移量。从该图像中共取出 4 个不同的样本，然后在着色器最后进行平均。fStep 变量用于在 4 个方向上偏移纹理坐标，使得 4 个样本从中心的 4 个对角线方向上获取。fStep 的值越大，图像越模糊。对这个着色器的一种可能的优化是在顶点着色器中计算偏移纹理坐标，然后将它们传递给片段着色器中的可变变量。这种方法能够减少每个片段所做的计算。

14.5.3　眩光

我们已经了解了简单的图像后处理技术，现在来考虑稍微复杂一些的技术。使用前一个例子中介绍的模糊技术，我们能够实现所谓的“眩光”（Light bloom）特效。眩光发生在眼睛看到与较暗的表面相比很明亮的光线时发生的效果——也就是说，照明颜色流入了较暗的表面中。正如你从图 14-6 中的屏幕截图所看到的，汽车模型的颜色流入了背景之上。这一算法的工作方式如下：

图 14-6　眩光效果

1. 清除一个屏幕外渲染目标（rt0）并绘制一个黑色的物体。

2. 用模糊步长 1.0 将屏幕外渲染目标（rt0）模糊到另一个渲染目标（rtl）。

3. 用模糊步长 2.0 将屏幕外渲染目标（rt1）模糊到原始渲染目标（rt0）。

注意 要获得更多的模糊，按照模糊的数量重复步骤 2 和 3，每次都增加模糊步长。

4. 将对象渲染到后台缓冲区。

5. 将最终的渲染目标与后台缓冲区混合。

这个算法使用的过程如图 14-7 所示，图中显示了生成最终图像的每一个步骤。在这个图中可以看到，物体首先以黑色渲染到渲染目标。然后，这个渲染目标在下一步中模糊到第二个渲染目标中。之后，模糊的渲染目标被再次模糊，这次使用扩展的模糊核心回到原始的渲染目标中。最后，模糊后的渲染目标与原始场景混合。眩光的数量可以通过一再切换模糊目标来增加。模糊步骤的着色器代码与前一个例子中相同；唯一的不同是每次都增加模糊步长。

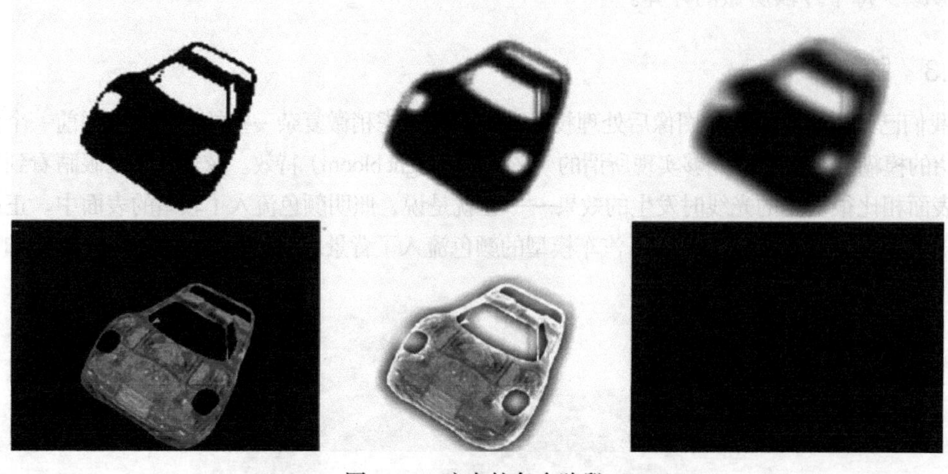

图 14-7 眩光的各个阶段

组合 FBO 和着色器，可以执行许多种其他图像后处理算法。其他常见技术包括色调映射、选择性模糊、失真、屏幕过渡和景深。使用这里介绍的技术，你可以开始用着色器实现其他后处理算法。

14.6 投影纹理

投影纹理是一种用于产生许多特效（如阴影贴图和反射）的技术。为了介绍投影纹理的主题，我们提供了一个渲染投影聚光灯的例子。使用投影纹理的大部分复杂性是来自于计算投影纹理坐标的数学方法。这里介绍的方法也可以用于生成阴影贴图或者反射的纹理坐标。本节提供的示例可以在 Chapter_14/PVR_ProjectiveSpotlight 中的投影聚光灯 PVRShaman 工作区中找到，结果如图 14-8 所示。

图 14-8　投影聚光灯示例

14.6.1　投影纹理基础

本节的例子使用图 14-9 中所示的 2D 纹理图像，用投影纹理将其应用到茶壶的表面上。投影聚光灯是在着色器引入 GPU 之前用于模拟逐像素聚光灯衰减的常用技术，因为它具有很高的效率，因此现在仍能提供具有吸引力的解决方案。应用投影纹理只需要片段着色器中的一个纹理读取指令和顶点着色器中的一些设置。此外，投影的 2D 纹理图像可以包含任何图像，所以能够实现不同的效果。

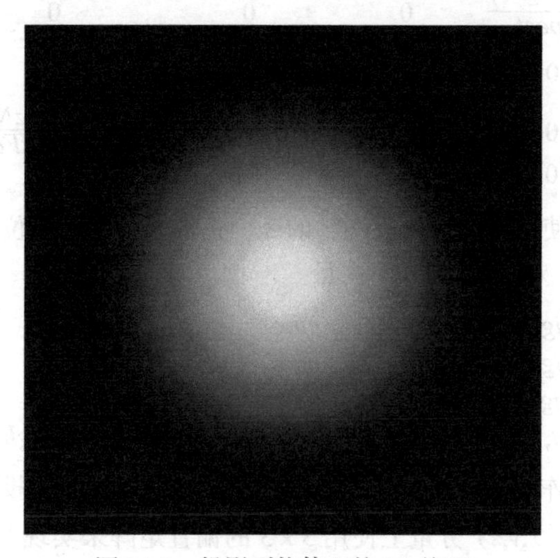

图 14-9　投影到物体上的 2D 纹理

我们所说的投影纹理究竟是什么呢？从最基本的概念上讲，投影纹理是使用 3D 纹理坐标在 2D 纹理图像中查找。(s, t) 坐标除以 (r) 坐标，以便用 $(s/r, t/r)$ 读取纹素。OpenGL ES 着色语言提供了一个特殊的内建函数 textureProj 来进行投影纹理处理。

```
vec4  textureProj(sampler2D sampler, vec3 coord
                  [, float bias])
```

sampler　绑定到纹理单元指定所读取的纹理的采样器

coord　用于从纹理贴图中读取的 3D 纹理坐标。(x, y) 参数除以 (z)，读取发生于 $(x/z, y/z)$

bias　要应用的可选 LOD 偏置值

投影照明的思路是将物体的位置变换到照明的投影视图空间。应用比例和偏置后，投影照明空间位置可以用作投影纹理坐标。PVRShaman 示例中的顶点着色器完成将位置变换为照明投影视图空间的工作。

14.6.2 投影纹理所用的矩阵

将位置变换到照明的投影视图空间并获得投影纹理坐标需要 3 个矩阵：

- 照明投影——使用景深、纵横比和照明远近平面的光源投影矩阵。
- 照明视图——光源的视图矩阵。构造这个矩阵时将光源视为一个相机。
- 偏置矩阵——将照明空间投影位置变换为 3D 投影纹理坐标的矩阵。

照明投影矩阵的构造与其他投影矩阵一样，使用景深（*FOV*）、纵横比（*aspect*）、近平面距离（*zNear*）和远平面距离（*zFar*）等照明参数。

$$\begin{pmatrix} \dfrac{\cot\left(\dfrac{FOV}{2}\right)}{aspect} & 0 & 0 & 0 \\ 0 & \cot\left(\dfrac{FOV}{2}\right) & 0 & 0 \\ 0 & 0 & \dfrac{zFar+zNear}{zNear-zFar} & \dfrac{2\times zFar+zNear}{zNear-zFar} \\ 0 & 0 & -1 & 0 \end{pmatrix}$$

照明视图矩阵通过使用定义照明视图轴的 3 个主轴方向和照明位置构造。我们将这些轴称为右（*right*）、上（*up*）和视线（*look*）向量。

$$\begin{pmatrix} right.x & up.x & look.x & 0 \\ right.y & up.y & look.y & 0 \\ right.z & up.z & look.z & 0 \\ dot(right,-lightpos) & dot(up,-lightpos) & dot(look,-lightpos) & 1 \end{pmatrix}$$

通过视图和投影矩阵变换物体位置之后，我们必须将坐标变为投影纹理坐标。这通过在投影照明空间中位置的（x,y,z）分量上使用 3×3 的偏置矩阵来实现。偏置矩阵进行从 [-1,1] 区间到 [0,1] 区间的线性变换。坐标落在 [0,1] 区间对于用作纹理坐标的值来说是必要的。

$$\begin{pmatrix} 0.5 & 0.0 & 0.0 \\ 0.0 & -0.5 & 0.0 \\ 0.5 & 0.5 & 1.0 \end{pmatrix}$$

一般来说，将位置变换到投影纹理坐标的矩阵应该在 CPU 上通过连接投影、视图和偏置矩阵（使用 4×4 版本的偏置矩阵）计算。然后，结果被加载到一个统一变量矩阵，它可以在顶点着色器中变换位置。但是，在本例中为了演示的目的，我们在顶点着色器中进行计算。

14.6.3 投影聚光灯着色器

我们已经介绍了基本的数学计算，现在可以研究例 14-13 中的顶点着色器了。

例 14-13 投影纹理顶点着色器

```
#version 300 es
uniform float u_time_0_X;
uniform mat4 u_matProjection;
uniform mat4 u_matViewProjection;
in vec4 a_vertex;
in vec2 a_texCoord0;
in vec3 a_normal;

out vec2 v_texCoord;
out vec3 v_projTexCoord;
out vec3 v_normal;
out vec3 v_lightDir;

void main( void )
{
  gl_Position = u_matViewProjection * a_vertex;
  v_texCoord = a_texCoord0.xy;

  // Compute a light position based on time
  vec3 lightPos;
  lightPos.x = cos(u_time_0_X);
  lightPos.z = sin(u_time_0_X);
  lightPos.xz = 200.0 * normalize(lightPos.xz);
  lightPos.y = 200.0;

  // Compute the light coordinate axes
  vec3 look = -normalize( lightPos );
  vec3 right = cross( vec3( 0.0, 0.0, 1.0), look );
  vec3 up = cross( look, right );

  // Create a view matrix for the light
  mat4 lightView = mat4( right, dot( right, -lightPos ),
                         up,    dot( up, -lightPos ),
                         look,  dot( look, -lightPos),
                         0.0, 0.0, 0.0, 1.0 );

  // Transform position into light view space
  vec4 objPosLight = a_vertex * lightView;

  // Transform position into projective light view space
  objPosLight = u_matProjection * objPosLight;

  // Create bias matrix
  mat3 biasMatrix = mat3( 0.5,  0.0, 0.5,
                          0.0, -0.5, 0.5,
                          0.0,  0.0, 1.0 );
  // Compute projective texture coordinates
  v_projTexCoord = objPosLight.xyz * biasMatrix;

  v_lightDir = normalize(a_vertex.xyz - lightPos);
  v_normal = a_normal;
}
```

这个着色器进行的第一个操作是用 u_matViewProjection 矩阵变换位置，并将基本贴图的纹理坐标输出到 v_texCoord 输出变量。接下来，着色器根据时间计算照明位置。这段代码实际上可以忽略，但是添加它可以使顶点着色器中的光线更加生动。在典型的应用中，这个步骤在 CPU 上完成，而不是在着色器中完成。

根据光源的位置，顶点着色器计算用于光线的 3 个坐标轴向量，并将结果放入 look、right 和 up 变量中。这些向量用于创建 lightView 变量中的照明视图矩阵，使用的是前面描述的方程式。然后，物体的输入位置通过 lightView 矩阵变换，将位置变换到照明空间。下一步是使用视野矩阵将照明空间位置变换到投影照明空间中。本例使用相机所用的 u_matProjection 矩阵，而没有为照明创建新的视野矩阵。通常，实际的应用程序会根据锥角大小和衰减距离为照明创建自己的投影矩阵。

一旦位置被变换到投影照明空间，就创建一个 biasMatrix 矩阵将该位置变换到投影纹理坐标。最终的投影纹理坐标保存在 vec 输出变量 v_projTexCoord 中。此外，顶点着色器将照明方向和法线向量传递到片段着色器的 v_lightDir 和 v_normal 变量中。这些向量将用于确定片段是否面向光源，以屏蔽背对光线的片段投影纹理。

片段着色器执行真正的投影纹理读取，将投影聚光灯纹理应用到表面（例 14-14）。

例 14-14 投影纹理片段着色器

```
#version 300 es
precision mediump float;

uniform sampler2D baseMap;
uniform sampler2D spotLight;
in vec2 v_texCoord;
in vec3 v_projTexCoord;
in vec3 v_normal;
in vec3 v_lightDir;
out vec4 outColor;

void main( void )
{
    // Projective fetch of spotlight
    vec4 spotLightColor =
       textureProj( spotLight, v_projTexCoord );

    // Base map
    vec4 baseColor = texture( baseMap, v_texCoord );

    // Compute N.L
    float nDotL = max( 0.0, -dot( v_normal, v_lightDir ) );

    outColor = spotLightColor * baseColor * 2.0 * nDotL;
}
```

片段着色器执行的第一个操作是使用 textureProj 进行的投影纹理读取。可以看到，在顶点着色器期间计算并传递到输入变量 v_projTexCoord 的投影纹理坐标用于执行投影纹理读取。投影纹理的包装模式被设置为 GL_CLAMP_TO_EDGE，并将缩小 / 放大过滤器都设置为

GL_LINEAR。然后，片段着色器用 v_texCoord 变量从基本贴图中读取颜色。接着，着色器计算照明方向和法线向量的点乘；这个结果用于衰减最终的颜色，使投影聚光灯不会应用到背对光线的片段。最后，所有分量相乘（并使用比例系数 2.0 增加亮度）。这就为我们提供了最终的图像：被投影聚光灯照亮的茶壶（回顾图 14-7）。

正如本节开始时所提到的，这个例子中的关键要点是投影纹理坐标的一组计算。这里所展示的计算与用于生成从阴影贴图读取坐标的计算完全一样。同样地，用投影纹理渲染反射要求你将位置变换到反射相机的投影视图空间中。你应该做的与这里展示的相同，但是用反射相机矩阵代替照明矩阵。投影纹理是创建高级特效的强大工具，你现在应该理解了基本的使用方法。

14.7　使用 3D 纹理的噪声

我们要介绍的下一个渲染技术是使用 3D 纹理实现噪声。在第 9 章中，我们介绍了 3D 纹理的基础知识。你可能记得，3D 纹理本质上是用 2D 纹理切片的堆叠代表 3D 体。3D 纹理有许多可能的用途，其中之一是表现噪声。本节中，我们展示一个用 3D 噪声体来创建薄雾特效的例子。这个例子在第 10 章中的线性雾化例子基础上建立，可以在 Chapter_14/Noise3D 中找到，其结果如图 14-10 所示。

图 14-10　被 3D 噪声纹理扭曲的雾化效果

14.7.1　生成噪声

噪声的应用是很常用的技术，在许多 3D 特效中起着重要作用。OpenGL 着色语言（不是 OpenGL ES 着色语言）包含了计算 1、2、3、4 维噪声的函数。这些函数返回一个伪随机连续噪声值，这些值可以根据输入值重复。遗憾的是，这些函数的实现代价很高。大部分可编程 GPU 硬件中没有噪声函数的原生实现，这也就意味着噪声的计算必须使用着色器指令实现（或者更糟糕，需要用 CPU 上运行的软件实现）。实现这些噪声函数需要许多着色器指令，所以性能很差，无法用于大部分实时片段着色器中。考虑到这个问题，OpenGL ES 工作组决定从 OpenGL ES 着色语言中去掉噪声功能（但是供应商仍然可以通过扩展输出这些函数）。

虽然在片段着色器中计算噪声的代价难以承受，但我们可以用 3D 纹理来解决这个问题。通过预先计算噪声并将结果放在一个 3D 纹理中可以很容易地产生质量可以接受的噪声。可以使用许多种算法来生成噪声。利用本章最后的参考和链接，可以得到各种噪声算法的更多信息。这里，我们将讨论一个生成基于网格的梯度噪声的特定算法。Ken Perlin 的噪声函数（Perlin，1985）是一种基于网格的梯度噪声，也是广泛使用的噪声生成方法。例如，用 Renderman 着色语言中的 noise 函数实现了基于网格的梯度噪声。

梯度噪声算法以一个 3D 坐标作为输入，返回一个浮点噪声值。为了用（x,y,z）输入生成噪声值，我们将 x、y 和 z 值映射到一个网格中的对应整数位置。网格单元的数量可以编程，我们的实现中将其设置为 256 个。对于网格中的每个单元，需要生成和存储一个伪随机梯度向量。例 14-15 描述了这些梯度向量的生成方法。

例 14-15　生成梯度向量

```
// permTable describes a random permutation of
// 8-bit values from 0 to 255
static unsigned char permTable[256] = {
   0xE1, 0x9B, 0xD2, 0x6C, 0xAF, 0xC7, 0xDD, 0x90,
   0xCB, 0x74, 0x46, 0xD5, 0x45, 0x9E, 0x21, 0xFC,
   0x05, 0x52, 0xAD, 0x85, 0xDE, 0x8B, 0xAE, 0x1B,
   0x09, 0x47, 0x5A, 0xF6, 0x4B, 0x82, 0x5B, 0xBF,
   0xA9, 0x8A, 0x02, 0x97, 0xC2, 0xEB, 0x51, 0x07,
   0x19, 0x71, 0xE4, 0x9F, 0xCD, 0xFD, 0x86, 0x8E,
   0xF8, 0x41, 0xE0, 0xD9, 0x16, 0x79, 0xE5, 0x3F,
   0x59, 0x67, 0x60, 0x68, 0x9C, 0x11, 0xC9, 0x81,
   0x24, 0x08, 0xA5, 0x6E, 0xED, 0x75, 0xE7, 0x38,
   0x84, 0xD3, 0x98, 0x14, 0xB5, 0x6F, 0xEF, 0xDA,
   0xAA, 0xA3, 0x33, 0xAC, 0x9D, 0x2F, 0x50, 0xD4,
   0xB0, 0xFA, 0x57, 0x31, 0x63, 0xF2, 0x88, 0xBD,
   0xA2, 0x73, 0x2C, 0x2B, 0x7C, 0x5E, 0x96, 0x10,
   0x8D, 0xF7, 0x20, 0x0A, 0xC6, 0xDF, 0xFF, 0x48,
   0x35, 0x83, 0x54, 0x39, 0xDC, 0xC5, 0x3A, 0x32,
   0xD0, 0x0B, 0xF1, 0x1C, 0x03, 0xC0, 0x3E, 0xCA,
   0x12, 0xD7, 0x99, 0x18, 0x4C, 0x29, 0x0F, 0xB3,
   0x27, 0x2E, 0x37, 0x06, 0x80, 0xA7, 0x17, 0xBC,
   0x6A, 0x22, 0xBB, 0x8C, 0xA4, 0x49, 0x70, 0xB6,
   0xF4, 0xC3, 0xE3, 0x0D, 0x23, 0x4D, 0xC4, 0xB9,
   0x1A, 0xC8, 0xE2, 0x77, 0x1F, 0x7B, 0xA8, 0x7D,
   0xF9, 0x44, 0xB7, 0xE6, 0xB1, 0x87, 0xA0, 0xB4,
   0x0C, 0x01, 0xF3, 0x94, 0x66, 0xA6, 0x26, 0xEE,
   0xFB, 0x25, 0xF0, 0x7E, 0x40, 0x4A, 0xA1, 0x28,
   0xB8, 0x95, 0xAB, 0xB2, 0x65, 0x42, 0x1D, 0x3B,
   0x92, 0x3D, 0xFE, 0x6B, 0x2A, 0x56, 0x9A, 0x04,
   0xEC, 0xE8, 0x78, 0x15, 0xE9, 0xD1, 0x2D, 0x62,
   0xC1, 0x72, 0x4E, 0x13, 0xCE, 0x0E, 0x76, 0x7F,
   0x30, 0x4F, 0x93, 0x55, 0x1E, 0xCF, 0xDB, 0x36,
   0x58, 0xEA, 0xBE, 0x7A, 0x5F, 0x43, 0x8F, 0x6D,
   0x89, 0xD6, 0x91, 0x5D, 0x5C, 0x64, 0xF5, 0x00,
   0xD8, 0xBA, 0x3C, 0x53, 0x69, 0x61, 0xCC, 0x34,
};
#define NOISE_TABLE_MASK   255
// lattice gradients 3D noise
```

```
static float gradientTable[256*3];

#define FLOOR(x)   ((int)(x) - ((x) < 0 && (x) != (int)(x)))
#define smoothstep(t) (t * t * (3.0f - 2.0f * t))
#define lerp(t, a, b) (a + t * (b - a))

void initNoiseTable()
{
   int             i;
   float           a;
   float           x, y, z, r, theta;
   float           gradients[256*3];
   unsigned int    *p, *psrc;

   srandom(0);
   // build gradient table for 3D noise
   for (i=0; i<256; i++)
   {
      /*
      * calculate 1 - 2 * random number
      */
      a = (random() % 32768) / 32768.0f;
      z = (1.0f - 2.0f * a);

      r = sqrtf(1.0f - z * z);    // r is radius of circle

      a = (random() % 32768) / 32768.0f;
      theta = (2.0f * (float)M_PI * a);
      x = (r * cosf(a));
      y = (r * sinf(a));
      gradients[i*3] = x;
      gradients[i*3+1] = y;
      gradients[i*3+2] = z;
   }

   // use the index in the permutation table to load the
   // gradient values from gradients to gradientTable
   p = (unsigned int *)gradientTable;
   psrc = (unsigned int *)gradients;
   for (i=0; i<256; i++)
   {
      int indx = permTable[i];
      p[i*3] = psrc[indx*3];
      p[i*3+1] = psrc[indx*3+1];
      p[i*3+2] = psrc[indx*3+2];
   }
}
```

例 14-16 说明如何用伪随机梯度向量和输入 3D 坐标计算梯度噪声。

例 14-16　3D 噪声

```
//
// generate the value of gradient noise for a given lattice
// point
```

```
//
// (ix, iy, iz) specifies the 3D lattice position
// (fx, fy, fz) specifies the fractional part
//
static float
glattice3D(int ix, int iy, int iz, float fx, float fy,
float fz)
{
   float   *g;
   int      indx, y, z;

   z = permTable[iz & NOISE_TABLE_MASK];
   y = permTable[(iy + z) & NOISE_TABLE_MASK];
   indx = (ix + y) & NOISE_TABLE_MASK;
   g = &gradientTable[indx*3];

   return (g[0]*fx + g[l]*fy + g[2]*fz);
}

//
// generate the 3D noise value
// f describes input (x, y, z) position for which the noise value
// needs to be computed. noise3D returns the scalar noise value
//
float
noise3D(float *f)
{
   int   ix, iy, iz;
   float   fx0, fxl, fy0, fyl, fz0, fzl;
   float   wx, wy, wz;
   float   vx0, vxl, vy0, vyl, vz0, vzl;

   ix = FLOOR(f[0]);
   fx0 = f[0] - ix;
   fxl = fx0 - 1;
   wx = smoothstep(fx0);

   iy = FLOOR(f[1]);
   fy0 = f[1] - iy;
   fyl = fy0 - 1;
   wy = smoothstep(fy0);

   iz = FLOOR(f[2]);
   fz0 = f[2] - iz;
   fzl = fz0 - 1;
   wz = smoothstep(fz0);

   vx0 = glattice3D(ix, iy, iz, fx0, fy0, fz0);
   vxl = glattice3D(ix+1, iy, iz, fxl, fy0, fz0);
   vy0 = lerp(wx, vx0, vxl);
   vx0 = glattice3D(ix, iy+1, iz, fx0, fyl, fz0);
   vxl = glattice3D(ix+1, iy+1, iz, fxl, fyl, fz0);
   vyl = lerp(wx, vx0, vxl);
   vz0 = lerp(wy, vy0, vyl);

   vx0 = glattice3D(ix, iy, iz+1, fx0, fy0, fzl);
   vxl = glattice3D(ix+1, iy, iz+1, fxl, fy0, fzl);
```

```
    vy0 = lerp(wx, vx0, vx1);
    vx0 = glattice3D(ix, iy+1, iz+1, fx0, fy1, fz1);
    vx1 = glattice3D(ix+1, iy+1, iz+1, fx1, fy1, fz1);
    vy1 = lerp(wx, vx0, vx1);
    vz1 = lerp(wy, vy0, vy1);

    return lerp(wz, vz0, vz1);;
}
```

noise3D 函数返回一个 –1.0 到 1.0 之间的值。梯度噪声值在整数网格点上总是为 0。对于两者之间的点，在该点周围的 8 个整数网格点中进行梯度值的三线性插值用于生成标量噪声值。图 14-11 展示了使用上述算法的梯度噪声 2D 切片。

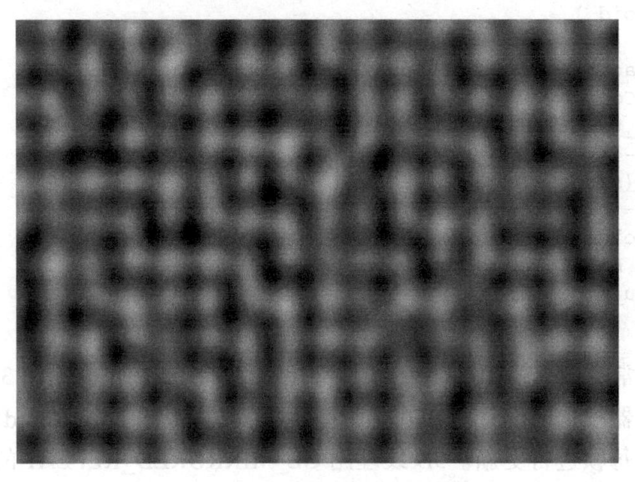

图 14-11　梯度噪声的 2D 切片

14.7.2　使用噪声

创建 3D 噪声体之后，很容易用它生成各种特效。在薄雾效果的情形中，思路很简单：根据时间在 3 个维度内滚动 3D 噪声纹理，并使用来自纹理的数值进行雾化因子的畸变。我们先来看看例 14-17 中的片段着色器。

例 14-17　噪声畸变的雾化片段着色器

```
#version 300 es
precision mediump float;
uniform sampler3D s_noiseTex;
uniform float u_fogMaxDist;
uniform float u_fogMinDist;
uniform vec4 u_fogColor;
uniform float u_time;
in vec4 v_color;
in vec2 v_texCoord;
in vec4 v_eyePos;
layout(location = 0) out vec4 outColor;
```

```
float computeLinearFogFactor()
{
  float factor;
  // Compute linear fog equation
  float dist = distance( v_eyePos,
               vec4( 0.0, 0.0, 0.0, 1.0 ) );
  factor = (u_fogMaxDist - dist) /
           (u_fogMaxDist - u_fogMinDist );
  // Clamp in the [0, 1] range
  factor = clamp( factor, 0.0, 1.0 );
  return factor;
}

void main( void )
{
  float fogFactor = computeLinearFogFactor();
  vec3 noiseCoord =
     vec3( v_texCoord.xy + u_time, u_time );
  fogFactor -=
     texture(s_noiseTex, noiseCoord).r * 0.25;
  fogFactor = clamp(fogFactor, 0.0, 1.0);
  vec4 baseColor = v_color;
  outColor = baseColor * fogFactor +
             u_fogColor * (1.0 - fogFactor);
}
```

这个着色器非常类似于第 10 章中的线性雾化示例。主要的不同是用 3D 噪声纹理扭曲线性雾化因子。着色器根据时间计算 3D 纹理坐标，并将它放入 noiseCoord。u_time 统一变量与当前时间联系，每帧进行更新。3D 纹理用 GL_MIRRORED_REPEAT 的 *s*、*t*、*r* 包装方式设置，使得噪声体可以在表面上平滑地滚动。(*s*,*t*) 坐标基于基本纹理坐标，在两个方向上滚动。*r* 坐标完全基于时间，因此是连续滚动的。

3D 纹理是单通道（GL_R8）纹理，所以只使用纹理的红色分量（绿色和蓝色通道值与红色通道值相同）。从计算好的 forFactor 中减去从噪声体中读取的值，然后用于雾化颜色和基本颜色之间的线性插值。结果是看起来像是从远处滚动而来的簿雾，其速度很容易通过在滚动 3D 纹理坐标时对 u_time 变量应用比例因子来增大。

可以使用 3D 纹理表现噪声，从而实现一些不同的效果。例如，可以使用噪声表现发光体中的尘埃、为过程纹理增添更自然的外观以及模拟波浪。应用 3D 纹理是性能开销较小、但能够实现高质量视觉效果的极好手段。不可能期望手持设备在片段着色器中计算噪声函数并具备高帧频运行的性能。因此，预先计算噪声体是非常有价值的特效创建技巧。

14.8 过程纹理

我们要介绍的下一个主题是过程纹理的生成。纹理通常描述为一个 2D 图像、一个立方图或者 3D 图像。这些图像存储颜色或者深度值。OpenGL ES 着色语言中定义的内建函数获取一个纹理坐标、一个被称作采样器的纹理对象，并返回一个颜色或者深度值。过程纹理指的是以过程而非图像形式描述的纹理。这一过程描述了从给定的一组输入生成纹理颜色或者深度值的算法。

下面是过程纹理的一些优点：

- 它们提供了比存储的纹理图像紧凑得多的表现形式。你所需要存储的是描述过程纹理的代码，这通常比存储的图像要小得多。
- 与存储图像不同，过程纹理没有固定的分辨率。因此，它们可以应用到表面而不损失细节。在我们缩放使用过程纹理的表面时，不会看到细节减少等问题。但是，在使用存储纹理图像时会因为固定的分辨率而遇到这些问题。

过程纹理的缺点如下：

- 虽然过程纹理的内存占用可能小于存储纹理，但是执行过程纹理可能耗费比存储纹理中的查找多得多的处理周期。使用过程纹理时，你所要处理的是指令带宽，而不是存储纹理的内存带宽。指令和内存带宽在手持设备上都很宝贵，开发人员必须小心选择采用的方法。
- 过程纹理可能造成严重的锯齿伪像。虽然大部分这类伪像都可以解决，但是它们会造成过程纹理代码中的额外指令，从而影响着色器的性能。

使用过程纹理还是存储纹理应该根据对两种方法的性能和内存带宽需求的精心分析决定。

14.8.1 过程纹理示例

现在来看一个简单的演示过程纹理的示例。我们对如何使用棋盘纹理图像在物体上绘制棋盘图案很熟悉，现在来研究一个在物体上渲染棋盘图案的过程纹理实现。这个例子是 Chapter_14/PVR_ProceduralTextures 中的 PVRShamen 工作区 Checker.pod。例 14-18 和 14-19 描述了用过程形式实现棋盘纹理的顶点和片段着色器。

例 14-18　棋盘顶点着色器

```
#version 300 es
uniform mat4 mvp_matrix; // combined model-view
                         // + projection matrix

in vec4 a_position; //     input vertex position
in vec2 a_st;       //     input texture coordinate
out vec2 v_st;      //     output texture coordinate

void main()
{
   v_st = a_st;
   gl_Position = mvp_matrix * a_position;
}
```

例 14-18 中的顶点着色器代码实际上很简单。它用组合的模型 – 视图和投影矩阵变换位置，并将纹理坐标（a_st）作为可变变量（v_st）传递给片段着色器。

例14-19中的片段着色器代码使用v_st纹理坐标绘制纹理图案。虽然很容易理解，但是这个片段着色器的性能可能很差，这是因为在并行执行的各个片段上，多个数值上的条件检查可能不同。这种情况可能降低性能，因为GPU并行执行的顶点或者片段数减少了。例14-20是忽略所有条件检查的片段着色器版本。

图14-12显示了用例14-17中的片段着色器（u_frequency=10）渲染的棋盘图像。

例14-19　包含条件检查的棋盘片段着色器

```
#version 300 es
precision mediump float;
// frequency of the checkerboard pattern
uniform int u_frequency;

in vec2 v_st;
layout(location = 0) out vec4 outColor;

void main()
{
   vec2 tcmod = mod(v_st * float(u_frequency), 1.0);

   if(tcmod.s < 0.5)
   {
      if(tcmod.t < 0.5)
         outColor = vec4(1.0);
      else
         outColor = vec4(0.0);
   }
   else
   {
      if(tcmod.t < 0.5)
         outColor = vec4(0.0);
      else
         outColor = vec4(1.0);
   }
}
```

例14-20　不含条件检查的棋盘片段着色器

```
#version 300 es
precision mediump float;

// frequency of the checkerboard pattern
uniform int u_frequency;

in vec2 v_st;
layout(location = 0) out vec4 outColor;

void main()
{
  vec2 texcoord = mod(floor(v_st * float(u_frequency * 2)),2.0);
  float delta = abs(texcoord.x - texcoord.y);
  outColor = mix(vec4(1.0), vec4(0.0), delta);
}
```

图 14-12　棋盘过程纹理

可以看到，棋盘纹理的实现确实很简单。我们确实看到了一些锯齿，这是决不能接受的。对于纹理棋盘图像，锯齿问题可以通过使用 mip 贴图并应用三线性或者双线性过滤来克服。下面我们看看如何渲染一个抗锯齿的棋盘图案。

14.8.2　过程纹理的抗锯齿

在《*Advanced RenderMan: Creating CGI for Motion Pictures*》中，Anthony Apodaca 和 Larry Gritz 全面解释了实现过程纹理的分析型抗锯齿的方法。我们使用该书中描述的技术来实现我们的抗锯齿棋盘片段着色器。例 14-21 描述了来自 Chapter_14/PVR_ProceduralTextures 中的 PVR_Shaman 工作区 CheckerAA.rfx 的抗锯齿棋盘片段着色器代码。

例 14-21　抗锯齿棋盘片段着色器

```
#version 300 es
precision mediump float;

uniform int u_frequency;
in vec2 v_st;
layout(location = 0) out vec4 outColor;

void main()
{
   vec4    color;
   vec4    color0 = vec4(0.0);
   vec4    color1 = vec4(1.0);
   vec2    st_width;
   vec2    fuzz;
   vec2    check_pos;
   float   fuzz_max;

   // calculate the filter width
   st_width = fwidth(v_st);
   fuzz = st_width * float(u_frequency) * 2.0;
```

```
    fuzz_max = max(fuzz.s, fuzz.t);

    // get the place in the pattern where we are sampling
    check_pos = fract(v_st * float(u_frequency));

    if (fuzz_max <= 0.5)
    {
       // if the filter width is small enough, compute
       // the pattern color by performing a smooth interpolation
       // between the computed color and the average color
       vec2 p = smoothstep(vec2(0.5), fuzz + vec2(0.5),
         check_pos) + (1.0 - smoothstep(vec2(0.0), fuzz,
         check_pos));

       color = mix(color0, color1,
                    p.x * p.y + (1.0 - p.x) * (1.0 - p.y));
       color = mix(color, (color0 + color1)/2.0,
          smoothstep(0.125, 0.5, fuzz_max));
    }
    else
    {
       // filter is too wide; just use the average color
       color = (color0 + color1)/2.0;
    }
    outColor = color;
}
```

图 14-13 展示了用例 14-18 中的抗锯齿片段着色器（u_frequency=10）渲染的棋盘图像。

图 14-13　抗锯齿的棋盘过程纹理

为了防止棋盘过程纹理中的锯齿现象，需要估计像素覆盖区域上的纹理平均值。假定函数 g(v) 代表一个过程纹理，我们需要计算该像素覆盖的区域中（v）的平均值。要确定这个区域，需要知道 g(v) 的变化率。OpenGL ES 着色语言 3.00 包含了导数函数，可以用 dFdx 和 dFdy 函数计算 g(v) 在 x 和 y 上的变化率。变化率称作梯度向量，由 [dFdx(g(v)),dFdy(g(v))] 给出。梯度向量的幅度计算公式为 sqrt((dFdx(g(v))2 +dFdx(g(v))2)。这个值也可以用 abs(dFdx(g(v)))+abs(dFdy(g(v))) 近似求出。fwidth 函数可以用来计算梯度向量的幅度。如果 g(v) 是一个标量表达式，则这种方法很有效。但是，如果 g(v) 是一个点，则需要计算 dFdx(g(v)) 和 dFdy(g(v)) 的叉积。在棋盘纹理的例子中，需要计算 v_st.x 和 v_st.y 标量表达式的幅度，因此可以使用 fwidth 函数计算 v_st.x 和 v_st.y 的过滤宽度。

假定 fwidth 计算的过滤宽度为 w，我们需要知道有关过程纹理的两个额外信息：

- 过滤宽度的最小值 k，使过程纹理 g(v) 对于小于 k/2 的过滤宽度不会显示任何锯齿伪像
- 在非常大的宽度上过程纹理 g(v) 的平均值

如果 w<k/2，我们不应该看到任何锯齿伪像。如果 w>k/2（即过滤宽度过大），将会发生锯齿。在这种情况下我们使用 g(v) 的平均值。对于 w 的其他值，我们使用 smoothstep 在真正的函数和平均值之间渐变。smoothstep 内建函数的完整定义在附录 B 中提供。

以上的讨论已经帮助你深入了解了对过程纹理的使用方法和使用过程纹理时变得明显的锯齿伪像的解决方案。许多不同应用中过程纹理的生成是一个很广泛的主题。如果你对更多关于过程纹理生成的信息感兴趣，可以参看下面列出的一些很好的参考来源。

14.8.3　关于过程纹理的延伸阅读

1. Anthony A. Apodaca and Larry Gritz. *Advanced Renderman: Creating CGI for Motion Pictures* (Morgan Kaufmann, 1999).
2. David S. Ebert, F. Kenton Musgrave, Darwyn Peachey, Ken Perlin, and Steven Worley. *Texturing and Modeling: A Procedural Approach*, 3rd ed. (Morgan Kaufmann, 2002).
3. K. Perlin. An image synthesizer. *Computer Graphics* (SIGGRAPH 1985 Proceedings, pp. 287–296, July 1985).
4. K. Perlin. Improving noise. *Computer Graphics* (SIGGRAPH 2002 Proceedings, pp. 681–682).
5. K. Perlin. Making noise. noisemachine.com/talkl/.
6. Pixar. The Renderman interface specification, version 3.2. July 2000. renderman.pixar.com/products/rispec/index.htm.
7. Randi J. Rost. *OpenGL Shading Language*, 2nd ed. (Addison-Wesley Professional, 2006).

14.9　用顶点纹理读取渲染地形

我们要介绍的下一个主题是用 OpenGL ES 3.0 的顶点纹理读取功能渲染地形。在这个例子中，我们说明如何用一个高度图渲染地形，如图 14-14 所示。

我们的地形渲染示例由两个步骤组成：

1. 生成一个用于地形基础的正方形网格。

2. 在顶点着色器中计算顶点法线并从高度图中读取高度值。

图 14-14 用顶点纹理读取渲染的地形

14.9.1 生成一个正方形的地形网格

例 14-22 中的代码生成一个正方三角形网格，用作基本地形。

例 14-22 地形渲染平面网格生成

```
int ESUTIL_API esGenSquareGrid ( int size, GLfloat **vertices,
                                 GLuint **indices )
{
   int i, j;
   int numIndices = (size-1) * (size-1) * 2 * 3;

   // Allocate memory for buffers
   if ( vertices != NULL )
   {
      int numVertices = size * size;
      float stepSize = (float) size - 1;
      *vertices = malloc ( sizeof(GLfloat) * 3 * numVertices );

      for ( i = 0; i < size; ++i ) // row
      {
         for ( j = 0; j < size; ++j ) // column
         {
            (*vertices)[ 3 * (j + i*size)     ] = i / stepSize;
            (*vertices)[ 3 * (j + i*size) + 1 ] = j / stepSize;
            (*vertices)[ 3 * (j + i*size) + 2 ] = 0.0f;
         }
      }
   }
   // Generate the indices
   if ( indices != NULL )
   {
      *indices = malloc ( sizeof(GLuint) * numIndices );
```

```
      for ( i = 0; i < size - 1; ++i )
      {
         for ( j = 0; j < size - 1; ++j )
         {
            // two triangles per quad
            (*indices)[ 6*(j+i*(size-1))   ] = j+(i)  *(size)   ;
            (*indices)[ 6*(j+i*(size-1))+1 ] = j+(i)  *(size)+1 ;
            (*indices)[ 6*(j+i*(size-1))+2 ] = j+(i+1)*(size)+1 ;

            (*indices)[ 6*(j+i*(size-1))+3 ] = j+(i)  *(size)   ;
            (*indices)[ 6*(j+i*(size-1))+4 ] = j+(i+1)*(size)+1 ;
            (*indices)[ 6*(j+i*(size-1))+5 ] = j+(i+1)*(size)   ;
         }
      }
   }

   return numIndices;
}
```

首先，我们生成 *xy* 坐标在 [0，1] 区间内平均分隔的顶点位置。相同的 *xy* 值也可以用作顶点纹理坐标在高度图中查找高度值。

其次，我们为 GL_TRIANGLES 生成一列索引。更好的一种方法是为 GL_TRIANGLE_STRIP 生成一列索引，因为可以通过改善 GPU 中的顶点缓存局部性来提高渲染性能。

14.9.2　在顶点着色器中计算顶点法线并读取高度值

例 14-23 说明如何在顶点着色器中计算顶点法线并从高度图中读取高度值。

例 14-23　地形渲染顶点着色器

```
#version 300 es
uniform mat4 u_mvpMatrix;
uniform vec3 u_lightDirection;
layout(location = 0) in vec4 a_position;
uniform sampler2D s_texture;
out vec4 v_color;
void main()
{
   // compute vertex normal from height map
   float hxl = textureOffset( s_texture,
                  a_position.xy, ivec2(-1,  0) ).w;
   float hxr = textureOffset( s_texture,
                  a_position.xy, ivec2( 1,  0) ).w;
   float hyl = textureOffset( s_texture,
                  a_position.xy, ivec2( 0, -1) ).w;
   float hyr = textureOffset( s_texture,
                  a_position.xy, ivec2( 0,  1) ).w;

   vec3 u = normalize( vec3(0.05, 0.0, hxr-hxl) );
   vec3 v = normalize( vec3(0.0, 0.05, hyr-hyl) );
   vec3 normal = cross( u, v );

   // compute diffuse lighting
```

```
    float diffuse = dot( normal, u_lightDirection );
    v_color = vec4( vec3(diffuse), 1.0 );

    // get vertex position from height map
    float h = texture ( s_texture, a_position.xy ).w;
    vec4 v_position = vec4 ( a_position.xy,
                             h/2.5,
                             a_position.w );
    gl_Position = u_mvpMatrix * v_position;
}
```

上述示例在 Chapter_14/TerrainRendering 文件夹中提供，它展示了用高度图渲染地形的一种简单方法。如果你对这一主题的更多信息感兴趣，可以利用如下的参考列表找到有效渲染大型地形模型的许多高级技术。

14.9.3 大型地形渲染的延伸阅读

1. Marc Duchaineau et al. *ROAMing Terrain: Real-Time Optimally Adapting Meshes* (IEEE Visualization, 1997).
2. Peter Lindstorm et al. *Real-Time Continuous Level of Detail Rendering of Height Fields* (Proceedings of SIGGRAPH, 1996).
3. Frank Losasso and Hugues Hoppe. *Geometry Clipmaps: Terrain Rendering Using Nested Regular Grids,* ACM Trans. Graphics (SIGGRAPH, 2004).
4. Krzystof Niski, Budirijanto Purnomo, and Jonathan Cohen. *Multi-grained Level of Detail Using Hierarchical Seamless Texture Atlases* (ACM SIGGRAPH I3D, 2007).
5. Filip Strugar. Continuous distance-dependent level of detail for rendering heightmaps (*Journal of Graphics, GPU and Game Tools*, vol. 14, issue 4, 2009).

14.10 使用深度纹理的阴影

我们介绍的下一个主题是用 OpenGL ES 3.0 的深度纹理以两遍渲染算法渲染阴影：

1. 在第一遍渲染中，我们从光源的角度出发渲染场景，将片段深度值记录在一个纹理中。

2. 在第 2 遍渲染中，我们从眼睛位置的角度出发渲染场景。在片段着色器中，通过采样深度纹理执行深度测试，确定片段是否在阴影中。

此外，我们使用百分比渐进过滤（PCF）技术采样深度纹理，以生成软件阴影。

执行 Chapter_14/Shadows 中的阴影渲染示例的结果如图 14-15 所示。

14.10.1 从光源位置渲染到深度纹理

我们用如下步骤从光源的角度出发渲染场景：

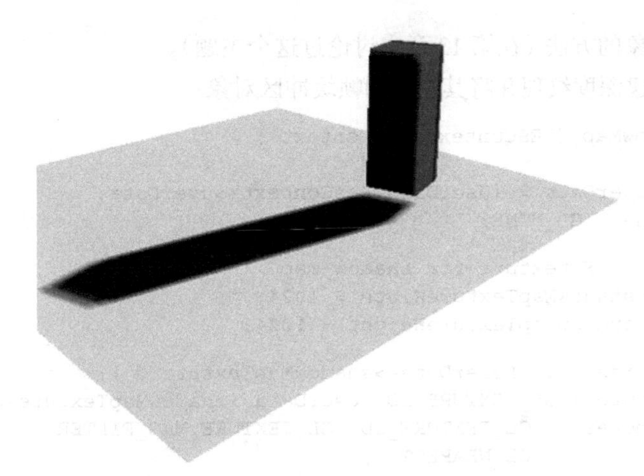

图 14-15　用深度纹理和 6 × 6PCF 渲染阴影

1. 用光源位置建立一个 MVP 矩阵。

例 14-24 展示了通过连接正交投影、模型和视图变换矩阵生成的 MVP 变换矩阵。

例 14-24　从光源位置建立 MVP 矩阵

```
// Generate an orthographic projection matrix
esMatrixLoadIdentity ( &ortho );
esOrtho ( &ortho, -10, 10, -10, 10, -30, 30 );

// Generate a model matrix
esMatrixLoadIdentity ( &model );

esTranslate ( &model, -2.0f, -2.0f, 0.0f );
esScale ( &model, 10.0f, 10.0f, 10.0f );
esRotate ( &model, 90.0f, 1.0f, 0.0f, 0.0f );

// Generate a view-matrix transformation
// from the light position
esMatrixLookAt ( &view,
                 userData->lightPosition[0],
                 userData->lightPosition[1],
                 userData->lightPosition[2],
                 0.0f, 0.0f, 0.0f,
                 0.0f, 1.0f, 0.0f );

esMatrixMultiply ( &modelview, &model, &view );

// Compute the final MVP
esMatrixMultiply ( &userData->groundMvpLightMatrix,
                   &modelview, &ortho );
```

2. 创建一个深度纹理并将其连接到帧缓冲区对象。

例 14-25 说明了如何创建一个 1024 × 1024 的 16 位深度纹理，以保存阴影贴图。这个阴影贴图设置了 GL_LINEAR 纹理过滤。当它与 sampler2Dshadow 采样器类型一起使用时，就得到了基于硬件的 PCF，硬件将一次执行 4 个深度比较。然后，我们展示了用深度纹理附着渲染到帧缓冲区对象的方法（在第 12 章中讨论过这个主题）。

例 14-25 创建深度纹理并将其连接到帧缓冲区对象

```
int InitShadowMap ( ESContext *esContext )
{
   UserData userData = (UserData) esContext->userData;
   GLenum none = GL_NONE;

   // use 1K x 1K texture for shadow map
   userData->shadowMapTextureWidth = 1024;
   userData->shadowMapTextureHeight = 1024;

   glGenTextures ( 1, &userData->shadowMapTextureId );
   glBindTexture ( GL_TEXTURE_2D, userData->shadowMapTextureId);
   glTexParameteri ( GL_TEXTURE_2D, GL_TEXTURE_MAG_FILTER,
                     GL_NEAREST );
   glTexParameteri ( GL_TEXTURE_2D, GL_TEXTURE_MIN_FILTER,
                     GL_LINEAR );
   glTexParameteri ( GL_TEXTURE_2D, GL_TEXTURE_WRAP_S,
                     GL_CLAMP_TO_EDGE );
   glTexParameteri ( GL_TEXTURE_2D, GL_TEXTURE_WRAP_T,
                     GL_CLAMP_TO_EDGE );

   // set up hardware comparison
   glTexParameteri( GL_TEXTURE_2D, GL_TEXTURE_COMPARE_MODE,
                    GL_COMPARE_REF_TO_TEXTURE );
   glTexParameteri( GL_TEXTURE_2D, GL_TEXTURE_COMPARE_FUNC,
                    GL_LEQUAL );

   glTexImage2D ( GL_TEXTURE_2D, 0, GL_DEPTH_COMPONENT16,
                  userData->shadowMapTextureWidth,
                  userData->shadowMapTextureHeight,
                  0, GL_DEPTH_COMPONENT, GL_UNSIGNED_SHORT,
                  NULL );

   glBindTexture ( GL_TEXTURE_2D, 0 );

   GLint defaultFramebuffer = 0;
   glGetIntegerv ( GL_FRAMEBUFFER_BINDING,
                   &defaultFramebuffer );

   // set up fbo
   glGenFramebuffers ( 1, &userData->shadowMapBufferId );
   glBindFramebuffer ( GL_FRAMEBUFFER,
                       userData->shadowMapBufferId );

   glDrawBuffers ( 1, &none );

   glFramebufferTexture2D ( GL_FRAMEBUFFER, GL_DEPTH_ATTACHMENT,
                            GL_TEXTURE_2D,
                            userData->shadowMapTextureId, 0 );
   glActiveTexture ( GL_TEXTURE0 );
   glBindTexture ( GL_TEXTURE_2D, userData->shadowMapTextureId);

   if ( GL_FRAMEBUFFER_COMPLETE !=
```

```
        glCheckFramebufferStatus ( GL_FRAMEBUFFER ) )
    {
        return FALSE;
    }

    glBindFramebuffer ( GL_FRAMEBUFFER, defaultFramebuffer );

    return TRUE;
}
```

3. 用直通顶点和片段着色器渲染场景。

例 14-26 提供了用于从光源角度将场景渲染到深度纹理的顶点和片段着色器。两个着色器都非常简单，因为我们只需要在阴影贴图纹理中记录片段深度值。

例 14-26　渲染到深度纹理着色器

```
// vertex shader
#version 300 es
uniform mat4 u_mvpLightMatrix;
layout(location = 0) in vec4 a_position;
out vec4 v_color;
void main()
{
   gl_Position = u_mvpLightMatrix * a_position;
}

// fragment shader
#version 300 es
precision lowp float;
void main()
{
}
```

为了使用这些着色器，在渲染场景之前的宿主代码中，我们清除深度缓冲区并禁用颜色渲染。可以使用多边形偏移命令增大写入纹理的深度值，以避免因为精度问题而造成的阴影渲染伪像。

```
// clear depth buffer
glClear( GL_DEPTH_BUFFER_BIT );

// disable color rendering; only write to depth buffer
glColorMask ( GL_FALSE, GL_FALSE, GL_FALSE, GL_FALSE );

// reduce shadow rendering artifact
glEnable ( GL_POLYGON_OFFSET_FILL );
glPolygonOffset( 4.0f, 100.0f );
```

14.10.2　从眼睛位置用深度纹理渲染

我们用如下步骤从眼睛位置的角度将场景渲染到深度纹理：

1. 用眼睛位置建立 MVP 矩阵。

除了用如下的代码向 esMatrixLookAt 调用传递眼睛位置来创建视图转换矩阵之外，MVP

矩阵的设置采用与例 14-24 中一样的代码：

```
// create a view-matrix transformation
esMatrixLookAt ( &view,
                 userData->eyePosition[0],
                 userData->eyePosition[1],
                 userData->eyePosition[2],
                 0.0f, 0.0f, 0.0f,
                 0.0f, 1.0f, 0.0f );
```

2. 用第一遍渲染创建的阴影贴图渲染场景。

例 14-27 展示了用于从眼睛位置渲染场景的顶点和片段着色器。

例 14-27　从眼睛位置渲染的着色器

```
// vertex shader
#version 300 es
uniform mat4 u_mvpMatrix;
uniform mat4 u_mvpLightMatrix;
layout(location = 0) in vec4 a_position;
layout(location = 1) in vec4 a_color;
out vec4 v_color;
out vec4 v_shadowCoord;
void main()
{
   v_color = a_color;
   gl_Position = u_mvpMatrix * a_position;
   v_shadowCoord = u_mvpLightMatrix * a_position;

   // transform from [-1,1] to [0,1];
   v_shadowCoord = v_shadowCoord * 0.5 + 0.5;
}

// fragment shader
#version 300 es
precision lowp float;
uniform lowp sampler2DShadow s_shadowMap;
in vec4 v_color;
in vec4 v_shadowCoord;
layout(location = 0) out vec4 outColor;

float lookup ( float x, float y )
{
   float pixelSize = 0.002; // 1/500
   vec4 offset = vec4 ( x * pixelSize * v_shadowCoord.w,
                        y * pixelSize * v_shadowCoord.w,
                        0.0, 0.0 );
   return textureProj ( s_shadowMap, v_shadowCoord + offset );
}

void main()
{
   // 3x3 kernel with 4 taps per sample, effectively 6x6 PCF
   float sum = 0.0;
```

```
   float x, y;
   for ( x = -2.0; x <= 2.0; x += 2.0 )
      for ( y = -2.0; y <= 2.0; y += 2.0 )
         sum += lookup ( x, y );

   // divide sum by 9.0
   sum = sum * 0.11;
   outColor = v_color * sum;
}
```

在顶点着色器中，我们两次变换顶点位置：（1）使用从眼睛位置创建的 MVP 矩阵；(2) 使用从光源位置创建的 MVP 矩阵。前一个结果记录在 gl_Position 中，后一个结果记录在 v_shadowCoord 中。注意，v_shadowCoord 的结果与渲染到阴影贴图时的顶点位置结果相同。有了这些知识，我们可以使用 v_shadowCoord 作为纹理坐标，首先在顶点着色器中将坐标从齐次坐标空间 [–1，1] 变换到 [0，1]，然后在阴影贴图中采样。也可以在宿主代码中预先用光源位置的 MVP 矩阵乘以下面的偏置矩阵，从而避免在顶点着色器中进行这些计算：

```
0.5, 0.0, 0.0, 0.0,
0.0, 0.5, 0.0, 0.0,
0.0, 0.0, 0.5, 0.0,
0.5, 0.5, 0.5, 1.0
```

在片段着色器中，我们通过用 v_shadowCoord 和 textureProj 调用采样阴影贴图来检查当前片段，以确定它是否在阴影中。我们执行 3 × 3 核心过滤，进一步增加 PCF（与每次采样所需的 4 次硬件深度对比组合起来，实际上是 6 × 6PCF）的效果。然后，平均阴影贴图采样结果，以调制片段颜色。当片段在阴影中时，采样结果将为 0，片段将被渲染为黑色。

14.11　小结

本章研究了应用本书中介绍的许多 OpenGL ES 3.0 特性实现各种渲染技术的方法。本章介绍了使用包括立方图、法线贴图、点精灵、变换反馈、图像后处理、投影纹理、帧缓冲区对象、顶点纹理读取、阴影贴图等特性的渲染技术以及许多着色技术。接下来，我们将回到 API，讨论应用程序用于查询 OpenGL ES 3.0 信息的函数。

Chapter 15 第15章

状态查询

OpenGL ES 3.0 维护着"状态信息"，其中包含渲染所需的内部变量值。你需要编译和链接着色器程序，初始化顶点数组和属性绑定，指定统一变量值，可能还要加载和绑定纹理——这仅仅是皮毛。

OpenGL ES 3.0 操作中还有大量固有的值。例如，你可能需要确定支持的视口最大尺寸或者纹理单元的最大数量，所有这些值都可以由你的应用程序查询。

本章描述应用程序可用于从 OpenGL ES 3.0 获取数值的函数以及你所能查询的参数。

15.1 OpenGL ES 3.0 实现字符串查询

你需要在（精心编写的）应用程序中执行的最基本查询之一是获取关于底层 OpenGL ES 3.0 实现的信息，例如支持的 OpenGL ES 版本、由谁实现以及可用的扩展。这些特性都从 glGetStrng 函数中以 ASCII 字符串的形式返回。

```
const GLubyte*    glGetString(GLenum name)
const GLubyte*    glGetStringi(GLenum name, GLuint index)
```

name 指定要返回的参数，可以为 GL_VENDOR、GL_RENDERER、GL_VERSION、GL_SHADING_LANGUAGE_VERSION 或 GL_EXTENSIONS 中的一个。对于 glGetStringi，必须为 GL_EXTENSIONS

index 指定要返回的字符串索引（仅 glGetStringi）

GL_VENDOR 和 GL_RENDERER 查询被格式化为可供人类使用的格式，没有固定的格式；它们被初始化为实现者认为有用的描述。

GL_VERSION查询对于所有OpenGL ES 3.0实现都会返回以“ OpenGL ES 3.0”开始的字符串。这个版本字符串可以在这些标志之后加入供应商特定的信息，并总是具有如下格式：

```
OpenGL ES <version> <vendor-specific information>
```

<version>是版本号（例如3.0），由主版本号后面跟上句点和次版本号组成，也有再加上可选的一个句点及三级版本号的情况（供应商常用来代表OpenGL ES 3.0驱动程序的修订版本号）。

同样，GL_SHADING_LANGUAGE_VERSION查询总是返回以“ OpenGL ES GLSL ES 3.00.”开始的字符串。这个字符串也可以附加供应商特定的信息，采用如下形式：

```
OpenGL ES GLSL ES <version> <vendor-specific information>
```

与<version>值的格式相似。

支持OpenGL ES 3.0的实现也必须支持OpenGL ES GLSL ES 1.00。

当OpenGL ES更新到下一个版本时，这些版本号将相应变化。

最后，GL_EXTENSIONS查询将返回一个OpenGL ES实现所支持的所有扩展的空格分隔列表，如果实现没有进行扩展，将返回NULL。

15.2 查询OpenGL ES实现决定的限制

许多渲染参数取决于OpenGL ES实现的底层功能——例如，可用于着色器的纹理单元数量或者纹理贴图/未做抗锯齿处理的点的最大尺寸。这些类型的值使用如下的函数之一查询：

```
void   glGetBooleanv(GLenum pname,   GLboolean *params)
void   glGetFloatv(GLenum pname,     GLfloat *params)
void   glGetIntegerv(GLenum pname,   GLint *params)
void   glGetInteger64v(GLenum pname, GLint64 *params)
```

pname　　指定要查询的特定于实现的参数

params　　指定一个相应类型值的数组，包含足以容纳相关参数返回值的元素

可以查询许多OpenGL ES实现决定的参数，如表15-1所示。

表15-1 OpenGL ES实现决定的状态查询

状态变量	描　述	最小/初始值	获取函数
GL_MAX_ELEMENT_INDEX	最大元素索引	$2^{24}-1$	glGetInteger64v
GL_SUBPIXEL_BITS	子像素的支持位数	4	glGetIntegerv
GL_MAX_TEXTURE_SIZE	纹理最大尺寸	2048	glGetIntegerv
GL_MAX_3D_TEXTURE_SIZE	3D纹理最大支持尺寸	256	glGetIntegerv
GL_MAX_ARRAY_TEXTURE_LAYERS	纹理层次最大支持数量	256	glGetIntegerv
GL_MAX_TEXTURE_LOD_BIAS	最大绝对纹理细节级别偏置值	2.0	glGetFloatv
GL_MAX_CUBE_MAP_TEXTURE_SIZE	立方图纹理最大尺寸	2048	glGetIntegerv

（续）

状态变量	描 述	最小 / 初始值	获取函数
GL_MAX_RENDERBUFFER_SIZE	渲染缓冲区最大宽度和高度	2048	glGetIntegerv
GL_MAX_DRAW_BUFFERS	绘图缓冲区最大活动数量	4	glGetIntegerv
GL_MAX_COLOR_ATTACHMENTS	最大颜色附着数量	4	glGetIntegerv
GL_MAX_VIEWPORT_DIMS	最大视口尺寸		glGetIntegerv
GL_ALIASED_POINT_SIZE_RANGE	无抗锯齿点尺寸范围	1, 1	glGetFloatv
GL_ALIASED_LINE_WIDTH_RANGE	无抗锯齿线宽尺寸范围	1, 1	glGetFloatv
GL_MAX_ELEMENT_INDICES	glDrawRangeElements 索引最大数量		glGetIntegerv
GL_MAX_ELEMENT_VERTICES	glDrawRangeElements 顶点最大数量		glGetIntegerv
GL_NUM_COMPRESSED_TEXTURE_FORMATS	压缩纹理格式数量	10	glGetIntegerv
GL_COMPRESSED_TEXTURE_FORMATS	压缩纹理格式		glGetIntegerv
GL_NUM_PROGRAM_BINARY_FORMATS	程序二进制代码格式数量	0	glGetIntegerv
GL_PROGRAM_BINARY_FORMATS	程序二进制代码格式		glGetIntegerv
GL_NUM_SHADER_BINARY_FORMATS	着色器二进制代码格式数量	0	glGetIntegerv
GL_SHADER_BINARY_FORMATS	着色器二进制代码格式		glGetIntegerv
GL_MAX_SERVER_WAIT_TIMEOUT	最大 glWaitSync 超时间隔	0	glGetInteger64v
GL_MAX_VERTEX_ATTRIBS	顶点属性最大数量	16	glGetIntegerv
GL_MAX_VERTEX_UNIFORM_COMPONENTS	顶点着色器统一变量分量的最大数量	1024	glGetIntegerv
GL_MAX_VERTEX_UNIFORM_VECTORS	顶点着色器统一变量向量的最大数量	256	glGetIntegerv
GL_MAX_VERTEX_UNIFORM_BLOCKS	每个程序的顶点统一变量缓冲区最大数量	12	glGetIntegerv
GL_MAX_VERTEX_OUTPUT_COMPONENTS	一个顶点着色器写入的输出分量最大数量	64	glGetIntegerv
GL_MAX_VERTEX_TEXTURE_IMAGE_UNITS	一个顶点着色器可访问的最大纹理图像单元数量	16	glGetIntegerv
GL_MAX_FRAGMENT_UNIFORM_COMPONENTS	片段着色器统一变量分量的最大数量	896	glGetIntegerv
GL_MAX_FRAGMENT_UNIFORM_VECTORS	片段着色器统一变量向量的最大数量	224	glGetIntegerv
GL_MAX_FRAGMENT_UNIFORM_BLOCKS	每个程序的片段统一变量缓冲区最大数量	12	glGetIntegerv
GL_MAX_FRAGMENT_INPUT_COMPONENTS	每个片段着色器读取的最大输入分量数量	60	glGetIntegerv
GL_MAX_TEXTURE_IMAGE_UNITS	片段着色器最大可访问纹理图像单元数量	16	glGetIntegerv
GL_MIN_PROGRAM_TEXEL_OFFSET	查找中允许的最小纹素偏移量	–8	glGetIntegerv
GL_MAX_PROGRAM_TEXEL_OFFSET	查找中允许的最大纹素偏移	7	glGetIntegerv

（续）

状态变量	描 述	最小 / 初始值	获取函数
GL_MAX_UNIFORM_BUFFER_BINDINGS	最大统一变量缓冲区绑定的数量	24	glGetIntegerv
GL_MAX_UNIFORM_BLOCK_SIZE	统一变量块最大尺寸	16 384	glGetInteger64v
GL_UNIFORM_BUFFER_OFFSET_ALIGNMENT	统一缓冲区大小和偏移量的最小对齐值	1	glGetIntegerv
GL_MAX_COMBINED_UNIFORM_BLOCKS	每个程序的最大统一变量缓冲区数量	24	glGetIntegerv
GL_MAX_COMBINED_VERTEX_UNIFORM_COMPONENTS	所有统一变量块中顶点着色器统一变量的最大字数		glGetInteger64v
GL_MAX_COMBINED_FRAGMENT_UNIFORM_COMPONENTS	所有统一变量块中顶点着色器统一变量的最大字数		glGetInteger64v
GL_MAX_VARYING_COMPONENTS	输出变量最大分量数	60	glGetIntegerv
GL_MAX_VARYING_VECTORS	输出变量最大向量数	15	glGetIntegerv
GL_MAX_COMBINED_TEXTURE_IMAGE_UNITS	可访问纹理单元的最大数量	32	glGetIntegerv
GL_MAX_TRANSFORM_FEEDBACK_INTERLEAVED_COMPONENTS	交错模式中分量的最大数量	64	glGetIntegerv
GL_MAX_TRANSFORM_FEEDBACK_SEPARATE_COMPONENTS	分离模式中分量的最大数量	4	glGetIntegerv
GL_MAX_TRANSFORM_FEEDBACK_SEPARATE_ATTRIBS	可以在变换反馈中捕捉的分离属性的最大数量	4	glGetIntegerv
GL_SAMPLE_BUFFER	多重采样缓冲区数量	0	glGetIntegerv
GL_SAMPLES	覆盖掩码大小	0	glGetIntegerv
GL_MAX_SAMPLES	多重采样支持的最大样本数量	4	glGetIntegerv
GL_RED_BITS	当前颜色缓冲区中的红色位数		glGetIntegerv
GL_GREEN_BITS	当前颜色缓冲区中的绿色位数		glGetIntegerv
GL_BLUE_BITS	当前颜色缓冲区中的蓝色位数		glGetIntegerv
GL_ALPHA_BITS	当前颜色缓冲区中的 Alpha 位数		glGetIntegerv
GL_DEPTH_BITS	当前深度缓冲区中的位数		glGetIntegerv
GL_STENCIL_BITS	当前模板缓冲区中的模板位数		glGetIntegerv
GL_IMPLEMENTATION_COLOR_READ_TYPE	像素读取操作的像素分量数据类型		glGetIntegerv
GL_IMPLEMENTATION_COLOR_READ_FORMAT	像素读取操作的像素格式		glGetIntegerv

15.3 查询 OpenGL ES 状态

应用程序可以修改许多影响 OpenGL ES 3.0 操作的参数。虽然应用程序在修改这些值时跟踪它们通常会更高效，但是可以从当前绑定的上下文中查询表 15-2 中列出的任何数值。对于每个标志，都提供了对应的 OpenGL ES 3.0 获取函数。

表 15-2　应用程序可以修改的 OpenGL ES 状态查询

状态变量	描　述	最小 / 初始值	获取函数
GL_ARRAY_BUFFER_BINDING	当前绑定的顶点属性数组绑定	0	glGetIntegerv
GL_VIEWPORT	当前视口大小		glGetIntegerv
GL_ELEMENT_ARRAY_BUFFER_BINDING	当前绑定的元素数组绑定	0	glGetIntegerv
GL_VERTEX_ARRAY_BINDING	当前绑定的顶点数组绑定	0	glGetIntegev
GL_DEPTH_RANGE	当前深度范围值	(0, 1)	glGetFloatv
GL_LINE_WIDTH	当前线宽	1.0	glGetFloatv
GL_POLYGON_OFFSET_FACTOR	当前多边形偏移因子值	0	glGetFloatv
GL_POLYGON_OFFSET_UNITS	当前多边形偏移单位值	0	glGetFloatv
GL_CULL_FACE_MODE	当前面剔除模式	GL_BACK	glGetIntegerv
GL_FRONT_FACE	当前正面顶点排列模式	GL_CCW	glGetIntegerv
GL_SAMPLE_COVERAGE_VALUE	为多重采样样本范围值指定的当前值	1	glGetFloatv
GL_SAMPLE_COVERAGE_INVERT	当前多重采样范围值倒置设置	GL_FALSE	glGetBooleanv
GL_TEXTURE_BINDING_2D	当前 2D 纹理绑定	0	glGetIntegerv
GL_TEXTURE_BINDING_CUBE_MAP	当前立方图纹理绑定	0	glGetIntegerv
GL_ACTIVE_TEXTURE	当前纹理单元	0	glGetIntegerv
GL_SAMPLER_BINDING	绑定到活动纹理单元的当前采样器对象	0	glGetIntegerv
GL_COLOR_WRITEMASK	颜色缓冲区可写入	GL_TRUE	glGetBooleanv
GL_DEPTH_WRITEMASK	深度缓冲区可写入	GL_TRUE	glGetBooleanv
GL_STENCIL_WRITEMASK	正面多边形的当前写入掩码	1	glGetIntegerv
GL_STENCIL_BACK_WRITEMASK	背面多边形的写入掩码	1	glGetIntegerv
GL_COLOR_CLEAR_VALUE	当前颜色缓冲区清除值	0, 0, 0, 0	glGetFloatv
GL_DEPTH_CLEAR_VALUE	当前深度缓冲区清除值	1	glGetIntegerv
GL_STENCIL_CLEAR_VALUE	当前模板缓冲区清除值	0	glGetIntegerv
GL_SCISSOR_BOX	剪裁矩形的当前偏移和尺寸	0, 0, w, h	glGetIntegerv
GL_STENCIL_FUNC	当前模板测试运算符函数	GL_ALWAYS	glGetIntegerv
GL_STENCIL_VALUE_MASK	当前模板测试值掩码	1s	glGetIntegerv
GL_STENCIL_REF	当前模板测试参考值	0	glGetIntegerv
GL_STENCIL_FAIL	当前模板测试失败操作	GL_KEEP	glGetIntegerv
GL_STENCIL_PASS_DEPTH_FAIL	模板测试通过但是深度测试失败时的当前操作	GL_KEEP	glGetIntegerv
GL_STENCIL_PASS_DEPTH_PASS	模板和深度测试都通过时的当前操作	GL_KEEP	glGetIntegerv
GL_STENCIL_BACK_FUNC	当前背面模板测试运算符函数	GL_ALWAYS	glGetIntegerv
GL_STENCIL_BACK_VALUE_MASK	当前背面模板测试值掩码	1s	glGetIntegerv

（续）

状态变量	描　述	最小 / 初始值	获取函数
GL_STENCIL_BACK_REF	当前背面模板测试参考值	0	glGetIntegerv
GL_STENCIL_BACK_FAIL	背面模板测试失败时的当前操作	GL_KEEP	glGetIntegerv
GL_STENCIL_BACK_PASS_DEPTH_FAIL	背面模板测试通过但深度测试失败时的当前操作	GL_KEEP	glGetIntegerv
GL_STENCIL_BACK_PASS_DEPTH_PASS	背面模板和深度测试都通过时的当前操作	GL_KEEP	glGetIntegerv
GL_DEPTH_FUNC	当前深度测试比较函数	GL_LESS	glGetIntegerv
GL_BLEND_SRC_RGB	当前源 RGB 混合系数	GL_ONE	glGetIntegerv
GL_BLEND_SRC_ALPHA	当前源 Alpha 混合系数	GL_ONE	glGetIntegerv
GL_BLEND_DST_RGB	当前目标 RGB 混合系数	GL_ZERO	glGetIntegerv
GL_BLEND_DST_ALPHA	当前目标 Alpha 混合系数	GL_ZERO	glGetIntegerv
GL_BLEND_EQUATION	当前混合方程式运算符	GL_FUNC_ADD	glGetIntegerv
GL_BLEND_EQUATION_RGB	当前 RGB 混合方程式运算符	GL_FUNC_ADD	glGetIntegerv
GL_BLEND_EQUATION_ALPHA	当前 Alpha 混合方程式运算符	GL_FUNC_ADD	glGetIntegerv
GL_BLEND_COLOR	当前混合颜色	0, 0, 0, 0	glGetFloatv
GL_DRAW_BUFFERi	对应输出颜色绘制的当前缓冲区		glGetIntegerv
GL_READ_BUFFER	为读取选择的当前颜色缓冲区		glGetIntegerv
GL_UNPACK_IMAGE_HEIGHT	像素解包所用的当前图像高度	0	glGetIntegerv
GL_UNPACK_SKIP_IMAGES	像素解包所用的第一个像素之前跳过的当前像素图像数量	0	glGetIntegerv
GL_UNPACK_ROW_LENGTH	像素解包所用的当前行长度	0	glGetIntegerv
GL_UNPACK_SKIP_ROWS	像素解包所用的第一个像素之前跳过的当前像素位置行数	0	glGetIntegerv
GL_UNPACK_SKIP_PIXELS	像素解包所用的第一个像素之前跳过的当前像素位置数量	0	glGetIntegerv
GL_UNPACK_ALIGNMENT	像素解包所用的当前字节边界对齐	4	glGetIntegerv
GL_PACK_ROW_LENGTH	像素包装所用的当前行长度	0	glGetIntegerv
GL_PACK_SKIP_ROWS	像素包装所用的第一个像素之前跳过的当前像素位置行数量	0	glGetIntegerv
GL_PACK_SKIP_PIXELS	像素包装所用的第一个像素之前跳过的当前像素位置数量	0	glGetIntegerv
GL_PACK_ALIGNMENT	像素包装所用的当前字节边界对齐	4	glGetIntegerv
GL_PIXEL_PACK_BUFFER_BINDING	包装像素当前绑定的缓冲区对象名称	0	glGetIntegerv
GL_PIXEL_UNPACK_BUFFER_BINDING	像素解包当前绑定的缓冲区对象名称	0	glGetIntegerv
GL_CURRENT_PROGRAM	当前绑定的着色器程序	0	glGetIntegerv
GL_RENDERBUFFER_BINDING	当前绑定的渲染缓冲区	0	glGetIntegerv
GL_TRANSFORM_FEEDBACK_BINDING	当前绑定到变换反馈操作的通用绑定点的缓冲区对象	0	glGetIntegerv

（续）

状态变量	描　述	最小 / 初始值	获取函数
GL_TRANSFORM_FEEDBACK_BINDING	当前绑定到每个变换反馈属性流的缓冲区对象	0	glGetIntegeri_v
GL_TRANSFORM_FEEDBACK_BUFFER_START	每个变换反馈属性流绑定范围的起始偏移	0	glGetInteger64i_v
GL_TRANSFORM_FEEDBACK_BUFFER_SIZE	每个变换反馈属性流绑定范围的大小	0	glGetInteger64i_v
GL_TRANSFORM_FEEDBACK_PAUSED	当前对象上是否暂停变换反馈	GL_FALSE	glGetBooleanv
GL_TRANSFORM_FEEDBACK_ACTIVE	当前对象上变换反馈是否激活	GL_FALSE	glGetBooleanv
GL_UNIFORM_BUFFER_BINDING	当前为缓冲区对象操纵绑定的统一变量缓冲区对象	0	glGetIntegerv
GL_UNIFORM_BUFFER_BINDING	当前绑定到指定的上下文绑定点的统一变量缓冲区区对象	0	glGetIntegeri_v
GL_UNIFORM_BUFFER_START	当前绑定的统一变量缓冲区区域的起点	0	glGetInteger64i_v
GL_UNIFORM_BUFFER_SIZE	当前绑定的统一变量缓冲区区域的大小	0	glGetInteger64i_v
GL_GENERATE_MIPMAP_HINT	mip 贴图生成提示	GL_DONT_CARE	glGetIntegerv
GL_FRAGMENT_SHADER_DERIVATIVE_HINT	片段着色器导数精度提示	GL_DONT_CARE	glGetIntegerv
GL_READ_FRAMEBUFFER_BINDING	用于读取的当前绑定的帧缓冲区	0	glGetIntegerv
GL_DRAW_FRAMEBUFFER_BINDING	用于绘图的当前绑定的帧缓冲区	0	glGetIntegerv

15.4 提示

OpenGL ES 3.0 使用提示（Hint）修正各种功能的操作，可以选择偏向性能或者质量。可以调用如下函数指定偏好：

```
void glHint(GLenum target, GLenum mode)
```

target　　指定所要设置的提示，必须是 GL_GENERATE_MIPMAP_HINT 或 GL_FRAGMENT_SHADER_DERIVATIVE_HINT

mode　　指定功能所使用的操作模式。有效值为 GL_FASTEST 表示偏向性能，GL_NICEST 表示偏向质量，GL_DONT_CARE 表示将任何偏好设置为 OpenGL ES 实现的默认值

任何提示的当前值可以用对应的提示枚举值调用 glGetIntegerv 查询。

15.5 实体名称查询

OpenGL ES 3.0 通过整数名称引用你所定义的许多实体——纹理、着色器、程序、顶点缓冲区、采样器对象、查询对象、同步对象、顶点数组对象、变换反馈对象、帧缓冲区和渲染缓冲区。你可以通过调用如下函数中的一个来确定名称是否在用（从而是一个有效的实体）：

```
GLboolean   glIsTexture(GLuint texture)
GLboolean   glIsShader(GLuint shader)
GLboolean   glIsProgram(GLuint program)
GLboolean   glIsBuffer(GLuint buffer)
GLboolean   glIsSampler(GLuint sampler)
GLboolean   glIsQuery(GLuint query)
GLboolean   glIsSync(GLuint sync)
GLboolean   glIsVertexArray(GLuint array)
GLboolean   glIsTransformFeedback(GLuint transform)
GLboolean   glIsRenderbuffer(GLuint renderbuffer)
GLboolean   glIsFramebuffer(GLuint framebuffer)
```

texture，*shader*，*program*，*buffer*，*sampler*，*query*，*sync*，*array*，*transform*，*renderbuffer*，*framebuffer* 指定需要确定名称是否在用的对应实体

15.6 不可编程操作控制和查询

许多 OpenGL ES 3.0 的光栅化功能（比如混合或背面剔除）是通过开关所需功能来控制的。下面介绍控制各种操作的函数。

```
void  glEnable(GLenum capability)
```

capability 指定应该被开启的功能，该功能在关闭之前将影响所有渲染

```
void  glDisable(GLenum capability)
```

capability 指定应该被关闭的功能

此外，你可以调用如下函数来确定某个功能是否在用：

```
GLboolean   glIsEnabled(GLenum capability)
```

capability 指定应该检查哪个功能以确定是否启用

glEnable 和 glDisable 控制的功能在表 15-3 中列出。

表 15-3　glEnable 和 glDisable 控制的 OpenGL ES 3.0 功能

功　能	描　述
GL_CULL_FACE	抛弃顶点排列顺序与指定的正面模式（GL_CW 或 GL_CCW，由 glFrontFace 指定）相反的多边形
GL_POLYGON_OFFSET_FILL	偏移片段的深度值，协助共面几何体的渲染
GL_SCISSOR_TEST	进一步将渲染限制在剪裁矩形中
GL_SAMPLE_COVERAGE	在多重采样操作中使用片段的已计算范围值
GL_SAMPLE_ALPHA_TO_COVERAGE	在多重采样操作中使用片段的 Alpha 值作为范围值
GL_STENCIL_TEST	启用模板测试
GL_DEPTH_TEST	启用深度测试
GL_BLEND	启用混合
GL_PRIMITIVE_RESTART_FIXED_INDEX	启用图元重启
GL_RASTERIZER_DISCARD	在光栅化之前启用图元抛弃
GL_DITHER	启用抖动

15.7　着色器和程序状态查询

OpenGL ES 3.0 着色器和程序有大量状态信息，你可以读取它们的配置以及它们使用的属性和统一变量。OpenGL ES 3.0 提供了许多函数，用于查询与着色器相关的状态。调用如下函数可确定连接到程序的着色器：

```
void  glGetAttachedShaders(GLuint program, GLsizei maxcount,
                           GLsizei *count, GLuint *shaders)
```

program　　指定需要查询的程序，以确定已连接的着色器

maxcount　　返回的最大着色器名称数量

count　　返回的实际着色器名称数量

shaders　　长度为 maxcount 的数组，用于保存返回的着色器名称

可以调用如下函数检索着色器源代码：

```
void  glGetShaderSource(GLuint shader, GLsizei bufsize,
                        GLsizei *length, GLchar *source)
```

shader　　指定要查询的着色器

bufsize　　返回着色器源代码的数组中可用字节数

length　　返回的着色器字符串长度

source　　指定一个 GLchars 数组，以保存着色器源代码

调用如下函数，可以在某个着色器程序相关的特定统一变量位置上检索与一个统一变量相关的数值：

```
void  glGetUniformfv(GLuint program, GLint location,
                     GLfloat *params)
void  glGetUniformiv(GLuint program, GLint location,
                     GLint *params)
```

program 要查询的检索统一变量值的程序

location 与需要检索值的程序相关的统一变量位置

params 用于存储统一变量值的对应类型数组；着色器中相关类型的统一变量确定了返回的数值数量

最后，要查询 OpenGL ES 3.0 着色器语言类型的范围和精度时，调用如下函数：

```
void glGetShaderPrecisionFormat(GLenum shaderType,
                                GLenum precisionType,
                                GLint *range,
                                GLint *precision)
```

shaderType 指定着色器类型，必须为 GL_VERTEX_SHADER 或 GL_FRAGMENT_SHADER

precisionType 指定精度限定符类型，必须为 GL_LOW_FLOAT、GL_MEDIUM_FLOAT、GL_HIGH_FLOAT、GL_LOW_INT、GL_MEDIUM_INT 或 GL_HIGH_INT 中的一个

range 包含两个元素的数组，以底数为 2 的对数值返回 precisionType 的最小值和最大值

precision 以底数为 2 的对数值返回 precisionType 的精度

15.8 顶点属性查询

顶点属性数组的状态信息也可以从当前的 OpenGL ES 3.0 上下文中检索。调用如下函数，以获取指向特定索引的当前通用顶点属性的指针：

```
void glGetVertexAttribPointerv(GLuint index, GLenum pname,
                               GLvoid **pointer)
```

index 指定通用顶点属性数组的索引

pname 指定要检索的参数；必须为 GL_VERTEX_ATTRIB_ARRAY_POINTER

pointer 返回指定顶点属性数组的地址

在顶点属性数组中访问数据元素的相关状态（例如数值类型或者步长）可以通过调用如下函数得到：

```
void glGetVertexAttribfv(GLuint index, GLenum pname,
                         GLfloat *params)
void glGetVertexAttribiv(GLuint index, GLenum pname,
                         GLint *params)
```

index 指定通用顶点属性数组的索引

pname 指定所要检索的参数；必须是

```
GL_VERTEX_ATTRIB_ARRAY_BUFFER_BINDING,
GL_VERTEX_ATTRIB_ARRAY_ENABLED,
GL_VERTEX_ATTRIB_ARRAY_SIZE,
```

GL_VERTEX_ATTRIB_ARRAY_STRIDE,
GL_VERTEX_ATTRIB_ARRAY_TYPE,
GL_VERTEX_ATTRIB_ARRAY_NORMALIZED,
GL_VERTEX_ATTRIB_ARRAY_INTEGER, 或
GL_VERTEX_ATTRIB_ARRAY_DIVISOR. 中的一个 GL_CURRENT_VERTEX_ATTRIB 返回由 glEnableVertexAttribArray 指定的当前顶点属性，其他参数是由调用 glVertexAttribPointer 指定顶点属性指针时指定的值

params 指定一个对应类型的数组，以存储返回的参数值

15.9 纹理状态查询

OpenGL ES 3.0 纹理对象存储纹理的图像数据以及描述图像中纹素采样方式的设置。纹理过滤状态包含缩小和放大纹理过滤及纹理坐标包装模式，可以从当前绑定的纹理对象中查询。下面的调用检索纹理过滤设置：

```
void glGetTexParameterfv(GLenum target, GLenum pname,
                         GLfloat *params)
void glGetTexParameteriv(GLenum target, GLenum pname,
                         GLint *params)
```

target 指定纹理目标；可以是 GL_TEXTURE_2D、GL_TEXTURE_2D_ARRAY、GL_TEXTURE_3D 或 GL_TEXTURE_CUBE_MAP

pname 指定所要检索的纹理过滤参数，可以是
GL_TEXTURE_BASE_LEVEL, GL_TEXTURE_COMPARE_FUNC,
GL_TEXTURE_COMPARE_MODE, GL_TEXTURE_MAG_FILTER,
GL_TEXTURE_IMMUTABLE_FORMAT, GL_TEXTURE_MAX_LEVEL,
GL_TEXTURE_MAX_LOD, GL_TEXTURE_MIN_FILTER,
GL_TEXTURE_MIN_LOD, GL_TEXTURE_SWIZZLE_R,
GL_TEXTURE_SWIZZLE_G, GL_TEXTURE_SWIZZLE_B,
GL_TEXTURE_SWIZZLE_A, GL_TEXTURE_WRAP_S,
GL_TEXTURE_SWIZZLE_T, 或 GL_TEXTURE_WRAP_R

params 指定对应类型的数组，以保存返回的参数值

15.10 采样器查询

采样器对象的状态信息可以调用如下函数从当前 OpenGL ES 3.0 上下文中检索：

```
void glGetSamplerParameterfv(GLuint sampler, GLenum pname,
                             GLfloat *params)
void glGetSamplerParameteriv(GLuint sampler, GLenum pname,
                             GLint *params)
```

sampler 指定采样器对象名称

pname 指定所要检索的采样器参数：可以是GL_TEXTURE_MAG_FILTER、GL_TEXTURE_MIN_FILTER、GL_TEXTURE_MIN_LOD、GL_TEXTURE_MAX_LOD、GL_TEXTURE_WRAP_S、GL_TEXTURE_WRAP_T、GL_TEXTURE_WRAP_R、GL_TEXTURE_COMPARE_MODE或GL_TEXTURE_COMPARE_FUNC

params 指定对应类型的数组，用于存储返回的参数值

15.11 异步对象查询

关于查询对象的信息可以调用如下函数从当前OpenGL ES 3.0上下文中检索：

```
void glGetQueryiv(GLuint target, GLenum pname,
                  GLint *params)
```

target 指定查询目标对象，可以是GL_ANY_SAMPLES_PASSED、GL_ANY_SAMPLES_PASSED_CONSERVATIVE或GL_TRANSFORM_FEEDBACK_PRIMITIVES_WRITTEN

pname 指定需要检索的查询对象参数；必须为GL_CURRENT_QUERY

params 指定对应类型的数组，用于存储返回的参数值

查询对象的状态可以通过调用如下函数检索：

```
void glGetQueryObjectuiv(GLuint id, GLenum pname,
                         GLuint *params)
```

id 指定查询对象名称

pname 指定需要检索的查询对象参数；可以是GL_QUERY_RESULT或者GL_QUERY_RESULT_AVAILABLE

params 指定对应类型的一个数组，用于存储返回的参数值

15.12 同步对象查询

同步对象的属性可以从当前OpenGL ES 3.0上下文通过调用如下函数检索：

```
void glGetSynciv(GLsync sync, GLenum pname,
                 GLsizei bufsize, GLsizei *length,
                 GLint *values)
```

sync 指定要查询的同步对象

pname 指定要从同步对象检索的参数

bufsize 返回的*values*中可用的字节数

length values中返回的字节数的地址

values 指定返回参数所用的数组地址

15.13 顶点缓冲区查询

顶点缓冲区对象有描述缓冲区状态和使用情况的相关状态信息。这些参数可以通过调用如下函数检索：

```
void glGetBufferParameteriv(GLenum target, GLenum pname,
                            GLint *params)
void glGetBufferParameter64iv(GLenum target, GLenum pname,
                              GLint64 *params)
```

target 指定当前绑定的顶点缓冲区；必须为GL_ARRAY_BUFFER、GL_COPY_READ_BUFFER、GL_COPY_WRITE_BUFFER、GL_ELEMENT_ARRAY_BUFFER、GL_PIXEL_PACK_BUFFER、GL_PIXEL_UNPACK_BUFFER、GL_TRANSFORM_FEEDBACK_BUFFER或GL_UNIFORM_BUFFER中的一个

pname 指定要检索的缓冲区参数；必须为GL_BUFFER_SIZE、GL_BUFFER_USAGE、GL_BUFFER_MAPPED、GL_BUFFER_ACCESS_FLAGS、GL_BUFFER_MAP_LENGTH或GL_BUFFER_MAP_OFFSET中的一个

params 指定一个整数数组，用于保存返回的参数值

此外，可以通过调用如下函数检索映射缓冲区的当前指针地址：

```
void glGetBufferPointerv(GLenum target, GLenum pname,
                         GLvoid **params)
```

target 指定当前绑定的顶点缓冲区；必须为GL_ARRAY_BUFFER、GL_COPY_READ_BUFFER、GL_COPY_WRITE_BUFFER、GL_ELEMENT_ARRAY_BUFFER、GL_PIXEL_PACK_BUFFER、GL_PIXEL_UNPACK_BUFFER、GL_TRANSFORM_FEEDBACK_BUFFER或GL_UNIFORM_BUFFER中的一个

pname 指定需要检索的参数；必须是GL_BUFFER_MAP_POINTER

params 指定存储返回地址的一个指针

15.14 渲染缓冲区和帧缓冲区状态查询

已分配的渲染缓冲区的特性可以通过调用如下函数检索：

```
void glGetRenderbufferParameteriv(GLenum target,
                                  GLenum pname,
                                  GLint *params)
```

target 指定当前绑定的渲染缓冲区目标；必须为 GL_RENDERBUFFER

pname 指定要检索的渲染缓冲区参数，必须为 GL_RENDERBUFFER_WIDTH、GL_RENDERBUFFER_HEIGHT、GL_RENDERBUFFER_INTERNAL_FORMAT、GL_RENDERBUFFER_RED_SIZE、GL_RENDERBUFFER_GREEN_SIZE、GL_RENDERBUFFER_BLUE_SIZE、GL_RENDERBUFFER_ALPHA_SIZE、GL_RENDERBUFFER_DEPTH_SIZE、GL_RENDERBUFFER_SAMPLES 或 GL_RENDERBUFFER_STENCIL_SIZE 中的一个

params 指定一个整数数组，以保存返回的参数值

同样，可以调用如下函数来查询帧缓冲区的当前附着：

```
void glGetFramebufferAttachmentParameteriv(GLenum target,
        GLenum attachment,GLenum pname,GLint *params)
```

target 指定帧缓冲区目标；必须为 GL_READ_FRAMEBUFFER、GL_WRITE_FRAMEBUFFER 或 GL_FRAMEBUFFER 中的一个

attachment 指定查询的附着点；必须为 GL_COLOR_ATTACHMENTi、GL_DEPTH_ATTACHMENT、GL_DEPTH_STENCIL_ATTACHMENT 或 GL_STENCIL_ATTACHMENT 中的一个

pname 指定

```
GL_FRAMEBUFFER_ATTACHMENT_OBJECT_NAME,
GL_FRAMEBUFFER_ATTACHMENT_RED_SIZE,
GL_FRAMEBUFFER_ATTACHMENT_GREEN_SIZE,
GL_FRAMEBUFFER_ATTACHMENT_BLUE_SIZE,
GL_FRAMEBUFFER_ATTACHMENT_ALPHA_SIZE,
GL_FRAMEBUFFER_ATTACHMENT_DEPTH_SIZE,
GL_FRAMEBUFFER_ATTACHMENT_STENCIL_SIZE,
GL_FRAMEBUFFER_ATTACHMENT_COMPONENT_TYPE,
GL_FRAMEBUFFER_ATTACHMENT_COLOR_ENCODING,
GL_FRAMEBUFFER_ATTACHMENT_TEXTURE_LAYER,
GL_FRAMEBUFFER_ATTACHMENT_TEXTURE_LEVEL,
GL_FRAMEBUFFER_ATTACHMENT_TEXTURE_CUBE_MAP_FACE
```

params 指定一个整数数组，以保存返回的参数值

15.15 小结

在 OpenGL ES 3.0 中有大量状态信息，在本章中，我们提供了应用程序可以查询的各种状态的参考。接下来的最后一章你将学习如何为各种 OpenGL ES 平台构建 OpenGL ES 样板代码。

Chapter 16 第16章

OpenGL ES 平台

在本书编写期间，OpenGL ES 3.0 可用于 Android 4.3+、iOS 7（iPhone 5S 上）、Windows 和 Linux。我们试图使本书的样板代码可用于尽可能多的平台，希望读者能够选择最适合于他们的 OpenGL ES 3.0 平台。在本章中，我们介绍在如下平台上构建样板代码的细节：

- 包含 Microsoft Visual Studio 的 Windows（OpenGL ES 3.0 仿真）
- Ubuntu Linux（OpenGL ES 3.0 仿真）
- Android 4.3+ NDK（C++）
- Android 4.3+ SDK（Java）
- 包含 Xcode 5 的 iOS7

16.1 在包含 Visual Studio 的 Microsoft Windows 上构建

从本书网站（openglesbook.com）上下载样板代码并安装 CMake v2.8（http://cmake.org）之后，为 Windows 构建样板代码的下一步是下载 OpenGL ES 3.0 仿真程序，当前可以选择的仿真程序有 3 种：

- Qualcomm Adreno SDK v3.4+，可从 http://developer.qualcomm.com/develop/ 下载
- ARM Mali OpenGL ES 3.0 Emulator，可以从 http://malideveloper .arm.com/develop-for-mali/tools/opengl-es-3-0-emulator/ 下载
- PowerVR Insider SDK v3.2+，可以从 http://imgtec.com/PowerVR/insider/sdkdownloads/index.asp 下载

这些仿真程序都适合于使用本书的样板代码。你可以选择最适合于自己的开发需求

的程序。如果你希望使用第 10 ~ 14 章中的 PVRShaman 工作区，则必须安装 PowerVR Insider SDK。在本小节中，我们选择使用 Qualcomm Adreno SDK v3.4。下载和安装你所选择的 OpenGL ES 3.0 仿真程序之后，可以使用 CMake 生成 Microsoft Visual Studio 解决方案和项目。

打开 cmake-gui，将 GUI 指向你下载源代码的位置，如图 16-1 所示。在基本目录下创建一个用于构建二进制代码的文件夹，并在 GUI 中将其设置为构建二进制代码的位置。然后，可以单击 Configure，选择你正在使用的 Microsoft Visual Studio 版本，CMake 将给出一个错误，因为找不到 EGL 和 OpenGLES3 库。

如果你要使用安装到 C:\AdrenoSDK 的 Qualcomm Adreno SDK，现在必须在 cmake-gui 中设置如下变量：

- `EGL_LIBRARY: C:/AdrenoSDK/Lib/Win32/OGLES3/libEGL.lib`
- `OPENGLES3_LIBRARY:C:/AdrenoSDK/Lib/Win32/OGLES3/libGLESv2.lib`

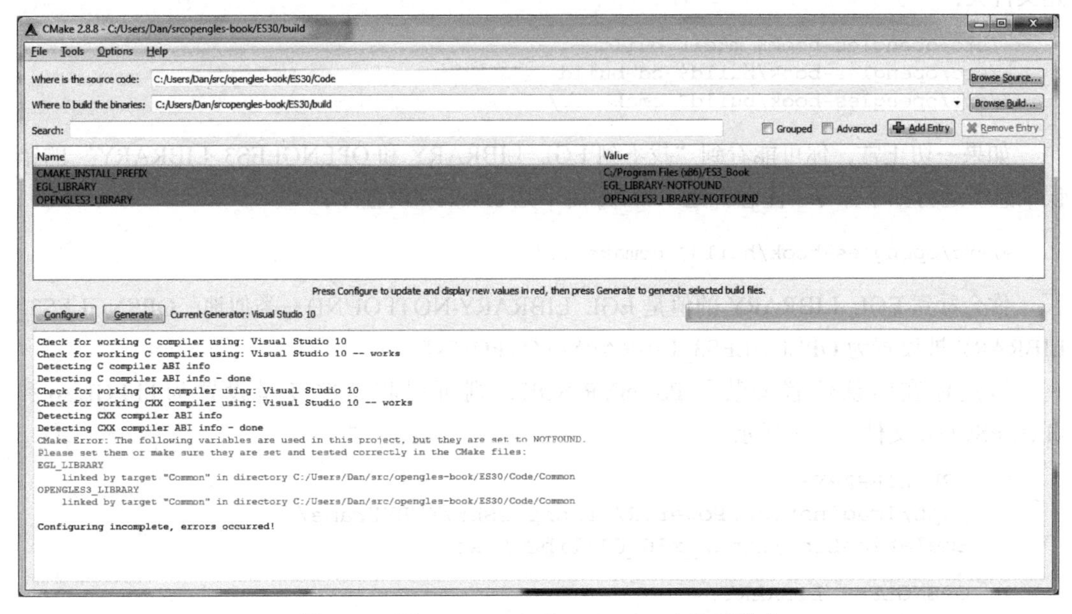

图 16-1　用 CMakeGUI 在 Windows 上构建样本

如果你使用的是不同的仿真程序，那么找到用于该程序库的 EGL 和 OpenGL ES 3.0 库，并将它们设置到 CMake 变量。在设置 EGL 和 OpenGL ES 3.0 库之后，在 cmakegui 中再次单击 Configure，然后单击 Generate。现在你可以转到选择的文件夹在 CMake 中构建二进制代码，并在 Microsoft Visual Studio 中打开 ES3_Book.sln。从这个解决方案中，你可以构建并运行本书的所有样板代码。

如果你的路径中没有 libEGL.dll 和 libGLESv2.dll，就需要将这些文件复制到构建可执行样板的目录，以运行该样板。还要注意，libGLESv2 是 OpenGL ES 3.0 库的推荐的 Khronos 命名约定，这个名称与 OpenGL ES 2.0 库的相同，这是因为 OpenGL ES 3.0 向后兼容 OpenGL ES 2.0，因此同样的库可以用于两个 API。

16.2 在 Ubuntu Linux 上构建

本节描述如何在 Ubuntu Linux 上用 PowerVR OpenGL ES 3.0 Emulator 构建样板代码（在 Ubuntu 12.04.1 LTS 64-bit 上通过测试）。除了安装 PowerVR OpenGL ES 3.0 Emulator（默认安装到 /opt/Imagination/PowerVR/GraphicsSDK）之外，你还需要确定安装了相应的软件包，包括 cmake 和 gcc。安装如下软件包是一个好的起点：

```
$ sudo apt-get install build-essential cmake cmake-curses-gui
```

为了构建样板代码，首先在源项目的根目录（找到 CMakeList.txt 的地方）下创建一个构建文件夹：

```
~/src/opengles-book$ mkdir build
~/src/opengles-book/build$ cd build
~/src/opengles-book/build$ cmake ../
```

如果一切正常，你可能看到“找不到 EGL_LIBRARY 和 OPENGLES3_LIBRARY”的错误信息。运行如下命令（注意，是 ccmake 而不是 cmake）设置库：

```
~/src/opengles-book/build$ ccmake ../
```

你会看到 EGL_LIBRARY 的值是 EGL_LIBRARY-NOTFOUND；类似地，OPENGLES3_LIBRARY 被设置为 OPENGLES3_LIBRARY-NOTFOUND。

假定你在默认位置安装了 PowerVR SDK，则可以将这些变量设置为 libEGL.so 和 libGLESv2.so 文件，如下所示：

- `EGL_LIBRARY:`
  `/opt/Imagination/PowerVR/GraphicsSDK/PVRVFrame/`
  `EmulationLibs/Linux_x86_64/libEGL.so`
- `OPENGLES3_LIBRARY:`
  `/opt/Imagination/PowerVR/GraphicsSDK/PVRVFrame/`
  `EmulationLibs/Linux_x86_64/libGLESv2.so`

现在你可以按下“c”进行配置，按下“g”生成并退出 ccmake。代码现在已经为构建做好了准备，只需要输入如下命令：

```
~/src/opengles-book/build$ make
```

上述命令将构建 libCommon.a 和所有样板代码，现在可以准备运行 Hello_Triangle 样板了：

```
build$ cd Chapter_2/Hello_Triangle
build$ ./Hello_Triangle
```

如果发现因为libEGL.so和libGLESv2.so未找到而无法运行程序，则将LD_LIBRARY_PATH设置为指向目录位置，如下所示：

```
$ export
LD_LIBRARY_PATH=/opt/Imagination/PowerVR/GraphicsSDK/PVRVFrame/
EmulationLibs/Linux_x86_64/
```

16.3 在Android 4.3+ NDK（C++）上构建

Android 4.3中的OpenGL ES 3.0支持于2013年7月发布。在Android上访问OpenGL ES 3.0有两种途径：通过原生开发包（NDK）使用C/C++，或者通过软件开发包（SDK）使用Java。我们提供了C和Java两种样板代码，以支持用任何一种语言开发。本节介绍如何用NDK构建和运行C Android 4.3样板。下一节介绍使用SDK构建和运行Java Android 4.3样板的方法。从Android NDK r9开始的版本就已经支持OpenGL ES 3.0，支持Android 4.3（API level 18）或者更高版本的设备都支持OpenGL ES 3.0。

16.3.1 先决条件

在为Android NDK r9+构建本书的样板代码之前，你需要安装几个作为先决条件的软件。Android开发人员工具是跨平台的工具，所以你可以选择Windows（Cygwin）、Linux或Mac OS X作为构建平台。在本节中，我们介绍Windows下的构建，在其他平台上的做法也几乎相同。下面是必需的软件：

- Java SE Development Kit（JDK）7（http://oracle.com/technetwork/java/javase/downloads/index.html）——对于Windows x64，你应该安装jdk-7u45-windows-x64.exe。
- Android SDK（http://developer.android.com/sdk/index.html）——最简单的方法是下载并解压缩SDK Android Developer Tools（ADT）软件包。对于本节提供的指令，ADT将安装到C:\Android\adt-bundle-windows-x86_64-20130911。
- Android 4.3（API 18）——下载ADT之后，运行SDK管理器并安装Android 4.3（API 18）。
- Android NDK（http://developer.android.com/tools/sdk/ndk/index.html）——下载最新版本的Android NDK并解压到一个目录（例如，C:\Android\android-ndk-r9-windows-x86_64）。
- Cygwin（http://cygwin.com/）——Android NDK使用Cygwin作为运行Windows构建工具的环境。如果你在Mac OS X或者Linux上开发，就不需要Cygwin。
- Apache Ant 1.9.2+（http://ant.apache.org/bindownload.cgi）——Ant用于和NDK一起构建样板。下载并解压到某个文件夹（例如，C:\Android\apache-ant-1.9.2）。

在安装了所有先决条件之后，需要设置路径来包含Android SDK的tools/和platformtools/ 文件夹以及 Android NDK 根文件夹和 Ant bin/ 文件夹。你还需要设置 JAVA_HOME 变量，指向安装 JDK 的文件夹。例如，在 Cygwin 的 ~ /.bashrc 最后添加如下语句，为前面使用的安装目录设置环境：

```
export JAVA_HOME="/cygdrive/c/Program Files/Java/jdk1.7.0_40"
export ANDROID_SDK=/cygdrive/c/Android/adt-bundle-windows-
x86_64-20130911/sdk
export ANDROID_NDK=/cygdrive/c/Android/android-ndk-r9-windows
-x86_64/android-ndk-r9
export ANT=/cygdrive/c/Android/apache-ant-1.9.2/bin
export PATH=$PATH:${ANDROID_NDK}
export PATH=$PATH:${ANT}
export PATH=$PATH:${ANDROID_SDK}/tools
export PATH=$PATH:${ANDROID_SDK}/platform-tools
```

16.3.2 用 Android NDK 构建示例代码

安装了先决条件之后，用 Android NDK 构建样板很简单。从终端（Windows 上使用 Cygwin）浏览到你所要构建的样板的 Android/ 文件夹，并输入如下命令：

```
Hello_Triangle/Android $ android.bat update project -p . -t
android-18
Hello_Triangle/Android/jni $ cd jni
Hello_Triangle/Android/jni $ ndk-build
Hello_Triangle/Android/jni $ cd ..
Hello_Triangle/Android $ ant debug
Hello_Triangle/Android $ adb install -r bin/NativeActivity-debug.apk
```

注意，在 Mac OS X 或者 Linux 上，你应该使用 andorid 命令代替 android.bat（构建的其他步骤相同）。android.bat 命令将生成示例所用的项目构建文件。浏览到 jni/ 文件夹并输入 ndk-build 将编译项目的 C 源代码，生成样板所用的库文件。最后，运行 ant debug 将构建最终的 apk 文件，可以安装到设备上（最后一步使用 adb 工具完成）。

一旦样板安装到设备上，设备的应用列表上将出现一个图标。从样板中输出的任何日志消息都可以用 adb logcat 查看。

16.4 在 Android 4.3+ SDK 上构建（Java）

本书的样板代码用原生 C 编写，这就是我们选择将其移植到 Android NDK 的原因。虽然使用 NDK 对于打算编写跨平台原生代码的 Android 开发人员来说很有用，但是许多 Android 应用是使用 SDK 而非 NDK 以 Java 语言编写的。为了帮助希望使用 SDK 而非 NDK 用 Java 语言编写程序的开发人员，我们也提供了 Java 语言的样板代码。

如果你已经安装了 Android ADT 软件包（在 16.3.1 小节中介绍过），那么就有了运行 Java 版本应用所需的所有条件。Java 样板位于样板代码根目录下的 Android_Java/ 文件夹。

要构建和运行 Java 示例，只需打开 Eclipse，在你的工作区中选择 Import > General > Existing Projects Into Workspace。将导入对话框指向 Android_Java/ 文件夹，就可以导入本书的所有样板代码。导入样板之后，就可以从 Eclipse 中构建和运行它们，就像对任何 Android 应用所做的那样。

一般来说，Java 样板等价于原生 C 编写的样板。主要的不同是资源的加载，在某些情况下，着色器被保存在外部资源中，而不是和代码放在一起。这通常是更好的做法，使着色器的编辑更加简单。在 C 版本的样板中没有这么做的原因是为了减少文件和其他资源加载时的平台易变性以及让样板存在于单一文件中。

16.5　在 iOS 7 上构建

从 iOS 7 开始加入了 OpenGL ES 3.0 的支持。iPhone 5S（2013 年 9 月发布）是第一种支持 OpenGL ES 3.0 的 iOS 设备。运行于 Mac OS X 上的 iOS 模拟器也支持 OpenGL ES 3.0，所以可以在没有支持 OpenGL ES 3.0 的 iOS 设备的情况下运行和调试本书的代码样板。本节详细介绍使用 Xcodc 5 在 Mac OS X 10.8.5. 上构建和运行 iOS 7 代码示例的步骤。

16.5.1　先决条件

除了 Mac OS X 10.8.5 之外，唯一的先决条件就是下载和安装 Xcode 5。这个版本的 Xcode 包含用于 iOS 7 的 SDK，可以构建和运行本书的样板代码。

16.5.2　用 Xcode 5 构建示例代码

本书中的每个样板都有一个 iOS/ 文件夹，包含 xcodeproj 和在 iOS 上构建所需的相关文件。图 16-2 展示了 Xcode 中打开的一个示例项目以及在 iOS 模拟器上运行的屏幕截图。

注意，每个样板项目构建框架文件（esUtil.c、esTransform.c、esShapes.c 和 esShader.c）。此外，每个样板在 Common/iOS 文件夹中包含封装了 ES 框架接口的 Objective-C 文件。主文件为 ViewController.m，它实现一个 iOS GLKViewController 并回调每个样板注册的更新、绘图和关闭回调函数。这种抽象机制使得本书的所有样板可以不加修改地运行于 iOS。

为了用本书的代码框架创建你自己的 iOS 7 应用程序，你可以在 Xcode 5 中选择 File > New > Project，并选择 OpenGL Game。新项目创建之后，删除生成的 AppDelegate.h、AppDelegate.m、Shader.vsh、Shader.fsh、ViewController.h、ViewController.m 和 main.m 文件。接下来，选择 Add files to <project>...，并选择 Common/Source 路径中的所有 .c 文件以及 Common/Source/iOS 中的所有文件。最后，在项目的 Build Settings 中的 Search Paths > User Header Search Paths 下添加 Common/Include 路径。以后你就可以用本书的某个示例作为模板来创建一个样板。

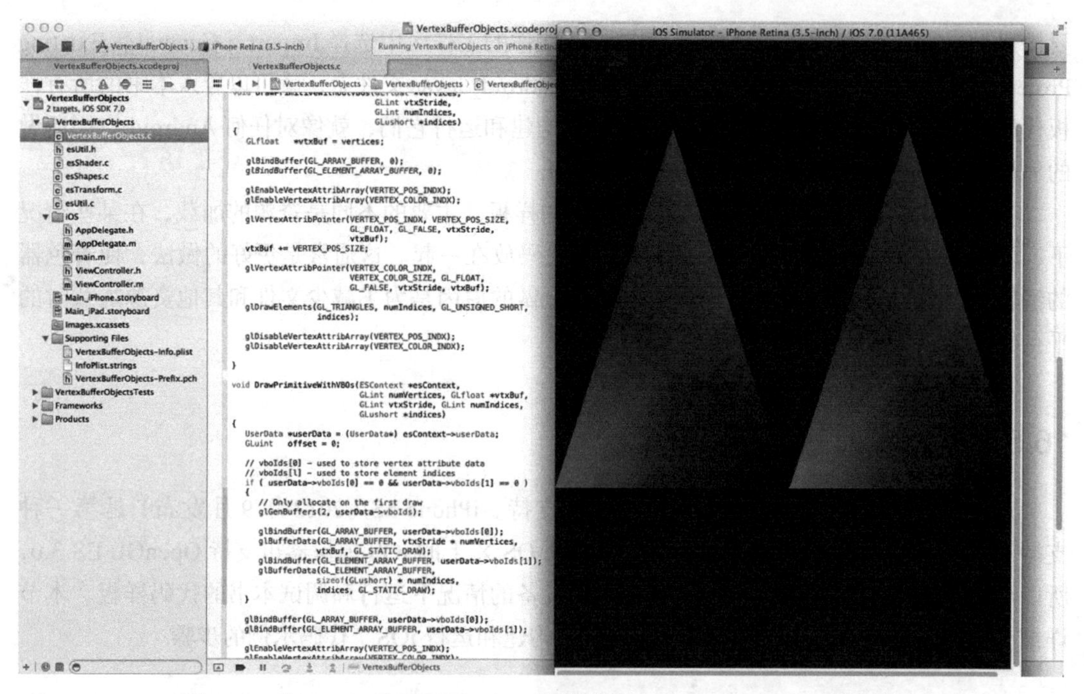

图 16-2　在 Xcode 中运行于 iOS 7 模拟器上的 VertexArrayObjects 示例

你可能会发现，如果打算开发仅用于 iOS 的应用，那么使用 iOS GLKit 框架比使用本书中的框架容易得多。GLKit 提供类似于本书的 ES 代码框架的功能，但是更为广泛。我们的框架的优势之一是不特定于 iOS，所以如果你打算开发运行于许多不同操作系统的跨平台应用，可能会发现这是很实用的方法。

16.6　小结

在本章中，我们介绍了用 OpenGL ES 3.0 仿真程序在 Windows 和 Linux 上构建样板代码的方法。我们还介绍了在 Android 4.3+ NDK（使用 C）、Android 4.3+ SDK（使用 Java）和 iOS 7 上构建 OpenGL ES 3.0 样板代码的方法。支持 OpenGL ES 的平台正在快速发展，访问本书网站（opengles-book .com）可以获得在新平台和现有平台新版本上构建的更新信息。

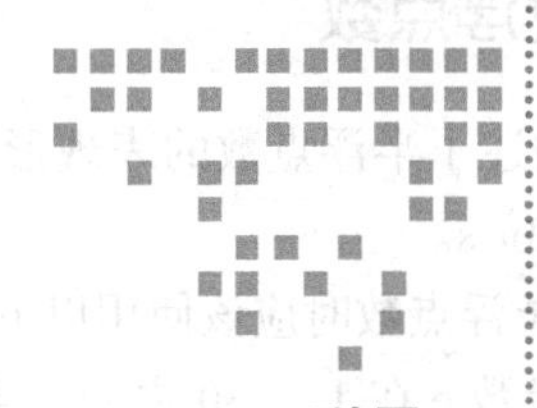

附录A Appendix A

GL_HALF_FLOAT

GL_HALF_FLOAT 是 OpenGL ES 3.0 支持的一种顶点和纹理数据类型，用于指定 16 位浮点值。这很有用，例如，可以用于指定纹理坐标、法线、次法线和切向量等顶点属性。使用 GL_HALF_FLOAT 而非 GL_FLOAT，在 GPU 读取顶点或者纹理数据时所需的内存带宽上降低了两倍。

有人可能会认为，我们可以使用 GL_SHORT 或 GL_UNSIGNED_SHORT 代替 16 位浮点数据类型，得到同样的内存占用和带宽节约。但是，使用那种方法，你需要相应地按照比例缩放数据或者矩阵，并在顶点着色器中应用变换。例如，考虑纹理图案在一个正方形上横向和纵向重复 4 次的情况。可以使用 GL_SHORT 保存纹理坐标，纹理坐标可以保存为 4.12 或者 8.8。保存为 GL_SHORT 的纹理坐标用（1<<12）或者（1<<8）进行比例调节，得出使用 4 位或者 8 位整数以及 12 位或者 8 位小数的定点表现形式。因为 OpenGL ES 不理解这种格式，所以顶点着色器需要应用一个矩阵对这些值进行相反的比例调节，这会影响顶点着色性能。如果使用 16 位浮点格式，这些额外的变换就没有必要。而且，以浮点数表示的值使用了指数形式表示，因此其动态范围比定点值更大。

> 注意 定点值的误差测度与浮点值不同。浮点数的绝对误差与值的大小成正比，而定点格式的绝对误差是恒定的。开发人员在选择为特定格式生成坐标的数据类型时，需要了解这些精度问题。

A.1 16位浮点数

图 A-1 描述了半浮点数的表现形式。半浮点数是 16 位浮点数，包含 10 位尾数 m，5 位指数 e 和符号位 s。

s	指数（e）	尾数（m）
15	14 10	9 0

图 A-1 16 位浮点数

解释 16 位浮点数时应该使用以下规则：

- 如果指数 e 在 1 ~ 30 之间，半浮点值可以这样计算：$(-1)^{s} * 2^{e-15} * (1 + m/1024)$。
- 如果指数 e 和尾数 m 均为 0，则半浮点值为 0.0。符号位用于表示 –ve 0.0 或者 +ve 0.0。
- 如果指数为 0 而尾数不为 0，则浮点值为一个非规范化数。
- 如果指数 e 为 31，半浮点值为无穷大（+ve 或 –ve）或者 NaN（“不是一个数字），这取决于尾数 m 是否为 0。

下面是几个例子：

```
0      00000      0000000000     = 0.0
0      00000      0000001111     = a denorm value
0      11111      0000000000     = positive infinity
1      11111      0000000000     = negative infinity
0      11111      0000011000     = NaN
1      11111      1111111111     = NaN
0      01111      0000000000     = 1.0
1      01110      0000000000     = -0.5
0      10100      1010101010     = 54.375
```

OpenGL ES 3.0 实现必须能够接受为无穷大、NaN 或者非规范化数的半浮点数据值输入。它们不必支持这些值的 16 位浮点算术运算。大部分实现将把非规范化数和 NaN 值转换为 0。

A.2 将浮点数转换为半浮点数

下面的例程描述如何将单精度浮点数转换为一个半浮点值，反之亦然。转换例程在顶点属性用单精度浮点计算生成，然后在用作顶点属性之前转换为半浮点数时很有用。

```
// -15 stored using a single-precision bias of 127
const unsigned int  HALF_FLOAT_MIN_BIASED_EXP_AS_SINGLE_FP_EXP =
0x38000000;
// max exponent value in single precision that will be converted
// to Inf or NaN when stored as a half-float
const unsigned int  HALF_FLOAT_MAX_BIASED_EXP_AS_SINGLE_FP_EXP =
0x47800000;

// 255 is the max exponent biased value
const unsigned int  FLOAT_MAX_BIASED_EXP = (0x1F << 23);

const unsigned int  HALF_FLOAT_MAX_BIASED_EXP = (0x1F << 10);

typedef unsigned short    hfloat;
```

```
hfloat
convertFloatToHFloat(float *f)
{
   unsigned int   x = *(unsigned int *)f;
   unsigned int   sign = (unsigned short)(x >> 31);
   unsigned int   mantissa;
   unsigned int   exp;
   hfloat         hf;

   // get mantissa
   mantissa = x & ((1 << 23) - 1);
   // get exponent bits
   exp = X & FLOAT_MAX_BIASED_EXP;
   if (exp >= HALF_FLOAT_MAX_BIASED_EXP_AS_SINGLE_FP_EXP)
   {
      // check if the original single-precision float number
      // is a NaN
     if (mantissa && (exp == FLOAT_MAX_BIASED_EXP))
     {
        // we have a single-precision NaN
        mantissa = (1 << 23) - 1;
     }
     else
     {
        // 16-bit half-float representation stores number
        // as Inf mantissa = 0;
     }
     hf = (((hfloat)sign) << 15) |
          (hfloat)(HALF_FLOAT_MAX_BIASED_EXP) |
          (hfloat)(mantissa >> 13);
  }
  // check if exponent is <= -15
  else if (exp <= HALF_FLOAT_MIN_BIASED_EXP_AS_SINGLE_FP_EXP)
  {
     // store a denorm half-float value or zero
     exp = (HALF_FLOAT_MIN_BIASED_EXP_AS_SINGLE_FP_EXP - exp)
           >> 23;
     mantissa >>= (14 + exp);

     hf = (((hfloat)sign) << 15) | (hfloat)(mantissa);
  }
  else
  {
     hf = (((hfloat)sign) << 15) |
          (hfloat)
          ((exp - HALF_FLOAT_MIN_BIASED_EXP_AS_SINGLE_FP_EXP)
          >> 13)|
           (hfloat)(mantissa >> 13);
  }
  return hf;
}
float
convertHFloatToFloat(hfloat hf)
```

```
{
   unsigned int    sign = (unsigned int)(hf >> 15);
   unsigned int    mantissa = (unsigned int)(hf &
                   ((1 << 10) - 1));
   unsigned int    exp = (unsigned int)(hf &
                   HALF_FLOAT_MAX_BIASED_EXP);
   unsigned int    f;

   if (exp == HALF_FLOAT_MAX_BIASED_EXP)
   {
      // we have a half-float NaN or Inf
      // half-float NaNs will be converted to a single-
      // precision NaN
      // half-float Infs will be converted to a single-
      // precision Inf
      exp = FLOAT_MAX_BIASED_EXP;
      if (mantissa)
          mantissa = (1 << 23) - 1;    // set all bits to
                                       // indicate a NaN
   }
   else if (exp == 0x0)
   {
      // convert half-float zero/denorm to single-precision
      // value
      if (mantissa)
      {
         mantissa <<= 1;
         exp = HALF_FLOAT_MIN_BIASED_EXP_AS_SINGLE_FP_EXP;
         // check for leading 1 in denorm mantissa
         while ((mantissa & (1 << 10)) == 0)
         {
            // for every leading 0, decrement single-
            // precision exponent by 1
            // and shift half-float mantissa value to the
            // left mantissa <<= 1;
            exp -= (1 << 23);
         }
         // clamp the mantissa to 10 bits
         mantissa &= ((I << 10) - 1);
         // shift left to generate single-precision mantissa
         // of 23-bits mantissa <<= 13;
      }
   }
   else
   {
      // shift left to generate single-precision mantissa of
      // 23-bits mantissa <<= 13;
      // generate single-precision biased exponent value
      exp = (exp << 13) +
      HALF_FLOAT_MIN_BIASED_EXP_AS_SINGLE_FP_EXP;
   }
   f = (sign << 31) | exp | mantissa;
   return *((float *)&f);
}
```

内建函数

本附录介绍的OpenGL ES着色语言内建函数的版权属于Khronos，在授权下根据OpenGL ES 3.00.4着色语言规范重印。最新的OpenGL ES 3.0着色语言规范可以从http://khronos.org/registry/gles/下载。

OpenGL ES着色语言定义用于标量和向量运算的一些方便的内建函数。这些内建函数中，许多都可以用于不止一类着色器，但是有些函数的意图是提供到硬件的直接映射，所以只能用于特定类型的着色器。

内建函数基本分为3类：

- 以便利的方式输出一些必要的硬件功能，例如访问纹理贴图。在着色语言中，这些函数无法由着色器仿真。
- 表现一些简单的操作（固定、混合等），用户很容易编写这些操作，但是它们很常见，且可能有直接的硬件支持。对于编译器来说，将表达式映射到复杂的编译器指令很困难。
- 表现图形硬件可能做某种程度加速的操作。三角函数就属于这个类别。

许多函数类似于常见的C程序库中的同名函数，但是它们除了支持传统的标量输入之外还支持向量输入。

应用程序应该尽量使用内建函数而不是在自己的着色器代码中进行等价的计算，因为内建函数被认为是最优的（例如，可能在硬件中直接支持）。

在下面指定内建函数时，在输入参数（以及对应的输出）可以为float、vec2、vec3或者vec4时，使用genType作为参数。在输入参数（以及对应输出）可以为int、ivec2、ivec3或者ivec4时，使用genIType作为参数。在输入参数（以及对应输出）可以为int、uvec2、 uvec3 或 uvec4 时，使用 genUType 作为参数。在输入参数（以及对应输出）可以为 bool、bvec2、bvec3 或 bvec4 时，使用 genBType 作为参数。对于函数的任何特定用法，所有参数替换为 genType、genIType、genUType 或 genBType 的实际类型中，包含的分量数量必须与返回类型的相同。对于 mat 类型也类似，它表示任何矩阵基本类型。

内建函数的精度取决于函数和参数，有 3 种类别：

- 有些函数有预定义的精度。精度直接指定，例如

highp ivec2 **textureSize** (gsampler2D *sampler*, int *lod*)

- 对于纹理采样函数，返回类型的精度与采样器类型的精度相匹配：

```
uniform lowp sampler2D sampler;
highp vec2 coord;
. . .
// texture() returns lowp
lowp vec4 col = texture(sampler, coord);
```

- 对于其他内建函数，调用将返回与输入参数最高精度限定相同的精度。

内建函数被假设为按照下面几节中指定的方程式实现。

B.1 角度和三角函数

指定为 angle 的函数参数以弧度单位表示。这些函数不会出现 0 为除数的错误。如果一个比率中的除数为 0，结果将为未定义。

这些函数都按照分量运算。表 B-1 中描述是每个分量的运算。

表 B-1 角度和三角函数

语 法	描 述
genType **radians** (genType *degrees*)	将 *degrees*（度数）转换为弧度，也就是 π/180 *degrees
genType **degrees** (genType *radians*)	将 *radians*（弧度）转换为度数，也就是 180/π **radians*
genType **sin** (genType *angle*)	标准三角正弦函数。返回值处于［-1，1］区间
genType **cos** (genType *angle*)	标准三角余弦函数。返回值处于［-1，1］区间
genType **tan** (genType *angle*)	标准三角正切函数
genType **asin** (genType *x*)	反正弦。返回正弦值为 *x* 的角度。函数返回值范围为［-π/2，π/2］。如果 |x| > 1，则结果为未定义
genType **acos** (genType *x*)	反余弦。返回余弦值为 *x* 的角度。函数返回值范围为［0，π］。如果 |x| > 1，则结果为未定义
genType **atan** (genType *y*, genType *x*)	反正切。返回正切值为 *y/x* 的角度。*x* 和 *y* 的符号用于确定角度所在象限。这个函数的返回值为［-π，π］。如果 *x*、*y* 都为 0，则结果为未定义

（续）

语　法	描　述
genType **atan**(genType *y_over_x*)	反正切。返回角度正切为 *y_over_x* 的角度。函数返回值范围为［$-\pi/2$，$\pi/2$］
genType **sinh**(genType *x*)	返回双曲正弦函数（$e^x - e^{-x}$）/2
genType **cosh**(genType *x*)	返回双曲余弦函数（$e^x + e^{-x}$）/2
genType **tanh**(genType *x*)	返回双曲正切函数 sinh（*x*）/cosh（*x*）
genType **asinh**(genType *x*)	反双曲正弦；返回 sinh 的逆。
genType **acosh**(genType *x*)	反双曲余弦；返回 cosh 的非负逆。如果 $x<1$，则结果为未定义
genType **atanh**(genType *x*)	反双曲正切；返回 tanh 的逆。如果 $\mid x \mid >= 1$，则结果为未定义

B.2 指数函数

指数函数都按分量运算。表 B-2 中描述的是每个分量的运算。

表 B-2 指数函数

语　法	描　述
genType **pow**(genType *x*, genType *y*)	返回 *x* 的 *y* 次方，也就是 x^y。如果 $x<0$，则结果为未定义；如果 $x=0$ 且 $y<=0$，则结果为未定义
genType **exp**(genType *x*)	返回 *x* 的自然指数 e^x
genType **log**(genType *angle*)	返回 *x* 的自然对数，也就是返回值 *y* 满足公式 $x=e^y$。如果 $x<=0$，则结果为未定义
genType **exp2**(genType *angle*)	返回 2 的 *x* 次幂 2^x
genType **log2**(genType *angle*)	返回 *x* 以 2 为底的对数，也就是返回值 *y* 满足公式 $x=2^y$。如果 $x<=0$，则结果为未定义
genType **sqrt**(genType *x*)	返回 *x* 的正平方根。如果 $x<0$，则结果为未定义
genType **inversesqrt**(genType *x*)	返回 *x* 正平方根的倒数，如果 $x<=0$，则结果为未定义

B.3 常用函数

常用函数都是按分量运算的。表 B-3 中描述的是每个分量的运算。

表 B-3 常用函数

语　法	描　述
genType **abs**(genType *x*) genIType **abs**(genIType *x*)	如果 $x>=0$ 则返回 *x*，否则返回 $-x$
genType **sign**(genType *x*) genIType **sign**(genIType *x*)	如果 $x>0$ 返回 1.0，$x=0$ 返回 0.0，$x<0$ 返回 -1.0

（续）

语　法	描　述
genType **floor**(genType *x*)	返回小于或者等于 *x* 的最近整数值
genType **trunc**(genType *x*)	返回绝对值不大于 *x* 绝对值的最靠近 *x* 的整数
genType **round**(genType *x*)	返回最靠近 *x* 的整数。小数 0.5 将根据实现所选择的方向进行舍入，该方向可能是最快的，包括 round（*x*）的所有值都等于 roundEven（*x*）的可能性
genType **roundEven**(genType *x*)	返回最靠近 *x* 的整数值。小数部分 0.5 将向最近的偶数舍入（3.5 和 4.5 都返回 4.0）
genType **ceil**(genType *x*)	返回大于或者等于 *x* 的最近整数值
genType **fract**(genType *x*)	返回 *x*-floor（*x*）
genType **mod**(genType *x*, float *y*) genType **mod**(genType *x*, genType *y*)	取模。返回 *x*-*y**floor（*x*/*y*）
genType **min**(genType *x*, genType *y*) genType **min**(genType *x*, float *y*) genIType **min**(genIType *x*, genIType *y*) genIType **min**(genIType *x*, int *y*) genUType **min**(genUType *x*,genUType *y*) genUType **min**(genUType *x*, uint *y*)	如果 *y*<*x*，则返回 *y*，否则返回 *x*
genType **max**(genType *x*, genType *y*) genType **max**(genType *x*, float *y*) genIType **max**(genIType *x*,genIType *y*) genIType **max**(genIType *x*, int *y*) genUType **max**(genUType *x*,genUType *y*) genUType **max**(genUType *x*, uint *y*)	如果 *x*<*y*，则返回 *y*，否则返回 *x*
genType **clamp**(genType *x*, genType *minVal*, genType *maxVal*) genType **clamp**(genType *x*, float *minVal*, float *maxVal*) genIType **clamp**(genIType *x*, genIType *minVal*, genIType *maxVal*) genIType **clamp**(genIType *x*, int *minVal*, int *maxVal*) genUType **clamp**(genUType *x*, genUType *minVal*, genUType *maxVal*) genUType **clamp**(genUType *x*, uint *minVal*, uint *maxVal*)	返回 **min**（**max**（*x*, *minVal*），*maxVal*） 如果 *minVal* > *maxVal*，则结果为未定义
genType **mix**(genType *x*,genType *y*, genType *a*) genType **mix**(genType *x*, genType *y*, float *a*)	返回 *x* 和 *y* 的线性混合 $x*(1-a)+y*a$
genType **mix**(genType *x*, genType *y*, genBType *a*)	选择每个返回分量的来源向量。对于 *a* 为假的分量，返回 *x* 的对应分量。对于 *a* 为真的分量，返回 *y* 的对应分量。没有被选中的 *x* 和 *y* 允许为无效的浮点值，对结果没有影响，从而提供了与 genType **mix**(genType *x*, genType *y*, genType（*a*))(其中 *a* 为布尔向量）不同的功能

（续）

语法	描述
genType **step** (genType *edge*, genType *x*) genType **step** (float *edge*, genType *x*)	如果 *x*<*edge* 返回 0.0，否则返回 1.0

genType **smoothstep** (genType *edge0*, genType *edge1*, genType *x*)
genType **smoothstep** (float *edge0*, float *edge1*, genType *x*)
	如果 *x*<=*edge0* 返回 0.0，如果 *x*>=*edge1* 则返回 1.0，在 *edge0* < *x* < *edge1* 时执行平滑艾米插值。这在你需要平滑过渡的阈函数时很有用，等价于：
	`// genType is float, vec2, vec3,`
	`// or vec4`
	`genType t;`
	`t = clamp((x - edge0)/`
	`(edge1 - edge0), 0, 1);`
	`return t * t * (3 - 2 * t);`
	如果 *edge0* >= *edge1*，则结果为未定义

genBType **isnan** (genType *x*)	如果 *x* 包含一个 NaN，则返回 true，否则返回 false
genBType **isinf** (genType *x*)	如果 *x* 包含正无穷大或者负无穷大，则返回 true，否则返回 false
genIType **floatBitsToInt** (genType *value*) genUType **floatBitsToUint** (genType *value*)	返回表示浮点值编码的有符号或者无符号 highp 整数值。对于 highp 浮点数，保留该值的位级表示形式。对于 mediump 和 lowp，该值首先转换为 highp 浮点数，然后返回该值的编码
genType **intBitsToFloat** (genIType *value*) genType **uintBitsToFloat** (genUType *value*)	返回与浮点值的有符号或者无符号整数编码对应的 highp 浮点值。如果参数值为无穷大或者 NaN，将不会返回信息，也不指定结果浮点值。否则，保留位级表现形式。对于 lowp 和 mediump，该值首先被转换为对应的有符号或者无符号 highp 整数，然后被重新转换为与以前一样的 highp 浮点值

B.4 浮点打包和解包函数

浮点打包和解包函数不是按分量运算的，下面按照各种情况加以描述（表 B-4）。

表 B-4 浮点打包和解包函数

语法	描述
highp uint **packSnorm2x16** (vec2 *v*)	首先将规范化浮点值 *v* 的各个分量转换为 16 位整数值。然后，结果被打包为返回的 32 位无符号整数。*v* 的分量 *c* 按照如下方式转换为定点数： **packSnorm2x16:** round(clamp(*c*, –1, +1) * 32767.0) 向量的第一个分量将被写入输出中的最低有效位，最后一个分量被写入最高有效位

（续）

语　法	描　述
highp vec2 **unpackSnorm2x16**(highp uint *p*)	首先，将一个 32 位无符号整数 *p* 解包为一对 16 位无符号整数。然后，每个分量被转换为一个规范化浮点值，以生成返回的 2 分量向量。解包的定点值 *f* 按照如下方式转换为浮点数： **unpackSnorm2x16:** clamp(*f*/32767.0, –1, +1) 返回向量的第一个分量从输入的最低有效位中提取；最后一个分量将从最高有效位提取
highp vec2 **unpackUnorm2x16**(highp uint *p*)	首先，将一个 32 位无符号整数 *p* 转换为一对 16 位无符号整数。然后，每个分量被转换为一个规范化的浮点值，以生成返回的 2 分量向量。解包的定点值 *f* 以如下方式转换为浮点数： **unpackUnorm2x16:** *f*/65535.0 返回向量的第一个分量从输入的最低有效位中提取；最后一个分量将从最高有效位提取
highp uint **packHalf2x16**(mediumpvec2 *v*)	将一个 2 分量浮点向量的各个分量转换为 OpenGL ES 规范中找到的 16 位浮点表现形式，然后将这些 16 位整数打包为 32 位无符号整数返回。第一个向量分量指定结果的 16 个最低有效位，第二个分量指定 16 个最高有效位
mediump vec2 **unpackHalf2x16**(highp uint *v*)	返回一个 2 分量浮点向量，其分量通过将 32 位无符号整数解包为一对 16 位值，根据 OpenGL ES 规范将这些值解读为 16 位浮点数，并将它们转换为 32 位浮点值获得。向量的第一个分量从 *v* 的 16 个最低有效位得到；第二个分量从 *v* 的 16 个最高有效位获得

B.5　几何函数

几何函数以向量形式运算，而不是按分量运算。表 B-5 描述了这些函数。

表 B-5　几何函数

语　法	描　述
float **length**(genType *x*)	返回向量 *x* 的长度 $\sqrt{X[0]^2+X[1]^2+\ldots}$
float **distance**(genType *p0*, genType *p1*)	返回 *p0* 和 *p1* 之间的距离，即 length(*p0* – *p1*).
float **dot**(genType *x*, genType *y*)	返回 *x* 和 *y* 的点乘，即 *x*[0]**y*[0]+*x*[1]**y*[1]+ ...

（续）

语　法	描　述
vec3 **cross**(vec3 *x*, vec3 *y*)	返回 *x* 和 *y* 的叉积，即 *result*[0]=*x*[1]**y*[2]−*y*[1]**x*[2] *result*[1]=*x*[2]**y*[0]−*y*[2]**x*[0] *result*[2]=*x*[0]**y*[1]−*y*[0]**x*[1]
genType **normalize**(genType *x*)	返回与 *x* 同向且长度为 1 的向量 返回 *x*/length(*x*)
genType **faceforward**(genType *N*, genType *I*, genType N_{ref})	如果 dot(N_{ref}, *I*)<0，则返回 *N*；否则返回 −*N*
genType **reflect**(genType *I*,genType *N*)	对于关联向量 *I* 和表面方向 *N*，返回反射方向： *I*−2*dot(*N*,*I*)**N* *N* 必须已经被规范化，以达成所要的结果

genType **refract**(genType *I*, genType *N*, float *eta*)	对于关联向量 *I*、表面法线 *N* 和折射率 *eta*，返回折射向量，结果计算如下：
	k = 1.0 - *eta* * *eta* *
	    (1.0 - **dot**(*N*, *I*)
	    * **dot**(*N*, *I*))
	if (k < 0.0)
	    // genType is float, vec2,
	    // vec3, or vec4
	    return genType(0.0)
	else
	    return *eta* * *I* - (*eta* *
	        dot(*N*, *I*) + **sqrt**(k)) * *N*
	关联向量 *I* 和表面法线 *N* 的输入参数必须已经被规范化才能获得所需的结果

B.6 矩阵函数

表 B-6 描述了矩阵运算的内建函数。

表 B-6 矩阵函数

语　法	描　述
mat2 **matrixCompMult**(mat2 *x*, mat2 *y*) mat3 **matrixCompMult**(mat3 *x*, mat3 *y*) mat4 **matrixCompMult**(mat4 *x*, mat4 *y*)	矩阵 *x* 和矩阵 *y* 按分量相乘，即 *result*[*i*][*j*] 是 *x*[*i*][*j*] 和 *y*[*i*][*j*] 的标量乘积 **注意**　要获得线性代数矩阵乘积，使用乘法运算符(*)
mat2 **outerProduct**(vec2 *c*, vec2 *r*) mat3 **outerProduct**(vec3 *c*, vec3 *r*) mat4 **outerProduct**(vec4 *c*, vec4 *r*)	将第一个参数 *c* 当作列向量（单列矩阵），将第二个参数 *r* 当作行向量（单行矩阵），然后进行线性代数矩阵相乘 *c***r*，得到行数为 *c* 中分量数、列数为 *r* 中分量数的矩阵

（续）

语 法	描 述
mat2x3 **outerProduct**(vec3 *c*, vec2 *r*) mat3x2 **outerProduct**(vec2 *c*, vec3 *r*) mat2x4 **outerProduct**(vec4 *c*, vec2 *r*) mat4x2 **outerProduct**(vec2 *c*, vec4 *r*) mat3x4 **outerProduct**(vec4 *c*, vec3 *r*) mat4x3 **outerProduct**(vec3 *c*, vec4 *r*)	
mat2 **transpose**(mat2 *m*) mat3 **transpose**(mat3 *m*) mat4 **transpose**(mat4 *m*) mat2x3 **transpose**(mat3x2 *m*) mat3x2 **transpose**(mat2x3 *m*) mat2x4 **transpose**(mat4x2 *m*) mat4x2 **transpose**(mat2x4 *m*) mat3x4 **transpose**(mat4x3 *m*) mat4x3 **transpose**(mat3x4 *m*)	返回 *m* 的转置矩阵，不修改输入矩阵 *m*
float **determinant**(mat2 *m*) float **determinant**(mat3 *m*) float **determinant**(mat4 *m*)	返回 *m* 的行列式
mat2 **inverse**(mat2 *m*) mat3 **inverse**(mat3 *m*) mat4 **inverse**(mat4 *m*)	返回 *m* 的逆矩阵，不修改输入矩阵 *m*。如果 *m* 是奇异矩阵或者条件不好的矩阵（近于奇异），则返回矩阵中的值为未定义

B.7 向量关系函数

关系和相等运算符（<、<=、>、>=、==、!=）是为产生标量布尔结果而定义的。对于向量结果，使用如下内建函数。在表 B-7 中，“bvec”是 bvec2、bvec3 或 bvec4 的占位符，“ivec”是 ivec2、ivec3 或 ivec4 的占位符；“uvec”是 uvec2、uvec3 或 uvec4 的占位符；“vec”是 vec2、vec3 或者 vec4 的占位符。在所有情况下，任何调用中输入和返回向量的大小都必须匹配。

表 B-7 向量关系函数

语 法	描 述
bvec **lessThan**(vec *x*, vec *y*) bvec **lessThan**(ivec *x*, ivec *y*) bvec **lessThan**(uvec *x*, uvec *y*)	返回按分量比较 $x<y$
bvec **lessThanEqual**(vec *x*, vec *y*) bvec **lessThanEqual**(ivec *x*, ivec *y*) bvec **lessThanEqual**(uvec *x*, uvec *y*)	返回按分量比较 $x<=y$

（续）

语　法	描　述
bvec **greaterThan**(vec *x*, vec *y*) bvec **greaterThan**(ivec *x*, ivec *y*) bvec **greaterThan**(uvec *x*, uvec *y*)	返回按分量比较 *x*>*y*
bvec **greaterThanEqual**(vec *x*, vec *y*) bvec **greaterThanEqual**(ivec *x*, ivec *y*) bvec **greaterThanEqual**(uvec *x*, uvec *y*)	返回按分量比较 *x*>=*y*
bvec **equal**(vec *x*, vec *y*) bvec **equal**(ivec *x*, ivec *y*) bvec **equal**(uvec *x*, uvec *y*)	返回按分量比较 *x*= =*y*
bvec **notEqual**(vec *x*, vec *y*) bvec **notEqual**(ivec *x*, ivec *y*) bvec **notEqual**(uvec *x*, uvec *y*)	返回按分量比较 *x*!=*y*
bool **any**(bvec2 *x*) bool **any**(bvec3 *x*) bool **any**(bvec4 *x*)	如果 *x* 的任意分量为真（true），则返回真
bool **all**(bvec2 *x*) bool **all**(bvec3 *x*) bool **all**(bvec4 *x*)	仅当 *x* 的所有分量为真时返回真
bvec2 **not**(bvec2 *x*) bvec3 **not**(bvec3 *x*) bvec4 **not**(bvec4 *x*)	返回 *x* 的按分量逻辑非

B.8 纹理查找函数

纹理查找函数可用于顶点和片段着色器。但是，在顶点着色器中细节级别没有隐含计算。表 B-8 中的函数提供通过采样器进行的纹理访问，就像通过 OpenGL ES API 设置一样。纹理属性（如大小、像素格式、维度数量、过滤方法、mip 贴图级别数、深度对比等）也由 OpenGL ES API 调用定义。在通过下面定义的内建函数访问纹理时，要考虑这些属性。

表 B-8 得到支持的采样器和内部纹理格式的组合

内部纹理格式	浮点采样器类型	有符号整数采样器类型	无符号整数采样器类型
浮点	支持		
规范化整数	支持		
有符号整数		支持	
无符号整数			支持

纹理数据可以由 GL 以浮点、无符号规范化整数、无符号整数或者有符号整数数据的形式存储。这由纹理的内部格式类型确定。在无符号规范化整数和浮点数据上进行的纹理查找返回区间［0，1］中的浮点值。

OpenGL ES 提供的纹理查找函数可以浮点、无符号整数或者有符号整数值的形式返回其结果，这取决于传递给查找函数的采样器类型。对于纹理访问，必须谨慎使用正确的采样器类型。表 B-8 列出了得到支持的采样器类型和纹理内部格式的组合，其中的空白项不受支持。对于不支持的组合，进行纹理查找将返回未定义值。

如果使用整数采样器类型，则纹理查找的结果是一个 ivec4。如果使用的是无符号整数采样器类型，则纹理查找的结果是一个 uvec4。如果使用的是浮点采样器类型，则纹理查找的结果为 vec4，其中每个分量都处于［0，1］区间。

在下面的原型中，返回类型“gvec4”中的“g”用作空占位符，“i”或者“u”表示返回类型 vec4、ivec4 或者 uvec4。在这些情况下，采样器参数类型也以“g”开始，表示返回类型进行同样的替换；可以是浮点、有符号整数或者无符号整数采样器，与上面描述的基本返回类型匹配。

对于阴影形式（采样器参数是一个阴影类型），在绑定到采样器的深度纹理上进行深度比较查找的方式在 OpenGL ES 图形系统规范的 3.8.16 小节“纹理比较模式”中说明。指定 Dref 的分量参见下表。绑定到采样器的纹理必须是一个深度纹理，否则结果为未定义。如果对表示开启深度比较的深度纹理的采样器进行非阴影纹理调用，结果将为未定义。如果对表示关闭深度比较的深度纹理的采样器进行阴影纹理调用，结果也为未定义。如果对不表示深度纹理的采样器进行阴影纹理调用，则结果为未定义。

在下面的所有函数中，bias 参数对于片段着色器来说是可选的。顶点着色器不接受 bias 参数，对于片段着色器，如果存在 bias，那么在执行纹理访问操作之前，它被加到隐含的细节级别中。

隐含细节级别的选择如下：对不是 mip 贴图的纹理直接使用。如果纹理是 mip 贴图，且在片段着色器中运行，那么由 OpenGL ES 实现计算的 LOD 用于纹理查找。如果是 mip 贴图且运行于顶点着色器，则使用基本纹理。

有些纹理函数（非“Lod”和非“Grad”版本）可能要求隐含导数。隐含导数在非统一控制流和顶点纹理读取中未定义。

对于立方体形式，*P* 的方向用于选择进行 2 维纹理查找的面，这在 OpenGL ES 图形系统规范的 3.8.10 小节“立方图纹理选择”中描述。

对于数组形式，使用的数组层次将为

$max(0, min(d-1, floor(layer+0.5)))$

其中 *d* 是纹理数组的深度，*layer* 来自表 B-9 中指出的分量。

表 B-9 纹理查找函数

语 法	描 述
highp ivec2 **textureSize**(gsampler2D *sampler*, int *lod*) highp ivec3 **textureSize**(gsampler3D *sampler*, int *lod*) highp ivec2 **textureSize**(gsamplerCube *sampler*, int *lod*) highp ivec2 **textureSize**(sampler2DShadow *sampler*, int *lod*) highp ivec2 **textureSize**(samplerCubeShadow *sampler*, int *lod*) highp ivec3 **textureSize**(gsampler2DArray *sampler*, int *lod*) highp ivec3 **textureSize**(sampler2DArrayShadow *sampler*, int *lod*)	返回绑定到采样器的纹理的 *lod* 级别尺寸，在 OpenGL ES 3.0 图形系统规范 2.11.9 小节“着色器执行”下的“纹理尺寸查询”中描述 返回值中的分量按照纹理宽度、高度和深度的顺序填写。对于数组形式，返回值的最后一个分量是纹理数组中的层次数
gvec4 **texture**(gsampler2D *sampler*, vec2 *P* [, float *bias*]) gvec4 **texture**(gsampler3D *sampler*, vec3 *P* [, float *bias*]) gvec4 **texture**(gsamplerCube *sampler*, vec3 *P* [, float *bias*]) float **texture**(sampler2DShadow *sampler*, vec3 *P* [, float *bias*]) float **texture**(samplerCubeShadow *sampler*, vec4 *P* [, float *bias*]) gvec4 **texture**(gsampler2DArray *sampler*, vec3 *P* [, float *bias*]) float **texture**(sampler2DArrayShadow *sampler*, vec4 *P*)	使用纹理坐标 *P*，在当前绑定到 sampler 的纹理中进行查找。*P* 的最后一个分量用作阴影形式下的 *Dref*。对于数组形式，纹理层次来自于非阴影形式中 *P* 的最后一个分量，阴影形式中 *P* 的倒数第二个分量
gvec4 **textureProj**(gsampler2D *sampler*, vec3 *P* [, float *bias*]) gvec4 **textureProj**(gsampler2D *sampler*, vec4 *P* [, float *bias*]) gvec4 **textureProj**(gsampler3D *sampler*, vec4 *P* [, float *bias*]) float **textureProj**(sampler2DShadow *sampler*, vec4 *P* [, float *bias*])	用投影进行纹理查找。从 *P* 中得到的纹理坐标（不包括 *P* 的最后一个分量）除以 *P* 的最后一个分量，得到投影坐标 *P'* *P'* 的第三个分量在阴影形式中用作 *Dref*。当 *sampler* 的类型为 gsampler2D 且 *P* 的类型为 vec4 时，*P* 的第三个分量被忽略。计算这些值之后，纹理查找的进程与 texture 中一样
gvec4 **textureLod**(gsampler2D *sampler*, vec2 *P*, float *lod*) gvec4 **textureLod**(gsampler3D *sampler*, vec3 *P*, float *lod*) gvec4 **textureLod**(gsamplerCube *sampler*, vec3 *P*, float *lod*) float **textureLod**(sampler2DShadow *sampler*, vec3 *P*, float *lod*) gvec4 **textureLod**(gsampler2DArray *sampler*, vec3 *P*, float *lod*)	与 texture 中一样进行纹理查找，但是使用明确的 LOD，*lod* 指定 λ 基数并将纹理缩小方程式所用的偏导数设置为 0
textureOffset(gsampler2D *sampler*, vec2 *P*, ivec2 *offset* [, float *bias*]) gvec4 **textureOffset**(gsampler3D *sampler*, vec3 *P*, ivec3 *offset* [, float *bias*]) float **textureOffset**(sampler2DShadow *sampler*, vec3 *P*, ivec2 *offset* [, float *bias*]) gvec4 **textureOffset**(gsampler2DArray *sampler*, vec3 *P*, ivec2 *offset* [, float *bias*])	与 texture 中一样进行纹理查找，但是在查找每个纹素之前，将 *offset* 加到（u，v，w）纹素坐标中。偏移值必须是一个常数表达式，支持有限范围的偏移值；最小和最大偏移值取决于实现，分别由 MIN_PROGRAM_TEXEL_OFFSET 和 MAX_PROGRAM_TEXEL_OFFSET 给出 注意，偏移不适用于纹理数组的层次坐标 注意，立方图也不支持纹理偏移
gvec4 **textureProjLod**(gsampler2D *sampler*, vec3 *P*, float *lod*) gvec4 **textureProjLod**(gsampler2D *sampler*, vec4 *P*, float *lod*) gvec4 **textureProjLod**(gsampler3D *sampler*, vec4 *P*, float *lod*) float **textureProjLod**(sampler2DShadow *sampler*, vec4 *P*, float *lod*)	用明确的 LOD 进行投影纹理查找 参见 **textureProj** 和 **textureLod**

（续）

语　法	描　述
gvec4 **textureProjLodOffset**(gsampler2D *sampler*, vec3 *P*, float *lod*, ivec2 *offset*) gvec4 **textureProjLodOffset**(gsampler2D *sampler*, vec4 *P*, float *lod*, ivec2 *offset*) gvec4 **textureProjLodOffset**(gsampler3D *sampler*, vec4 *P*, float *lod*, ivec3 *offset*) float **textureProjLodOffset**(sampler2DShadow *sampler*, vec4 *P*, float *lod*, ivec2 *offset*)	用明确的 LOD 进行偏移投影纹理查找。参见 **textureProj**、**textureLod** 和 **textureOffset**
gvec4 **textureGrad**(gsampler2D *sampler*, vec2 *P*, vec2 *dPdx*, vec2 *dPdy*) gvec4 **textureGrad**(gsampler3D *sampler*, vec3 *P*, vec3 *dPdx*, vec3 *dPdy*) gvec4 **textureGrad**(gsamplerCube *sampler*, vec3 *P*, vec3 *dPdx*, vec3 *dPdy*) float **textureGrad**(sampler2DShadow *sampler*, vec3 *P*, vec2 *dPdx*, vec2 *dPdy*) float **textureGrad**(samplerCubeShadow *sampler*, vec4 *P*, vec3 *dPdx*, vec3 *dPdy*) gvec4 **textureGrad**(gsampler2DArray *sampler*, vec3 *P*, vec2 *dPdx*, vec2 *dPdy*) float **textureGrad**(sampler2DArrayShadow *sampler*, vec4 *P*, vec2 *dPdx*, vec2 *dPdy*)	与 texture 中一样进行纹理查找，但是使用明确的梯度。*P* 的偏导数与窗口的 *x* 和 *y* 相关
gvec4 **textureGradOffset**(gsampler2D *sampler*, vec2 *P*, vec2 *dPdx*, vec2 *dPdy*, ivec2 *offset*) gvec4 **textureGradOffset**(gsampler3D *sampler*, vec3 *P*, vec3 *dPdx*, vec3 *dPdy*, ivec3 *offset*) float **textureGradOffset**(sampler2DShadow *sampler*, vec3 *P*, vec2 *dPdx*, gvec4 **textureGradOffset** vec2 *dPdy*, ivec2 *offset*) (gsampler2DArray *sampler*, vec3 *P*, vec2 *dPdx*, vec2 *dPdy*, ivec2 *offset*) float **textureGradOffset**(sampler2DArrayShadow *sampler*, vec4 *P*, vec2 *dPdx*, vec2 *dPdy*, ivec2 *offset*)	用明确的梯度和偏移进行纹理查找，如 **textureGrad** 和 **textureOffset** 中所述
gvec4 **textureProjGrad**(gsampler2D *sampler*, vec3 *P*, vec2 *dPdx*, vec2 *dPdy*) gvec4 **textureProjGrad**(gsampler2D *sampler*, vec4 *P*, vec2 *dPdx*, vec2 *dPdy*) gvec4 **textureProjGrad**(gsampler3D *sampler*, vec4 *P*, vec3 *dPdx*, vec3 *dPdy*) float **textureProjGrad**(sampler2DShadow *sampler*, vec4 *P*, vec2 *dPdx*, vec2 *dPdy*)	进行 textureProj 中所述的投影纹理查找，并使用明确的梯度，如 textureGrad 中所述。假定偏导数 *dPdx* 和 *dPdy* 已经作过投影处理
gvec4 **textureProjGradOffset**(gsampler2D *sampler*, vec3 *P*, vec2 *dPdx*, vec2 *dPdy*, ivec2 offset) gvec4 **textureProjGradOffset**(gsampler2D *sampler*, vec4 *P*, vec2 *dPdx*, vec2 *dPdy*, ivec2 *offset*) gvec4 **textureProjGradOffset**(gsampler3D *sampler*, vec4 *P*, vec3 *dPdx*, vec3 *dPdy*, ivec3 offset) float **textureProjGradOffset**(sampler2DShadow *sampler*, vec4 *P*, vec2 *dPdx*, vec2 *dPdy*, ivec2 offset)	进行投影纹理查找，并如 textureProjGrad 中所述的那样使用明确的梯度，如 textureOffset 中所述那样使用偏移

B.9 片段处理函数

片段处理函数仅在片段着色器中可用。

导数的计算可能代价很高，或者在数字上不稳定。因此，OpenGL ES实现可能用快速但是不完全精确的导数计算方法近似计算导数。在非统一控制流中没有定义导数。

导数的预期行为用前向－后向差分描述：

前向差分：

$$F(x + dx) - F(x) \sim dFdx(x) * dx$$

$$dFdx \sim (F(x + dx) - F(x))/dx$$

后向差分：

$$F(x - dx) - F(x) \sim -dFdx(x) * dx$$

$$dFdx \sim (F(x) - F(x - dx))/dx$$

在单采样光栅化中，前面的公式中 $dx<=1.0$，对于多采样光栅化，$dx<2.0$。

dFdy的近似计算类似，用 y 替代 x。

OpenGL ES实现可以使用前述的方法或者其他方法计算，这取决于如下条件：

- 该方法可以使用分段线性近似法。这种线性近似暗示着高阶导数（dFdx（dFdx（x））及更高）未定义。
- 该方法可能假定求取的函数是连续的。因此非统一条件体中的导数未定义。
- 该方法可能在每个片段上不同，这取决于方法因为窗口坐标（而不是屏幕坐标）变化的限制。不变性需求对于导数计算是放宽的，因为该方法可能是片段位置的函数。

可以使用但并非必需的其他属性有：

- 函数应该在图元内部求值（内插而不是外插）。
- dFdx所用的函数计算时应该保持 y 恒定。dFdy的计算应该保持 x 恒定。但是，混合的高阶导数如dFdx（dFdy（y））和dFdy（dFdx（x））未定义。
- 常量参数的导数应该为0。

在某些实现中，可变的导数精度可用glHint（GL_FRAGMENT_SHADER_DERIVATIVE_HINT）通过提供提示来获得，用户可以做出图像质量和速度的权衡。

表B-10描述了片段处理函数。

表B-10 片段处理函数

语　法	描　述
`genType` **dFdx**(`genType` *p*)	用局部差分返回输入参数 p 在 x 上的导数
`genType` **dFdy**(`genType` *p*)	用局部差分返回输入参数 p 在 y 上的导数
`genType` **fwidth**(`genType` *p*)	用局部差分返回输入参数 p 在 x 和 y 上的绝对导数的和，即 *result* = **abs**(**dFdx**(*p*)) + **abs**(**dFdy**(*p*))

Appendix C 附录 C

ES 框架 API

本书中的示例程序使用一个实用工具函数框架，以执行常见的 OpenGL ES 3.0 函数。这些实用工具函数不是 OpenGL ES 3.0 的一部分，而是我们编写的支持本书样板代码的定制函数。ES 框架 API 包含在本书的源代码中，可以从本书网站 opengles-book.com 上下载。ES 框架 API 提供了一些任务的例程，如创建窗口、设置回调函数、加载着色器、加载程序和创建几何形状。本附录的目的是为本书使用的 ES 框架 API 函数提供文档。

C.1 框架核心函数

本节提供 ES 框架 API 中的核心函数。

```
GLboolean ESUTIL_API esCreateWindow(ESContext * esContext,
                                    const char * title,
                                    GLint width,
                                    GLint height,
                                    GLuint flags)
```

用指定参数创建一个窗口。

参数:

esContext	应用上下文
title	窗口标题栏名称
width	要创建窗口的像素宽度
height	要创建窗口的像素高度
flags	窗口创建标志所用的位域

ES_WINDOW_RGB——指定颜色缓冲区应该有 R、G、B 通道
ES_WINDOW_ALPHA——指定颜色缓冲区应该有 Alpha
ES_WINDOW_DEPTH——指定应该创建深度缓冲区
ES_WINDOW_STENCIL——指定应该创建模板缓冲区
ES_WINDOW_MULTISAMPLE——指定应该创建多重采样缓冲区
返回：
如果窗口创建成功返回 GL_TRUE；否则返回 GL_FALSE

```
void ESUTIL_API esRegisterDrawFunc(ESContext * esContext,
                void(ESCALLBACK *drawFunc) (ESContext *))
```

注册用于渲染每帧的绘图回调函数。

参数：

esContext	应用程序上下文
drawFunc	用于渲染场景的绘图回调函数

```
void ESUTIL_API esRegisterUpdateFunc(ESContext * esContext,
               void(ESCALLBACK *updateFunc)
               (ESContext *, float))
```

注册在用于每个时间步长上更新的更新回调函数。

参数：

esContext	应用程序上下文
updateFunc	用于渲染场景的更新回调函数

```
void ESUTIL_API esRegisterKeyFunc(ESContext * esContext,
                void(ESCALLBACK * keyFunc)
                (ESContext *, unsigned char, int, int))
```

注册键盘输入处理回调函数。

参数：

esContext	应用程序上下文
keyFunc	应用程序处理键盘输入的回调函数

```
void  ESUTIL_API esRegisterShutdownFunc(ESContext * esContext,
                void(ESCALLBACK * shutdownFunc)
                (ESContext *))
```

注册在关闭时调用的回调函数。

参数：

esContext	应用程序上下文
shutdownFunc	应用程序关闭时调用的关闭函数

```
GLuint ESUTIL_API esLoadShader(GLenum type,
                               const char * shaderSrc)
```

加载一个着色器，检查编译错误，将错误消息打印到输出日志。

参数：

type	着色器类型（GL_VERTEX_SHADER 或 GL_FRAGMENT_SHADER）
shaderSrc	着色器源字符串

返回：

成功时返回新着色器对象，失败时返回 0

```
GLuint ESUTIL_API esLoadProgram(const char * vertShaderSrc,
                                const char * fragShaderSrc)
```

加载一个顶点和片段着色器，创建程序对象，链接程序。错误输出到日志。

参数：

vertShaderSrc	顶点着色器源代码
fragShaderSrc	片段着色器源代码

返回：

用顶点 / 片段着色器对链接的新程序对象；失败时返回 0

```
char* ESUTIL_API esLoadTGA(char * fileName, int * width,
                           int * height)
```

从文件中加载一个 8 位、24 位或者 32 位 TGA 图像。

参数：

filename	磁盘上的文件名
width	以像素表示的加载图像宽度
height	以像素表示的加载图像高度

返回：

指向加载图像的指针；失败时返回 NULL

```
int ESUTIL_API esGenSphere(int numSlices, float radius,
                   GLfloat ** vertices, GLfloat ** normals,
                   GLfloat ** texCoords, GLuint ** indices)
```

为一个球体生成几何形状。为顶点数据分配内存并将结果保存在数组中。为 GL_TRIANGLE_STRIP 生成索引列表。

参数：

numSlices	球体中的垂直和水平切片数量
vertices	如果不为 NULL，则包含 float3 位置数组
normals	如果不为 NULL，则包含 float3 法线数组
texCoords	如果不为 NULL，则包含 float2 texCoords 数组
indices	如果不为 NULL，则包含三角形条带索引数组

返回：

以 GL_TRIANGLE_STRIP 的形式渲染缓冲区时需要的索引数量（如果索引数组不为 NULL，则为其中保存的索引数量）

```
int ESUTIL_API  esGenCube(float scale, GLfloat ** vertices,
                    GLfloat ** normals, GLfloat ** texCoords,
                    GLuint ** indices)
```

为立方体生成几何形状。为顶点数据分配内存并将结果保存在数组中。为 GL_TRIANGLES 生成索引列表。

参数：

scale　立方体的大小，单位立方体为 1.0

vertices　如果不为 NULL，则包含 float3 位置数组

normals　如果不为 NULL，则包含 float3 法线数组

texCoords　如果不为 NULL，则包含 float2 texCoords 数组

indices　如果不为 NULL，则包含三角形列表索引数组

返回：

以 GL_TRIANGLES 形式渲染缓冲区所需的索引数量（如果索引数组不为 NULL，则为其中保存的索引数量）

```
int ESUTIL_API esGenSquareGrid(int size, GLfloat ** vertices,
                    GLuint ** indices)
```

生成由三角形组成的方格网。为顶点数据分配内存并将结果保存在数组中。为 GL_TRIANGLES 生成索引列表。

参数：

size　立方体大小，单位立方体为 1.0

vertices　如果不为 NULL，则包含 float3 位置数组

indices　如果不为 NULL，则包含三角形列表索引数组

返回：

以 GL_TRIANGLES 形式渲染缓冲区所需的索引数量（如果索引数组不为 NULL，则为其中保存的索引数量）

```
void ESUTIL_API esLogMessage (const char * formatStr, ...)
```

记录平台调试输出信息。

参数：

formatStr　错误日志格式串

C.2　变换函数

现在，我们描述执行常用变换的实用工具函数，如比例缩放、旋转、平移和矩阵乘。大

部分顶点着色器使用一个或者多个矩阵将顶点位置从本地坐标空间转换为裁剪坐标平面（各种坐标系的描述参见第 7 章）。矩阵还被用于变换其他顶点属性，如法线和纹理坐标。变换后的矩阵可以用作顶点或者片段着色器中对应矩阵统一变量的值。你将会注意到这些函数与 OpenGL 和 OpenGL ES 1.x 中定义的对应函数之间的相似性。例如，esScale 与 glScale 相当类似，esFrustum 与 glFrustum 类似，等等。

框架中定义了一个新类型 ESMatrix，用于表示 4 × 4 浮点矩阵，说明如下：

```
void ESUTIL_API esFrustum(ESMatrix *result,
                          GLfloat left, GLfloat right,
                          GLfloat bottom, GLfloat top,
                          GLfloat nearZ, GLfloat farZ)
```

将 *result* 表示的矩阵乘以透视投影矩阵，并在 *result* 中返回新矩阵。

参数：

result	输入矩阵
left, right	指定左右裁剪平面坐标
bottom, top	指定上下裁剪平面坐标
nearZ, farZ	指定到近和远深度裁剪平面的距离；两个距离都必须为正数

返回：

乘以透视投影矩阵之后的新矩阵在 *result* 中返回

```
void ESUTIL_API esPerspective(ESMatrix *result,
                              GLfloat fovy, GLfloat aspect
                              GLfloat nearZ, GLfloat farZ)
```

将 *result* 指定的矩阵乘以透视投影矩阵，并在 *result* 中返回新矩阵。提供该函数是为了比直接使用 esFrustum 更简单地创建透视矩阵。

参数：

result	输入矩阵
fovy	指定以度数表示的视野，应该在 0 ~ 180 之间
aspect	渲染窗口的纵横比（宽度 / 高度）
nearZ, farZ	指定到近和远深度裁剪平面的距离；两个距离都必须为正数

返回：

乘以透视投影矩阵之后的新矩阵在 *result* 中返回

```
void ESUTIL_API esOrtho(ESMatrix *result,
                        GLfloat left, GLfloat right,
                        GLfloat bottom, GLfloat top,
                        GLfloat nearZ, GLfloat farZ)
```

将 *result* 指定的矩阵乘以正交投影矩阵，并在 *result* 中返回新矩阵。

参数：

result	输入矩阵

left, right　　指定左右裁剪平面坐标

bottom, top　　指定上下裁剪平面坐标

nearZ, farZ　　指定到近和远深度裁剪平面的距离；两个距离既可以是正数，也可以是负数

返回：

乘以正交投影矩阵之后的新矩阵在 *result* 中返回。

```
void ESUTIL_API esScale(ESMatrix *result, GLfloat sx,
                        GLfloat sy, GLfloat sz)
```

将 *result* 指定的矩阵乘以比例缩放矩阵，并在 *result* 中返回新矩阵。

参数：

result　　输入矩阵

sx, sy, sz　　分别指定 x、y、z 轴上的比例缩放因子

返回：

执行比例缩放操作之后的新矩阵在 *result* 中返回

```
void ESUTIL_API esTranslate(ESMatrix *result, GLfloat tx,
GLfloat ty, GLfloat tz)
```

将 *result* 指定的矩阵乘以平移矩阵，并在 *result* 中返回新矩阵。

参数：

result　　输入矩阵

tx, ty, tz　　分别指定 x、y 和 z 轴上的平移因子

返回：

执行平移操作之后的新矩阵在 *result* 中返回

```
void ESUTIL_API esRotate(ESMatrix *result, GLfloat angle,
                         GLfloat x, GLfloat y, GLfloat z)
```

将 *result* 指定的矩阵乘以旋转矩阵，并在 *result* 中返回新矩阵。

参数：

result　　输入矩阵

angle　　指定旋转角度，以度数表示

x, y, z　　指定向量的 x、y 和 z 坐标

返回：

执行旋转操作之后的新矩阵在 *result* 中返回

```
void ESUTIL_API esMatrixMultiply(ESMatrix *result,
                                 ESMatrix *srcA,
                                 ESMatrix *srcB)
```

这个函数将 *srcA* 和 *srcB* 矩阵相乘，并在 *result* 中返回结果。

result = srcA × srcB

参数：

result	指向返回相乘后矩阵的内存的指针
srcA, srcB	进行乘法运算的输入矩阵

返回：

相乘后得出的矩阵

```
void ESUTIL_API esMatrixLoadIdentity(ESMatrix *result)
```

参数：

resul	指向返回单位矩阵的内存的指针

返回：

一个单位矩阵

```
void ESUTIL_API esMatrixLookAt(ESMatrix *result,
          GLfloat posX, GLfloat posY, GLfloat posZ,
          GLfloat lookAtX, GLfloat lookAtY, GLfloat lookAtZ,
          GLfloat upX, GLfloat upY, GLfloat upZ)
```

用眼睛位置、视线向量和上向量生成一个视图变换矩阵

参数：

result	输出矩阵
posX, posY, posZ	指定眼睛位置的坐标
lookAtX, lookAtY, lookAtZ	指定视线向量
upX, upY, upZ	指定上向量

返回：

视图变换矩阵结果